高等学校教材

弹性力学

（第三版）

上　册

徐芝纶

DONG WANG

王栋

June 2007 Beijing

高等教育出版社

本书分上、下两册。上册为数学弹性力学部分，下册为应用弹性力学部分。

本书第一版获“1977～1981年度全国优秀科技图书”奖。

本书第二版获1987年“全国优秀教材特等奖”。

图书在版编目(CIP)数据

弹性力学 上册/徐芝纶编著．—3版．—北京：高等教育出版社，1990.5(2005重印)
高等学校教材
ISBN 7-04-002892-1

Ⅰ．弹… Ⅱ．徐… Ⅲ．弹性力学-高等学校-教材 Ⅳ．O343

中国版本图书馆CIP数据核字(95)第23099号

出版发行	高等教育出版社	购书热线	010-58581118
社　址	北京市西城区德外大街4号	免费咨询	800-810-0598
邮政编码	100011	网　址	http://www.hep.edu.cn
总　机	010-58581000		http://www.hep.com.cn
		网上订购	http://www.landraco.com
经　销	北京蓝色畅想图书发行有限公司		http://www.landraco.com.cn
印　刷	北京宏信印刷厂	版　次	1978年1月第1版
开　本	850×1168 1/32		1990年5月第3版
印　张	12.75	印　次	2005年11月第12次印刷
字　数	310 000	定　价	16.10元

凡购买高等教育出版社图书，如有缺页、倒页、脱页等质量问题，请在所购图书销售部门联系调换。

物料号 2892-00

目　录

（上　册）

第三版前言

在安排本书第三版的内容时，对总的体系未加更改，对次序的先后也只作了很小的变动。

由于国内的大专院校和设计单位都已普遍使用电子计算机(至少已普遍使用微型机)，用手工进行的松弛计算已经失去了实用价值，所以第三版中取消了这方面的内容。

平面问题的位移差分解，与应力函数差分解相比，具有较广泛的适用性，但是，对同样的精度要求说来，方程较多是其缺点。由于电子计算机的使用，这一缺点已无关重要，因此，第三版中增加了位移差分解的内容。

兄弟院校的几位同志建议，增加"解答的唯一性"和"功的互等定理"。还有同志认为，既然空间轴对称问题的应力函数等同于拉甫位移函数，前者就不必介绍了。编者采纳了这两方面的建议。

为了便于教学，第三版中对文句和插图作了不少的修改，对例题和习题也作了一些调整。

徐芝纶　　1987年5月

第二版前言

本书在1979年出版以后，曾蒙若干兄弟院校的教师作为教材试用，并先后提出不少宝贵的意见和建议。现在已经按照这些意见和建议进行了修改，择要说明如下。

原书中关于楔形坝体温度应力的一般分析，数学运算较繁，在有限单元法广泛应用于坝体应力分析以后，已经失去了应用价值。原书中关于等截面直杆弯曲问题的解答，虽然属于古典弹性力学上的重大成就，但在工程上很少有人应用。因此，在修订版中删去了这两方面的内容。

修订版在平面问题的基本理论中增加了“斜方向的应变”这一节，是为了适应结构实验分析方面的需要；在薄板小挠度弯曲问题的边界条件中，增加了弹性支承边的边界条件，因为弹性支承是板壳理论中的一个重要概念，而且在很多的板壳结构中，支承构件的弹性也是必须加以考虑的。

原书中关于平面问题应力函数以及应力和位移的复变函数表示，沿用过去文献中的传统推导方法，引用了几个人为的调和函数，显得曲折而不自然。在修订版中，放弃了这些调和函数而用共轭复变数进行推导，比较直观，容易为学生接受。

等曲率扁壳的简化计算，是我国的力学工作者们在50年代末期和60年代初期的重大贡献，至今还不失为国际上的先进成果。因此，在修订版中稍许增多了这方面的内容。

此外，在很多的章节中，文字叙述和数学推导作了某些修改，习题也有些调整。

恳切希望兄弟院校的教师继续对本书进行严格的审查，把发现的缺点和错误及时通知本人，以便再度加以修改或更正，使本书成为比较合用的一部教材。

徐芝纶　　1982年4月

第一版前言

本书是为高等学校工科力学专业编写的弹性力学教材。

全书分上下两册，上册先讲平面问题，再讲空间问题，下册先讲薄板问题，再讲薄壳问题。这样安排，大致符合由浅入深、由易到难、循序渐进的原则。

为了训练学生理论推导和实际运算的能力，每章之后都附有难易程度不同的习题，任课教师可按照专业教学计划的要求和学生课外学时的多少，适当布置。

在大多数章的最后，列出了参考教材的目录，以使学生在阅读了这些教材以后，能够更全面、深入地掌握该章的内容。

内容索引和人名对照表，附在下册的书后。

本书承主审人北京航空学院王德荣同志和武汉建筑材料工业学院王龙甫同志，以及同济大学、大连工学院、太原工学院、华北水利水电学院、西南交通大学、天津大学参加审稿的同志提出了宝贵的意见，特此表示衷心的感谢。

徐芝纶　　1978年10月

第一章 绪 论

§1-1 弹性力学的内容

弹性体力学，通常简称为弹性力学，又称为弹性理论，是固体力学的一个分枝，其中研究弹性体由于受外力作用或温度改变等原因而发生的应力、形变和位移。

对工科力学专业说来，弹性力学的任务，和材料力学、结构力学的任务一样，是分析各种结构物或其构件在弹性阶段的应力和位移，校核它们是否具有所需的强度、刚度和稳定性，并寻求或改进它们的计算方法。然而，这三门学科在研究对象上有所分工，在研究方法上也有所不同。

在材料力学里，基本上只研究所谓杆状构件，也就是长度远大于高度和宽度的构件。这种构件在拉压、剪切、弯曲、扭转作用下的应力和位移，是材料力学的主要研究内容。在结构力学里，主要是在材料力学的基础上研究杆状构件所组成的结构，也就是所谓杆件系统，例如桁架、刚架等等。至于非杆状的结构，例如板和壳，以及挡土墙、堤坝、地基等实体结构，则在弹性力学里加以研究。对于杆状构件作进一步的、较精确的分析，也须用到弹性力学。

虽然在材料力学和弹性力学里都研究杆状构件，然而研究的方法却不完全相同。在材料力学里研究杆状构件，除了从静力学、几何学、物理学三方面进行分析以外，大都还引用一些关于构件的形变状态或应力分布的假定，这就大大简化了数学推演，但是，得出的解答有时只是近似的。在弹性力学里研究杆状构件，一般都不必引用那些假定，因而得出的结果就比较精确，并且可以用来校核材料力学里得出的近似解答。

例如，在材料力学里研究直梁在横向荷载作用下的弯曲，就引用了平面截面的假定，得出的结果是：横截面上的正应力(弯应力)按直线分布。在弹性力学里研究这同一问题，就无须引用平面截面的假定。相反地，还可以用弹性力学里的分析结果来校核这个假定是否正确，并且由此判明：如果梁的高度并不远小于梁的跨度，而两者是同等大小的，那么，横截面上的正应力并不按直线分布，而显然是按曲线变化的，如图 7-9 所示，并且，材料力学里给出的最大正应力将具有很大的误差。

又例如，在材料力学里计算有孔的拉伸构件，通常就假定拉应力在净截面上均匀分布。弹性力学里的计算结果表明：净截面上的拉应力远不是均匀分布，而在孔的附近发生应力集中，如图 4-9 所示，孔边的最大拉应力比平均拉应力大得多。

弹性力学可以分为数学弹性力学和实用弹性力学两部分。在数学弹性力学里，只用精确的数学推演而不引用关于形变状态或应力分布的假定。本书上册的内容属于数学弹性力学。在实用弹性力学里，和在材料力学里一样，也引用一些关于形变状态或应力分布的假定来简化数学推演，得出具有一定近似性的解答。这样，按照分析的方法和解答的精度说来，实用弹性力学是接近材料力学的；但是，由于其中所研究的问题比较复杂，同时还要用到数学弹性力学中的结果，所以这些研究内容归入弹性力学。本书下册的内容就属于实用弹性力学。

虽然在弹性力学里通常并不研究杆件系统，然而近几十年来，不少人曾经致力于弹性力学和结构力学的综合应用，使得这两门学科越来越密切结合。弹性力学吸收了结构力学中的超静定结构分析法以后，大大扩展了它的应用范围，使得某些比较复杂的本来是无法求解的问题，得到了解答。这些解答虽然在理论上具有一定的近似性，但应用在工程上，通常却是足够精确的。在近三十年间快速发展起来的有限单元法，把连续弹性体划分成有限大小的单元构件，然后用结构力学里的位移法、力法或混合法求解，更加显示了弹性力学与结构力学综合应用的良好效果。

此外，对同一结构的各个构件，甚至对同一构件的不同部分，分别用弹性力学和结构力学或材料力学进行计算，常常可以节省很多的工作量，而仍然得到令人满意的结果。

总之，材料力学、结构力学和弹性力学这三门学科之间的界线不是很明显的，更不是一成不变的。我们不应当强调它们之间的分工，而应当更多地发挥它们综合应用的威力，才能使它们更好地为我国的社会主义建设事业服务。

§ 1-2 弹性力学中的几个基本概念

弹性力学中经常用到的基本概念有外力、应力、形变和位移。这些概念，虽然在材料力学和结构力学里都已经用到过，但在这里仍有再加以详细说明的必要。

作用于物体的外力可以分为体积力和表面力，两者也分别简称为体力和面力。

所谓体力，是分布在物体体积内的力，例如重力和惯性力。物体内各点受体力的情况，一般是不相同的。为了表明该物体在某一点P所受体力的大小和方向，在这一点取物体的一小部分，它包含着P点而它的体积为ΔV，图 1-1 a。设作用于ΔV的体力为ΔQ，则体力的平均集度为$\Delta Q/\Delta V$。如果把所取的那一小部分物体不断减小，即ΔV不断减小，则ΔQ和$\Delta Q/\Delta V$都将不断地改变大小、方向和作用点。现在，命ΔV无限减小而趋于P点，假定体力为连续分布，则$\Delta Q/\Delta V$将趋于一定的极限F，即

$$\lim_{\Delta V\to 0}\frac{\Delta Q}{\Delta V}=F。$$

这个极限矢量F，就是该物体在P点所受体力的集度。因为ΔV是

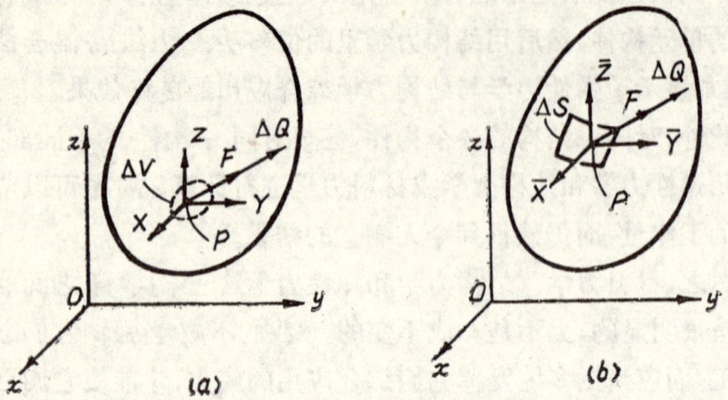

图 1-1

标量，所以 F 的方向就是 ΔQ 的极限方向。矢量 F 在坐标轴 x、y、z 上的投影 X、Y、Z，称为该物体在 P 点的体力分量，以沿坐标轴正方向时为正，沿坐标轴负方向时为负。它们的因次是[力][长度]$^{-3}$。

所谓面力，是分布在物体表面上的力，例如流体压力和接触力。物体在其表面上各点受面力的情况，一般也是不相同的。为了表明该物体在其表面上某一点 P 所受面力的大小和方向，在这一点取该物体表面的一小部分，它包含着 P 点而它的面积为 ΔS，图 1-1 b。设作用于 ΔS 的面力为 ΔQ，则面力的平均集度为 $\Delta Q/\Delta S$。与上相似，命 ΔS 无限减小而趋于 P 点，假定面力为连续分布，则 $\Delta Q/\Delta S$ 将趋于一定的极限 F，即

$$\lim_{\Delta S\to 0}\frac{\Delta Q}{\Delta S}=F。$$

这个极限矢量 F 就是该物体在 P 点所受面力的集度。因为 ΔS 是标量，所以 F 的方向就是 ΔQ 的极限方向。矢量 F 在坐标轴 x、y、z 上的投影 $\bar{X}$、$\bar{Y}$、$\bar{Z}$，称为该物体在 P 点的面力分量，以沿坐标轴正方向时为正，沿坐标轴负方向时为负，它们的因次是[力][长度]$^{-2}$。

物体受了外力的作用，或由于温度有所改变，其内部将发生内力。为了研究物体在其某一点P处的内力，假想用经过P点的一个截面mn将该物体分为A和B两部分，而将B部分撇开，图1-2。撇开的部分B将在截面mn上对留下的部分A作用一定的内力。取这一截面的一小部分，它包含着P点而它的面积为ΔA。设作用于ΔA上的内力为ΔQ，则内力的平均集度，即平均应力，为$\Delta Q/\Delta A$。现在，命ΔA无限减小而趋于P点，假定内力为连续分布，则$\Delta Q/\Delta A$将趋于一定的极限s，即

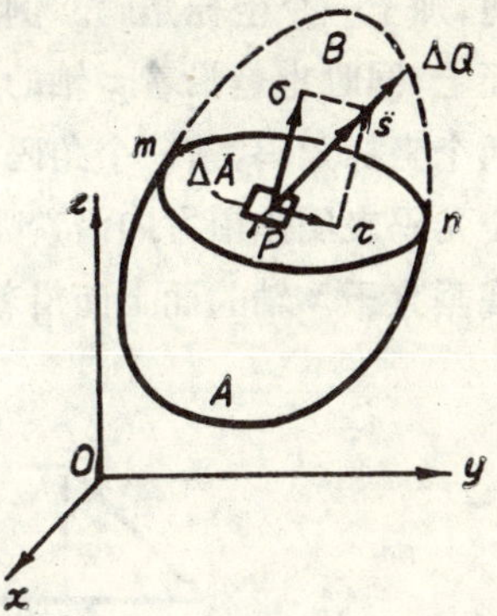

图 1-2

$$\lim_{\Delta A\to 0}\frac{\Delta Q}{\Delta A}=s。$$

这个极限矢量s就是物体在截面mn上的、在P点的应力。因为ΔA是标量，所以应力s的方向就是ΔQ的极限方向。

对于应力，除了在推导某些公式的过程中以外，通常都不用它沿坐标轴方向的分量，因为这些分量和物体的形变或材料强度都没有直接的关系。与物体的形变及材料强度直接相关的，是应力在其作用截面的法向和切向的分量，也就是正应力σ和剪应力τ，图1-2。应力及其分量的因次也是[力][长度]$^{-2}$。

显然可见，在物体内的同一点P，不同截面上的应力是不同的。为了分析这一点的应力状态，即各个截面上应力的大小和方向，在这一点从物体内取出一个微小的平行六面体，它的棱边平行于坐标轴而长度为$PA=\Delta x$、$PB=\Delta y$、$PC=\Delta z$，图1-3。将每一面上的应力分解为一个正应力和两个剪应力，分别与三个坐标

轴平行。正应力用 σ 表示。为了表明这个正应力的作用面和作用方向，加上一个坐标角码。例如，正应力 σ_x 是作用在垂直于 x 轴的面上，同时也是沿着 x 轴的方向作用的。剪应力用 τ 表示，并加上两个坐标角码，前一个角码表明作用面垂直于哪一个坐标轴，后一个角码表明作用方向沿着哪一个坐标轴。例如，剪应力 τ_{xy} 是作用在垂直于 x 轴的面上而沿着 y 轴方向作用的。

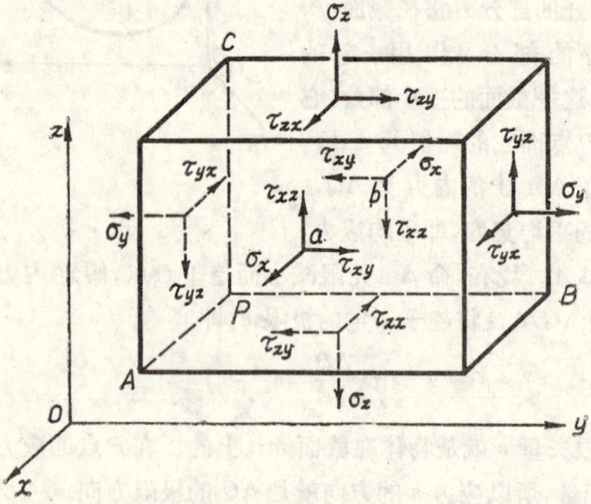

图 1-3

如果某一个截面上的外法线是沿着坐标轴的正方向，这个截面上的应力分量就以沿坐标轴正方向时为正，沿坐标轴负方向时为负。相反，如果某一个截面上的外法线是沿着坐标轴的负方向，这个截面上的应力分量就以沿坐标轴负方向时为正，沿坐标轴正方向时为负。图上所示的应力分量全都是正的。注意，虽然上述正负号规定，对于正应力说来，结果是和材料力学中的规定相同（拉应力为正而压应力为负），但是，对于剪应力说来，结果却和材料力学中的规定不完全相同。

六个剪应力之间具有一定的互等关系。例如，以连接前后两

面中心的直线 ab 为矩轴，立出力矩的平衡方程，得到

$$2\tau_{yz}\Delta z\Delta x\frac{\Delta y}{2}-2\tau_{zy}\Delta y\Delta x\frac{\Delta z}{2}=0。$$

同样可以立出其余两个相似的方程。简化以后，得出

$$\tau_{yz}=\tau_{zy},\tau_{zx}=\tau_{xz},\tau_{xy}=\tau_{yx}。\qquad(1-1)$$

这就证明了剪应力的互等关系：作用在两个互相垂直的面上并且垂直于该两面交线的剪应力，是互等的（大小相等，正负号也相同）。因此，剪应力记号的两个角码可以对调。

在这里，我们没有考虑应力由于位置不同而有的改变（也就是把六面体中的应力当做均匀应力），而且也没有考虑体力的作用。以后可见，即使考虑到应力随位置不同而有的改变，并考虑到体力的作用，仍然可以推导出剪应力的互等关系。

顺便指出，如果采用材料力学中的正负号规定，则剪应力的互等关系将成为

$$\tau_{yz}=-\tau_{zy},\tau_{zx}=-\tau_{xz},\tau_{xy}=-\tau_{yx},$$

显然不如采用上述规定时来得简单。但也应当指出，在利用莫尔圆（即应力圆）时，就必须采用材料力学中的规定。

以后可见，在物体的任意一点，如果已知 σ_x、σ_y、σ_z、τ_{yz}、τ_{zx}、τ_{xy} 这六个应力分量，就可以求得经过该点的任意截面上的正应力和剪应力。因此，上述六个应力分量可以完全确定该点的应力状态。

所谓形变，就是形状的改变。物体的形状总可以用它各部分的长度和角度来表示。因此，物体的形变总可以归结为长度的改变和角度的改变。

为了分析物体在其某一点 P 的形变状态，在这一点沿着坐标轴 x、y、z 的正方向取三个微小的线段 PA、PB、PC，图 1-3。物体变形以后，这三个线段的长度以及它们之间的直角一般都将有所改变。各线段的每单位长度的伸缩，即单位伸缩或相对伸缩，

称为正应变；各线段之间的直角的改变，用弧度表示，称为剪应变。正应变用字母 ε 表示：ε_x 表示 x 方向的线段 PA 的正应变，余类推。正应变以伸长时为正，缩短时为负，与正应力的正负号规定相适应。剪应变用字母 γ 表示：γ_{yz} 表示 y 与 z 两方向的线段（即 PB 与 PC）之间的直角的改变，余类推。剪应变以直角变小时为正，变大时为负，与剪应力的正负号规定相适应。正应变和剪应变都是无因次的数量。

以后可见，在物体的任意一点，如果已知 ε_x、ε_y、ε_z、γ_{yz}、γ_{zx}、γ_{xy} 这六个应变，就可以求得经过该点的任一线段的正应变，也可以求得经过该点的任意两个线段之间的角度的改变。因此，这六个应变，称为该点的形变分量，可以完全确定该点的形变状态。

所谓位移，就是位置的移动。物体内任意一点的位移，用它在 x、y、z 三轴上的投影 u、v、w 来表示，以沿坐标轴正方向时为正，沿坐标轴负方向时为负。这三个投影称为该点的位移分量。位移及其分量的因次是[长度]。

一般而论，弹性体内任意一点的体力分量、面力分量、应力分量、形变分量和位移分量，都是随着该点的位置而变的，因而都是位置坐标的函数。

在弹性力学的问题里，通常是已知物体的形状和大小（即已知物体的边界），已知物体的弹性常数，物体所受的体力，物体边界上的约束情况或面力，须要求解应力分量、形变分量和位移分量。

§ 1-3 弹性力学中的基本假定

为了由弹性力学问题中的已知量求出未知量，必须建立这些已知量与未知量之间的关系，以及各个未知量之间的关系，从而导出一套求解的方程。在导出方程时，可以从三方面来进行分析。一方面是静力学方面，由此建立应力、体力、面力之间的关系。另一方面是几何学方面，由此建立形变、位移和边界位移之间的关系。再一个方面是物理学方面，由此建立形变与应力之间的关系。

在导出方程时，如果精确考虑所有各方面的因素，则导出的方程非常复杂，实际上不可能求解。因此，通常必须按照研究对象的性质和求解问题的范围，作出若干基本假定，从而略去一些暂不考虑的因素，使得方程的求解成为可能。在本教程中，除了个别的章节以外，都采用如下的基本假定。

(1) 假定物体是连续的，也就是假定整个物体的体积都被组成这个物体的介质所填满，不留下任何空隙。这样，物体内的一些物理量，例如应力、形变、位移等等，才可能是连续的，因而才可能用坐标的连续函数来表示它们的变化规律。实际上，一切物体都是由微粒组成的，都不能符合上述假定。但是，可以想见，只要微粒的尺寸，以及相邻微粒之间的距离，都比物体的尺寸小得很多，那么，关于物体连续性的假定，就不会引起显著的误差。

(2) 假定物体是完全弹性的，也就是假定物体完全服从虎克定律——应变与引起该应变的那个应力分量成比例；反映这种比例关系的常数，即所谓弹性常数，并不随应力分量或应变的大小和符号而变。具体地说，当应力分量增大到若干倍时，应变也增大到同一倍数；当应力分量减小到若干分之一时，应变也减小到同一分数；当应力分量减小为零时，应变也减小为零(没有任何剩余形变)；当应力分量反其符号时，应变也反其符号，而且两者仍然保持其同样的比例关系。由材料力学已知：脆性材料的物体，在应力未超过比例极限以前，可以作为近似的完全弹性体；塑性材料的物体，在应力未达到屈服极限以前，也可以作为近似的完全弹性体。

(3) 假定物体是均匀的，也就是，整个物体是由同一材料组成的。这样，整个物体的所有各部分才具有相同的弹性，因而物体的弹性常数才不随位置坐标而变，可以取出该物体的任意一小部分来加以分析，然后把分析的结果应用于整个物体。如果物体是由两种或两种以上的材料组成的，那么，也只要每一种材料的颗粒远远小于物体，而且在物体内均匀分布，这个物体也就可以当做是均匀的。

(4) 假定物体是各向同性的，也就是，物体内一点的弹性在所有各个方向都相同。这样，物体的弹性常数才不随方向而变。显然，木材和竹材的构件都不能当做各向同性体。至于钢材的构件，虽然它含有各向异性的晶体，但由于晶体很微小，而且是随机排列的，所以钢材构件的弹性(包含无数多微小晶体随机排列时的统观弹性)，大致是各向相同的。

凡是符合以上四个假定的物体，就称为理想弹性体。

(5) 假定位移和形变是微小的。这就是说，假定物体受力以后，整个物体所有各点的位移都远远小于物体原来的尺寸，因而应变和转角都远小于1。这样，在建立物体变形以后的平衡方程时，就可以用变形以前的尺寸来代替变形以后的尺寸，而不致引起显著的误差，并且，在考察物体的形变及位移时，转角和应变的二次幂或乘积都可以略去不计。这才可能使得弹性力学中的代数方程和微分方程简化为线性方程。

本教程中所讨论的问题，绝大多数都是理想弹性体的线性问题。

习 题

1-1 试举例说明，什么是均匀的各向异性体，什么是非均匀的各向同性体，什么是非均匀的各向异性体。

1-2 一般的混凝土构件和钢筋混凝土构件能否作为理想弹性体？一般的岩质地基和土质地基能否作为理想弹性体？

1-3 试回忆，在学习材料力学时，曾经遇到过哪些非线性问题。它们的解答和线性问题的解答有什么重大的差别？

参 考 教 材

[1] 钱伟长、叶开沅编，«弹性力学»，第一章。

[2] H.И.别茹霍夫著，杜庆华、庞家驹、黄克智、张福范、解伯民译，«弹性与塑性理论»，§1，§2，§11。

第二章　平面问题的基本理论

§ 2-1　平面应力问题与平面应变问题

任何一个弹性体都是空间物体，一般的外力都是空间力系，因此，严格地说来，任何一个实际的弹性力学问题都是空间问题。但是，如果所考察的弹性体具有某种特殊的形状，并且承受的是某种特殊的外力，就可以把空间问题简化为近似的平面问题。这样处理，分析和计算的工作量将大大地减少，而所得的成果却仍然能满足工程上对精度的要求。

第一种平面问题是平面应力问题。设有很薄的等厚度薄板，图 2-1，只在板边上受有平行于板面并且不沿厚度变化的面力，同时，体力也平行于板面并且不沿厚度变化。例如图中所示的深梁，以及平板坝的平板支墩，就属于此类。

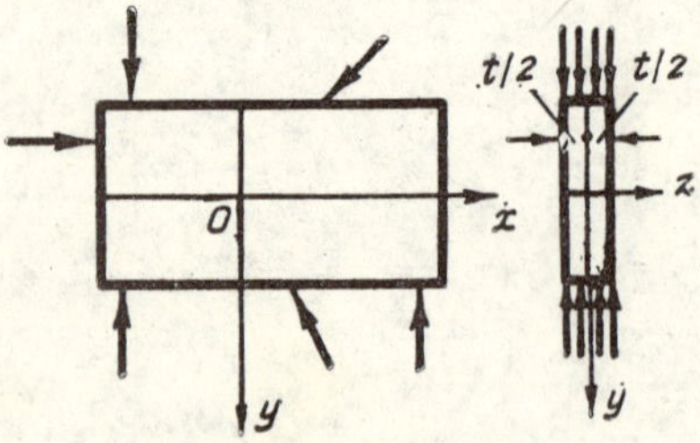

图 2-1

设薄板的厚度为 t。以薄板的中面为 xy 面，以垂直于中面的任一直线为 z 轴。因为板面上$\left(z=\pm\dfrac{t}{2}\right)$不受力，所以有

$$(\sigma_z)_{z=\pm\frac{t}{2}}=0\quad(\tau_{zx})_{z=\pm\frac{t}{2}}=0,\quad(\tau_{zy})_{z=\pm\frac{t}{2}}=0。$$

因为板很薄，外力又不沿厚度变化，所以，可以认为在整个薄板的所有各点都有

$$\sigma_z=0,\tau_{zx}=0,\quad \tau_{zy}=0。$$

注意到剪应力的互等关系，又可见 $\tau_{xz}=0,\tau_{yz}=0$。这样，只剩下平行于 xy 面的三个应力分量，即 σ_x、σ_y、$\tau_{xy}=\tau_{yx}$，所以这种问题称为平面应力问题。同时，也因为板很薄，这三个应力分量，以及分析问题时须要考虑的形变分量和位移分量，都可以认为是不沿厚度变化的。这就是说，它们只是 x 和 y 的函数，不随 z 而变化。

第二种平面问题是平面应变问题。与上相反，设有很长的柱形体，它的支承情况不沿长度变化，如图 2-2 所示，在柱面上受有平行于横截面而且不沿长度变化的面力，同时，体力也平行于横截面而且不沿长度变化（内在因素和外来作用都不沿长度变化）。

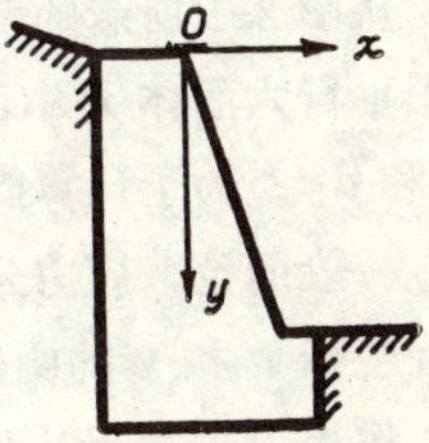

图 2-2

假想该柱形体为无限长，以任一横截面为 xy 面，任一纵线为 z 轴，则所有一切应力分量、形变分量和位移分量都不沿 z 方向变化，而只是 x 和 y 的函数。此外，在这一情况下，由于对称（任一横截面都可以看作是对称面），所有各点都只会沿 x 和 y 方向移动，而不会有 z 方向的位移，也就是 $w=0$。因为所有各点的位移矢量都平行 xy 面，所以这种问题应当称为平面位移问题，但在习惯上常称为平面应变问题。又由对称条件可知，$\tau_{zx}=0,\tau_{zy}=0$。根据剪应力的互等关系，又可以断定 $\tau_{xz}=0,\tau_{yz}=0$。但是，由于 z 方向的伸缩被阻止，所以 σ_z 一般并不等于零。

有些问题，例如挡土墙和重力坝的问题等等，是很接近于平面应变问题的。虽然由于这些结构不是无限长的，而且在靠近两端之处，横截面的形状也往往是变化的，并不符合无限长柱形体的条件，但是实践证明，对于离开两端较远之处，按平面应变问题进行分析计算，得出的结果却是工程上可用的。

§ 2-2 平衡微分方程

在弹性力学里分析问题，要从三方面来考虑：静力学方面，几何学方面和物理学方面。现在，我们来考虑平面问题的静力学方面，而首先根据平衡条件来导出应力分量与体力分量之间的关系式，也就是平面问题的平衡微分方程。

从图 2-1 所示的薄板，或图 2-2 所示的柱形体，取出一个微小的正平行六面体 $PACB$（图 2-3），它在 x 和 y 方向的尺寸分别为 dx 和 dy。为了计算简便，它在 z 方向的尺寸取为一个单位长度。

一般而论，应力分量是位置坐标 x 和 y 的函数，因此，作用于左右两对面或上下两对面的应力分量不完全相同，而具有微小的差量。例如，设作用于左面 PB 的平均正应力是 σ_x，则作用于右面 AC 的平均正应力，由于 x 坐标的改变，可用泰勒级数表示为

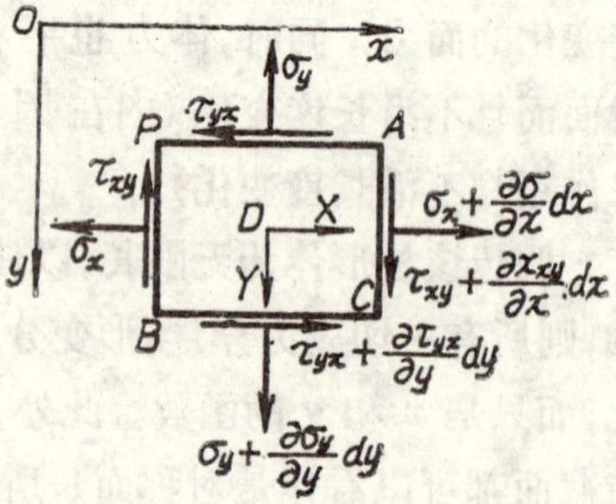

图 2-3

$$\sigma_x+\frac{\partial\sigma_x}{\partial x}dx+\frac{1}{2!}\frac{\partial^2\sigma_x}{\partial x^2}dx^2+\cdots,$$

在略去二阶及更高阶的微量以后简化为

$$\sigma_x+\frac{\partial\sigma_x}{\partial x}dx。$$

设 σ_x 为常量，则 $\frac{\partial\sigma_x}{\partial x}=0$，而左右两面的正应力都是 σ_x，这就是 §1-2 中所说的均匀应力的情况。同样，设左面的平均剪应力是 τ_{xy}，则右面的平均剪应力将是 $\tau_{xy}+\frac{\partial\tau_{xy}}{\partial x}dx$，设上面的平均正应力及

平均剪应力分别为 σ_y 及 τ_{yx}，则下面的平均正应力及平均剪应力分别为 $\sigma_y+\frac{\partial\sigma_y}{\partial y}dy$ 及 $\tau_{yx}+\frac{\partial\tau_{yx}}{\partial y}dy$。

首先以通过中心 D 并平行于 z 轴的直线为矩轴，立出力矩的平衡方程 $\sum M_D=0$：

$$\left(\tau_{xy}+\frac{\partial\tau_{xy}}{\partial x}dx\right)dy\times1\times\frac{dx}{2}+\tau_{xy}dy\times1\times\frac{dx}{2}$$

$$-\left(\tau_{yx}+\frac{\partial\tau_{yx}}{\partial y}dy\right)dx\times1\times\frac{dy}{2}-\tau_{yx}dx\times1\times\frac{dy}{2}=0。$$

在建立这一方程时，我们按照§1-3 中的第(5)个基本假定，用了弹性体变形以前的尺寸，而没有用平衡状态下的、变形以后的尺寸。在以后建立任何平衡方程时，都将同样地处理，不再加以说明。将上式的两边除以 $dxdy$，合并相同的项，得到

$$\tau_{xy}+\frac{1}{2}\frac{\partial\tau_{xy}}{\partial x}dx=\tau_{yx}+\frac{1}{2}\frac{\partial\tau_{yx}}{\partial y}dy。$$

命 dx 及 dy 趋于零，则 A、B、C 三点都趋于 P 点，而各面上的平均剪应力都趋于在 P 点的剪应力，从而有在 P 点的关系式

$$\tau_{xy}=\tau_{yx}。\tag{2-1}$$

这不过是再一次证明了剪应力的互等关系。

其次，以 x 轴为投影轴，立出力的平衡方程 $\sum F_x=0$：

$$\left(\sigma_x+\frac{\partial\sigma_x}{\partial x}dx\right)dy\times1-\sigma_x dy\times1$$

$$+\left(\tau_{yx}+\frac{\partial\tau_{yx}}{\partial y}dy\right)dx\times1-\tau_{yx}dx\times1+Xdxdy\times1=0。$$

约简以后，两边除以 $dxdy$，得

$$\frac{\partial\sigma_x}{\partial x}+\frac{\partial\tau_{yx}}{\partial y}+X=0。$$

同样，由平衡方程 $\sum F_y=0$ 可得一个相似的微分方程。于是得出平面问题中表明应力分量与体力分量之间的关系式，即平衡微分方程在平面问题中的简化形式：

$$\left.\begin{aligned}\frac{\partial\sigma_x}{\partial x}+\frac{\partial\tau_{yx}}{\partial y}+X=0,\\ \frac{\partial\sigma_y}{\partial y}+\frac{\partial\tau_{xy}}{\partial x}+Y=0。\end{aligned}\right\}\qquad(2-2)$$

这两个微分方程中包含着三个未知函数 σ_x、σ_y、$\tau_{xy}=\tau_{yx}$。因此，决定应力分量的问题是超静定的；还必须考虑形变和位移，才能解决问题。

对于平面应变问题来说，在图 2-3 所示的六面体上，一般还有作用于前后两面的正应力 σ_z，但由于它们自成平衡，完全不影响方程(2-1)及(2-2)的建立，所以上述方程对于两种平面问题都同样适用。

§2-3　斜面上的应力。主应力

现在继续分析平面问题的静力学方面，从而说明，如果已知任一点 P 处的应力分量 σ_x、σ_y、$\tau_{xy}=\tau_{yx}$，图 2-4，就可以求得经过该点的、平行于 z 轴而倾斜于 x 轴和 y 轴的任何斜面上的应力。为此，在 P 点附近取一个平面 AB，它平行于上述斜面，并与经过 P 点而垂直于 x 轴和 y 轴的两个平面划出一个微小的三角板或三棱柱 PAB。当平面 AB 与 P 点无限接近时，平面 AB 上的平均应力就成为上述斜面上的应力。

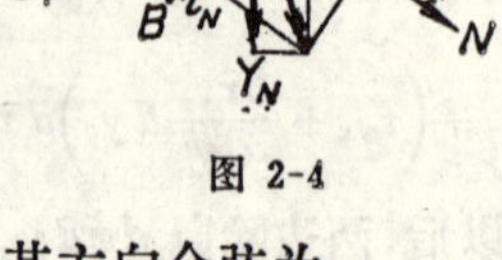

图 2-4

用 N 代表斜面 AB 的外法线方向，其方向余弦为

$$\cos(N,x)=l,\qquad \cos(N,y)=m。$$

用 X_N 和 Y_N 代表该斜面上的应力 s 在 x 轴和 y 轴上的投影，图 2-4。设斜面 AB 的面积为 dS，则截面 PB 及 PA 的面积分别为 ldS 及 mdS。于是由 PAB 的平衡条件 $\sum F_x=0$ 可得

$$X_N dS=\sigma_x l dS+\tau_{yx} m dS。$$

除以 dS,即得

$$X_N=l\sigma_x+m\tau_{yx}。\qquad (2-3)$$

在这里,我们没有考虑作用于 PAB 的体力,因为体力与体积成正比,是高一阶的微量。同样可以由平衡条件 $\sum F_y=0$ 得出

$$Y_N=m\sigma_y+l\tau_{xy}。\qquad (2-4)$$

命斜面 AB 上的正应力为 σ_N,则由投影可得

$$\sigma_N=lX_N+mY_N。$$

将(2-3)及(2-4)代入,并将 τ_{yx} 代以 τ_{xy},即得

$$\sigma_N=l^2\sigma_x+m^2\sigma_y+2lm\tau_{xy}。\qquad (2-5)$$

命斜面 AB 上的剪应力为 τ_N,则由投影可得

$$\tau_N=lY_N-mX_N。\qquad (a)$$

在本书所用的平面坐标系中,τ_N 的正负号显然必须这样规定:如果把 N 转动 90° 而达到 τ_N 的方向是顺时针的(就象把 x 轴转动 90° 而达到 y 轴那样),这个 τ_N 就作为正的,相反的 τ_N 就作为负的。现在,将(2-3)及(2-4)代入式(a),并将 τ_{yx} 代以 τ_{xy},即得

$$\tau_N=lm(\sigma_y-\sigma_x)+(l^2-m^2)\tau_{xy}。\qquad (2-6)$$

由公式(2-5)及(2-6)可见,如果已知 P 点处的应力分量,就可以求得经过 P 点的任一斜面上的正应力及剪应力。

如果经过 P 点的某一斜面上的剪应力等于零,则该斜面上的正应力称为 P 点的一个主应力,而该斜面称为 P 点的一个应力主面,该斜面的法线方向(即主应力的方向)称为 P 点的一个应力主向。

现在,假设在 P 点有一个应力主面存在。这样,由于该面上的剪应力等于零,该面上的全应力 s 就等于该面上的正应力,也就等于主应力 σ。于是该面上的全应力 s 在坐标轴上的投影成为

$$X_N=l\sigma,Y_N=m\sigma。$$

将(2-3)及(2-4)代入,并以 τ_{xy} 代替 τ_{yx},即得

$$l\sigma_x + m\tau_{xy} = l\sigma, \quad m\sigma_y + l\tau_{xy} = m\sigma。$$

由二式分别解出 m/l，得到

$$\frac{m}{l} = \frac{\sigma - \sigma_x}{\tau_{xy}}, \quad \frac{m}{l} = \frac{\tau_{xy}}{\sigma - \sigma_y}。 \tag{b}$$

命二者相等，即得 σ 的二次方程

$$\sigma^2 - (\sigma_x + \sigma_y)\sigma + (\sigma_x\sigma_y - \tau_{xy}^2) = 0,$$

从而求得两个主应力为

$$\left.\begin{matrix}\sigma_1\\ \sigma_2\end{matrix}\right\} = \frac{\sigma_x + \sigma_y}{2} \pm \sqrt{\left(\frac{\sigma_x - \sigma_y}{2}\right)^2 + \tau_{xy}^2}。 \tag{2-7}$$

由于根号内的数值（两个数的平方之和）总是正的，所以 σ_1 和 σ_2 这两个根都将是实根。此外，由上式极易看出有关系式

$$\sigma_1 + \sigma_2 = \sigma_x + \sigma_y。 \tag{c}$$

下面来求出主应力的方向，即应力主向。设 σ_1 与 x 轴的夹角为 α_1，则

$$\mathrm{tg}\alpha_1 = \frac{\sin\alpha_1}{\cos\alpha_1} = \frac{\cos(90° - \alpha_1)}{\cos\alpha_1} = \frac{m_1}{l_1}。$$

利用 (b) 中的第一式，可得

$$\mathrm{tg}\alpha_1 = \frac{\sigma_1 - \sigma_x}{\tau_{xy}}。 \tag{2-8}$$

设 σ_2 与 x 轴的夹角为 α_2，则

$$\mathrm{tg}\alpha_2 = \frac{\sin\alpha_2}{\cos\alpha_2} = \frac{\cos(90° - \alpha_2)}{\cos\alpha_2} = \frac{m_2}{l_2}。$$

利用 (b) 中的第二式，可得

$$\mathrm{tg}\alpha_2 = \frac{\tau_{xy}}{\sigma_2 - \sigma_y}。$$

再利用由式 (c) 得来的 $\sigma_2 - \sigma_y = -(\sigma_1 - \sigma_x)$，即得

$$\mathrm{tg}\alpha_2 = -\frac{\tau_{xy}}{\sigma_1 - \sigma_x}。$$

结合(2-8)式，可见 $\mathrm{tg}\alpha_1\ \mathrm{tg}\alpha_2 = -1$，表示 σ_1 与 σ_2 互相垂直。这

就证明：在任一点 P，一定存在两个互相垂直的主应力。

如果已经求得任一点的两个主应力 σ_1 和 σ_2，以及与之对应的应力主向，就极易求得这一点的最大应力与最小应力。为了便于分析，将 x 轴和 y 轴分别放在 σ_1 和 σ_2 的方向，于是就有

$$\tau_{xy}=0,\ \sigma_x=\sigma_1,\ \sigma_y=\sigma_2。\tag{d}$$

首先来求出最大与最小的正应力。按照公式(2-5)及式(d)，任一斜面上的正应力现在可以表示成为

此处最大、最小是针对数值而言 而非材料力学上的极大拉应力 or 极大压应力

$$\sigma_N=l^2\sigma_1+m^2\sigma_2。$$

用关系式 $l^2+m^2=1$ 消去 m^2，得到

$$\sigma_N=l^2\sigma_1+(1-l^2)\sigma_2=l^2(\sigma_1-\sigma_2)+\sigma_2。$$

因为 l^2 的最大值为 1 而最小值为零，可见 σ_N 的最大值为 σ_1 而最小值为 σ_2。这就是说，两个主应力包含了最大与最小的正应力。

其次来求出最大与最小的剪应力。按照公式(2-6)及式(d)，任一斜面上的剪应力现在可以表示成为

$$\tau_N=lm(\sigma_2-\sigma_1)。$$

由关系式 $l^2+m^2=1$ 得 $m=\pm\sqrt{1-l^2}$。代入上式，得

$$\begin{aligned}\tau_N&=\pm\, l\sqrt{1-l^2}\,(\sigma_2-\sigma_1)\\&=\pm\sqrt{l^2-l^4}\,(\sigma_2-\sigma_1)\\&=\pm\sqrt{\frac{1}{4}-\left(\frac{1}{2}-l^2\right)^2}\,(\sigma_2-\sigma_1)。\end{aligned}$$

由此可见，当 $\frac{1}{2}-l^2=0$ 时，τ_N 为最大或最小。于是得 $l=\pm\sqrt{\frac{1}{2}}$，而最大与最小的剪应力为 $\pm\frac{\sigma_1-\sigma_2}{2}$，发生在与 x 轴及 y 轴(即应力主向)成 45° 的斜面上。

§ 2-4 几何方程。刚体位移

现在来考虑平面问题的几何学方面，导出形变分量与位移分

量之间的关系式，也就是平面问题的几何方程。

经过弹性体内的任意一点 P，沿 x 轴和 y 轴的方向取两个微小长度的线段 $PA=dx$ 和 $PB=dy$，图 2-5。假定弹性体受力以后，P、A、B 三点分别移动到 P'、A'、B'。

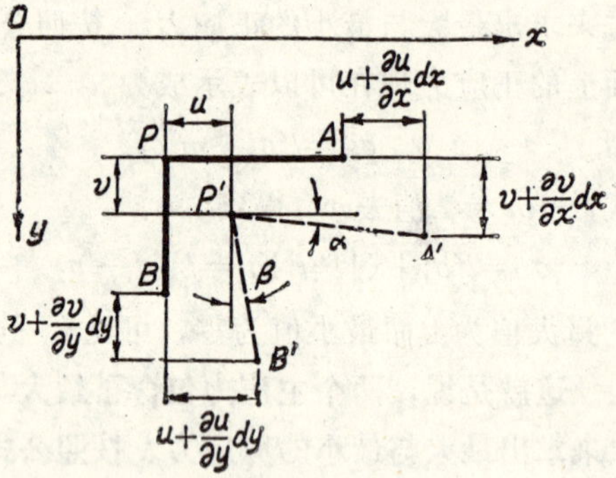

图 2-5

首先来求出线段 PA 和 PB 的正应变，即 ε_x 和 ε_y，用位移分量来表示。设 P 点在 x 方向的位移分量是 u，则 A 点在 x 方向的位移分量，由于 x 坐标的改变，可用泰勒级数表示为

$$u+\frac{\partial u}{\partial x}dx+\frac{1}{2!}\frac{\partial^2 u}{\partial x^2}dx^2+\cdots,$$

在略去二阶及更高阶的微量以后简化为 $u+\frac{\partial u}{\partial x}dx$。可见线段 PA 的正应变是

$$\varepsilon_x=\frac{\left(u+\frac{\partial u}{\partial x}dx\right)-u}{dx}=\frac{\partial u}{\partial x}。\tag{a}$$

在这里，由于位移是微小的，y 方向的位移 v 所引起的线段 PA 的伸缩，是更高一阶微小的，因此略去不计。同样可见，线段 PB 的正应变是

$$\varepsilon_y=\frac{\partial v}{\partial y}。 \qquad (b)$$

现在来求出线段 PA 与 PB 之间的直角的改变，也就是剪应变 γ_{xy}，用位移分量来表示。由图可见，这个剪应变是由两部分组成的：一部分是由 y 方向的位移 v 引起的，即 x 方向的线段 PA 的转角 α；另一部分是由 x 方向的位移 u 引起的，即 y 方向的线段 PB 的转角 β。

设 P 点在 y 方向的位移分量是 v，则 A 点在 y 方向的位移分量将是 $v+\frac{\partial v}{\partial x}dx$。因此，线段 PA 的转角是

$$\alpha=\frac{\left(v+\frac{\partial v}{\partial x}dx\right)-v}{dx}=\frac{\partial v}{\partial x}。$$

同样可得线段 PB 的转角是

$$\beta=\frac{\partial u}{\partial y}。$$

于是可见，PA 与 PB 之间的直角的改变（以减小时为正），也就是剪应变 γ_{xy}，为

$$\gamma_{xy}=\alpha+\beta=\frac{\partial v}{\partial x}+\frac{\partial u}{\partial y}。 \qquad (c)$$

综合(a)、(b)、(c)三式，得出平面问题中表明形变分量与位移分量之间的关系式，即几何方程在平面问题中的简化形式：

$$\left.\begin{aligned}\varepsilon_x&=\frac{\partial u}{\partial x},\\ \varepsilon_y&=\frac{\partial v}{\partial y},\\ \gamma_{xy}&=\frac{\partial v}{\partial x}+\frac{\partial u}{\partial y}。\end{aligned}\right\} \qquad (2-9)$$

由上列几何方程可见，当物体的位移分量完全确定时（表示成为 x 和 y 的确定函数时），形变分量即完全确定。反之，当形变分

量完全确定时，位移分量却不能完全确定。为了说明这后一点，试命形变分量等于零，即

$$\varepsilon_x=\varepsilon_y=\gamma_{xy}=0, \tag{d}$$

而求出相应的位移分量。

将式(*d*)代入几何方程(2-9)，得

$$\frac{\partial u}{\partial x}=0,\ \frac{\partial v}{\partial y}=0,\ \frac{\partial v}{\partial x}+\frac{\partial u}{\partial y}=0。 \tag{e}$$

将前二式分别对 x 及 y 积分，得

$$u=f_1(y),\ v=f_2(x), \tag{f}$$

其中 f_1 及 f_2 为任意函数。代入(*e*)中的第三式，得

$$-\frac{df_1(y)}{dy}=\frac{df_2(x)}{dx}。$$

这一方程的左边是 y 的函数，而右边是 x 的函数。因此，只可能两边都等于同一常数 ω。于是得

$$\frac{df_1(y)}{dy}=-\omega,\quad \frac{df_2(x)}{dx}=\omega。$$

积分以后，得

$$f_1(y)=u_0-\omega y,\ f_2(x)=v_0+\omega x, \tag{g}$$

其中的 u_0 及 v_0 为任意常数。将式(*g*)代入式(*f*)，得位移分量

$$u=u_0-\omega y,\ v=v_0+\omega x。 \tag{2-10}$$

式(2-10)所示的位移，是“形变为零”时的位移，也就是所谓“与形变无关的位移”，因而必然是刚体位移。实际上，u_0 及 v_0 分别为物体沿 x 轴及 y 轴方向的刚体平移，而 ω 为物体绕 z 轴的刚体转动。下面根据平面运动的原理加以证明。

当三个常数中只有 u_0 不等于零时，由(2-10)可见，物体中任意一点的位移分量是 $u=u_0$，$v=0$。这就是说，物体的所有各点只沿 x 方向移动同样的距离 u_0。由此可见，u_0 代表物体沿 x 方向的刚体平移。同样可见，v_0 代表物体沿 y 方向的刚体平移。当只有 ω 不等于零时，由(2-10)可见，物体中任意一点的位移分量是

$u=-\omega y, v=\omega x$。据此，坐标为(x, y)的任意一点 P 沿着 y 方向移动 ωx，并沿着负 x 方向移动 ωy，如图 2-6 所示，而合成位移为

$$\sqrt{u^2+v^2}=\sqrt{(-\omega y)^2+(\omega x)^2}$$
$$=\omega\sqrt{x^2+y^2}=\omega r,$$

其中 r 为 P 点至 z 轴的距离。命合成位移的方向与 y 轴的夹角为 α，则由图可见

$$\mathrm{tg}\alpha=\frac{\omega y}{\omega x}=\frac{y}{x}=\mathrm{tg}\theta。$$

可见合成位移的方向与径向线 OP 垂直，也就是沿着切向。既然物体的所有各点移动的方向都是沿着切向，而且移动的距离等于径向距离 r 乘以 ω，可见(注意位移是微小的)ω 代表物体绕 z 轴的刚体转动。

既然物体在形变为零时可以有任何的刚体位移，可见，当物体发生一定的形变时，由于约束条件的不同，它可能具有不同的刚体位移，因而它的位移并不是完全确定的。在平面问题中，常数 u_0、v_0、ω 的任意性就反映位移的不确定性，而为了完全确定位移，就必须有三个适当的约束条件来确定这三个常数。

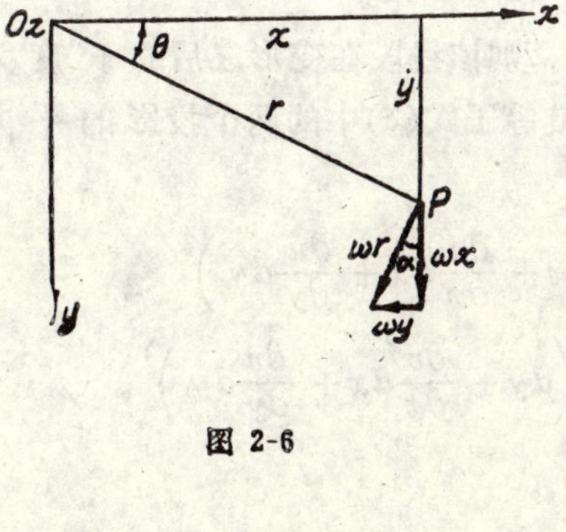

图 2-6

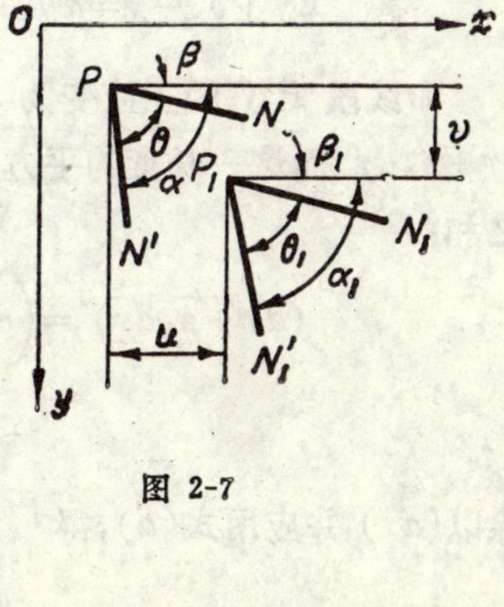

图 2-7

§ 2-5 斜方向的应变及位移

现在继续分析平面问题的几何学方面，从而说明，如果已知弹性体中任一点 P 处的三个形变分量 ε_x、ε_y、γ_{xy}，就可以求得经过该点的、平行于 xy 面的任何斜向微小线段 PN 的正应变，也可以求得经过该点的、平行于 xy 面的任何两个斜向微小线段 PN 与 PN' 之间的夹角的改变，图 2-7。

命 P 点的坐标为 (x,y)，N 点的坐标为 $(x+dx,y+dy)$，PN 的长度为 dr，PN 的方向余弦为

$$\cos(PN,x)=l,\cos(PN,y)=m,$$

于是 PN 在坐标轴上的投影为

$$dx=ldr,dy=mdr。\tag{a}$$

设 P 点的位移分量为 u、v，则 N 点的位移分量为

$$\left.\begin{aligned}u_N=u+du=u+\frac{\partial u}{\partial x}dx+\frac{\partial u}{\partial y}dy,\\ v_N=v+dv=v+\frac{\partial v}{\partial x}dx+\frac{\partial v}{\partial y}dy。\end{aligned}\right\}\tag{b}$$

在变形之后，线段 PN 移动到 P_1N_1，它在坐标轴上的投影成为

$$\left.\begin{aligned}dx+u_N-u=dx+\frac{\partial u}{\partial x}dx+\frac{\partial u}{\partial y}dy,\\ dy+v_N-v=dy+\frac{\partial v}{\partial x}dx+\frac{\partial v}{\partial y}dy。\end{aligned}\right\}\tag{c}$$

命线段 PN 的正应变为 ε_N，则该线段在变形之后的长度为 $dr+\varepsilon_N dr$，而这一长度的平方就等于式 (c) 中的两个投影的平方之和：

$$(dr+\varepsilon_N dr)^2=\left(dx+\frac{\partial u}{\partial x}dx+\frac{\partial u}{\partial y}dy\right)^2+\left(dy+\frac{\partial v}{\partial x}dx+\frac{\partial v}{\partial y}dy\right)^2。$$

除以 $(dr)^2$ 并应用式 (a)，得

$$(1+\varepsilon_N)^2=\left[\,l\left(1+\frac{\partial u}{\partial x}\right)+m\frac{\partial u}{\partial y}\right]^2$$
$$+\left[\,l\,\frac{\partial v}{\partial x}+m\left(1+\frac{\partial v}{\partial y}\right)\right]^2。$$

因为 ε_N 和 $\dfrac{\partial u}{\partial x}$、$\dfrac{\partial u}{\partial y}$、$\dfrac{\partial v}{\partial x}$、$\dfrac{\partial v}{\partial y}$ 都是微小的，它们的乘方或乘积都可以不计，所以上式可以简化为

$$1+2\varepsilon_N=l^2\left(1+2\frac{\partial u}{\partial x}\right)+2lm\,\frac{\partial u}{\partial y}$$
$$+m^2\left(1+2\frac{\partial v}{\partial y}\right)+2lm\,\frac{\partial v}{\partial x}。$$

注意到 $l^2+m^2=1$，可以由上式得出

$$\varepsilon_N=l^2\,\frac{\partial u}{\partial x}+m^2\,\frac{\partial v}{\partial y}+lm\left(\frac{\partial u}{\partial y}+\frac{\partial v}{\partial x}\right)。\tag{d}$$

再应用几何方程(2-9)，即得

$$\varepsilon_N=l^2\varepsilon_x+m^2\varepsilon_y+lm\gamma_{xy}。\tag{2-11}$$

现在来求线段 PN 和 PN' 的夹角的改变。在变形之后，线段 PN 成为 P_1N_1，而它的方向余弦成为

$$l_1=\frac{dx+\dfrac{\partial u}{\partial x}dx+\dfrac{\partial u}{\partial y}\,dy}{dr(1+\varepsilon_N)},$$

$$m_1=\frac{dy+\dfrac{\partial v}{\partial x}dx+\dfrac{\partial v}{\partial y}\,dy}{dr(1+\varepsilon_N)}。$$

应用式(a)，并注意 ε_N 是微量，可以取 $\dfrac{1}{1+\varepsilon_N}=1-\varepsilon_N$，则由以上两式可得

$$\left.\begin{aligned}l_1&=l\left(1+\frac{\partial u}{\partial x}-\varepsilon_N\right)+m\,\frac{\partial u}{\partial y},\\ m_1&=m\left(1+\frac{\partial v}{\partial y}-\varepsilon_N\right)+l\frac{\partial v}{\partial x}。\end{aligned}\right\}\tag{e}$$

同样，设线段 PN' 在变形之前的方向余弦是 l'、m'，在变形之后，线段 PN' 成为 P_1N_1'，而它的方向余弦成为

$$\left.\begin{aligned} l_1' &= l'\left(1+\frac{\partial u}{\partial x}-\varepsilon_{N'}\right)+m'\frac{\partial u}{\partial y}, \\ m_1' &= m'\left(1+\frac{\partial v}{\partial y}-\varepsilon_{N'}\right)+l'\frac{\partial v}{\partial x}, \end{aligned}\right\} \tag{f}$$

其中 $\varepsilon_{N'}$ 是线段 PN' 的正应变。

命线段 PN 和 PN' 在变形前后的夹角分别为 θ 及 θ_1，则由图 2-7 可见

$$\left.\begin{aligned} \cos\theta &= \cos(\alpha-\beta)=\cos\alpha\cos\beta+\sin\alpha\sin\beta \\ &= l'l+m'm; \\ \cos\theta_1 &= \cos(\alpha_1-\beta_1)=\cos\alpha_1\cos\beta_1+\sin\alpha_1\sin\beta_1 \\ &= l_1'l_1+m_1'm_1。 \end{aligned}\right\} \tag{g}$$

将式(e)和式(f)代入(g)中的第二式，并略去高阶微量，即得

$$\cos\theta_1=(ll'+mm')\,(1-\varepsilon_N-\varepsilon_{N'})+2\left(ll'\frac{\partial u}{\partial x}+mm'\frac{\partial v}{\partial y}\right)$$
$$+(lm'+l'm)\left(\frac{\partial u}{\partial y}+\frac{\partial v}{\partial x}\right)。$$

应用几何方程(2-3)及(g)中的第一式，则上式成为

$$\begin{aligned} \cos\theta_1 &= \cos\theta(1-\varepsilon_N-\varepsilon_{N'})+2(ll'\varepsilon_x+mm'\varepsilon_y) \\ &\quad +(lm'+l'm)\gamma_{xy}。 \end{aligned} \tag{2-12}$$

由此求出 θ_1 以后，即可求得 PN 和 PN' 之间的夹角的改变 $\theta_1-\theta$。

公式(2-11)可以用来由一点的形变分量计算该点任何斜向的正应变。反之，如果已知一点任何三个斜向的正应变，也可利用公式(2-11)来计算形变分量。命该三个斜向的方向余弦分别为 l_1、m_1，l_2、m_2，l_3、m_3，三个斜向的正应变分别为 ε_{N_1}、ε_{N_2} 和 ε_{N_3}，则由公式(2-11)可建立下列三式：

$$\left.\begin{aligned}\varepsilon_{N_1}&=l_1^2\varepsilon_x+m_1^2\varepsilon_y+l_1m_1\gamma_{xy},\\ \varepsilon_{N_2}&=l_2^2\varepsilon_x+m_2^2\varepsilon_y+l_2m_2\gamma_{xy},\\ \varepsilon_{N_3}&=l_3^2\varepsilon_x+m_3^2\varepsilon_y+l_3m_3\gamma_{xy}。\end{aligned}\right\}\tag{h}$$

由此可以求解 ε_x、ε_y 和 γ_{xy}。

在实验应力分析中，经常用量测的办法得出 x 轴方向、y 轴方向以及与该二轴成 45° 方向的正应变，这时，

$$l_1=1, m_1=0; l_2=0, m_2=1; l_3=m_3=1/\sqrt{2}。$$

代入式(h)，即可解得

$$\varepsilon_x=\varepsilon_{N_1}, \varepsilon_y=\varepsilon_{N_2}, \gamma_{xy}=2\varepsilon_{N_3}-\varepsilon_{N_1}-\varepsilon_{N_2},$$

从而用物理方程求得应力分量。

为了由 P 点的位移分量 u 和 v 求得该点的沿任一斜方向的位移，只须利用简单的投影关系：仍用 l 及 m 代表 PN 的方向余弦，图 2-7，则 P 点的沿 PN 方向的位移为

$$u_N=lu+mv。$$

该点的最大位移显然就是 u 及 v 的合成，即

$$(u_N)_{\max}=\sqrt{u^2+v^2}。$$

§ 2-6 物理方程

现在来考虑平面问题的物理学方面，导出形变分量与应力分量之间的关系式，也就是平面问题中的物理方程。

在完全弹性的各向同性体内，形变分量与应力分量之间的关系极其简单，可根据虎克定律建立如下：

$$\left.\begin{aligned}
\varepsilon_x&=\frac{1}{E}[\sigma_x-\mu(\sigma_y+\sigma_z)],\\
\varepsilon_y&=\frac{1}{E}[\sigma_y-\mu(\sigma_z+\sigma_x)],\\
\varepsilon_z&=\frac{1}{E}[\sigma_z-\mu(\sigma_x+\sigma_y)],\\
\gamma_{yz}&=\frac{1}{G}\tau_{yz},\\
\gamma_{zx}&=\frac{1}{G}\tau_{zx},\\
\gamma_{xy}&=\frac{1}{G}\tau_{xy}。
\end{aligned}\right\}\tag{2-13}$$

式中的E是拉压弹性模量，又简称为弹性模量；G是剪切弹性模量，又称为刚度模量；μ是侧向收缩系数，又称为泊松比。这三个弹性常数之间有如下的关系：

$$G=\frac{E}{2(1+\mu)}。\tag{2-14}$$

这些弹性常数不随应力或形变的大小而变，不随位置坐标而变，也不随方向而变，因为已经假定考虑的物体是完全弹性的，均匀的，而且是各向同性的。

在平面应力问题中，$\sigma_z=0$。在(2-13)的第一式及第二式中删去σ_z，并将(2-14)代入(2-13)中的第六式，得

$$\left.\begin{aligned}
\varepsilon_x&=\frac{1}{E}(\sigma_x-\mu\sigma_y),\\
\varepsilon_y&=\frac{1}{E}(\sigma_y-\mu\sigma_x),\\
\gamma_{xy}&=\frac{2(1+\mu)}{E}\tau_{xy}。
\end{aligned}\right\}\tag{2-15}$$

这就是平面应力问题中的物理方程。此外，(2-13)中的第三式成为

$$\varepsilon_z=-\frac{\mu}{E}(\sigma_x+\sigma_y),$$

可以用来求得薄板厚度的改变。又由(2-13)中的第四式及第五式可见，因为在平面应力问题中有 $\tau_{yz}=0$ 和 $\tau_{zx}=0$，所以有 $\gamma_{yz}=0$ 和 $\gamma_{zx}=0$。

在平面应变问题中，因为物体的所有各点都不沿 z 方向移动，即 $w=0$，所以 z 方向的线段都没有伸缩，即 $\varepsilon_z=0$。于是由(2-13)中的第三式得

$$\sigma_z=\mu(\sigma_x+\sigma_y)。$$

代入(2-13)中的第一式及第二式，并注意(2-15)中的第三式仍然适用，得

$$\left.\begin{aligned}\varepsilon_x&=\frac{1-\mu^2}{E}\left(\sigma_x-\frac{\mu}{1-\mu}\sigma_y\right),\\ \varepsilon_y&=\frac{1-\mu^2}{E}\left(\sigma_y-\frac{\mu}{1-\mu}\sigma_x\right),\\ \gamma_{xy}&=\frac{2(1+\mu)}{E}\tau_{xy}。\end{aligned}\right\}\tag{2-16}$$

这就是平面应变问题中的物理方程。此外，因为在平面应变问题中也有 $\tau_{yz}=0$ 和 $\tau_{zx}=0$，所以也有 $\gamma_{yz}=0$ 和 $\gamma_{zx}=0$。

可以看出，如果在平面应力问题的物理方程(2-15)中，将 E 换为 $\frac{E}{1-\mu^2}$，μ 换为 $\frac{\mu}{1-\mu}$，就得到平面应变问题的物理方程（2-16)，其中的第三式也并不例外，因为

$$\frac{2\left(1+\dfrac{\mu}{1-\mu}\right)}{\dfrac{E}{1-\mu^2}}=\frac{2(1+\mu)}{E}。$$

还可以看出，如果在平面应变问题的物理方程(2-16)中，将 E 换为 $\frac{E(1+2\mu)}{(1+\mu)^2}$，$\mu$ 换为 $\frac{\mu}{1+\mu}$，就得到平面应力问题的物理方程（2-

15)，其中的第三式也并不例外，因为

$$\frac{2\left(1+\dfrac{\mu}{1+\mu}\right)}{\dfrac{E(1+2\mu)}{(1+\mu)^2}}=\frac{2(1+\mu)}{E}.$$

§2-7 边界条件

在§2-2、§2-4 及§2-6 三节所导出的方程中，可以把下列 8 个方程当做弹性力学平面问题的基本方程：2个平衡微分方程(2-2)，3 个几何方程(2-9)，3 个物理方程(2-15)或(2-16)。这 8 个基本方程中包含 8 个未知函数(坐标的未知函数)：3 个应力分量 σ_x，σ_y，$\tau_{xy}=\tau_{yx}$；3 个形变分量 ε_x，ε_y，γ_{xy}；2 个位移分量 u，v。基本方程的数目恰好等于未知函数的数目，因此，在适当的边界条件下，从基本方程求解未知函数是可能的。

按照边界条件的不同，弹性力学问题分为位移边界问题、应力边界问题和混合边界问题。

在位移边界问题中，物体在全部边界上的位移分量都是已知的，也就是：在边界上，我们有

$$u_s=\bar{u}, v_s=\bar{v}, \tag{2-17}$$

其中 u_s 和 v_s 表示边界上的位移分量，而 $\bar{u}$ 和 $\bar{v}$ 在边界上是坐标的已知函数。这就是平面问题的位移边界条件。

在应力边界问题中，弹性体在全部边界上所受的面力都是已知的。但是，面力已知的条件可以变换成为应力方面的条件。为此，只须把图 2-4 中的斜面 AB 取在弹性体的边界上，使得N成为边界面的外法线方向。这样，当斜面AB与P点无限接近时，X_N及Y_N 将分别成为面力分量 $\overline{X}$ 及 $\overline{Y}$，而 σ_x、σ_y、τ_{xy}、τ_{yx} 将成为应力分量的边界值$(\sigma_x)_s$、$(\sigma_y)_s$、$(\tau_{xy})_s$、$(\tau_{yx})_s$。于是可由公式(2-3)及(2-4)得出

$$\left.\begin{aligned} l(\sigma_x)_s+m(\tau_{yx})_s&=\overline{X}, \\ m(\sigma_y)_s+l(\tau_{xy})_s&=\overline{Y}。\end{aligned}\right\} \tag{2-18}$$

这两个方程表明应力分量的边界值与已知面力分量之间的关系，这就是平面问题的应力边界条件。

当边界面垂直于某一坐标轴时，应力边界条件将大为简化：在垂直于 x 轴的边界上，$l=\pm1$，$m=0$，应力边界条件(2-18)简化为

$$(\sigma_x)_s=\pm\overline{X}, \quad (\tau_{xy})_s=\pm\overline{Y};$$

在垂直于 y 轴的边界上，$l=0$，$m=\pm1$，应力边界条件(2-18) 简化为

$$(\sigma_y)_s=\pm\overline{Y}, \quad (\tau_{yx})_s=\pm\overline{X}。$$

可见，在这种边界上，应力分量的边界值就等于对应的面力分量(当边界的外法线沿坐标轴正方向时，两者的正负号相同；当边界的外法线沿坐标轴负方向时，两者的正负号相反)。

注意：在垂直于 x 轴的边界上，应力边界条件中并没有$(\sigma_y)_s$；在垂直于 y 轴的边界上，应力边界条件中并没有 $(\sigma_x)_s$。这就是说，平行于边界方向的正应力，它的边界值与面力分量并不直接相关。

在混合边界问题中，物体的一部分边界具有已知位移，因而具

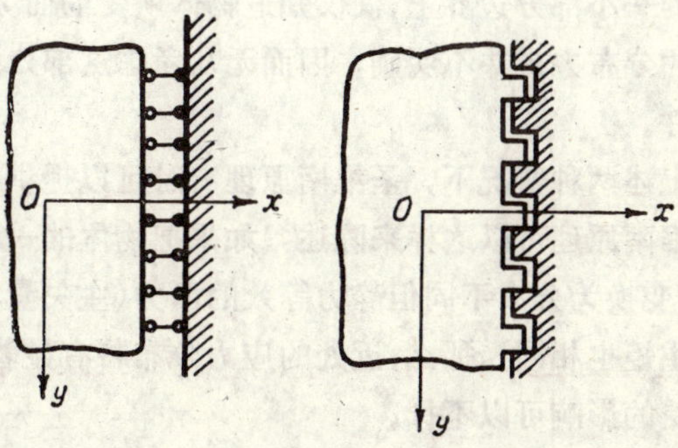

图 2-8

有位移边界条件，如(2-17)所示；另一部分边界则具有已知面力，因而具有应力边界条件，如(2-18)所示。此外，在同一部分边界上还可能出现混合边界条件，即，两个边界条件中的一个是位移边界条件，而另一个则是应力边界条件。例如，设垂直于 x 轴的某一个边界是连杆支承边，图 2-8 a，则在 x 方向有位移边界条件 $u_s=\bar{u}=0$，而在 y 方向有应力边界条件 $(\tau_{xy})_s=\overline{Y}=0$。又例如，设垂直于 x 轴的某一个边界是齿槽边，图 2-8 b，则在 x 方向有应力边界条件 $(\sigma_x)_s=0$，而在 y 方向有位移边界条件 $v_s=\bar{v}=0$。在垂直于 y 轴的边界上，以及与坐标轴斜交的边界上，都可能有与此相似的混合边界条件。

§2-8 圣维南原理

在求解弹性力学问题时，使应力分量、形变分量、位移分量完全满足基本方程，并不困难；但是，要使得边界条件也得到完全满足，却往往发生很大的困难(因此，弹性力学问题在数学上被称为边值问题或边界问题)。

另一方面，在很多的工程结构计算中，都会遇到这样的情况：在物体的一小部分边界上，仅仅知道物体所受的面力的合成，而这个面力的分布方式并不明确，因而无从考虑这部分边界上的应力边界条件。

在上述两种情况下，圣维南原理有时可以提供很大的帮助。

圣维南原理可以这样来陈述：如果把物体的一小部分边界上的面力，变换为分布不同但静力等效的面力(主矢量相同，对于同一点的主矩也相同)，那么，近处的应力分布将有显著的改变，但是远处所受的影响可以不计。

例如，设有柱形构件，在两端截面的形心受到大小相等而方向相反的拉力 P，图 2-9 a。如果把一端或两端的拉力变换为静力等效的力，图 2-9 b 或 2-9 c，只有虚线划出的部分的应力分布有显著的改变，而其余部分所受的影响是可以不计的。如果再将两端的拉力变换为均匀分布的拉力，集度等于 P/A，其中 A 为构件的横截面面积，图 2-9 d，仍然只有靠近两端部分的应力受到显著的影响。这就是说，在上述四种情况下，离开两端较远的部分的应力分布，并没有显著的差别。

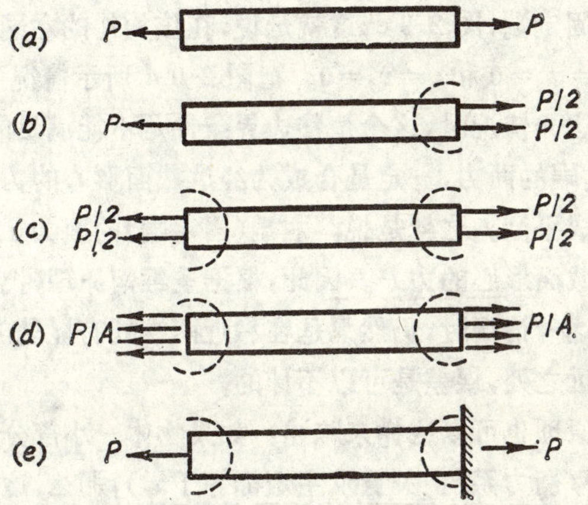

图 2-9

以后可见，在图 2-9 d 所示的情况下，由于面力连续均匀分布，边界条件简单，应力是很容易求得而且解答是很简单的。但是，在其余三种情况下，由于面力不是连续分布，甚至只知其合成为 P 而不知其分布方式，应力是难以求解的。根据圣维南原理，将图 2-9 d 所示情况下的应力解答应用到其余三个情况，虽然不能完全满足两端的应力边界条件，但仍然可以表明离杆端较远处的应力状态，而并没有显著的误差。这是已经为理论分析和实验量测所证实了的。

必须注意：应用圣维南原理，绝不能离开“静力等效”的条件。

例如，在图 2-9 a 所示的构件上，如果两端面力的合力 P 不是作用于截面的形心，而具有一定的偏心距离，那么，作用在每一端的面力，不管它的分布方式如何，与作用于截面形心的力 P 总归不是静力等效的。这时的应力，与图示四种情况下的应力相比，就不仅是在靠近两端处有差异，而且在整个构件中都是不相同的。

当物体一小部分边界上的位移边界条件不能精确满足时，也可以应用圣维南原理而得到有用的解答。例如，设图 2-9 所示构件的右端是固定端，图 2-9 e，这就是说，在该构件的右端，有位移边界条件 $u=u_s=0$ 和 $v=v_s=0$。把图 2-9 d 所示情况下的简单解答应用于这一情况时，这个位移边界条件是不能满足的。但是，显然可见，右端的面力，一定是合成为经过截面形心的力 P，它和左端的面力成平衡。这就是说，右端(固定端)的面力，静力等效于经过右端截面形心的力 P。因此，根据圣维南原理，把上述简单解答应用于这一情况时，仍然只是在靠近两端处有显著的误差，而在离两端较远之处，误差是可以不计的。

圣维南原理也可以这样来陈述：如果物体一小部分边界上的面力是一个平衡力系(主矢量及主矩都等于零)，那么，这个面力就只会使得近处产生显著的应力，远处的应力可以不计。这样的陈述和上面的陈述完全等效，因为静力等效的两组面力，它们的差异是一个平衡力系。

§ 2-9　按位移求解平面问题

在结构力学里看到，计算超静定结构，有三种基本方法，就是位移法，力法和混合法。在位移法中，以某些位移为基本未知量；在力法中，以某些反力或内力为基本未知量；在混合法中，同时以某些位移和某些反力或内力为基本未知量。解出基本未知量以后，再求其他的未知量。

与此相似，在弹性力学里求解问题，也有三种基本方法，就是按位移求解，按应力求解和混合求解。按位移求解时，以位移分量为基本未知函数，由一些只包含位移分量的微分方程和边界条件求出位移分量以后，再用几何方程求出形变分量，从而用物理方程求出应力分量。按应力求解时，以应力分量为基本未知函数，由一些只包含应力分量的微分方程和边界条件求出应力分量以后，再用物理方程求出形变分量，从而用几何方程求出位移分量。在混合求解时，同时以某些位移分量和应力分量为基本未知函数，由一些只包含这些基本未知函数的微分方程和边界条件求出这些基本未知函数以后，再用适当的方程求出其他的未知函数。

现在来导出按位移求解平面问题时所需用的微分方程和边界条件。

在平面应力问题中，物理方程是(2-15)，即

$$\varepsilon_x=\frac{1}{E}(\sigma_x-\mu\sigma_y),\quad \varepsilon_y=\frac{1}{E}(\sigma_y-\mu\sigma_x),$$

$$\gamma_{xy}=\frac{2(1+\mu)}{E}\tau_{xy}。$$

由上列三式求解应力分量，得

$$\left.\begin{aligned}\sigma_x&=\frac{E}{1-\mu^2}(\varepsilon_x+\mu\varepsilon_y),\\ \sigma_y&=\frac{E}{1-\mu^2}(\varepsilon_y+\mu\varepsilon_x),\\ \tau_{xy}&=\frac{E}{2(1+\mu)}\gamma_{xy}。\end{aligned}\right\}\tag{2-19}$$

将几何方程(2-9)代入，得弹性方程

$$\left.\begin{aligned}\sigma_x&=\frac{E}{1-\mu^2}\left(\frac{\partial u}{\partial x}+\mu\frac{\partial v}{\partial y}\right),\\ \sigma_y&=\frac{E}{1-\mu^2}\left(\frac{\partial v}{\partial y}+\mu\frac{\partial u}{\partial x}\right),\end{aligned}\right\}\tag{a}$$

$$\tau_{xy}=\frac{E}{2(1+\mu)}\left(\frac{\partial v}{\partial x}+\frac{\partial u}{\partial y}\right)。\Bigg]$$

再将式(a)代入平衡微分方程(2-2),简化以后,即得

$$\left.\begin{aligned}\frac{E}{1-\mu^2}\left(\frac{\partial^2 u}{\partial x^2}+\frac{1-\mu}{2}\frac{\partial^2 u}{\partial y^2}+\frac{1+\mu}{2}\frac{\partial^2 v}{\partial x\partial y}\right)+X=0,\\ \frac{E}{1-\mu^2}\left(\frac{\partial^2 v}{\partial y^2}+\frac{1-\mu}{2}\frac{\partial^2 v}{\partial x^2}+\frac{1+\mu}{2}\frac{\partial^2 u}{\partial x\partial y}\right)+Y=0。\end{aligned}\right\}\quad(2\text{-}20)$$

这是用位移表示的平衡微分方程，也就是按位移求解平面应力问题时所需用的基本微分方程。

另一方面,将式(a)代入应力边界条件(2-18)，简化以后，得

$$\left.\begin{aligned}\frac{E}{1-\mu^2}\left[l\left(\frac{\partial u}{\partial x}+\mu\frac{\partial v}{\partial y}\right)_s+m\frac{1-\mu}{2}\left(\frac{\partial u}{\partial y}+\frac{\partial v}{\partial x}\right)_s\right]=\overline{X},\\ \frac{E}{1-\mu^2}\left[m\left(\frac{\partial v}{\partial y}+\mu\frac{\partial u}{\partial x}\right)_s+l\frac{1-\mu}{2}\left(\frac{\partial v}{\partial x}+\frac{\partial u}{\partial y}\right)_s\right]=\overline{Y}。\end{aligned}\right\}$$

(2-21)

这是用位移表示的应力边界条件，也就是按位移求解平面应力问题时所用的应力边界条件。位移边界条件仍然如(2-17)所示。

总结起来,按位移求解平面应力问题时,要使得位移分量满足微分方程(2-20)，并在边界上满足边界条件(2-17)或(2-21)。求出位移分量以后,即可用几何方程(2-9)求得形变分量，从而用公式(2-19)求得应力分量。

对于平面应变问题,须在上面的各个方程中将E换为$\frac{E}{1-\mu^2}$，将μ换为$\frac{\mu}{1-\mu}$。

由以上所述可见,在一般情况下,按位移求解平面问题，最后还须处理联立的两个二阶偏微分方程，而不能再简化为处理一个单独微分方程的问题（像体力为常量时按应力函数求解应力边界问题那样）。这是按位移求解的缺点,也是按位移求解并未能得出很多函数式解答的原因。但是，在原则上，按位移求解可以适用

于任何平面问题——不论体力是不是常量，也不论问题是位移边界问题还是应力边界问题或混合边界问题。因此，如果我们并不拘泥于追求函数式解答，而着眼于为一些工程实际问题求得数值解答，则按位移求解的优越性将是十分明显的。

§ 2-10 按应力求解平面问题。相容方程

现在来导出按应力求解平面问题时所需用的微分方程。平衡微分方程(2-2)本来就不包含形变分量和位移分量，应当保留。于是，只须由三个几何方程中消去位移分量，得出三个形变分量之间的一个关系式，再将三个物理方程代入这个关系式，使它只包含应力分量。具体推演如下：

平面问题的几何方程是(2-9)，也就是

$$\varepsilon_x=\frac{\partial u}{\partial x},\quad \varepsilon_y=\frac{\partial v}{\partial y},\quad \gamma_{xy}=\frac{\partial v}{\partial x}+\frac{\partial u}{\partial y}。\tag{a}$$

将 ε_x 对 y 的二阶导数和 ε_y 对 x 的二阶导数相加，得

$$\begin{aligned}\frac{\partial^2\varepsilon_x}{\partial y^2}+\frac{\partial^2\varepsilon_y}{\partial x^2}&=\frac{\partial^3 u}{\partial x\partial y^2}+\frac{\partial^3 v}{\partial y\partial x^2}\\&=\frac{\partial^2}{\partial x\partial y}\left(\frac{\partial u}{\partial y}+\frac{\partial v}{\partial x}\right)。\end{aligned}$$

但这个等式右边括弧中的表达式就等于 γ_{xy}，因此得

$$\frac{\partial^2\varepsilon_x}{\partial y^2}+\frac{\partial^2\varepsilon_y}{\partial x^2}=\frac{\partial^2\gamma_{xy}}{\partial x\partial y}。\tag{2-22}$$

这个关系式称为形变协调方程或相容方程。形变分量 ε_x、ε_y、γ_{xy} 必须满足这个方程，才能保证位移分量 u 和 v 的存在。如果任意选取函数 ε_x、ε_y 和 γ_{xy}，而不能满足这个方程，那么，由三个几何方程中的任何两个求出的位移分量，将与第三个几何方程不能相容，这时就不可能求得位移。

例如，试取不能满足相容方程(2-22)的形变分量

$$\varepsilon_x=0,\ \varepsilon_y=0,\ \gamma_{xy}=Cxy, \tag{b}$$

其中的常数 C 不等于零。由几何方程(a)中的前二式得

$$\frac{\partial u}{\partial x}=0,\quad \frac{\partial v}{\partial y}=0,$$

从而得

$$u=f_1(y),\quad v=f_2(x)。 \tag{c}$$

另一方面，将(b)中的第三式代入(a)中的第三式，又得

$$\frac{\partial v}{\partial x}+\frac{\partial u}{\partial y}=Cxy。 \tag{d}$$

显然，式(c)与式(d)不能相容，也就是互相矛盾，于是就不可能求得满足几何方程(a)的位移。

现在，我们来利用物理方程将相容方程中的形变分量消去，使相容方程中只包含应力分量(基本未知函数)。

对于平面应力的情况，将物理方程(2-15)代入(2-22)，得

$$\frac{\partial^2}{\partial y^2}(\sigma_x-\mu\sigma_y)+\frac{\partial^2}{\partial x^2}(\sigma_y-\mu\sigma_x)=2(1+\mu)\frac{\partial^2\tau_{xy}}{\partial x\partial y}。 \tag{e}$$

利用平衡微分方程，可以简化式(e)，使它只包含正应力而不包含剪应力。为此，将平衡微分方程(2-2)写成

$$\frac{\partial\tau_{yx}}{\partial y}=-\frac{\partial\sigma_x}{\partial x}-X,\qquad \frac{\partial\tau_{xy}}{\partial x}=-\frac{\partial\sigma_y}{\partial y}-Y。$$

将前一方程对 x 求导，后一方程对 y 求导，然后相加，并注意 $\tau_{yx}=\tau_{xy}$，得

$$2\frac{\partial^2\tau_{xy}}{\partial x\partial y}=-\frac{\partial^2\sigma_x}{\partial x^2}-\frac{\partial^2\sigma_y}{\partial y^2}-\frac{\partial X}{\partial x}-\frac{\partial Y}{\partial y}。$$

代入式(e)，简化以后，得

$$\left(\frac{\partial^2}{\partial x^2}+\frac{\partial^2}{\partial y^2}\right)(\sigma_x+\sigma_y)=-(1+\mu)\left(\frac{\partial X}{\partial x}+\frac{\partial Y}{\partial y}\right)。 \tag{2-23}$$

对于平面应变的情况，进行同样的推演，可以导出一个与此相似的方程

$$\left(\frac{\partial^2}{\partial x^2}+\frac{\partial^2}{\partial y^2}\right)(\sigma_x+\sigma_y)=-\frac{1}{1-\mu}\left(\frac{\partial X}{\partial x}+\frac{\partial Y}{\partial y}\right)。\qquad(2\text{-}24)$$

但是，也可以不必进行推演，只要如§ 2-6 中所述，把方程(2-23)中的 μ 换为 $\frac{\mu}{1-\mu}$，就得到这一方程。

这样，按应力求解平面问题时，在平面应力问题中，应力分量应当满足平衡微分方程(2-2)和相容方程(2-23)；在平面应变问题中，应力分量应当满足平衡微分方程(2-2)和相容方程(2-24)。此外，应力分量在边界上还应当满足应力边界条件(2-18)。

位移边界条件(2-17)一般是无法改用应力分量及其导数来表示的。因此，对于位移边界问题和混合边界问题，一般都不宜按应力求解。

对于应力边界问题，是否满足了平衡微分方程、相容方程和应力边界条件，就能完全确定应力分量，还要看所考察的物体是单连体还是多连体。所谓单连体，就是具有这样几何性质的物体：对于在物体内所作的任何一根闭合曲线，都可以使它在物体内不断收缩而趋于一点。例如，一般的实体和空心圆球，就是单连体。所谓多连体，就是不具有上述几何性质的物体，例如圆环或圆筒，就是多连体。在平面问题中，可以这样简单地说：单连体就是只具有单个连续边界的物体，多连体则是具有多个连续边界的物体，也就是有孔口的物体。

对于平面问题，可以证明：如果满足了平衡微分方程和相容方程，也满足了应力边界条件，那么，在单连体的情况下，应力分量就完全确定了。但是，在多连体的情况下，应力分量的表达式中可能还留有待定函数或待定常数；在由这些应力分量求出的位移分

量表达式中，由于通过了积分运算，可能出现多值项，表示弹性体的同一点具有不同的位移，而在连续体中这是不可能的。根据“位移必须为单值”这样的所谓位移单值条件，命这种多值项等于零，就可以完全确定应力分量。具体的实例见§4-6。

§2-11 常体力情况下的简化

在很多的工程问题中，体力是常量，也就是说，体力分量 X 和 Y 在整个弹性体内是常量，不随坐标而变（例如重力和平行移动时的惯性力，就是常量的体力）。在这种情况下，相容方程(2-23)和(2-24)的右边都成为零，而两种平面问题的相容方程都简化为

$$\left(\frac{\partial^2}{\partial x^2}+\frac{\partial^2}{\partial y^2}\right)(\sigma_x+\sigma_y)=0。\tag{2-25}$$

可见，在常体力的情况下，$\sigma_x+\sigma_y$ 应当满足拉普拉斯微分方程，即调和方程，也就是说，$\sigma_x+\sigma_y$ 应当是调和函数。为了书写简便，下面用记号 ∇^2 代表 $\frac{\partial^2}{\partial x^2}+\frac{\partial^2}{\partial y^2}$，把方程(2-25)简写为

$$\nabla^2(\sigma_x+\sigma_y)=0。$$

注意，在常体力的情况下，平衡微分方程(2-2)、相容方程(2-25)和应力边界条件(2-18)中都不包含弹性常数，而且对于两种平面问题都是相同的。因此，在单连体的应力边界问题中，如果两个弹性体具有相同的边界形状，并受到同样分布的外力，那么，就不管这两个弹性体的材料是否相同，也不管它们是在平面应力情况下或是在平面应变情况下，应力分量 σ_x、σ_y、τ_{xy} 的分布是相同的（两种平面问题中的应力分量 σ_z，以及形变和位移，却不一定相同）。

根据上述结论，针对任一物体而求出的应力分量 σ_x、σ_y、τ_{xy}，也适用于具有同样边界并受有同样外力的其他材料的物体；针对平面应力问题而求出的这些应力分量，也适用于边界相同、外力相

同的平面应变情况下的物体。这对于弹性力学解答在工程上的应用，提供了极大的方便。

另一方面，根据上述结论，在用实验方法量测结构或构件的上述应力分量时，可以用便于量测的材料来制造模型，以代替原来不便于量测的结构或构件材料；还可以用平面应力情况下的薄板模型，来代替平面应变情况下的长柱形的结构或构件。这对于实验应力分析，也提供了极大的方便。

在常体力的情况下，对于单连体的应力边界问题，还可以把体力的作用改换为面力的作用，以便于解答问题和实验量测，说明如下。

设原问题中的应力分量为σ_x、σ_y、τ_{xy}。确定这些应力分量的微分方程是

$$\left.\begin{aligned}&\frac{\partial\sigma_x}{\partial x}+\frac{\partial\tau_{xy}}{\partial y}+X=0,\\&\frac{\partial\sigma_y}{\partial y}+\frac{\partial\tau_{xy}}{\partial x}+Y=0,\\&\left(\frac{\partial^2}{\partial x^2}+\frac{\partial^2}{\partial y^2}\right)(\sigma_x+\sigma_y)=0,\end{aligned}\right\}\tag{a}$$

而边界条件是

$$\left.\begin{aligned}l(\sigma_x)_s+m(\tau_{xy})_s=\overline{X},\\m(\sigma_y)_s+l(\tau_{xy})_s=\overline{Y}。\end{aligned}\right\}\tag{b}$$

在上列各式中，已经用τ_{xy}代替了τ_{yx}。

现在，命

$$\sigma_x=\sigma'_x-Xx,\ \sigma_y=\sigma'_y-Yy,\ \tau_{xy}=\tau'_{xy},\tag{c}$$

而导出σ'_x、σ'_y、τ'_{xy}所应当满足的微分方程和边界条件。为此，将式(c)代入式(a)，得

$$\left.\begin{aligned}&\frac{\partial\sigma'_x}{\partial x}+\frac{\partial\tau'_{xy}}{\partial y}=0,\qquad\frac{\partial\sigma'_y}{\partial y}+\frac{\partial\tau'_{xy}}{\partial x}=0,\\&\left(\frac{\partial^2}{\partial x^2}+\frac{\partial^2}{\partial y^2}\right)(\sigma'_x+\sigma'_y)=0。\end{aligned}\right\}\tag{d}$$

另一方面，将式(c)代入式(b)，得

$$\left.\begin{aligned} l(\sigma'_x)_s+m(\tau'_{xy})_s=\overline{X}+lXx,\\ m(\sigma'_y)_s+l(\tau'_{xy})_s=\overline{Y}+mYy。\end{aligned}\right\} \qquad (e)$$

将式(d)及式(e)分别与式(a)及式(b)对比，可见σ'_x、σ'_y、τ'_{xy}所应满足的微分方程及边界条件和这样的情况下相同：体力等于零而面力分量$\overline{X}$及$\overline{Y}$分别增加了lXx及mYy。

于是得出求解原问题的一个办法：先不计体力，而对弹性体施以代替体力的面力分量$\overline{X}^*=lXx$及$\overline{Y}^*=mYy$。这样求出应力分量σ'_x、σ'_y、τ'_{xy}以后，再按照式(c)，在σ'_x及σ'_y上分别叠加以$-Xx$及$-Yy$，即得原问题的应力分量。

例如，对于图 2-10 a所示深梁在重力作用下的应力分析，如果用数值法(例如差分法)计算，将比面力作用下的计算要复杂得多；如果用实验方法量测应力，施加模拟的重力荷载也比施加面力荷载麻烦得多。采用上述办法，则计算或量测都比较简单一些。

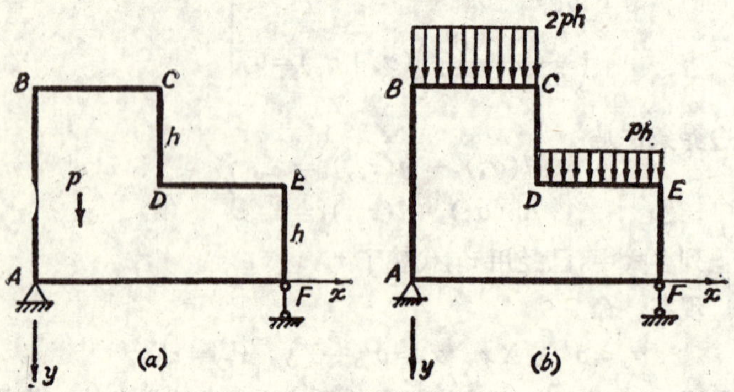

图 2-10

按照上述办法，先不计体力，而施以代替体力的面力。取坐标轴如图所示，则$X=0$ 而$Y=p$，其中p 为深梁的容重。代替体力的面力分量是

$$\overline{X}^*=lXx=0,\ \overline{Y}^*=mYy=mpy。$$

在边界 AF 上，$y=0$，因而 $mpy=0$，无须施加面力。在边界 AB、CD 及 EF 上，$m=0$，因而 $mpy=0$，也无须施加面力。在边界 DE 及 BC 上，$m=-1$，而 y 分别等于 $-h$ 及 $-2h$，因此，应分别施加面力 $\overline{Y}^*=ph$ 及 $\overline{Y}^*=2ph$（正的面力应当沿着正标向，即向下），如图 2-10b 所示。

用计算方法，或用量测方法，求出图 2-10 b 所示情况下的应力分量 σ'_x、σ'_y、τ'_{xy} 以后，即可求得原问题中重力所引起的应力分量：

$$\sigma_x=\sigma'_x-Xx=\sigma'_x,$$
$$\sigma_y=\sigma'_y-Yy=\sigma'_y-py,$$
$$\tau_{xy}=\tau'_{xy}。$$

当然，所取的坐标系不同，则代替体力的面力也将不同，应力分量 σ'_x、σ'_y、τ'_{xy} 也就不同。但是，最后得出的 σ_x、σ_y、τ_{xy} 总是一样的。

§ 2-12 应力函数。逆解法与半逆解法

前一节中已经指出，按应力求解应力边界问题时，在体力为常量的情况下，应力分量 σ_x、σ_y、τ_{xy} 应当满足平衡微分方程

$$\left.\begin{aligned}\frac{\partial\sigma_x}{\partial x}+\frac{\partial\tau_{xy}}{\partial y}+X=0,\\ \frac{\partial\sigma_y}{\partial y}+\frac{\partial\tau_{xy}}{\partial x}+Y=0,\end{aligned}\right\}\qquad(a)$$

以及相容方程

$$\left(\frac{\partial^2}{\partial x^2}+\frac{\partial^2}{\partial y^2}\right)(\sigma_x+\sigma_y)=0,\qquad(b)$$

并在边界上满足应力边界条件。当然，上述应力分量还应当满足位移单值条件。

首先来考察平衡微分方程(a)。这是一个非齐次微分方程组，它的解答包含两个部分，即，任意一个特解及下列齐次微分方程的通解：

$$\left.\begin{aligned}\frac{\partial\sigma_x}{\partial x}+\frac{\partial\tau_{xy}}{\partial y}=0,\\ \frac{\partial\sigma_y}{\partial y}+\frac{\partial\tau_{xy}}{\partial x}=0。\end{aligned}\right\}\qquad(c)$$

特解可以取为

$$\sigma_x=-Xx,\ \sigma_y=-Yy,\ \tau_{xy}=0,\qquad(d)$$

也可以取为

$$\sigma_x=0,\ \sigma_y=0,\ \tau_{xy}=-Xy-Yx,$$

以及

$$\sigma_x=-Xx-Yy,\ \sigma_y=-Xx-Yy,\ \tau_{xy}=0,$$

等等的形式，因为它们都能满足微分方程(a)。

为了求得齐次微分方程(c)的通解，将其中前一个方程改写为

$$\frac{\partial\sigma_x}{\partial x}=\frac{\partial}{\partial y}(-\tau_{xy})。$$

根据微分方程理论，这就一定存在某一个函数 $A(x,y)$，使得

$$\sigma_x=\frac{\partial A}{\partial y},\qquad(e)$$

$$-\tau_{xy}=\frac{\partial A}{\partial x}。\qquad(f)$$

同样，将(c)中的第二个方程改写为

$$\frac{\partial\sigma_y}{\partial y}=\frac{\partial}{\partial x}(-\tau_{xy}),$$

可见也一定存在某一个函数 $B(x,y)$，使得

$$\sigma_y=\frac{\partial B}{\partial x},\qquad(g)$$

$$-\tau_{xy}=\frac{\partial B}{\partial y}。\qquad(h)$$

由式(f)及式(h)得

$$\frac{\partial A}{\partial x}=\frac{\partial B}{\partial y},$$

因而又一定存在某一个函数$\varphi(x,y)$，使得

$$A=\frac{\partial \varphi}{\partial y}, \tag{i}$$

$$B=\frac{\partial \varphi}{\partial x}。 \tag{j}$$

将式(i)代入式(e)，式(j)代入式(g)，并将式(i)代入式(f)，即得通解

$$\sigma_x=\frac{\partial^2 \varphi}{\partial y^2},\ \sigma_y=\frac{\partial^2 \varphi}{\partial x^2},\ \ \tau_{xy}=-\frac{\partial^2 \varphi}{\partial x \partial y}。 \tag{k}$$

将通解(k)与任一组特解叠加，例如与特解(d)叠加，即得微分方程(a)的全解：

$$\sigma_x=\frac{\partial^2 \varphi}{\partial y^2}-Xx,\ \sigma_y=\frac{\partial^2 \varphi}{\partial x^2}-Yy,\ \ \tau_{xy}=-\frac{\partial^2 \varphi}{\partial x \partial y}。 \tag{2-26}$$

不论φ是什么样的函数，应力分量(2-26)总能满足平衡微分方程(a)。函数φ称为平面问题的应力函数，也称为艾瑞应力函数。

为了应力分量(2-26)同时也能满足相容方程(b)，即方程(2-25)，应力函数φ必须满足一定的方程。将(2-26)代入式(b)，即得这一方程：

$$\left(\frac{\partial^2}{\partial x^2}+\frac{\partial^2}{\partial y^2}\right)\left(\frac{\partial^2 \varphi}{\partial y^2}-Xx+\frac{\partial^2 \varphi}{\partial x^2}-Yy\right)=0。$$

注意X及Y为常量，可见上式后一括弧中的Xx及Yy并不起作用，可以删去，于是上式简化为

$$\left(\frac{\partial^2}{\partial x^2}+\frac{\partial^2}{\partial y^2}\right)\left(\frac{\partial^2 \varphi}{\partial x^2}+\frac{\partial^2 \varphi}{\partial y^2}\right)=0,$$

或者展开而成为

$$\frac{\partial^4 \varphi}{\partial x^4}+2\frac{\partial^4 \varphi}{\partial x^2 \partial y^2}+\frac{\partial^4 \varphi}{\partial y^4}=0。 \tag{2-27}$$

这就是用应力函数表示的相容方程。由此可见，应力函数应当是重调和函数。方程(2-27)可以简写为$\nabla^2\nabla^2\varphi=0$，或者进一步简写为

$$\nabla^4\varphi=0。$$

如果体力可以不计，则$X=Y=0$，公式(2-26)简化为

$$\sigma_x=\frac{\partial^2\varphi}{\partial y^2},\quad \sigma_y=\frac{\partial^2\varphi}{\partial x^2},\quad \tau_{xy}=-\frac{\partial^2\varphi}{\partial x\partial y}。\qquad(2\text{-}28)$$

于是，按应力求解应力边界问题时，如果体力是常量，就只须由微分方程(2-27)求解应力函数φ，然后用公式(2-26)或(2-28)求出应力分量，但这些应力分量在边界上应当满足应力边界条件；在多连体的情况下，有时还须考虑位移单值条件。

方程(2-27)是偏微分方程，它的解答一般都不可能直接求出，因此，在具体求解问题时，只能采用逆解法或半逆解法。

所谓逆解法，就是先设定各种形式的、满足相容方程(2-27)的应力函数φ，用公式(2-26)或(2-28)求出应力分量，然后根据应力边界条件来考察，在各种形状的弹性体上，这些应力分量对应于什么样的面力，从而得知所设定的应力函数可以解决什么问题。

所谓半逆解法，就是针对所要求解的问题，根据弹性体的边界形状和受力情况，假设部分或全部应力分量为某种形式的函数，从而推出应力函数φ，然后来考察，这个应力函数是否满足相容方程，以及，原来所假设的应力分量和由这个应力函数求出的其余应力分量，是否满足应力边界条件和位移单值条件。如果相容方程和各方面的条件都能满足，自然也就得出正确的解答；如果某一方面不能满足，就要另作假设，重新考察。

习　题

2-1 设有任意形状的等厚度薄板，体力可以不计，在全部边界上(包括孔口边界上)受有均匀压力q。试证$\sigma_x=\sigma_y=-q$及$\tau_{xy}=0$能满足平衡微

分方程、相容方程和边界条件，同时也满足位移单值条件，因而就是正确的解答。

2-2 设有矩形截面的悬臂梁，在自由端受有集中荷载 P，体力可以不计。试根据材料力学公式写出弯应力 σ_x 和剪应力 τ_{xy} 的表达式，并取挤压应力 $\sigma_y=0$，然后证明，这些表达式满足平衡微分方程和相容方程。这些表达式是否就表示正确的解答？

2-3 试证明，如果体力虽然不是常量，但却是有势的力，即

$$X=-\frac{\partial V}{\partial x},\ Y=-\frac{\partial V}{\partial y},$$

其中 V 是势函数，则应力分量亦可用应力函数 φ 表示成为

$$\sigma_x=\frac{\partial^2\varphi}{\partial y^2}+V,\ \sigma_y=\frac{\partial^2\varphi}{\partial x^2}+V,\ \tau_{xy}=-\frac{\partial^2\varphi}{\partial x\partial y}。$$

试导出相应的相容方程。

答案：平面应力情况下的相容方程为

$$\nabla^4\varphi=-(1-\mu)\nabla^2 V,$$

平面应变情况下的相容方程为

$$\nabla^4\varphi=-\frac{1-2\mu}{1-\mu}\nabla^2 V。$$

2-4 试证明：在发生最大与最小剪应力的面上，正应力的数值都等于两个主应力的平均值。

参考教材

铁摩辛柯、古地尔著，徐芝纶译，《弹性理论》，第二章。

第三章　平面问题的直角坐标解答

§ 3-1　多项式解答

本节中将用逆解法求出几个简单平面问题的多项式解答。假定体力可以不计，也就是 $X=Y=0$。

首先取一次式

$$\varphi=a+bx+cy。$$

不论各系数取任何值，相容方程(2-27)总能满足。由公式(2-28)得应力分量$\sigma_x=0,\sigma_y=0,\tau_{xy}=\tau_{yx}=0$。不论弹性体为任何形状，也不论坐标系如何选择，由应力边界条件总是得出 $\overline{X}=\overline{Y}=0$。由此可见：(1) 线性应力函数对应于无面力、无应力的状态。(2) 把任何平面问题的应力函数加上一个线性函数，并不影响应力。

其次取二次式

$$\varphi=ax^2+bxy+cy^2。$$

不论各系数取任何值，相容方程(2-27)也总能满足。为明了起见，试分别考察该式中每一项所能解决的问题。

对应于 $\varphi=ax^2$，由公式(2-28)得应力分量 $\sigma_x=0,\sigma_y=2a$，$\tau_{xy}=\tau_{yx}=0$。对于图 3-1 a所示的矩形板和坐标方向，当板内发生上述应力时，左右两边没有面力，而上下两边分别有向上和向下的均布面力 $2a$。可见，应力函数 $\varphi=ax^2$ 能解决矩形板在 y 方向受均布拉力(设 $a>0$)或均布压力(设 $a<0$)的问题。

对应于$\varphi=bxy$，应力分量是$\sigma_x=0,\sigma_y=0,\tau_{xy}=\tau_{yx}=-b$。对于图 3-1 b 所示的矩形板和坐标方向，当板内发生上述应力时，在左右两边分别有向下和向上的均布面力b，而在上下两边分别有向

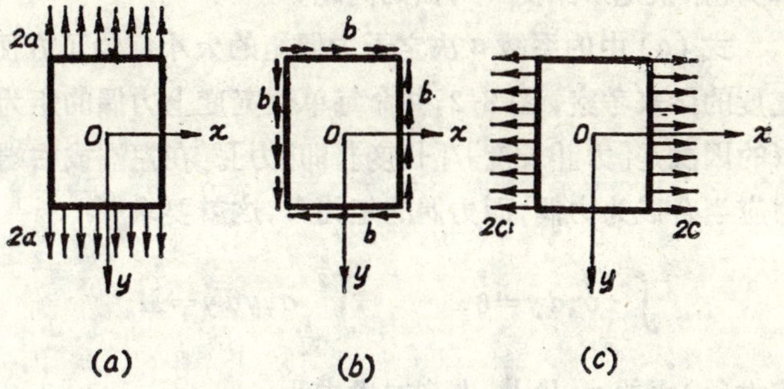

图 3-1

右和向左的均布面力b。可见,应力函数$\varphi=bxy$能解决矩形板受均布剪力的问题。

极易看出,应力函数$\varphi=cy^2$能解决矩形板在x方向受均布拉力(设$c>0$)或均布压力(设$c<0$)的问题,图 3-1 c。

再其次,取三次式

$$\varphi=ay^3。$$

不论系数a取任何值,相容方程(2-27)也总能满足。

对应的应力分量是

$$\sigma_x=6ay,\ \sigma_y=0,\ \tau_{xy}=\tau_{yx}=0。\qquad (a)$$

对于图 3-2 所示的矩形板和坐标系,当板内发生上述应力时,上下两边没有面力;在左右两边,没有铅直面力,但有按直线变化的水平面力,而每一边上的水平面力合成为一个力偶。可见,应力函数

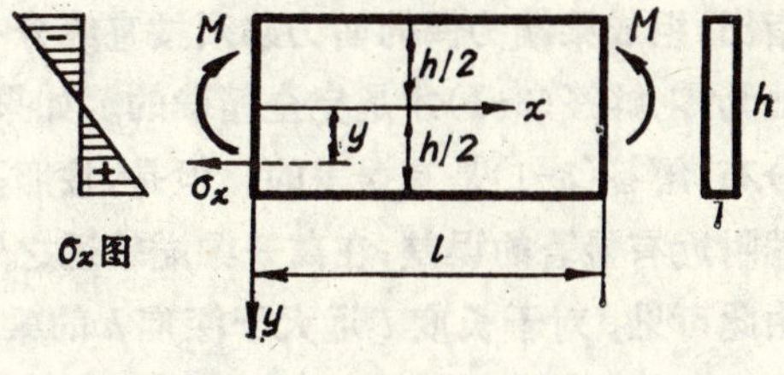

图 3-2

(a)能解决矩形梁受纯弯曲的问题。

式(a)中的系数a决定于力偶矩的大小。为了方便，取单位宽度的梁来考察，图 3-2，并命每单位宽度上力偶的矩为M。注意M的因次是[力][长度]/[长度]，即[力]。在左端或右端，水平面力应当合成为力偶，而力偶的矩为M，这就要求

$$\int_{-\frac{h}{2}}^{\frac{h}{2}}\sigma_x dy=0,\qquad \int_{-\frac{h}{2}}^{\frac{h}{2}}\sigma_x y dy=M。$$

将式(a)中的σ_x代入，上列二式成为

$$6a\int_{-\frac{h}{2}}^{\frac{h}{2}}y dy=0,\qquad 6a\int_{-\frac{h}{2}}^{\frac{h}{2}}y^2 dy=M。$$

前一式总能满足，而后一式要求

$$a=\frac{2M}{h^3}。$$

代入式(a)，得

$$\sigma_x=\frac{12M}{h^3}y,\sigma_y=0,\tau_{xy}=\tau_{yx}=0。$$

注意到梁截面的惯矩是$I=\frac{1\times h^3}{12}$，上式又可以改写成为

$$\sigma_x=\frac{M}{I}y,\ \sigma_y=0,\ \tau_{xy}=\tau_{yx}=0。\tag{3-1}$$

这就是矩形梁受纯弯曲时的应力分量，结果与材料力学中完全相同。

应当指出，组成梁端力偶的面力必须按直线分布，而且在梁截面的中心处为零，解答(3-1)才是完全精确的。如果梁端的面力按其他方式分布，解答(3-1)是有误差的。但是，按照圣维南原理，只在梁的两端附近有显著的误差；在离开梁端较远之处，误差是可以不计的。由此可见，对于长度l远大于深度h的梁，解答(3-1)是有实用价值的；对于长度l与深度h同等大小的所谓深梁，这个解

答是没有什么实用意义的。

§ 3-2 位移分量的求出

本节中以矩形梁的纯弯曲问题为例，说明如何由应力分量求出位移分量。

假定这里是平面应力的情况。将应力分量(3-1)代入物理方程(2-15)，得形变分量

$$\varepsilon_x=\frac{M}{EI}y,\quad \varepsilon_y=-\frac{\mu M}{EI}y,\quad \gamma_{xy}=0。\tag{a}$$

再将式(a)代入几何方程(2-9)，得

$$\frac{\partial u}{\partial x}=\frac{M}{EI}y,\quad \frac{\partial v}{\partial y}=-\frac{\mu M}{EI}y,\quad \frac{\partial v}{\partial x}+\frac{\partial u}{\partial y}=0。\tag{b}$$

前二式的积分给出

$$u=\frac{M}{EI}xy+f_1(y),\quad v=-\frac{\mu M}{2EI}y^2+f_2(x),\tag{c}$$

其中的 f_1和 f_2是任意函数。将式(c)代入(b)中的第三式，得

$$\frac{df_2(x)}{dx}+\frac{M}{EI}x+\frac{df_1(y)}{dy}=0,$$

或者移项而得

$$-\frac{df_1(y)}{dy}=\frac{df_2(x)}{dx}+\frac{M}{EI}x。$$

等式左边只是 y 的函数，而等式右边只是 x 的函数。因此，只可能两边都等于同一常数 ω。于是有

$$\frac{df_1(y)}{dy}=-\omega,\quad \frac{df_2(x)}{dx}=-\frac{M}{EI}x+\omega。$$

积分以后得

$$f_1(y)=-\omega y+u_0,\quad f_2(x)=-\frac{M}{2EI}x^2+\omega x+v_0。$$

代入式(c)，得位移分量

$$\left.\begin{aligned} u&=\frac{M}{EI}xy-\omega y+u_0,\\ v&=-\frac{\mu M}{2EI}y^2-\frac{M}{2EI}x^2+\omega x+v_0,\end{aligned}\right\}\tag{d}$$

其中的任意常数 ω、u_0、v_0 须由约束条件求得。

由(d)中的第一式可见，不论约束情况如何（也就是不论 ω、u_0、v_0 取任何值），铅直线段的转角为(见§2-4)

$$\beta=\frac{\partial u}{\partial y}=\frac{M}{EI}x-\omega。$$

在同一个横截面上，x 是常量，因而 β 也是常量。可见，同一横截面上的各铅直线段的转角相同。这就是说，横截面保持为平面。

又由(d)中的第二式可见，不论约束情况如何，只要位移是微小的，梁的各纵向纤维的曲率都是

$$\frac{1}{\rho}=\frac{\partial^2 v}{\partial x^2}=-\frac{M}{EI}。\tag{3-2}$$

这是材料力学中求梁的挠度时所用的基本公式。

如果梁是简支梁，图3-3 a，则在铰支座 O 处既没有水平位移，也没有铅直位移；在连杆支座 A，没有铅直位移。因此，约束条件是

$$(u)_{\substack{x=0\\y=0}}=0,\quad (v)_{\substack{x=0\\y=0}}=0,\quad (v)_{\substack{x=l\\y=0}}=0。$$

于是由式(d)得出

$$u_0=0,\ v_0=0,\ -\frac{Ml^2}{2EI}+\omega l+v_0=0,$$

也就是

$$u_0=0,\ v_0=0,\ \omega=\frac{Ml}{2EI}。$$

代入式(d)，就得到该简支梁的位移分量

$$u=\frac{M}{EI}\left(x-\frac{l}{2}\right)y,\ v=\frac{M}{2EI}(l-x)x-\frac{\mu M}{2EI}y^2。\tag{3-3}$$

梁轴的挠度方程是

$$(v)_{y=0}=\frac{M}{2EI}(l-x)x,$$

和材料力学中的结果相同。

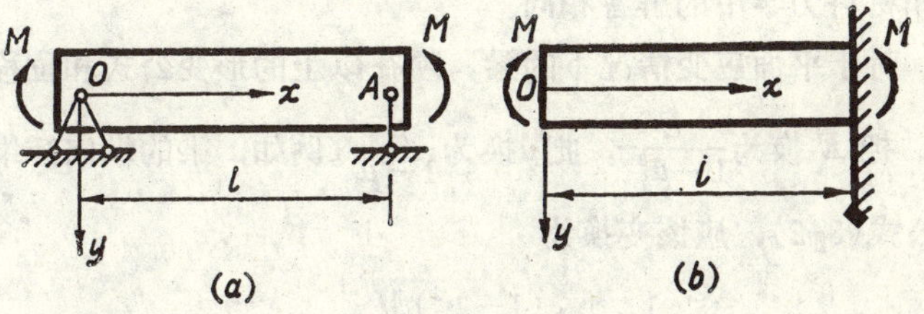

图 3-3

如果梁是悬臂梁，左端自由而右端完全固定，图 3-3 b，则在梁的右端($x=l$)，对于 y 的任何值$\left(-\frac{h}{2}\leqslant y\leqslant\frac{h}{2}\right)$，都要求 $u=0$和$v=0$。由式(d)显然可见，这个条件无法满足。在工程实际上，这种完全固定的约束条件也是不大可能实现的。现在，和材料力学中一样，假定右端截面的中点不移动，该点的水平线段不转动。这样，约束条件是

$$(u)_{\substack{x=l\\y=0}}=0,\quad (v)_{\substack{x=l\\y=0}}=0,\quad \left(\frac{\partial v}{\partial x}\right)_{\substack{x=l\\y=0}}=0。$$

于是由式(d)得出下列三个方程来决定 ω、u_0、v_0：

$$u_0=0,\ -\frac{Ml^2}{2EI}+\omega l+v_0=0,\ -\frac{Ml}{EI}+\omega=0。$$

求解以后，得

$$u_0=0,\ v_0=-\frac{Ml^2}{2EI},\ \omega=\frac{Ml}{EI}。$$

代入式(d)，得出该悬臂梁的位移分量：

$$u=-\frac{M}{EI}(l-x)y,\ v=-\frac{M}{2EI}(l-x)^2-\frac{\mu M}{2EI}y^2。\qquad(3\text{-}4)$$

梁轴的挠度方程是

$$(v)_{y=0}=-\frac{M}{2EI}(l-x)^2,$$

也和材料力学中的解答相同。

对于平面应变情况下的梁，须在以上的形变公式和位移公式中，把 E 换为$\frac{E}{1-\mu^2}$，把μ换为$\frac{\mu}{1-\mu}$。例如，梁的纵向纤维的曲率公式(3-2)，应该变换为

$$\frac{1}{\rho}=-\frac{(1-\mu^2)M}{EI}。\tag{3-5}$$

§3-3 简支梁受均布荷载

设有矩形截面的简支梁，深度为 h，长度为 $2l$，体力可以不计，在上面受有均布荷载 q，由两端的反力 ql 维持平衡，图 3-4。为了方便，仍然取单位宽度的梁来考虑。

用半逆解法。由材料力学已知：弯应力σ_x主要是由弯矩引起的，剪应力 τ_{xy} 主要是由剪力引起的，挤压应力σ_y主要是由直接荷载q引起的。现在，q 是不随 x 而变的常量，因此可以假设σ_y不随 x 而变，也就是假设σ_y只是 y 的函数：

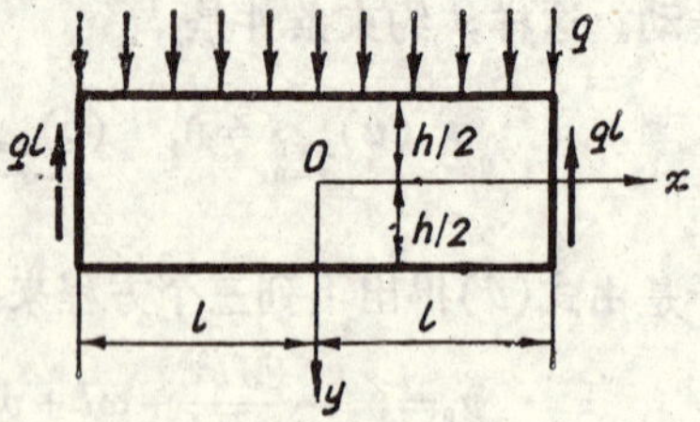

图 3-4

$$\sigma_y=f(y)。$$

于是由公式(2-28)有

$$\frac{\partial^2\varphi}{\partial x^2}=f(y)。$$

对 x 积分，得

$$\frac{\partial\varphi}{\partial x}=xf(y)+f_1(y), \tag{a}$$

$$\varphi=\frac{x^2}{2}f(y)+xf_1(y)+f_2(y), \tag{b}$$

其中 $f_1(y)$和 $f_2(y)$是任意函数，即待定函数。

现在来考察，式(b)所示的应力函数是否满足相容方程。为此，求出式(b)的四阶导数

$$\frac{\partial^4\varphi}{\partial x^4}=0,\frac{\partial^4\varphi}{\partial x^2\partial y^2}=\frac{d^2f(y)}{dy^2},$$

$$\frac{\partial^4\varphi}{\partial y^4}=\frac{x^2}{2}\frac{d^4f(y)}{dy^4}+x\frac{d^4f_1(y)}{dy^4}+\frac{d^4f_2(y)}{dy^4}。$$

代入相容方程(2-27)，可见各个待定函数应当满足方程

$$\frac{1}{2}\frac{d^4f(y)}{dy^4}x^2+\frac{d^4f_1(y)}{dy^4}x+\frac{d^4f_2(y)}{dy^4}+2\frac{d^2f(y)}{dy^2}=0。$$

这是x的二次方程，但相容条件要求它有无数多的根(全梁内的x值都应该满足它)，因此，这个二次方程的系数和自由项都必须等于零，即

$$\frac{d^4f(y)}{dy^4}=0,\quad \frac{d^4f_1(y)}{dy^4}=0,$$

$$\frac{d^4f_2(y)}{dy^4}+2\frac{d^2f(y)}{dy^2}=0。$$

前面两个方程要求

$$f(y)=Ay^3+By^2+Cy+D,\quad f_1(y)=Ey^3+Fy^2+Gy。 \tag{c}$$

在这里，$f_1(y)$中的常数项已被略去，因为这一项在φ的表达式中成为x的一次项，不影响应力分量(见§3-1)。第三个方程则要求

$$\frac{d^4f_2(y)}{dy^4}=-2\frac{d^2f(y)}{dy^2}=-12Ay-4B,$$

也就是要求

$$f_2(y)=-\frac{A}{10}y^5-\frac{B}{6}y^4+Hy^3+Ky^2, \tag{d}$$

其中的一次项及常数项都被略去，因为它们不影响应力分量。将式(c)及式(d)代入式(b)，得应力函数

$$\varphi=\frac{x^2}{2}(Ay^3+By^2+Cy+D)+x(Ey^3+Fy^2+Gy)$$
$$-\frac{A}{10}y^5-\frac{B}{6}y^4+Hy^3+Ky^2。\tag{e}$$

将式(e)代入公式(2-28),得应力分量

$$\sigma_x=\frac{x^2}{2}(6Ay+2B)+x(6Ey+2F)$$
$$-2Ay^3-2By^2+6Hy+2K, \tag{f}$$
$$\sigma_y=Ay^3+By^2+Cy+D, \tag{g}$$
$$\tau_{xy}=-x(3Ay^2+2By+C)-(3Ey^2+2Fy+G)。\tag{h}$$

这些应力分量是满足平衡微分方程和相容方程的。因此,如果能够适当选择常数$A,B,\cdots,K$，使所有的边界条件都被满足，则应力分量(f)、(g)、(h)就是正确的解答。

在考虑边界条件以前，先考虑一下问题的对称性(如果这个问题有对称性的话)，往往可以减少一些运算工作。在这里，因为 yz 面是梁和荷载的对称面，所以应力分布应当对称于 yz 面。这样，σ_x 和σ_y应当是x的偶函数，而 τ_{xy} 应当是 x的奇函数。于是由式(f)和式(h)可见

$$E=F=G=0。$$

如果不考虑问题的对称性，那么，在考虑过全部边界条件以后，也可以得出同样的结果，但运算工作要比较多些。

通常，梁的跨度远大于梁的深度，梁的上下两个边界占全部边界的绝大部分，因而是主要的边界。在主要的边界上，边界条件必须精确满足；在次要的边界上(很小部分的边界上)，如果边界条件不能精确满足，就可以引用圣维南原理，使边界条件得到

近似的满足，仍然可以得出有用的解答。

根据这个理由，先来考虑上下两边的边界条件：

$$(\sigma_y)_{y=\frac{h}{2}}=0,(\sigma_y)_{y=-\frac{h}{2}}=-q,\ (\tau_{xy})_{y=\pm\frac{h}{2}}=0。$$

将应力分量(g)和(h)代入，并注意已经得出的 $E=F=G=0$，可见这些边界条件要求

$$\frac{h^3}{8}A+\frac{h^2}{4}B+\frac{h}{2}C+D=0,$$

$$-\frac{h^3}{8}A+\frac{h^2}{4}B-\frac{h}{2}C+D=-q,$$

$$-x\left(\frac{3}{4}h^2A+hB+C\right)=0\text{即}\frac{3}{4}h^2A+hB+C=0,$$

$$-x\left(\frac{3}{4}h^2A-hB+C\right)=0\text{即}\ \frac{3}{4}h^2A-hB+C=0。$$

由于上列四个方程是互不依赖的，也是不相矛盾的，而且只包含四个未知数，因此可以联立求解而得出

$$A=-\frac{2q}{h^3},B=0,C=\frac{3q}{2h},\ D=-\frac{q}{2}。$$

将以上已确定的常数代入(f)、(g)、(h)三式，得

$$\sigma_x=-\frac{6q}{h^3}x^2y+\frac{4q}{h^3}y^3+6Hy+2K, \tag{i}$$

$$\sigma_y=-\frac{2q}{h^3}y^3+\frac{3q}{2h}y-\frac{q}{2}, \tag{j}$$

$$\tau_{xy}=\frac{6q}{h^3}xy^2-\frac{3q}{2h}x。 \tag{k}$$

现在来考虑左右两边的边界条件。由于问题的对称性，只须考虑其中的一边，例如右边。如果右边的边界条件能满足，左边的边界条件自然也能满足。

首先，在梁的右边，没有水平面力，这就要求当 $x=l$ 时，不论

y 取任何值$\left(-\frac{h}{2}\leqslant y\leqslant\frac{h}{2}\right)$,都有 $\sigma_x=0$。由式(i)可见,这是不可能满足的,除非是 $q=0$。用多项式求解,只能要求 σ_x 在这部分边界上合成为平衡力系,也就是要求

$$\int_{-\frac{h}{2}}^{\frac{h}{2}}(\sigma_x)_{x=l}dy=0, \tag{l}$$

$$\int_{-\frac{h}{2}}^{\frac{h}{2}}(\sigma_x)_{x=l}y\,dy=0。 \tag{m}$$

将式(i)代入式(l),得

$$\int_{-\frac{h}{2}}^{\frac{h}{2}}\left(-6\frac{ql^2}{h^3}y+\frac{4q}{h^3}y^3+6Hy+2K\right)dy=0,$$

积分以后得

$$K=0。$$

将式(i)代入式(m),并命 $K=0$,得

$$\int_{-\frac{h}{2}}^{\frac{h}{2}}\left(-\frac{6ql^2}{h^3}y+\frac{4q}{h^3}y^3+6Hy\right)y\,dy=0,$$

积分以后得

$$H=\frac{ql^2}{h^3}-\frac{q}{10h}。$$

将 H 和 K 的已知值代入式(i),得

$$\sigma_x=-\frac{6q}{h^3}x^2y+\frac{4q}{h^3}y^3+\frac{6ql^2}{h^3}y-\frac{3q}{5h}y。 \tag{n}$$

另一方面,在梁的右边,剪应力 τ_{xy} 应当合成为向上的反力 ql,这就要求

$$\int_{-\frac{h}{2}}^{\frac{h}{2}}(\tau_{xy})_{x=l}dy=-ql,$$

在 ql 前面加了负号,因为右边的剪应力 τ_{xy} 以向下为正,而 ql 是

向上的。将式(k)代入，上式成为

$$\int_{-\frac{h}{2}}^{\frac{h}{2}}\left(\frac{6ql}{h^3}y^2-\frac{3ql}{2h}\right)dy=-ql。$$

积分以后，可见这一条件是满足的。

将(n)、(j)、(k)三式略加整理，得应力分量的最后解答

$$\left.\begin{aligned}\sigma_x&=\frac{6q}{h^3}(l^2-x^2)y+q\frac{y}{h}\left(4\frac{y^2}{h^2}-\frac{3}{5}\right),\\ \sigma_y&=-\frac{q}{2}\left(1+\frac{y}{h}\right)\left(1-\frac{2y}{h}\right)^2,\\ \tau_{xy}&=-\frac{6q}{h^3}x\left(\frac{h^2}{4}-y^2\right)。\end{aligned}\right\}\qquad(p)$$

各应力分量沿铅直方向的变化大致如图 3-5 所示。

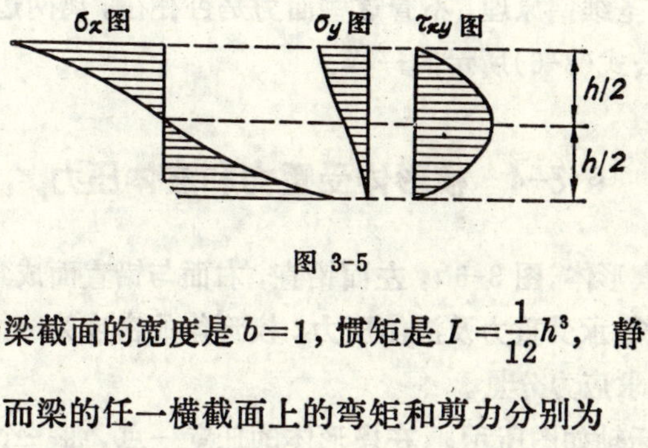

图 3-5

因为梁截面的宽度是 $b=1$，惯矩是 $I=\frac{1}{12}h^3$，静矩是 $S=\frac{h^2}{8}-\frac{y^2}{2}$，而梁的任一横截面上的弯矩和剪力分别为

$$M=ql(l-x)-\frac{q}{2}(l-x)^2=\frac{q}{2}(l^2-x^2),$$

$$Q=-ql+q(l-x)=-qx,$$

所以式(p)可以改写为

$$\left.\begin{aligned}\sigma_x&=\frac{M}{I}y+q\frac{y}{h}\left(4\frac{y^2}{h^2}-\frac{3}{5}\right),\\ \sigma_y&=-\frac{q}{2}\left(1+\frac{y}{h}\right)\left(1-\frac{2y}{h}\right)^2,\end{aligned}\right\}\qquad(3\text{-}6)$$

$$\tau_{xy}=\frac{QS}{bI}。$$

在弯应力 σ_x 的表达式中，第一项是主要项，和材料力学中的解答相同，第二项则是弹性力学提出的修正项。对于通常的浅梁，修正项很小，可以不计。对于较深的梁，则须注意修正项。

应力分量 σ_y 乃是梁的各纤维之间的挤压应力，它的最大绝对值是 q，发生在梁顶。在材料力学中，一般不考虑这个应力分量。

剪应力 τ_{xy} 的表达式和材料力学里完全一样。

注意：按照式(p)，在梁的右边和左边，有水平面力

$$\overline{X}=\pm(\sigma_x)_{x=\pm l}=\pm q\frac{y}{h}\left(4\frac{y^2}{h^2}-\frac{3}{5}\right)。$$

但是，由式(l)及式(m)可见，每一边的水平面力是一个平衡力系，因此，根据圣维南原理，不管这些面力是否存在，离两边较远处的应力都和公式(3-6)所示的一样。

§ 3-4　楔形体受重力和液体压力

设有楔形体，图 3-6a，左面铅直，右面与铅直面成角 α，下端作为无限长，承受重力及液体压力，楔形体的密度为 ρ，液体的密度为 γ，试求应力分量。

取坐标轴如图所示。在楔形体的任意一点，每一个应力分量都将由两部分组成：第一部分由重力引起，应当和楔形体的容重 ρg 成正比；第二部分由液体压力引起，应当和液体的容重 γg 成正比。当然，上述每一部分的应力分量还和 α、x、y 有关。由于应力分量的因次是[力][长度]$^{-2}$，ρg 和 γg 的因次是[力][长度]$^{-3}$，α 是无因次的数量，而 x 和 y 的因次是[长度]，因此，如果应力分量具有多项式的解答，那么，它们的表达式只可能是 $A\rho gx$、$B\rho gy$、$C\gamma gx$、$D\gamma gy$ 四种项的组合，而其中的 A、B、C、D 是无

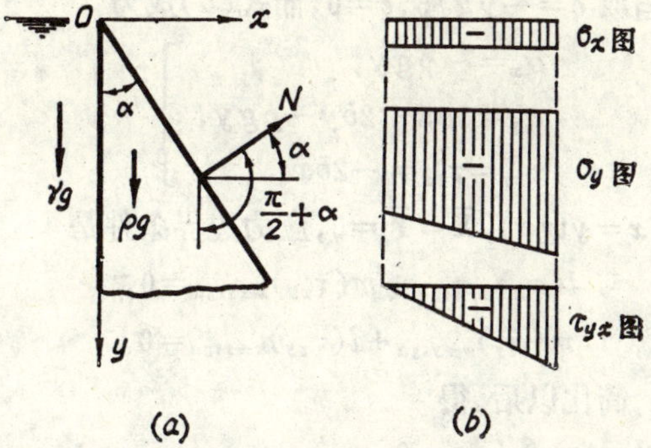

图 3-6

因次的数量，只和 α 有关。这就是说，各个应力分量的表达式只可能是 x 和 y 的纯一次式，而应力函数（它对 x 和 y 的二阶导数给出应力分量）应当是 x 和 y 的纯三次式。因此，假设应力函数为

$$\varphi=ax^3+bx^2y+cxy^2+ey^3。$$

在这里，体力分量 $X=0$，而 $Y=\rho g$，所以由公式 (2-26) 得应力分量的表达式

$$\left.\begin{aligned}\sigma_x&=\frac{\partial^2\varphi}{\partial y^2}-Xx=2cx+6ey,\\ \sigma_y&=\frac{\partial^2\varphi}{\partial x^2}-Yy=6ax+2by-\rho gy,\\ \tau_{xy}&=-\frac{\partial^2\varphi}{\partial x\partial y}=-2bx-2cy。\end{aligned}\right\}\quad\text{(a)}$$

这些应力分量是满足平衡微分方程和相容方程的，现在来考察，如果适当选择各个系数，是否也能满足应力边界条件。

在左面 ($x=0$)，应力边界条件是

$$(\sigma_x)_{x=0}=-\gamma gy,\quad(\tau_{xy})_{x=0}=0。$$

将式 (a) 代入，得

$$6ey=-\gamma gy,\quad -2cy=0。$$

于是可见应当取 $e=-\gamma g/6, c=0$，而式(a)成为

$$\left.\begin{aligned}&\sigma_x=-\gamma g y,\\&\sigma_y=6ax+2by-\rho g y,\\&\tau_{xy}=\tau_{yx}=-2bx。\end{aligned}\right\}\qquad(b)$$

在右面($x=y\mathrm{tg}\alpha$)，$\overline{X}=\overline{Y}=0$，应力边界条件是

$$l(\sigma_x)_{x=y\mathrm{tg}\alpha}+m(\tau_{xy})_{x=y\mathrm{tg}\alpha}=0,$$

$$m(\sigma_y)_{x=y\mathrm{tg}\alpha}+l(\tau_{xy})_{x=y\mathrm{tg}\alpha}=0。$$

将式(b)代入，简化以后，得

$$\left.\begin{aligned}&2bm\mathrm{tg}\alpha+l\gamma g=0,\\&6am\mathrm{tg}\alpha+2b(m-l\mathrm{tg}\alpha)-m\rho g=0。\end{aligned}\right\}\qquad(c)$$

但由图可见

$$l=\cos(N,x)=\cos\alpha,$$

$$m=\cos(N,y)=\cos(90°+\alpha)=-\sin\alpha。$$

代入式(c)，求解 b 和 a，得

$$b=\frac{\gamma g}{2}\mathrm{ctg}^2\alpha,\ a=\frac{\rho g}{6}\mathrm{ctg}\alpha-\frac{\gamma g}{3}\mathrm{ctg}^3\alpha。$$

将这些系数代入式(b)，即得李维解答

$$\left.\begin{aligned}&\sigma_x=-\gamma g y,\\&\sigma_y=(\rho g\mathrm{ctg}\alpha-2\gamma g\mathrm{ctg}^3\alpha)x+(\gamma g\mathrm{ctg}^2\alpha-\rho g)y,\\&\tau_{xy}=\tau_{yx}=-\gamma g x\mathrm{ctg}^2\alpha。\end{aligned}\right\}\qquad(3\text{-}7)$$

各应力分量沿水平方向的变化大致如图3-6 b 所示。

应力分量σ_x沿水平方向没有变化，这个结果是不可能由材料力学公式求得的。应力分量σ_y沿水平方向按直线变化，在左右两面，它分别为

$$(\sigma_y)_{x=0}=-(\rho g-\gamma g\mathrm{ctg}^2\alpha)y,$$

$$(\sigma_y)_{x=y\mathrm{tg}\alpha}=-\gamma g y\mathrm{ctg}^2\alpha,$$

和用材料力学中偏心受压公式算得的结果相同。应力分量τ_{yx}也按直线变化，在左右两面，它分别为

$$(\tau_{yx})_{x=0}=0,$$

$$(\tau_{yx})_{x=y\,\mathrm{tg}\alpha}=-\gamma g y\,\mathrm{ctg}\alpha。$$

这个结果,不同于材料力学中关于等截面矩形梁的剪应力分布(按抛物线变化)。

以上所得的解答，一向被当作是三角形重力坝中应力的基本解答。但是，必须指出下列三点：

(1) 沿着坝轴，坝身往往具有不同的截面，而且坝身也不是无限长的。因此,严格地说来,这里不是一个平面问题。但是,如果沿着坝轴,有一些伸缩缝把坝身分成若干段,在每一段范围内，坝身的截面可以当作没有变化,而且τ_{zx}和τ_{zy}可以当作等于零,那么,在计算时,是可以把这个问题当作平面问题的。

(2) 这里假定楔形体在下端是无限长，可以自由地变形。但是，实际上坝身是有限高的,底部与地基相连,坝身底部的形变受到地基的约束,因此,对于底部说来,以上所得的解答是不精确的。

(3) 坝顶总具有一定的宽度,而不会是一个尖顶,而且顶部通常还受有其他的荷载,因此,在靠近坝顶处,以上所得的解答也不适用。

关于重力坝的较精确的应力分析，目前大都采用有限单元法来进行。

§ 3-5 级数式解答

如果梁或板所受的面力比较复杂,或者甚至是不连续的,就不可能用多项式求得解答。在这种情况下，可以试用三角级数求解。

为此,用逆解法,首先假设应力函数取如下的形式：

$$\varphi=\sin\alpha x\cdot f(y), \qquad (a)$$

其中α是任意常数,它的因次是[长度]$^{-1}$,而$f(y)$是y的任意函数。

将式(a)代入相容方程(2-27)，即得

$$\sin\alpha x\left[\frac{d^4f(y)}{dy^4}-2\alpha^2\frac{d^2f(y)}{dy^2}+\alpha^4f(y)\right]=0。\tag{b}$$

删去因子$\sin\alpha x$,然后求解这个常微分方程,得

$$f(y)=A\mathrm{sh}\alpha y+B\mathrm{ch}\alpha y+Cy\mathrm{sh}\alpha y+Dy\mathrm{ch}\alpha y,$$

其中的A、B、C、D都是任意常数。于是得到应力函数的一个解答：

$$\varphi=\sin\alpha x(A\mathrm{sh}\alpha y+B\mathrm{ch}\alpha y+Cy\mathrm{sh}\alpha y+Dy\mathrm{ch}\alpha y)。\tag{c}$$

然后,再假设应力函数取如下的形式：

$$\varphi=\cos\alpha' x\cdot f_1(y)。$$

同样可以得出应力函数的另一个解答

$$\varphi=\cos\alpha' x(A'\mathrm{sh}\alpha' y+B'\mathrm{ch}\alpha' y+C'y\mathrm{sh}\alpha' y+D'y\mathrm{ch}\alpha' y),\tag{d}$$

其中的A'、B'、C'、D'也是任意常数。

现在,将解答(c)与(d)叠加,得

$$\varphi=\sin\alpha x(A\mathrm{sh}\alpha y+B\mathrm{ch}\alpha y+Cy\mathrm{sh}\alpha y+Dy\mathrm{ch}\alpha y)+\cos\alpha' x(A'\mathrm{sh}\alpha' y+B'\mathrm{ch}\alpha' y+C'y\mathrm{sh}\alpha' y+D'y\mathrm{ch}\alpha' y)。\tag{e}$$

又因为当α取任何值α_m时，或者当α'取任何值α'_m时，表达式(e)都是微分方程(b)的解答,所以这些解答的叠加仍然是该微分方程的解答。于是得三角级数式的应力函数

$$\varphi=\sum_{m=1}^{\infty}\sin\alpha_m x(A_m\mathrm{sh}\alpha_m y+B_m\mathrm{ch}\alpha_m y+C_m y\mathrm{sh}\alpha_m y+D_m y\mathrm{ch}\alpha_m y)+\sum_{m=1}^{\infty}\cos\alpha'_m x(A'_m\mathrm{sh}\alpha'_m y+B'_m\mathrm{ch}\alpha'_m y+C'_m y\mathrm{sh}\alpha'_m y+D'_m y\mathrm{ch}\alpha'_m y)。\tag{3-8}$$

当然,还可以再叠加以满足相容条件的、其它形式的应力函数。

与(3-8)式相应的应力分量是：

$$
\left.
\begin{aligned}
\sigma_x=\frac{\partial^2\varphi}{\partial y^2}=&\sum_{m=1}^{\infty}\alpha_m^2\sin\alpha_m x\Big[\Big(A_m+\frac{2D_m}{\alpha_m}\Big)\mathrm{sh}\alpha_m y\\
&+\Big(B_m+\frac{2C_m}{\alpha_m}\Big)\mathrm{ch}\alpha_m y+C_m y\,\mathrm{sh}\alpha_m y\\
&+D_m y\,\mathrm{ch}\alpha_m y\Big]\\
&+\sum_{m=1}^{\infty}\alpha'^2_m\cos\alpha'_m x\Big[\Big(A'_m+\frac{2D'_m}{\alpha'_m}\Big)\mathrm{sh}\alpha'_m y\\
&+\Big(B'_m+\frac{2C'_m}{\alpha'_m}\Big)\mathrm{ch}\alpha'_m y+C'_m y\,\mathrm{sh}\alpha'_m y\\
&+D'_m y\,\mathrm{ch}\alpha'_m y\Big],\\
\sigma_y=\frac{\partial^2\varphi}{\partial x^2}=&-\sum_{m=1}^{\infty}\alpha_m^2\sin\alpha_m x[A_m\mathrm{sh}\alpha_m y+B_m\mathrm{ch}\alpha_m y\\
&+C_m y\,\mathrm{sh}\alpha_m y+D_m y\,\mathrm{ch}\alpha_m y]\\
&-\sum_{m=1}^{\infty}\alpha'^2_m\cos\alpha'_m x[A'_m\mathrm{sh}\alpha'_m y+B'_m\mathrm{ch}\alpha'_m y\\
&+C'_m y\,\mathrm{sh}\alpha'_m y+D'_m y\,\mathrm{ch}\alpha'_m y],\\
\tau_{xy}=-\frac{\partial^2\varphi}{\partial x\partial y}=&-\sum_{m=1}^{\infty}\alpha^2_m\cos\alpha_m x\Big[\Big(B_m+\frac{C_m}{\alpha_m}\Big)\mathrm{sh}\alpha_m y\\
&+\Big(A_m+\frac{D_m}{\alpha_m}\Big)\mathrm{ch}\alpha_m y+D_m y\,\mathrm{sh}\alpha_m y+C_m y\,\mathrm{ch}\alpha_m y\Big]\\
&+\sum_{m=1}^{\infty}\alpha'^2_m\sin\alpha'_m x\Big[\Big(B'_m+\frac{C'_m}{\alpha'_m}\Big)\mathrm{sh}\alpha'_m y\\
&+\Big(A'_m+\frac{D'_m}{\alpha'_m}\Big)\mathrm{ch}\alpha'_m y+D'_m y\,\mathrm{sh}\alpha'_m y\\
&+C'_m y\,\mathrm{ch}\alpha'_m y\Big]。
\end{aligned}
\right\}
\qquad (3\text{-}9)
$$

这些应力分量是满足平衡微分方程和相容方程的。如果能够选择其中的待定常数α_m、A_m、B_m、C_m、D_m、α'_m、A'_m、B'_m、C'_m、D'_m，

或再叠加以满足平衡微分方程和相容方程的其它应力分量表达式，使其满足某个问题的边界条件，就得出该问题的解答。

§3-6 简支梁受任意横向荷载

本节中将以简支梁受任意横向荷载的问题为例，说明三角级数式解答的应用。设简支梁的跨度为l，高度为H，坐标轴如图3-7所示，上下两边的横向荷载分别为$q(x)$及$q_1(x)$，左右两端的反力分别为R及R_1。

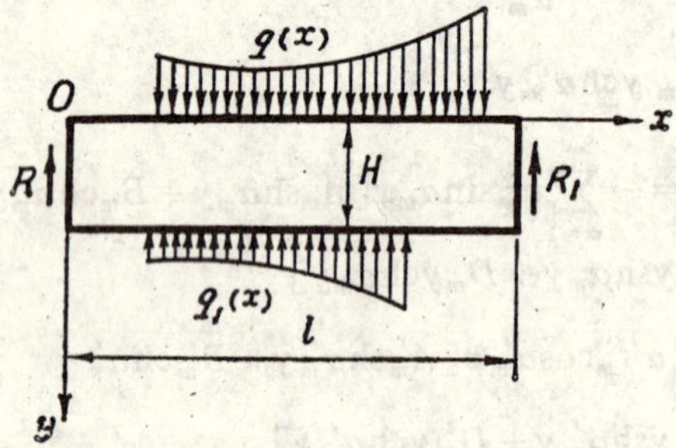

图 3-7

在上下两边，正应力的边界条件是

$$(\sigma_y)_{y=0}=-q(x), \qquad (\sigma_y)_{y=H}=-q_1(x); \tag{a}$$

剪应力的边界条件是

$$(\tau_{xy})_{y=0}=0, \qquad (\tau_{xy})_{y=H}=0。 \tag{b}$$

在左右两端，正应力的边界条件是

$$(\sigma_x)_{x=0}=0, \qquad (\sigma_x)_{x=l}=0; \tag{c}$$

剪应力应当合成为反力，即

$$\int_0^H(\tau_{xy})_{x=0}dy=R, \qquad \int_0^H(\tau_{xy})_{x=l}dy=-R_1。 \tag{d}$$

应用表达式(3-9)时，为了满足边界条件(c)，可以取

$$A'_m=B'_m=C'_m=D'_m=0,$$

$$\alpha_m=\frac{m\pi}{l}\,(m=1,2,3,\cdots)。$$

于是表达式(3-9)简化为

$$\left.\begin{aligned}
\sigma_x=&\sum_{m=1}^{\infty}\frac{m^2\pi^2}{l^2}\sin\frac{m\pi x}{l}\Bigg[\bigg(A_m\\
&+\frac{2l}{m\pi}D_m\bigg)\text{sh}\frac{m\pi y}{l}\\
&+\bigg(B_m+\frac{2l}{m\pi}C_m\bigg)\text{ch}\frac{m\pi y}{l}\\
&+C_m y\,\text{sh}\frac{m\pi y}{l}+D_m y\,\text{ch}\frac{m\pi y}{l}\Bigg],\\
\sigma_y=&-\sum_{m=1}^{\infty}\frac{m^2\pi^2}{l^2}\sin\frac{m\pi x}{l}\Bigg[A_m\,\text{sh}\frac{m\pi y}{l}\\
&+B_m\,\text{ch}\frac{m\pi y}{l}\\
&+C_m y\,\text{sh}\frac{m\pi y}{l}+D_m y\,\text{ch}\frac{m\pi y}{l}\Bigg],\\
\tau_{xy}=&-\sum_{m=1}^{\infty}\frac{m^2\pi^2}{l^2}\cos\frac{m\pi x}{l}\Bigg[\bigg(B_m\\
&+\frac{l}{m\pi}C_m\bigg)\text{sh}\frac{m\pi y}{l}\\
&+\bigg(A_m+\frac{l}{m\pi}D_m\bigg)\text{ch}\frac{m\pi y}{l}\\
&+D_m y\,\text{sh}\frac{m\pi y}{l}+C_m y\,\text{ch}\frac{m\pi y}{l}\Bigg]。
\end{aligned}\right\}\quad(3.10)$$

代入边界条件(b)及(a)，得到

$$\sum_{m=1}^{\infty}m^2\cos\frac{m\pi x}{l}\left[A_m+\frac{l}{m\pi}D_m\right]=0,\qquad(e)$$

$$\sum_{m=1}^{\infty} m^2\cos\frac{m\pi x}{l}\Big[\Big(B_m+\frac{l}{m\pi}C_m\Big)\text{sh}\frac{m\pi H}{l}$$

$$+\Big(A_m+\frac{l}{m\pi}D_m\Big)\text{ch}\frac{m\pi H}{l}$$

$$+D_mH\text{sh}\frac{m\pi H}{l}+C_mH\text{ch}\frac{m\pi H}{l}\Big]=0, \qquad (f)$$

$$\frac{\pi^2}{l^2}\sum_{m=1}^{\infty} m^2\sin\frac{m\pi x}{l}[B_m]=q(x), \qquad (g)$$

$$\frac{\pi^2}{l^2}\sum_{m=1}^{\infty} m^2\sin\frac{m\pi x}{l}\Big[A_m\text{sh}\frac{m\pi H}{l}+B_m\text{ch}\frac{m\pi H}{l}$$

$$+C_mH\text{sh}\frac{m\pi H}{l}+D_mH\text{ch}\frac{m\pi H}{l}\Big]=q_1(x)。 \qquad (h)$$

由此可以得出求解系数A_m、B_m、C_m、D_m的方程,说明如下。

式(e)和式(f)表示它们左边的三角级数恒等于零，因此，级数的系数都应当等于零,于是得

$$A_m+\frac{l}{m\pi}D_m=0, \qquad (i)$$

$$A_m\text{ch}\frac{m\pi H}{l}+B_m\text{sh}\frac{m\pi H}{l}$$

$$+C_m\Big(\frac{l}{m\pi}\text{sh}\frac{m\pi H}{l}+H\text{ch}\frac{m\pi H}{l}\Big)$$

$$+D_m\Big(\frac{l}{m\pi}\text{ch}\frac{m\pi H}{l}+H\text{sh}\frac{m\pi H}{l}\Big)=0。 \qquad (j)$$

为了从式(g)得出所需的方程,须将该式右边的$q(x)$在$x=0$至$x=l$的区间展为和左边相同的级数，即$\sin\frac{m\pi x}{l}$的级数。按照傅立叶级数的展开法则，我们有

$$q(x)=\sum_{m=1}^{\infty}\Big[\frac{2}{l}\int_0^l q(x)\sin\frac{m\pi x}{l}dx\Big]\sin\frac{m\pi x}{l}。 \qquad (3\text{-}11)$$

与式(g)对比，即得

$$\frac{\pi^2}{l^2}m^2B_m=\frac{2}{l}\int_0^l q(x)\sin\frac{m\pi x}{l}dx,$$

从而得出

$$B_m=\frac{2l}{m^2\pi^2}\int_0^l q(x)\sin\frac{m\pi x}{l}dx。\tag{k}$$

同样可由式(h)得出

$$A_m\text{sh}\frac{m\pi H}{l}+B_m\text{ch}\frac{m\pi H}{l}+C_mH\text{sh}\frac{m\pi H}{l}+D_mH\text{ch}\frac{m\pi H}{l}$$
$$=\frac{2l}{m^2\pi^2}\int_0^l q_1(x)\sin\frac{m\pi x}{l}dx。\tag{l}$$

求出式(k)及式(l)右边的积分以后，即可由(i)、(j)、(k)、(l)四式求得系数A_m、B_m、C_m、D_m，从而由公式(3-10)求得应力分量。

因为如此求得的应力分量已经满足式(d)以外的所有一切条件，包括平衡条件在内，而式(d)中的R及R_1又可以完全决定于平衡条件，所以式(d)自然满足，不必考虑。在求出应力分量以后，可以由式(d)求得反力R及R_1，并利用这两个反力与荷载的平衡作为校核之用。

由本节中所讨论的简支梁问题已经看出，用级数求解平面问题时，单是为了求出应力表达式中的系数，计算工作量就已经很大了；再加上由于级数收敛不快，得出应力分量的表达式以后，在计算某些点的应力数值时，还要花费很大的计算工作量。更应当着重指出，由于梁的两端的应力边界条件并不能精确满足，因而应力的解答只适用于距两端较远之处；对于跨度与高度同等大小的梁，这种解答显然是没有用处的(正确的解答可以用差分法、变分法或有限单元法求得)。但是，目前还有不少文献继续介绍平面问题的级数式解答。为了帮助读者正确使用这些解答，本教程中作了如上的简单介绍。

习　题

3-1　设图3-4中的简支梁只受重力的作用，而梁的密度为ρ，试用§3-3中的应力函数(e)求解应力分量。

答案：$\sigma_x=\dfrac{M}{I}y+\rho g y\left(\dfrac{4y^2}{h^2}-\dfrac{3}{5}\right)$，$\sigma_y=\dfrac{\rho g y}{2}\left(1-\dfrac{4y^2}{h^2}\right)$。

3-2　设有矩形截面的竖柱，其密度为ρ，在一边侧面上受均布剪力q，图3-8，试求应力分量。

提示：可假设$\sigma_x=0$，或假设$\tau_{xy}=f(x)$，或假设σ_y如材料力学中偏心受压公式所示。上端的边界条件如不能精确满足，可应用圣维南原理，求出近似的解答。

答案：$\sigma_y=2q\dfrac{y}{h}\left(1-\dfrac{3x}{h}\right)-\rho g y$，$\tau_{xy}=q\dfrac{x}{h}\left(3\dfrac{x}{h}-2\right)$。

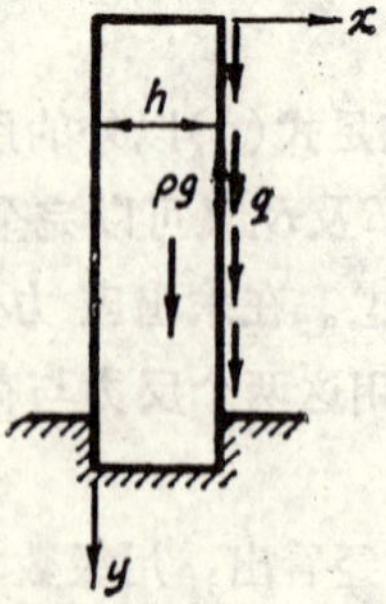

图 3-8

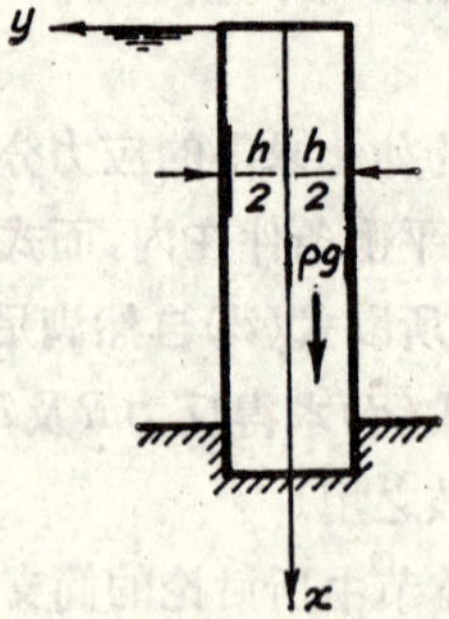

图 3-9

3-3　挡水墙的密度为ρ，厚度为h，图3-9，而水的密度为γ，试求应力分量。

提示：可假设$\sigma_y=xf(y)$。上端的边界条件如不能精确满足，可应用圣维南原理，求出近似的解答。

答案：$\sigma_x=\dfrac{2\gamma g}{h^3}x^3y+\dfrac{3\gamma g}{5h}xy-\dfrac{4\gamma g}{h^3}xy^3-\rho g x$，

$$\sigma_y=\gamma g x\left(2\frac{y^3}{h^3}-\frac{3}{2}\frac{y}{h}-\frac{1}{2}\right)。$$

3-4 设图3-10中的三角形悬臂梁只受重力的作用，而梁的密度为ρ，试用纯三次式的应力函数求解。

答案：$\sigma_x=\rho g x \operatorname{ctg}\alpha-2\rho g y \operatorname{ctg}^2\alpha$。

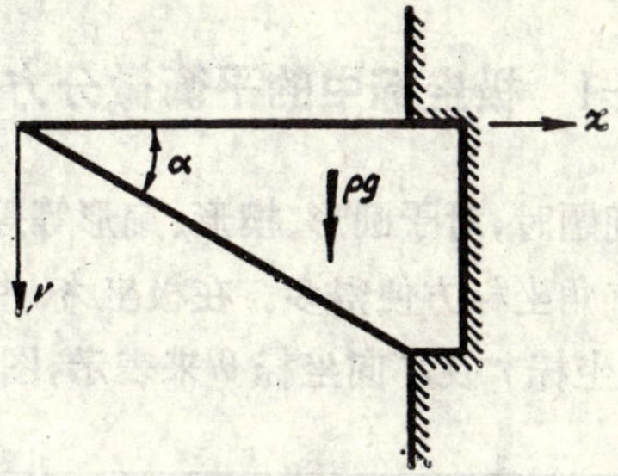

图 3-10

参考教材

铁摩辛柯、古地尔著，徐芝纶译，《弹性理论》，第三章。

第四章　平面问题的极坐标解答

§4-1　极坐标中的平衡微分方程

在求解平面问题时，对于圆形、楔形、扇形等等的物体，用极坐标求解往往比用直角坐标方便得多。在极坐标中，平面内任一点 P 的位置，用径向坐标 r 及环向坐标 θ 来表示，图 4-1。

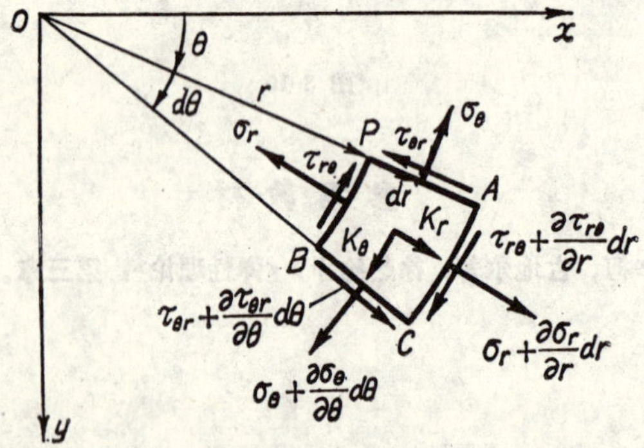

图 4-1

为了表明极坐标中的应力分量，从所考察的薄板或长柱形体取出微分体 $PACB$，如图所示。沿 r 方向的正应力称为径向正应力，用 σ_r 代表；沿 θ 方向的正应力称为环向正应力或切向正应力，用 σ_θ 代表；剪应力用 $\tau_{r\theta}$ 及 $\tau_{\theta r}$ 代表（根据剪应力的互等关系，$\tau_{r\theta}=\tau_{\theta r}$）。各应力分量的正负号规定和直角坐标中一样，只是 r 方向代替了 x 方向，θ 方向代替了 y 方向。图中所示的应力分量都是正的。径向及环向的体力分量分别用 K_r 及 K_θ 代表。

与直角坐标中相似，由于应力随坐标 r 的变化，设 PB 面上

的径向正应力为 σ_r，则 AC 面上的将为 $\sigma_r+\frac{\partial\sigma_r}{\partial r}dr$；同样，这两个面上的剪应力分别为 $\tau_{r\theta}$ 及 $\tau_{r\theta}+\frac{\partial\tau_{r\theta}}{\partial r}dr$。$PA$ 及 BC 两个面上的环向正应力分别为 σ_θ 及 $\sigma_\theta+\frac{\partial\sigma_\theta}{\partial\theta}d\theta$；这两个面上的剪应力分别为 $\tau_{\theta r}$ 及 $\tau_{\theta r}+\frac{\partial\tau_{\theta r}}{\partial\theta}d\theta$。

取微分体的厚度等于1，于是，PB 及 AC 两面的面积分别等于 $rd\theta$ 及 $(r+dr)d\theta$，PA 及 BC 两面的面积等于 dr，微分体的体积等于 $rd\theta dr$。由于 $d\theta$ 是微小的，可以把 $\sin\frac{d\theta}{2}$ 取为 $\frac{d\theta}{2}$，把 $\cos\frac{d\theta}{2}$ 取为1。

将微分体所受各力投影到微分体中心的径向轴上，立出径向的平衡方程，得

$$\left(\sigma_r+\frac{\partial\sigma_r}{\partial r}dr\right)(r+dr)d\theta-\sigma_r rd\theta$$
$$-\left(\sigma_\theta+\frac{\partial\sigma_\theta}{\partial\theta}d\theta\right)dr\frac{d\theta}{2}-\sigma_\theta dr\frac{d\theta}{2}$$
$$+\left(\tau_{\theta r}+\frac{\partial\tau_{\theta r}}{\partial\theta}d\theta\right)dr-\tau_{\theta r}dr+K_r rd\theta dr=0。$$

用 $\tau_{r\theta}$ 代替 $\tau_{\theta r}$，简化以后，除以 $rd\theta dr$，再略去微量，得

$$\frac{\partial\sigma_r}{\partial r}+\frac{1}{r}\frac{\partial\tau_{r\theta}}{\partial\theta}+\frac{\sigma_r-\sigma_\theta}{r}+K_r=0。$$

将所有各力投影到微分体中心的切向轴上，立出切向的平衡方程，得

$$\left(\sigma_\theta+\frac{\partial\sigma_\theta}{\partial\theta}d\theta\right)dr-\sigma_\theta dr+\left(\tau_{r\theta}+\frac{\partial\tau_{r\theta}}{\partial r}dr\right)(r+dr)d\theta$$
$$-\tau_{r\theta}rd\theta+\left(\tau_{\theta r}+\frac{\partial\tau_{\theta r}}{\partial\theta}d\theta\right)dr\frac{d\theta}{2}$$

$$+\tau_{\theta r}dr\frac{d\theta}{2}+K_{\theta}rd\theta dr=0。$$

用 $\tau_{r\theta}$ 代替 $\tau_{\theta r}$，简化以后，除以 $rd\theta dr$，再略去微量，得

$$\frac{1}{r}\frac{\partial\sigma_{\theta}}{\partial\theta}+\frac{\partial\tau_{r\theta}}{\partial r}+\frac{2\tau_{r\theta}}{r}+K_{\theta}=0。$$

如果立出该微分体的力矩平衡方程，将得出 $\tau_{r\theta}=\tau_{\theta r}$，只是又一次证明剪应力的互等关系。

这样，极坐标中的平衡微分方程就是

$$\left.\begin{aligned}&\frac{\partial\sigma_{r}}{\partial r}+\frac{1}{r}\frac{\partial\tau_{r\theta}}{\partial\theta}+\frac{\sigma_{r}-\sigma_{\theta}}{r}+K_{r}=0,\\&\frac{1}{r}\frac{\partial\sigma_{\theta}}{\partial\theta}+\frac{\partial\tau_{r\theta}}{\partial r}+\frac{2\tau_{r\theta}}{r}+K_{\theta}=0。\end{aligned}\right\}\tag{4-1}$$

这两个平衡微分方程中包含着三个未知函数 σ_r、σ_θ 和 $\tau_{r\theta}=\tau_{\theta r}$。为了求解问题，还必须考虑形变和位移。

§4-2 极坐标中的几何方程及物理方程

在极坐标中，用 ε_r 代表径向正应变（径向线段的正应变），用 ε_θ 代表环向正应变（环向线段的正应变），用 $\gamma_{r\theta}$ 代表剪应变（径向与环向两线段之间的直角的改变）；用 u_r 代表径向位移，用 u_θ 代表环向位移。

首先，假定只有径向位移而没有环向位移，图 4-2a。由于这个径向位移，径向线段 PA 移到 $P'A'$，环向线段 PB 移到 $P'B'$，而 P、A、B 三点的位移分别为

$$PP'=u_r,\ \ AA'=u_r+\frac{\partial u_r}{\partial r}dr,\ \ BB'=u_r+\frac{\partial u_r}{\partial\theta}d\theta。$$

可见，径向线段 PA 的正应变为

$$\varepsilon_r=\frac{P'A'-PA}{PA}=\frac{AA'-PP'}{PA}$$

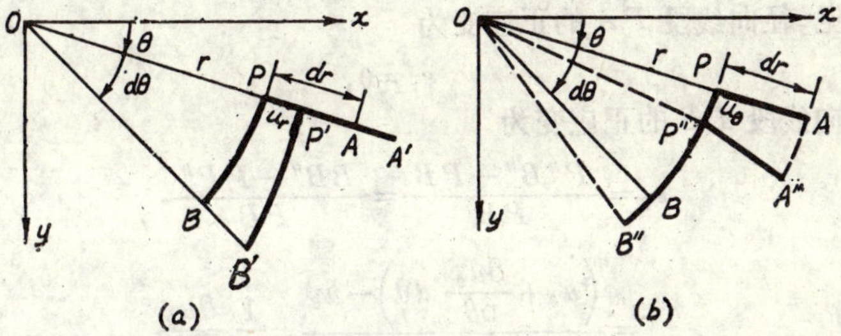

图 4-2

$$=\frac{\left(u_r+\frac{\partial u_r}{\partial r}dr\right)-u_r}{dr}=\frac{\partial u_r}{\partial r},\qquad (a)$$

环向线段 PB 的正应变为

$$\varepsilon_\theta=\frac{P'B'-PB}{PB}=\frac{(r+u_r)d\theta-rd\theta}{rd\theta}=\frac{u_r}{r},\qquad (b)$$

径向线段 PA 的转角为

$$\alpha=0,\qquad (c)$$

环向线段 PB 的转角为

$$\beta=\frac{BB'-PP'}{PB}=\frac{\left(u_r+\frac{\partial u_r}{\partial \theta}d\theta\right)-u_r}{rd\theta}=\frac{1}{r}\frac{\partial u_r}{\partial \theta},\qquad (d)$$

可见剪应变为

$$\gamma_{r\theta}=\alpha+\beta=\frac{1}{r}\frac{\partial u_r}{\partial \theta}。\qquad (e)$$

其次，假定只有环向位移而没有径向位移，图 4-2b。由于这个环向位移，径向线段 PA 移到 $P''A''$，环向线段 PB 移到 $P''B''$，而 P、A、B 三点的位移分别为

$$PP''=u_\theta,\quad AA''=u_\theta+\frac{\partial u_\theta}{\partial r}dr,$$

$$BB''=u_\theta+\frac{\partial u_\theta}{\partial \theta}d\theta。$$

可见，径向线段 PA 的正应变为

$$\varepsilon_r=0, \tag{f}$$

环向线段 PB 的正应变为

$$\varepsilon_\theta=\frac{P''B''-PB}{PB}=\frac{BB''-PP''}{PB}$$

$$=\frac{\left(u_\theta+\frac{\partial u_\theta}{\partial\theta}d\theta\right)-u_\theta}{rd\theta}=\frac{1}{r}\frac{\partial u_\theta}{\partial\theta}。 \tag{g}$$

径向线段 PA 的转角为

$$\alpha=\frac{AA''-PP''}{PA}=\frac{\left(u_\theta+\frac{\partial u_\theta}{\partial r}dr\right)-u_\theta}{dr}=\frac{\partial u_\theta}{\partial r}, \tag{h}$$

环向线段PB的转角为

$$\beta=-\angle POP''=-\frac{PP''}{OP}=-\frac{u_\theta}{r}, \tag{i}$$

可见剪应变为

$$\gamma_{r\theta}=\alpha+\beta=\frac{\partial u_\theta}{\partial r}-\frac{u_\theta}{r}。 \tag{j}$$

因此，如果沿径向和环向都有位移，则由(a)、(b)、(e)三式与(f)、(g)、(j)三式的分别叠加而得

$$\left.\begin{aligned}&\varepsilon_r=\frac{\partial u_r}{\partial r},\\&\varepsilon_\theta=\frac{u_r}{r}+\frac{1}{r}\frac{\partial u_\theta}{\partial\theta},\\&\gamma_{r\theta}=\frac{1}{r}\frac{\partial u_r}{\partial\theta}+\frac{\partial u_\theta}{\partial r}-\frac{u_\theta}{r}。\end{aligned}\right\} \tag{4-2}$$

这就是极坐标中的几何方程。

由于极坐标也和直角坐标同样是正交坐标，所以极坐标物理方程与直角坐标物理方程具有同样的形式，只是角码 x 和 y 分别改换为 r 和 θ。据此，在平面应力的情况下，物理方程是

$$\varepsilon_r=\frac{1}{E}(\sigma_r-\mu\sigma_\theta),$$

$$\left.\begin{aligned}\varepsilon_\theta&=\frac{1}{E}(\sigma_\theta-\mu\sigma_r),\\ \gamma_{r\theta}&=\frac{1}{G}\tau_{r\theta}=\frac{2(1+\mu)}{E}\tau_{r\theta}。\end{aligned}\right\}\tag{4-3}$$

在平面应变的情况下，须将上式中的 E 换为 $\frac{E}{1-\mu^2}$，μ 换为 $\frac{\mu}{1-\mu}$，而物理方程成为

$$\left.\begin{aligned}\varepsilon_r&=\frac{1-\mu^2}{E}\left(\sigma_r-\frac{\mu}{1-\mu}\sigma_\theta\right),\\ \varepsilon_\theta&=\frac{1-\mu^2}{E}\left(\sigma_\theta-\frac{\mu}{1-\mu}\sigma_r\right),\\ \gamma_{r\theta}&=\frac{2(1+\mu)}{E}\tau_{r\theta}。\end{aligned}\right\}\tag{4-4}$$

§ 4-3 极坐标中的应力函数与相容方程

为了把极坐标中的应力分量用应力函数 φ 来表示，我们要利用极坐标与直角坐标之间的关系式

$$r^2=x^2+y^2,\theta=\operatorname{arctg}\frac{y}{x};$$

$$x=r\cos\theta,y=r\sin\theta。$$

由此得

$$\frac{\partial r}{\partial x}=\frac{x}{r}=\cos\theta,\ \frac{\partial r}{\partial y}=\frac{y}{r}=\sin\theta;$$

$$\frac{\partial\theta}{\partial x}=-\frac{y}{r^2}=-\frac{\sin\theta}{r},\ \frac{\partial\theta}{\partial y}=\frac{x}{r^2}=\frac{\cos\theta}{r}。$$

注意 φ 是 x 和 y 的函数，同时也是 r 和 θ 的函数，可得

$$\frac{\partial\varphi}{\partial x}=\frac{\partial\varphi}{\partial r}\frac{\partial r}{\partial x}+\frac{\partial\varphi}{\partial\theta}\frac{\partial\theta}{\partial x}=\cos\theta\frac{\partial\varphi}{\partial r}-\frac{\sin\theta}{r}\frac{\partial\varphi}{\partial\theta},$$

$$\frac{\partial\varphi}{\partial y}=\frac{\partial\varphi}{\partial r}\frac{\partial r}{\partial y}+\frac{\partial\varphi}{\partial\theta}\frac{\partial\theta}{\partial y}=\sin\theta\frac{\partial\varphi}{\partial r}+\frac{\cos\theta}{r}\frac{\partial\varphi}{\partial\theta}。$$

重复以上的运算，得到

$$
\begin{aligned}
\frac{\partial^2\varphi}{\partial x^2}&=\left(\cos\theta\frac{\partial}{\partial r}-\frac{\sin\theta}{r}\frac{\partial}{\partial\theta}\right)\left(\cos\theta\frac{\partial\varphi}{\partial r}-\frac{\sin\theta}{r}\frac{\partial\varphi}{\partial\theta}\right)\\
&=\cos^2\theta\frac{\partial^2\varphi}{\partial r^2}-\frac{2\sin\theta\cos\theta}{r}\frac{\partial^2\varphi}{\partial r\partial\theta}+\frac{\sin^2\theta}{r}\frac{\partial\varphi}{\partial r}\\
&\quad+\frac{2\sin\theta\cos\theta}{r^2}\frac{\partial\varphi}{\partial\theta}+\frac{\sin^2\theta}{r^2}\frac{\partial^2\varphi}{\partial\theta^2},
\end{aligned}\tag{a}
$$

$$
\begin{aligned}
\frac{\partial^2\varphi}{\partial y^2}&=\left(\sin\theta\frac{\partial}{\partial r}+\frac{\cos\theta}{r}\frac{\partial}{\partial\theta}\right)\left(\sin\theta\frac{\partial\varphi}{\partial r}+\frac{\cos\theta}{r}\frac{\partial\varphi}{\partial\theta}\right)\\
&=\sin^2\theta\frac{\partial^2\varphi}{\partial r^2}+\frac{2\sin\theta\cos\theta}{r}\frac{\partial^2\varphi}{\partial r\partial\theta}+\frac{\cos^2\theta}{r}\frac{\partial\varphi}{\partial r}\\
&\quad-\frac{2\sin\theta\cos\theta}{r^2}\frac{\partial\varphi}{\partial\theta}+\frac{\cos^2\theta}{r^2}\frac{\partial^2\varphi}{\partial\theta^2},
\end{aligned}\tag{b}
$$

$$
\begin{aligned}
\frac{\partial^2\varphi}{\partial x\partial y}&=\left(\cos\theta\frac{\partial}{\partial r}-\frac{\sin\theta}{r}\frac{\partial}{\partial\theta}\right)\left(\sin\theta\frac{\partial\varphi}{\partial r}+\frac{\cos\theta}{r}\frac{\partial\varphi}{\partial\theta}\right)\\
&=\sin\theta\cos\theta\frac{\partial^2\varphi}{\partial r^2}+\frac{\cos^2\theta-\sin^2\theta}{r}\frac{\partial^2\varphi}{\partial r\partial\theta}\\
&\quad-\frac{\sin\theta\cos\theta}{r}\frac{\partial\varphi}{\partial r}\\
&\quad-\frac{\cos^2\theta-\sin^2\theta}{r^2}\frac{\partial\varphi}{\partial\theta}-\frac{\sin\theta\cos\theta}{r^2}\frac{\partial^2\varphi}{\partial\theta^2}。
\end{aligned}\tag{c}
$$

由图 4-1 可见，如果把 x 轴和 y 轴分别转到 r 和 θ 的方向，使 θ 成为零，则 σ_x、σ_y、τ_{xy} 分别成为 σ_r、σ_θ、$\tau_{r\theta}$。于是，当不计体力时，即可由式(a)至式(c)得到

$$
\left.\begin{aligned}
\sigma_r&=(\sigma_x)_{\theta=0}=\left(\frac{\partial^2\varphi}{\partial y^2}\right)_{\theta=0}=\frac{1}{r}\frac{\partial\varphi}{\partial r}+\frac{1}{r^2}\frac{\partial^2\varphi}{\partial\theta^2},\\
\sigma_\theta&=(\sigma_y)_{\theta=0}=\left(\frac{\partial^2\varphi}{\partial x^2}\right)_{\theta=0}=\frac{\partial^2\varphi}{\partial r^2},\\
\tau_{r\theta}&=(\tau_{xy})_{\theta=0}=\left(-\frac{\partial^2\varphi}{\partial x\partial y}\right)_{\theta=0}
\end{aligned}\right\}\tag{4-5}
$$

$$
\left.\begin{aligned}
&=-\frac{1}{r}\frac{\partial^2\varphi}{\partial r\partial\theta}+\frac{1}{r^2}\frac{\partial\varphi}{\partial\theta}\\
&=-\frac{\partial}{\partial r}\left(\frac{1}{r}\frac{\partial\varphi}{\partial\theta}\right)。
\end{aligned}\right\}
$$

极易证明，当 $K_r=K_\theta=0$ 时，这些应力分量确能满足平衡微分方程(4-1)。

另一方面，将式(a)与式(b)相加，得到

$$\frac{\partial^2\varphi}{\partial x^2}+\frac{\partial^2\varphi}{\partial y^2}=\frac{\partial^2\varphi}{\partial r^2}+\frac{1}{r}\frac{\partial\varphi}{\partial r}+\frac{1}{r^2}\frac{\partial^2\varphi}{\partial\theta^2}。$$

于是由直角坐标中的相容方程

$$\left(\frac{\partial^2}{\partial x^2}+\frac{\partial^2}{\partial y^2}\right)^2\varphi=0$$

得到极坐标中的相容方程

$$\left(\frac{\partial^2}{\partial r^2}+\frac{1}{r}\frac{\partial}{\partial r}+\frac{1}{r^2}\frac{\partial^2}{\partial\theta^2}\right)^2\varphi=0。\tag{4-6}$$

用极坐标求解平面问题时(假定体力可以不计)，就只须从微分方程(4-6)求解应力函数 $\varphi=(r,\theta)$，然后按照公式(4-5)求出应力分量。当然，这些应力分量还须满足位移单值条件，并且在边界上满足应力边界条件。

§ 4-4 应力分量的坐标变换式

在一定的应力状态下，如果已知极坐标中的应力分量，就可以利用简单的关系式求得直角坐标中的应力分量。反之，如果已知直角坐标中的应力分量，也可以利用简单的关系式求得极坐标中的应力分量。表示两个坐标系中应力分量的关系式，就称为应力分量的坐标变换式。

现在，设已知极坐标中的应力分量 σ_r、σ_θ、$\tau_{r\theta}$，试求直角坐标中的应力分量 σ_x、σ_y、τ_{xy}。为此，在弹性体中取微小三角板 A，图

4-3 a,它的 ab 边及 ac 边分别沿 r 及 θ 方向,bc 沿 y 方向，各边上的应力如图所示。命 bc 边的长度为 ds，则 ab 边及 ac 边的长度分别为 $ds\sin\theta$ 及 $ds\cos\theta$。三角板的厚度取为一个单位。

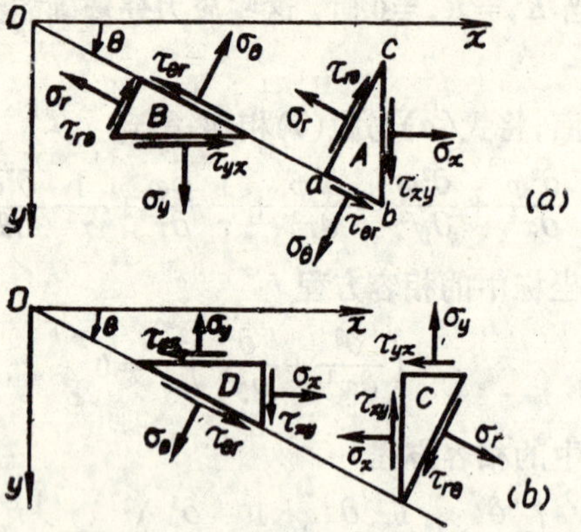

图 4-3

根据三角板 A 的平衡条件 $\sum F_x=0$,可以写出平衡方程

$$\sigma_x ds-\sigma_r ds\cos^2\theta-\sigma_\theta ds\sin^2\theta$$
$$+\tau_{r\theta}ds\cos\theta\sin\theta+\tau_{\theta r}ds\sin\theta\cos\theta=0。$$

用 $\tau_{r\theta}$ 代替 $\tau_{\theta r}$,进行简化,就得到

$$\sigma_x=\sigma_r\cos^2\theta+\sigma_\theta\sin^2\theta-2\tau_{r\theta}\sin\theta\cos\theta。\qquad (a)$$

同样可由三角板 A 的平衡条件 $\sum F_y=0$ 得到

$$\tau_{xy}=(\sigma_r-\sigma_\theta)\sin\theta\cos\theta+\tau_{r\theta}(\cos^2\theta-\sin^2\theta)。\qquad (b)$$

另取微小三角板 B，图 4-3 a，根据它的平衡条件 $\sum F_y=0$,可以与上相似地得到

$$\sigma_y=\sigma_r\sin^2\theta+\sigma_\theta\cos^2\theta+2\tau_{r\theta}\sin\theta\cos\theta。\qquad (c)$$

综合以上所得的结果，就得出应力分量由极坐标向直角坐标的变换式

$$\left.\begin{aligned}\sigma_x&=\sigma_r\cos^2\theta+\sigma_\theta\sin^2\theta-2\,\tau_{r\theta}\sin\theta\cos\theta,\\ \sigma_y&=\sigma_r\sin^2\theta+\sigma_\theta\cos^2\theta+2\,\tau_{r\theta}\sin\theta\cos\theta,\\ \tau_{xy}&=(\sigma_r-\sigma_\theta)\sin\theta\cos\theta+\tau_{r\theta}(\cos^2\theta-\sin^2\theta)。\end{aligned}\right\}\tag{4-7}$$

利用简单的三角公式，也可以将上式改写为

$$\left.\begin{aligned}\sigma_x&=\frac{\sigma_r+\sigma_\theta}{2}+\frac{\sigma_r-\sigma_\theta}{2}\cos 2\,\theta-\tau_{r\theta}\sin 2\,\theta,\\ \sigma_y&=\frac{\sigma_r+\sigma_\theta}{2}-\frac{\sigma_r-\sigma_\theta}{2}\cos 2\,\theta+\tau_{r\theta}\sin 2\,\theta,\\ \tau_{xy}&=\frac{\sigma_r-\sigma_\theta}{2}\sin 2\theta+\tau_{r\theta}\cos 2\,\theta。\end{aligned}\right\}\tag{4-8}$$

读者试取微小三角板 C 及 D，图 4-3 b，由它们的平衡条件导出应力分量由直角坐标向极坐标的变换式

$$\begin{aligned}\sigma_r&=\sigma_x\cos^2\theta+\sigma_y\sin^2\theta+2\,\tau_{xy}\sin\theta\cos\theta,\\ \sigma_\theta&=\sigma_x\sin^2\theta+\sigma_y\cos^2\theta-2\,\tau_{xy}\sin\theta\cos\theta,\\ \tau_{r\theta}&=(\sigma_y-\sigma_x)\sin\theta\cos\theta+\tau_{xy}(\cos^2\theta-\sin^2\theta),\end{aligned}$$

也就是

$$\left.\begin{aligned}\sigma_r&=\frac{\sigma_x+\sigma_y}{2}+\frac{\sigma_x-\sigma_y}{2}\cos 2\,\theta+\tau_{xy}\sin 2\,\theta,\\ \sigma_\theta&=\frac{\sigma_x+\sigma_y}{2}-\frac{\sigma_x-\sigma_y}{2}\cos 2\,\theta-\tau_{xy}\sin 2\,\theta,\\ \tau_{r\theta}&=\frac{\sigma_y-\sigma_x}{2}\sin 2\,\theta+\tau_{xy}\cos 2\,\theta。\end{aligned}\right\}\tag{4-9}$$

§ 4-5 轴对称应力和相应的位移

现在，用逆解法，假设应力函数 φ 只是径向坐标 r 的函数，即

$$\varphi=\varphi(r)。$$

在这一特殊情况下，公式(4-5)简化为

$$\sigma_r=\frac{1}{r}\frac{d\varphi}{dr},\sigma_\theta=\frac{d^2\varphi}{dr^2},\tau_{r\theta}=\tau_{\theta r}=0。\tag{4-10}$$

相容方程(4-6)简化为

$$\left(\frac{d^2}{dr^2}+\frac{1}{r}\frac{d}{dr}\right)^2\varphi=0。$$

这是一个四阶的常微分方程，它的通解是

$$\varphi=A\ln r+Br^2\ln r+Cr^2+D, \tag{4-11}$$

其中的 A、B、C、D 是任意常数。

将(4-11)代入公式(4-10)，得应力分量

$$\left.\begin{aligned}\sigma_r&=\frac{A}{r^2}+B(1+2\ln r)+2C,\\ \sigma_\theta&=-\frac{A}{r^2}+B(3+2\ln r)+2C,\\ \tau_{r\theta}&=\tau_{\theta r}=0。\end{aligned}\right\} \tag{4-12}$$

因为正应力分量只是 r 的函数，不随 θ 而变，而剪应力分量又不存在，所以应力状态是对称于通过 z 轴的任一平面的，也就是所谓绕 z 轴对称的。因此，这种应力称为轴对称应力。

现在来考察与轴对称应力相对应的形变和位移。

对于平面应力的情况，将应力分量(4-12)代入物理方程(4-3)，得形变分量

$$\begin{aligned}\varepsilon_r&=\frac{1}{E}\Big[(1+\mu)\frac{A}{r^2}+(1-3\mu)B\\&\qquad+2(1-\mu)B\ln r+2(1-\mu)C\Big],\\ \varepsilon_\theta&=\frac{1}{E}\Big[-(1+\mu)\frac{A}{r^2}+(3-\mu)B\\&\qquad+2(1-\mu)B\ln r+2(1-\mu)C\Big],\\ \gamma_{r\theta}&=0。\end{aligned}$$

可见，形变也是绕 z 轴对称的。

将上面形变分量的表达式代入几何方程(4-2)，得

$$
\left.\begin{aligned}
&\frac{\partial u_r}{\partial r}=\frac{1}{E}\Big[(1+\mu)\frac{A}{r^2}+(1-3\mu)B\\
&\qquad+2(1-\mu)B\ln r+2(1-\mu)C\Big],\\
&\frac{u_r}{r}+\frac{1}{r}\frac{\partial u_\theta}{\partial \theta}=\frac{1}{E}\Big[-(1+\mu)\frac{A}{r^2}+(3-\mu)B\\
&\qquad+2(1-\mu)B\ln r+2(1-\mu)C\Big],\\
&\frac{1}{r}\frac{\partial u_r}{\partial \theta}+\frac{\partial u_\theta}{\partial r}-\frac{u_\theta}{r}=0。
\end{aligned}\right\}\tag{a}
$$

由(a)中第一式的积分得

$$
\begin{aligned}
u_r=&\frac{1}{E}\Big[-(1+\mu)\frac{A}{r}+2(1-\mu)Br(\ln r-1)\\
&+(1-3\mu)Br+2(1-\mu)Cr\Big]+f(\theta),
\end{aligned}\tag{b}
$$

其中 $f(\theta)$是 θ 的任意函数。

其次，由(a)中的第二式有

$$
\begin{aligned}
\frac{\partial u_\theta}{\partial \theta}=&\frac{r}{E}\Big[-(1+\mu)\frac{A}{r^2}+2(1-\mu)B\ln r\\
&+(3-\mu)B+2(1-\mu)C\Big]-u_r。
\end{aligned}
$$

将式(b)代入，得

$$
\frac{\partial u_\theta}{\partial \theta}=\frac{4Br}{E}-f(\theta),
$$

积分以后得

$$
u_\theta=\frac{4Br\theta}{E}-\int f(\theta)d\theta+f_1(r),\tag{c}
$$

其中 $f_1(r)$是 r 的任意函数。

再将式(b)及式(c)代入(a)中的第三式，得

$$
\frac{1}{r}\frac{df(\theta)}{d\theta}+\frac{df_1(r)}{dr}+\frac{1}{r}\int f(\theta)d\theta-\frac{f_1(r)}{r}=0,
$$

或分开变数而写成为

$$f_1(r)-r\frac{df_1(r)}{dr}=\frac{df(\theta)}{d\theta}+\int f(\theta)d\theta。$$

这方程的左边只是 r 的函数，而右边只是 θ 的函数，因此，只可能两边都等于同一常数 F。于是有

$$f_1(r)-r\frac{df_1(r)}{dr}=F, \tag{d}$$

$$\frac{df(\theta)}{d\theta}+\int f(\theta)d\theta=F。 \tag{e}$$

式(d)的解答是

$$f_1(r)=Hr+F, \tag{f}$$

其中 H 是任意常数。式(e)可以通过求导变换为微分方程

$$\frac{d^2f(\theta)}{d\theta^2}+f(\theta)=0,$$

而它的解答是

$$f(\theta)=I\cos\theta+K\sin\theta。 \tag{g}$$

此外并可由式(e)得

$$\int f(\theta)d\theta=F-\frac{df(\theta)}{d\theta}=F+I\sin\theta-K\cos\theta。 \tag{h}$$

将式(g)代入式(b)，并将式(h)及式(f)代入式(c)，得轴对称应力状态下的位移分量

$$\left.\begin{aligned}u_r=&\frac{1}{E}\Big[-(1+\mu)\frac{A}{r}+2(1-\mu)Br(\ln r-1)\\&+(1-3\mu)Br+2(1-\mu)Cr\Big]+I\cos\theta+K\sin\theta,\\u_\theta=&\frac{4Br\theta}{E}+Hr-I\sin\theta+K\cos\theta。\end{aligned}\right\} \tag{4-13}$$

式中的 A、B、C、H、I、K 都是任意常数。

以上关于形变和位移的公式，也可以应用于平面应变问题，但须将 E 换为 $\frac{E}{1-\mu^2}$，μ 换为 $\frac{\mu}{1-\mu}$。

§ 4-6 圆环或圆筒受均布压力。压力隧洞

设有圆环或圆筒，内半径为 a，外半径为 b，受内压力 q_a 及外压力 q_b，图 4-4 a。显然，应力分布应当是轴对称的。因此，取应力分量表达式(4-12)，应当可以满足一切条件并求出其中的任意常数 A、B、C。

边界条件要求

$$\left.\begin{array}{ll}(\tau_{r\theta})_{r=a}=0, & (\tau_{r\theta})_{r=b}=0;\\ (\sigma_r)_{r=a}=-q_a, & (\sigma_r)_{r=b}=-q_b。\end{array}\right\} \tag{a}$$

由表达式(4-12)可见，前两个条件是满足的，而后两个条件要求

$$\left.\begin{array}{l}\dfrac{A}{a^2}+B(1+2\ln a)+2C=-q_a,\\ \dfrac{A}{b^2}+B(1+2\ln b)+2C=-q_b。\end{array}\right\} \tag{b}$$

现在，边界条件都已经满足，但是两个方程不能决定三个常数 A、B、C。因为这里讨论的是多连体，所以我们来考察位移单值条件。

由(4-13)中的第二式可见，在环向位移 u_θ 的表达式中，$\dfrac{4Br\theta}{E}$ 一项是多值的：对于同一个 r 值，例如 $r=r_1$，在 $\theta=\theta_1$ 时与

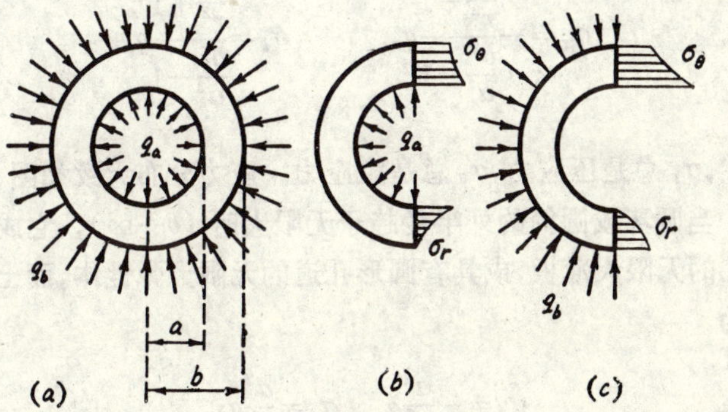

图 4-4

$\theta=\theta_1+2\pi$ 时，环向位移相差 $\frac{8\pi B r_1}{E}$。在圆环或圆筒中，这是不可能的，因为 (r_1,θ_1) 与 $(r_1,\theta_1+2\pi)$ 是同一点，不可能有不同的位移。于是可见必须 $B=0$。

命 $B=0$，即可由式(b)求得 A 和 $2C$：

$$A=\frac{a^2b^2(q_b-q_a)}{b^2-a^2},\qquad 2C=\frac{q_a a^2-q_b b^2}{b^2-a^2}。$$

代入公式(4-12)，稍加整理，即得拉密的解答如下：

$$\left.\begin{aligned}\sigma_r&=-\frac{\frac{b^2}{r^2}-1}{\frac{b^2}{a^2}-1}q_a-\frac{1-\frac{a^2}{r^2}}{1-\frac{a^2}{b^2}}q_b,\\ \sigma_\theta&=\frac{\frac{b^2}{r^2}+1}{\frac{b^2}{a^2}-1}q_a-\frac{1+\frac{a^2}{r^2}}{1-\frac{a^2}{b^2}}q_b。\end{aligned}\right\}\tag{4-14}$$

为明了起见，下面来分别考察内压力或外压力单独作用时的情况。

如果只有内压力 q_a 作用，则 $q_b=0$，解答(4-14)简化为

$$\sigma_r=-\frac{\frac{b^2}{r^2}-1}{\frac{b^2}{a^2}-1}q_a,\qquad \sigma_\theta=\frac{\frac{b^2}{r^2}+1}{\frac{b^2}{a^2}-1}q_a。$$

显然，σ_r 总是压应力，σ_θ 总是拉应力。应力分布大致如图 4-4 b所示。当圆环或圆筒的外半径趋于无限大时 $(b\to\infty)$，它成为具有圆孔的无限大薄板，或具有圆形孔道的无限大弹性体，而上列解答成为

$$\sigma_r=-\frac{a^2}{r^2}q_a,\quad \sigma_\theta=\frac{a^2}{r^2}q_a。$$

可见应力和$\frac{a^2}{r^2}$成正比。在 r 远大于 a 之处(即距圆孔或圆形孔道较远之处),应力是很小的,可以不计。这个实例也证实了圣维南原理,因为圆孔或圆形孔道中的内压力是平衡力系。

如果只有外压力 q_b 作用,则 $q_a=0$,解答(4-14)简化为

$$\sigma_r=-\frac{1-\frac{a^2}{r^2}}{1-\frac{a^2}{b^2}}q_b,\quad \sigma_\theta=-\frac{1+\frac{a^2}{r^2}}{1-\frac{a^2}{b^2}}q_b。\tag{4-15}$$

显然,σ_r 和 σ_θ 都总是压应力。应力分布大致如图 4-4 c 所示。

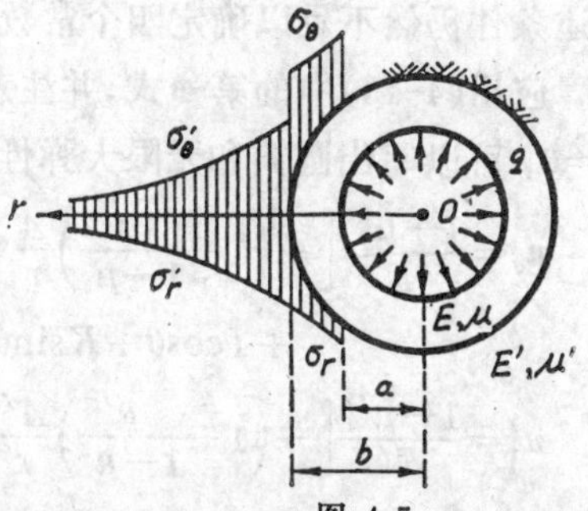

图 4-5

如果圆筒是埋在无限大弹性体中,受有均布压力 q,例如压力隧洞或坝内水管,图4-5,则表达式(4-12)仍然适用,因为应力分布仍然是轴对称的,而且,系数 B 仍然等于零,因为位移仍然应当是单值的。不过,因为圆筒和无限大弹性体不一定具有相同的弹性常数,所以两者的应力表达式中的系数 A 和 C 不一定相同。现在,取圆筒的应力表达式为

$$\sigma_r=\frac{A}{r^2}+2C,\sigma_\theta=-\frac{A}{r^2}+2C,\tag{c}$$

取无限大弹性体的应力表达式为

$$\sigma'_r=\frac{A'}{r^2}+2C',\quad \sigma'_\theta=-\frac{A'}{r^2}+2C',\tag{d}$$

试建立四个方程来求解常数 A、C、A'、C'。

首先,在圆筒的内面,有边界条件 $(\sigma_r)_{r=a}=-q$,由此得

$$\frac{A}{a^2}+2C=-q。\tag{e}$$

其次,在距离圆筒很远之处,按照圣维南原理,应当几乎没有应力,于是有

$$(\sigma'_r)_{r\to\infty}=0,\ (\sigma'_\theta)_{r\to\infty}=0,$$

由此得

$$2C'=0。\tag{f}$$

再其次,在圆筒和无限大弹性体的接触面上,应当有

$$(\sigma_r)_{r=b}=(\sigma'_r)_{r=b}。$$

于是由式(c)及式(d)得

$$\frac{A}{b^2}+2C=\frac{A'}{b^2}+2C'。\tag{g}$$

上述条件仍然不足以确定四个常数,下面来考虑位移。

应用(4-13)中的第一式,并注意这里是平面应变问题,而且 $B=0$,可以写出圆筒和无限大弹性体的径向位移的表达式

$$u_r=\frac{1-\mu^2}{E}\left[-\left(1+\frac{\mu}{1-\mu}\right)\frac{A}{r}+2\left(1-\frac{\mu}{1-\mu}\right)Cr\right]$$
$$+I\cos\theta+K\sin\theta,$$

$$u'_r=\frac{1-\mu'^2}{E'}\left[-\left(1+\frac{\mu'}{1-\mu'}\right)\frac{A'}{r}+2\left(1-\frac{\mu'}{1-\mu'}\right)C'r\right]$$
$$+I'\cos\theta+K'\sin\theta,$$

其中 E 和 μ 是圆筒的弹性常数,E' 和 μ' 是无限大弹性体的弹性常数。将上列二式稍加简化,得

$$\left.\begin{aligned}u_r&=\frac{1+\mu}{E}\left[2(1-2\mu)Cr-\frac{A}{r}\right]+I\cos\theta+K\sin\theta,\\ u'_r&=\frac{1+\mu'}{E'}\left[2(1-2\mu')C'r-\frac{A'}{r}\right]+I'\cos\theta+K'\sin\theta。\end{aligned}\right\}\tag{h}$$

在接触面上,圆筒和无限大弹性体应当具有相同的位移,因此有

$$(u_r)_{r=b}=(u'_r)_{r=b}。$$

将式(h)代入,得

$$\frac{1+\mu}{E}\left[2(1-2\mu)Cb-\frac{A}{b}\right]+I\cos\theta+K\sin\theta$$
$$=\frac{1+\mu'}{E'}\left[2(1-2\mu')C'b-\frac{A'}{b}\right]+I'\cos\theta+K'\sin\theta。$$

因为这一方程在接触面上的任意一点都应当成立，也就是在 θ 取任何数值时都应当成立，所以方程两边的自由项必须相等(当然，两边 $\cos\theta$ 的系数及 $\sin\theta$ 的系数也必须相等)。于是得

$$\frac{1+\mu}{E}\left[2(1-2\mu)Cb-\frac{A}{b}\right]=\frac{1+\mu'}{E'}\left[2(1-2\mu')C'b-\frac{A'}{b}\right]。$$

经过简化并利用式(f)，得

$$n\left[2C(1-2\mu)-\frac{A}{b^2}\right]+\frac{A'}{b^2}=0, \tag{i}$$

其中

$$n=\frac{E'(1+\mu)}{E(1+\mu')}。$$

由方程(e)、(f)、(g)、(i)求出 A、C、A'、C'，然后代入式(c)及式(d)，得圆筒及无限大弹性体的应力分量表达式：

$$\left.\begin{aligned}
\sigma_r&=-q\frac{[1+(1-2\mu)n]\frac{b^2}{r^2}-(1-n)}{[1+(1-2\mu)n]\frac{b^2}{a^2}-(1-n)},\\
\sigma_\theta&=q\frac{[1+(1-2\mu)n]\frac{b^2}{r^2}+(1-n)}{[1+(1-2\mu)n]\frac{b^2}{a^2}-(1-n)},\\
\sigma'_r&=-\sigma'_\theta=-q\frac{2(1-\mu)n\frac{b^2}{r^2}}{[1+(1-2\mu)n]\frac{b^2}{a^2}-(1-n)}。
\end{aligned}\right\} \tag{4-16}$$

当 $n<1$ 时，应力分布大致如图 4-5 所示。

这个问题是最简单的一个所谓接触问题，即两个或两个以上不同弹性体互相接触的问题。在接触问题中，通常都假定各弹性

体在接触面上保持“完全接触”,即,既不互相脱离也不互相滑动。这样,在接触面上就有应力和位移两方面的接触条件。应力方面的接触条件是:两弹性体在接触面上的正应力相等,剪应力也相等。位移方面的接触条件是:两弹性体在接触面上的法向位移相等,切向位移也相等。以前已经看到,对平面问题说来,在通常的边界面上,有两个边界条件。现在看到,在接触面上,有四个接触条件,条件并没有增多或减少,因为接触面是两个弹性体的同样形状的边界。

光滑接触是“非完全接触”。在光滑接触面上,也有四个接触条件:两个弹性体的剪应力都等于零(这是两个条件),两个弹性体的正应力相等,法向位移也相等(由于有滑动,切向位移并不相等)。

§ 4-7 曲梁的纯弯曲

设有狭矩形截面的圆轴曲梁,内半径为 a,外半径为 b,在两端受有大小相等而方向相反的弯矩,图 4-6。取单位宽度的梁来考虑,并命单位宽度内的弯矩为M。取曲率中心O为坐标原点,从梁的一端量角 θ。由于梁的所有各径向截面上的弯矩相同,因而可以假设各截面上的应力分布相同,也就是绕 z 轴对称。现在来考察,在轴对称应力的表达式(4-11)中,适当选择常数 A、B、C,是否可以满足边界条件。

梁的全部边界上都没有剪力,这就要求

$$(\tau_{r\theta})_{r=a}=0,\quad (\tau_{r\theta})_{r=b}=0。$$

$$(\tau_{\theta r})_{\theta=0}=0,\quad (\tau_{\theta r})_{\theta=\beta}=0。$$

由(4-12)中的第三式可见,这些条件都能满足。在梁的内外两面,边界条件要求

$$(\sigma_r)_{r=a}=0,\quad (\sigma_r)_{r=b}=0。$$

将(4-12)中的第一式代入,得

$$\frac{A}{a^2}+B(1+2\ln a)+2C=0, \qquad (a)$$

$$\frac{A}{b^2}+B(1+2\ln b)+2C=0。 \qquad (b)$$

在梁的任一端，环向正应力 σ_θ 应当合成为弯矩M，因此要求

$$\int_a^b \sigma_\theta dr=0, \qquad (c)$$

$$\int_a^b \sigma_\theta r dr=M。 \qquad (d)$$

根据(4-10)中的前二式，式(c)的左边可以写成为

$$\int_a^b \sigma_\theta dr=\int_a^b \frac{d^2\varphi}{dr^2}dr=\left(\frac{d\varphi}{dr}\right)_a^b=\left(r\sigma_r\right)_a^b$$

$$=b(\sigma_r)_{r=b}-a(\sigma_r)_{r=a}。$$

由此可见，如果条件(a)和(b)都能满足，保证了

$$(\sigma_r)_{r=a}=0,\ (\sigma_r)_{r=b}=0,$$

式(c)自然也就能够满足，下面不必再加以考虑。

根据(4-10)中的前二式，式(d)的左边可以写成为

$$\int_a^b \sigma_\theta r dr=\int_a^b \frac{d^2\varphi}{dr^2}r dr=\int_a^b r d\left(\frac{d\varphi}{dr}\right)=\left(r\frac{d\varphi}{dr}\right)_a^b-\int_a^b\frac{d\varphi}{dr}dr$$

$$=(r^2\sigma_r)_a^b-(\varphi)_a^b=b^2(\sigma_r)_{r=b}-a^2(\sigma_r)_{r=a}-(\varphi)_a^b。$$

由此可见，如果条件(a)和(b)都能满足，保证了

$$(\sigma_r)_{r=a}=0,\ (\sigma_r)_{r=b}=0,$$

条件(d)就成为

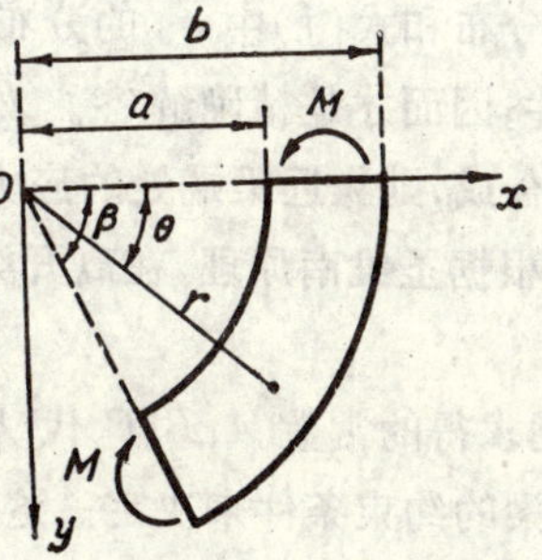

图 4-6

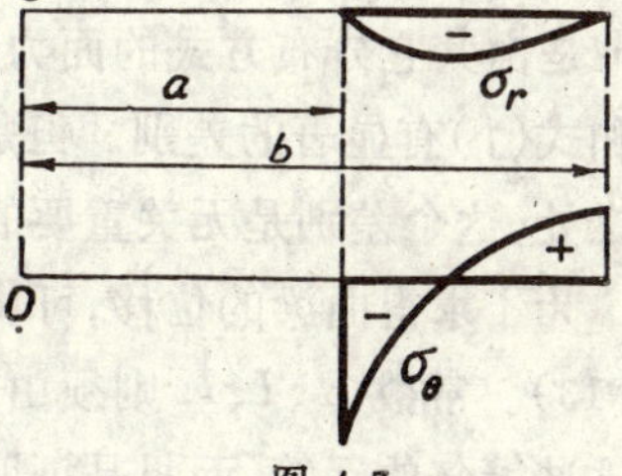

图 4-7

$$-(\varphi)_a^b=M。$$

将 φ 的表达式(4-11)代入，得

$$-(A\ln b+Bb^2\ln b+Cb^2+D)$$
$$+(A\ln a+Ba^2\ln a+Ca^2+D)=M,$$

也就是

$$A\ln\frac{b}{a}+B(b^2\ln b-a^2\ln a)+C(b^2-a^2)=-M。\tag{e}$$

由(a)、(b)、(e)三式解得 A、B、C，然后代入公式(4-12)，即得郭洛文的解答：

$$\left.\begin{aligned}&\sigma_r=-\frac{4M}{Na^2}\left(\frac{b^2}{a^2}\ln\frac{b}{r}+\ln\frac{r}{a}-\frac{b^2}{r^2}\ln\frac{b}{a}\right),\\&\sigma_\theta=\frac{4M}{Na^2}\left(\frac{b^2}{a^2}-1-\frac{b^2}{a^2}\ln\frac{b}{r}-\ln\frac{r}{a}-\frac{b^2}{r^2}\ln\frac{b}{a}\right),\end{aligned}\right\}\tag{f}$$

$$\tau_{r\theta}=\tau_{\theta r}=0,$$

其中

$$N=\left(\frac{b^2}{a^2}-1\right)^2-4\frac{b^2}{a^2}\left(\ln\frac{b}{a}\right)^2。$$

应力的分布大致如图 4-7 所示。在 $r=a$ 处，弯应力 σ_θ 的绝对值为最大。中和轴($\sigma_\theta=0$ 的所在处)距离内纤维较近而距离外纤维较远。挤压应力 σ_r 的最大绝对值的所在处，比中和轴更接近内纤维。

应当指出：必须梁端面力的分布和式(f)中 σ_θ 的分布相同，应力分量(f)才完全满足边界条件，因而才是精确解答。如果弯矩M是由其它分布方式的面力所合成，则靠近梁端处的应力分布将和式(f)有显著的差别。但是，根据圣维南原理，在离开梁端较远之处，这个差别是无关重要的。

为了求得曲梁的位移，可将已求得的常数 A、B、C 代入公式(4-13)。常数 H、I、K 则须由曲梁的约束条件来决定。这里不进行这些繁复的运算，而只是证明一下平面截面的假定。

曲梁截面上任一径向线段 dr 的转角是

$$\alpha=\frac{\partial u_\theta}{\partial r}。$$

将(4-13)中的第二式代入，得

$$\alpha=\frac{4B\theta}{E}+H。$$

在曲梁的任一截面上，θ 是常数，因而转角 α 是常数。这就是说，任一截面上的所有各个径向线段的转角都相同，因而这也就表示，曲梁的截面保持为平面。

材料力学里假定截面保持为平面，又假定 $\sigma_r=0$ 和 $\tau_{r\theta}=0$(各纤维只受简单的环向拉压)，由此得出弯应力 σ_θ 的近似解答。这个 σ_θ 在截面上按双曲线分布，与本节中所得的 σ_θ 有差别。显然，这个差别完全是由于不正确地假定 $\sigma_r=0$ 而引起的，因为其他的假定是完全正确的。对于曲率不很大的曲梁，这个差别并不显著。

§ 4-8　圆盘在匀速转动中的应力及位移

作为轴对称问题的最后一个实例，设有等厚度圆盘，绕其回转轴以均匀角速度 ω 旋转。以回转轴为 z 轴，则圆盘的任意一点都只有向心加速度，大小为 ω^2r。因此，在圆盘的每单位体积上施以离心惯性力 $\rho\omega^2r$，其中 ρ 是圆盘的密度，则该圆盘可以认为是在如下的体力作用下处于平衡状态：

$$K_r=\rho\omega^2r,\ K_\theta=0。$$

由于这里是轴对称的物体受轴对称的体力，所以应力分布必然是轴对称的，即，应力分量 σ_r 及 σ_θ 都只是 r 的函数而 $\tau_{r\theta}=\tau_{\theta r}=0$。于是平衡微分方程(4-1)中的第二式自然满足，而第一式成为

$$\frac{d\sigma_r}{dr}+\frac{\sigma_r-\sigma_\theta}{r}+\rho\omega^2r=0, \tag{a}$$

或乘以 r 而得

$$\frac{d}{dr}(r\sigma_r)-\sigma_\theta+\rho\omega^2r^2=0。$$

引用应力函数 $\varphi(r)$，并命

$$r\sigma_r=\varphi,\ \sigma_\theta=\frac{d\varphi}{dr}+\rho\omega^2r^2, \tag{b}$$

则上式总能满足。

为了导出应力函数 φ 所应满足的微分方程，必须考虑形变分量及位移分量。在这里，由于圆盘只受有回转轴的约束，而这种约束是轴对称的，所以它的弹性位移也将是轴对称的，即，径向位移 $u_r=u_r(r)$，而环向位移 $u_\theta=0$（注意这里只考虑弹性位移而不计刚体位移）。于是几何方程(4-2)简化为

$$\varepsilon_r=\frac{d}{dr}u_r,\ \varepsilon_\theta=\frac{u_r}{r},\ \ \gamma_{r\theta}=0。 \tag{c}$$

由前二式中消去 u_r，得到相容方程

$$\varepsilon_r=\frac{d}{dr}(r\varepsilon_\theta)。$$

将物理方程(4-3)中的前二式代入，再利用式(b)，即得以应力函数 φ 表示的相容方程

$$r^2\frac{d^2\varphi}{dr^2}+r\frac{d\varphi}{dr}-\varphi=-(3+\mu)\rho\omega^2r^3, \tag{d}$$

或

$$\frac{d}{dr}\left[\frac{1}{r}\frac{d}{dr}(r\varphi)\right]=-(3+\mu)\rho\omega^2r。$$

对 r 积分，乘以 r，再对 r 积分，除以 r，得到

$$\varphi=-\frac{3+\mu}{8}\rho\omega^2r^3+\frac{Ar}{2}+\frac{B}{r},$$

并从而由式(b)得出

$$\left.\begin{aligned}\sigma_r&=-\frac{3+\mu}{8}\rho\omega^2r^2+\frac{A}{2}+\frac{B}{r^2},\\ \sigma_\theta&=-\frac{1+3\mu}{8}\rho\omega^2r^2+\frac{A}{2}-\frac{B}{r^2},\end{aligned}\right\}\tag{e}$$

其中的A和B是任意常数。

为了在圆盘中心($r=0$)处的应力不致成为无限大，必须取$B=0$。然后，常数A即可决定于盘边的边界条件

$$(\sigma_r)_{r=a}=0,$$

其中a是圆盘的半径。这样就由(e)中的第一式得出

$$A=\frac{3+\mu}{4}\rho\omega^2a^2,$$

从而由式(e)得出应力分量的表达式

$$\left.\begin{aligned}\sigma_r&=\frac{3+\mu}{8}\rho\omega^2a^2\left(1-\frac{r^2}{a^2}\right),\\ \sigma_\theta&=\frac{3+\mu}{8}\rho\omega^2a^2\left(1-\frac{1+3\mu}{3+\mu}\frac{r^2}{a^2}\right)。\end{aligned}\right\}\tag{f}$$

最大应力是在圆盘的中心：

$$\sigma_{\max}=(\sigma_r)_{r=0}=(\sigma_\theta)_{r=0}=\frac{3+\mu}{8}\rho\omega^2a^2。$$

径向位移u_r可由(c)中的第二式及式(f)求得：

$$\begin{aligned}u_r&=r\varepsilon_\theta=\frac{r}{E}(\sigma_\theta-\mu\sigma_r)\\ &=\frac{\rho\omega^2a^3(1-\mu)}{8E}\left[(3+\mu)\frac{r}{a}-(1+\mu)\frac{r^3}{a^3}\right]。\end{aligned}\tag{g}$$

在圆盘的中心($r=0$)，$u_r=0$。最大弹性位移发生在圆盘的边缘($r=a$)：

$$(u_r)_{\max}=\frac{\rho\omega^2a^3(1-\mu)}{4E}。$$

上述关于等厚度圆盘的分析方法，也可以推广应用于变厚度圆盘。假定圆盘的厚度为$t=t(r)$，而应力不沿厚度变化，则微分

方程(a)可以近似地应用于每单位厚度的圆盘。于是全厚度内的平衡微分方程为

$$\frac{d}{dr}(t\sigma_r)+\frac{t\sigma_r-t\sigma_\theta}{r}+\rho\omega^2 rt=0,$$

或乘以 r 而成为

$$\frac{d}{dr}(rt\sigma_r)-t\sigma_\theta+\rho\omega^2 tr^2=0。$$

仍然取应力函数 $\varphi=\varphi(r)$，并命

$$rt\sigma_r=\varphi,\ t\sigma_\theta=\frac{d\varphi}{dr}+\rho\omega^2 tr^2, \tag{h}$$

可以由上式得出与式(d)相似的微分方程

$$r^2\frac{d^2\varphi}{dr^2}+\left(1-\frac{r}{t}\frac{dt}{dr}\right)r\frac{d\varphi}{dr}-\left(1-\frac{\mu r}{t}\frac{dt}{dr}\right)\varphi$$
$$=-(3+\mu)\rho\omega^2 tr^3。\tag{i}$$

为了实用目的及便于求解，通常把厚度的变化规律取为

$$t=Cr^{-\lambda},$$

其中 C 是常数而 λ 为任意正数。这样，式(i)将成为

$$r^2\frac{d^2\varphi}{dr^2}+(1+\lambda)r\frac{d\varphi}{dr}-(1+\mu\lambda)\varphi$$
$$=-(3+\mu)\rho\omega^2 Cr^{3-\lambda}。$$

读者试证，这一微分方程的解答是

$$\varphi=Ar^m+Br^n-\frac{3+\mu}{8-(3+\mu)\lambda}C\rho\omega^2 r^{3-\lambda},$$

其中 A 和 B 是任意常数而

$$\left.\begin{matrix}m\\n\end{matrix}\right\}=-\frac{\lambda}{2}\pm\sqrt{\left(\frac{\lambda}{2}\right)^2+(1+\mu\lambda)}。\tag{j}$$

于是可由式(h)得出应力分量

$$\sigma_r=\frac{\varphi}{tr}=\frac{A}{C}r^{m+\lambda-1}+\frac{B}{C}r^{n+\lambda-1}-\frac{3+\mu}{8-(3+\mu)\lambda}\rho\omega^2 r^2,$$

$$\sigma_\theta=\frac{1}{t}\frac{d\varphi}{dr}+\rho\omega^2 r^2=\frac{A}{C}mr^{m+\lambda-1}+\frac{B}{C}nr^{n+\lambda-1}$$

$$-\frac{1+3\mu}{8-(3+\mu)\lambda}\rho\omega^2 r^2。$$

由式(j)可见,$n+\lambda<0$,从而有 $n+\lambda-1<-1$。因此,为了应力在圆盘的中心($r=0$)处不致成为无限大,必须取 $B=0$。然后即可利用边界条件$(\sigma_r)_{r=a}=0$ 求得

$$\frac{A}{C}=\frac{3+\mu}{8-(3+\mu)\lambda}\rho\omega^2 a^{3-m-\lambda},$$

从而得应力分量

$$\left.\begin{aligned}\sigma_r&=\frac{3+\mu}{8-(3+\mu)\lambda}\rho\omega^2 a^2\left[\left(\frac{r}{a}\right)^{m+\lambda-1}-\left(\frac{r}{a}\right)^2\right],\\ \sigma_\theta&=\frac{3+\mu}{8-(3+\mu)\lambda}\rho\omega^2 a^2\left[m\left(\frac{r}{a}\right)^{m+\lambda-1}-\frac{1+3\mu}{3+\mu}\left(\frac{r}{a}\right)^2\right]。\end{aligned}\right\} \tag{k}$$

此外并可由(c)中的第二式及式(h)求得

$$\begin{aligned}u_r-r\varepsilon_\theta&=\frac{r}{E}(\sigma_\theta-\mu\sigma_r)\\ &=\frac{\rho\omega^2 a^3}{E[8-(3+\mu)\lambda]}\left[(3+\mu)(m-\mu)\left(\frac{r}{a}\right)^{m+\lambda}\right.\\ &\quad\left.-(1-\mu^2)\left(\frac{r}{a}\right)^3\right]。\end{aligned} \tag{l}$$

对于等厚度圆盘,$\lambda=0$,从而由式(j)有 $m=1$。这时,式(k)将简化为式(f),而式(l)简化为式(g)。

§ 4-9 圆孔的孔边应力集中

设受力的弹性体具有小孔，则孔边的应力将远大于无孔时的应力，也远大于距孔稍远处的应力。这 种 现 象称为孔边应力集中。

孔边的应力集中，绝不是什么由于截面面积减小了一些而应力有所增大。即使截面面积比无孔时只减小了百分之几或千分之

儿，应力也会集中到若干倍。而且，对于同样形状的孔说来，集中的倍数几乎与孔的大小无关。实际上是，由于孔的存在，孔附近的应力状态与形变状态完全改观。

孔边应力集中是局部现象。在几倍孔径以外，应力几乎不受孔的影响，应力的分布情况以及数值的大小都几乎与无孔时相同。一般说来，集中的程度越高，集中的现象越是局部性的，也就是，应力随着距孔的距离增大而越快地趋近于无孔时的应力。

应力集中的程度，首先是与孔的形状有关。一般说来，圆孔孔边的集中程度最低。因此，如果有必要在构件中挖孔或留孔，应当尽可能地用圆孔代替其他形状的孔。如果不可能采用圆孔，也应当采用近似于圆形的孔（例如椭圆孔），以代替具有尖角的孔。

因为只有圆孔孔边的应力可以用较简单的数学工具进行分析，所以这里只以圆孔为例，简略讨论孔边应力集中的问题。较复杂的孔边应力集中问题见第五章。

首先，设有矩形薄板（或长柱），在离开边界较远处有半径为 a 的小圆孔，在左右两边受均布拉力，其集度为 q，图 4-8。坐标原点取在圆孔的中心，坐标轴平行于边界。

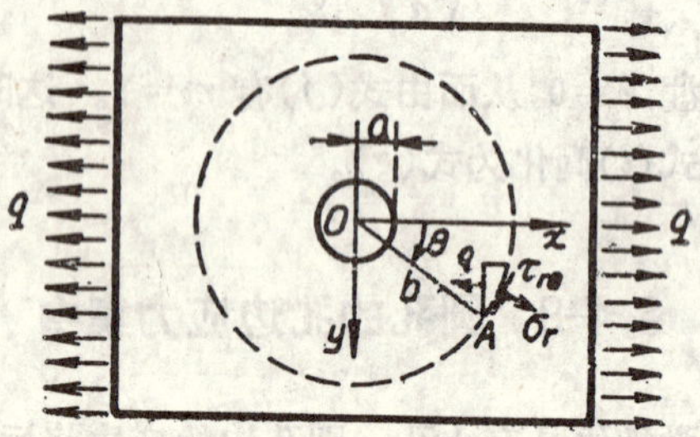

图 4-8

就直边的边界条件而论，宜用直角坐标；就圆孔的边界条件而论，宜用极坐标。因为这里主要是考察圆孔附近的应力，所以用极坐标求解，而首先将直边变换为圆边。为此，以远大于 a 的某一长

度 b 为半径，以坐标原点为圆心，作一个大圆，如图中虚线所示。由应力集中的局部性可见，在大圆周处，例如在 A 点，应力状态与无孔时相同，也就是

$$(\sigma_x)_{r=b}=q，(\sigma_y)_{r=b}=0，(\tau_{xy})_{r=b}=0。$$

代入坐标变换式(4-9)，得到该处的极坐标应力分量

$$(\sigma_r)_{r=b}=\frac{q}{2}+\frac{q}{2}\cos 2\theta，(\tau_{r\theta})_{r=b}=-\frac{q}{2}\sin 2\theta。\quad (a)$$

于是原来的问题变换成这样一个新问题：内半径为 a 而外半径为 b 的圆环或圆筒，在外边界上受有如式(a)所示的面力。

上述面力可以分解成两部分，其中第一部分是

$$(\sigma_r)_{r=b}=\frac{q}{2},(\tau_{r\theta})_{r=b}=0;\quad (b)$$

第二部分是

$$(\sigma_r)_{r=b}=\frac{q}{2}\cos 2\theta，(\tau_{r\theta})_{r=b}=-\frac{q}{2}\sin 2\theta。\quad (c)$$

为了求得面力(b)所引起的应力，只须应用解答(4-15)而命其中的 $q_b=-\dfrac{q}{2}$。这样就得到

$$\sigma_r=\frac{q}{2}\frac{1-\dfrac{a^2}{r^2}}{1-\dfrac{a^2}{b^2}}，\sigma_\theta=\frac{q}{2}\frac{1+\dfrac{a^2}{r^2}}{1-\dfrac{a^2}{b^2}}，\tau_{r\theta}=0。$$

既然 b 远大于 a，就可以近似地取 $a/b=0$，从而得到解答

$$\sigma_r=\frac{q}{2}\left(1-\frac{a^2}{r^2}\right)，\sigma_\theta=\frac{q}{2}\left(1+\frac{a^2}{r^2}\right)，\tau_{r\theta}=0。\quad (d)$$

为了求得面力(c)所引起的应力，可以用半逆解法，假设 σ_r 为 r 的某一函数乘以 $\cos 2\theta$，而 $\tau_{r\theta}$ 为 r 的另一函数乘以 $\sin 2\theta$。但由(4-5)式有

$$\sigma_r=\frac{1}{r}\frac{\partial\varphi}{\partial r}+\frac{1}{r^2}\frac{\partial^2\varphi}{\partial\theta^2}，\tau_{r\theta}=-\frac{\partial}{\partial r}\left(\frac{1}{r}\frac{\partial\varphi}{\partial\theta}\right),$$

因此可以假设

$$\varphi=f(r)\cos 2\theta。$$

代入相容方程 (4-6),得

$$\cos 2\theta\left[\frac{d^4f(r)}{dr^4}+\frac{2}{r}\frac{d^3f(r)}{dr^3}-\frac{9}{r^2}\frac{d^2f(r)}{dr^2}+\frac{9}{r^3}\frac{df(r)}{dr}\right]=0。$$

删去因子 $\cos 2\theta$ 以后,求解这个常微分方程,得

$$f(r)=Ar^4+Br^2+C+\frac{D}{r^2},$$

从而得应力函数

$$\varphi=\left(Ar^4+Br^2+C+\frac{D}{r^2}\right)\cos 2\theta,$$

又从而由公式(4-5)得应力分量

$$\left.\begin{aligned}\sigma_r&=-\left(2B+\frac{4C}{r^2}+\frac{6D}{r^4}\right)\cos 2\theta,\\ \sigma_\theta&=\left(12Ar^2+2B+\frac{6D}{r^4}\right)\cos 2\theta,\\ \tau_{r\theta}&=\left(6Ar^2+2B-\frac{2C}{r^2}-\frac{6D}{r^4}\right)\sin 2\theta。\end{aligned}\right\}\qquad (e)$$

对式(e)应用边界条件(c),并应用边界条件

$$(\sigma_r)_{r=a}=0,\quad (\tau_{r\theta})_{r=a}=0,$$

得到方程

$$2B+\frac{4C}{b^2}+\frac{6D}{b^4}=-\frac{q}{2},$$

$$6Ab^2+2B-\frac{2C}{b^2}-\frac{6D}{b^4}=-\frac{q}{2},$$

$$2B+\frac{4C}{a^2}+\frac{6D}{a^4}=0。$$

$$6Aa^2+2B-\frac{2C}{a^2}-\frac{6D}{a^4}=0。$$

求解 A、B、C、D，然后命 $a/b=0$，得

$$A=0,B=-\frac{q}{4},C=qa^2,D=-\frac{qa^4}{4}。$$

再将各已知值代入式(e)，并与式(d)相叠加，即得齐尔西的解答

$$\left.\begin{aligned}\sigma_r&=\frac{q}{2}\left(1-\frac{a^2}{r^2}\right)+\frac{q}{2}\left(1-\frac{a^2}{r^2}\right)\left(1-3\frac{a^2}{r^2}\right)\cos 2\theta,\\ \sigma_\theta&=\frac{q}{2}\left(1+\frac{a^2}{r^2}\right)-\frac{q}{2}\left(1+3\frac{a^4}{r^4}\right)\cos 2\theta,\\ \tau_{r\theta}&=\tau_{\theta r}=-\frac{q}{2}\left(1-\frac{a^2}{r^2}\right)\left(1+3\frac{a^2}{r^2}\right)\sin 2\theta。\end{aligned}\right\}\tag{4-17}$$

沿着孔边，$r=a$，环向正应力是

$$\sigma_\theta=q(1-2\cos 2\theta),\tag{4-18}$$

它的几个重要数值如下表所示。

θ	0	30°	45°	60°	90°
σ_θ	$-q$	0	q	$2q$	$3q$

沿着 y 轴，$\theta=90°$，环向正应力是

$$\sigma_\theta=q\left(1+\frac{1}{2}\frac{a^2}{r^2}+\frac{3}{2}\frac{a^4}{r^4}\right)。$$

它的几个重要数值如下表所示。

r	a	$2a$	$3a$	$4a$
σ_θ	$3q$	$1.22q$	$1.07q$	$1.04q$

可见应力随着远离孔边而急剧趋近于 q，图 4-9。

沿着 x 轴，$\theta=0$， 环向正应力是

$$\sigma_\theta=-\frac{q}{2}\frac{a^2}{r^2}\left(3\frac{a^2}{r^2}-1\right)。$$

在 $r=a$ 处，$\sigma_\theta=-q$；在 $r=\sqrt{3}a$ 处，$\sigma_\theta=0$，如图 4-9 所示。

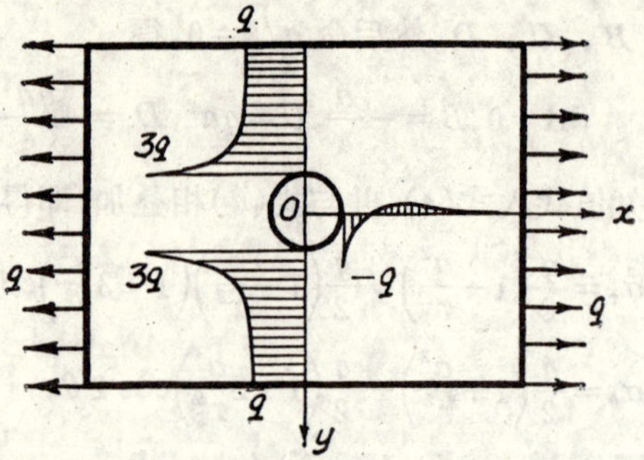

图 4-9

如果矩形薄板(或长柱)在左右两边受有均布拉力 q_1,并在上下两边受有均布拉力 q_2,图 4-10,亦可由解答(4-17)得出应力分量。为此,首先命该解答中的 q 等于 q_1,然后命该解答中的 q 等于 q_2 而将 θ 用 $90^\circ+\theta$ 代替,最后再将两个结果相叠加。这样就得到

$$\left.\begin{aligned}\sigma_r&=\frac{q_1+q_2}{2}\left(1-\frac{a^2}{r^2}\right)\\&\qquad+\frac{q_1-q_2}{2}\left(1-\frac{a^2}{r^2}\right)\left(1-3\frac{a^2}{r^2}\right)\cos 2\theta,\\\sigma_\theta&=\frac{q_1+q_2}{2}\left(1+\frac{a^2}{r^2}\right)-\frac{q_1-q_2}{2}\left(1+3\frac{a^4}{r^4}\right)\cos 2\theta,\\\tau_{r\theta}&=\frac{q_2-q_1}{2}\left(1-\frac{a^2}{r^2}\right)\left(1+3\frac{a^2}{r^2}\right)\sin 2\theta。\end{aligned}\right\}\tag{4-19}$$

最后，设有任意形状的薄板(或长柱)，受有任意面力，而在距边界较远处有一个小圆孔。只要已有了无孔时的应力解答，也就可以计算孔边的应力。为此，可以先求出相应于圆孔中心处的应力分量，然后求出相应的两个应力主向以及主应力 σ_1

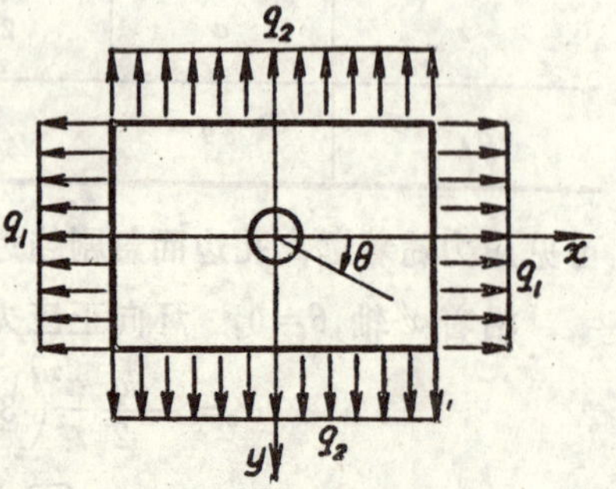

图 4-10

和σ_2。如果圆孔确是很小，圆孔的附近部分就可以当做是沿两个主向分别受均布拉力 $q_1=\sigma_1$ 及 $q_2=\sigma_2$，也就可以应用解答（4-19）。但须注意,这时必须把 x 轴和 y 轴分别放在σ_1及σ_2的方向。

§ 4-10 楔形体在楔顶或楔面受力

本节中将导出有关楔形体的几个有实用价值的解答，设楔形体的中心角为 α,下端仍作为无限长,图 4-11。

首先，设楔形体在楔顶受有集中力，与楔形体的中心线成角β。取单位宽度的部分来考虑，并命单位宽度上所受的力为P。取坐标轴如图所示。

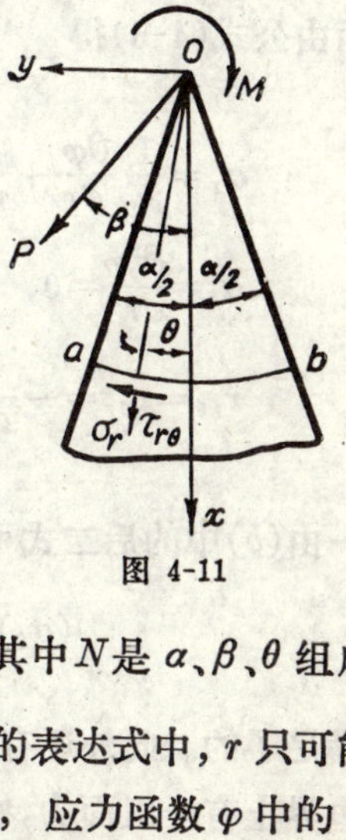

图 4-11

在这里，楔形体内任意一点的应力分量决定于 α、β、P、r、θ，因而各应力分量的表达式中只会包含这几个量。但是，应力分量的因次是［力］［长度］$^{-2}$，P的因次是［力］［长度］$^{-1}$，而 α、β、θ 是无因次的数量。因此,各应力分量的表达式只可能取$\dfrac{P}{r}N$的形式,其中N是 α、β、θ 组成的无因次的数量。这就是说,在各应力分量的表达式中，r 只可能以负一次幂出现。由公式(4-5)又可以看出，应力函数 φ 中的 r 的幂次应当比各应力分量中的 r 的幂次高出两次。因此，可以假设应力函数 φ 是 θ 的某一函数乘以 r 的一次幂，即

$$\varphi=rf(\theta)。\qquad (a)$$

将式(a)代入相容方程(4-6)，得

$$\frac{1}{r^3}\left[\frac{d^4f(\theta)}{d\theta^4}+2\frac{d^2f(\theta)}{d\theta^2}+f(\theta)\right]=0。$$

删去因子$\frac{1}{r^3}$，并求解这一常微分方程，得

$$f(\theta)=A\cos\theta+B\sin\theta+\theta(C\cos\theta+D\sin\theta),$$

其中 A、B、C、D 是任意常数。代入式(a)，得

$$\varphi=Ar\cos\theta+Br\sin\theta+r\theta(C\cos\theta+D\sin\theta)。$$

由于式中的前两项 $Ar\cos\theta+Br\sin\theta=Ax+By$，不影响应力，可以删去(见§3-1)，因此，只须取

$$\varphi=r\theta(C\cos\theta+D\sin\theta), \tag{4-20}$$

从而由公式(4-5)得

$$\left.\begin{aligned}
&\sigma_r=\frac{1}{r}\frac{\partial\varphi}{\partial r}+\frac{1}{r^2}\frac{\partial^2\varphi}{\partial\theta^2}=\frac{2}{r}(D\cos\theta-C\sin\theta),\\
&\sigma_\theta=\frac{\partial^2\varphi}{\partial r^2}=0,\\
&\tau_{r\theta}=\tau_{\theta r}=-\frac{\partial}{\partial r}\left(\frac{1}{r}\frac{\partial\varphi}{\partial\theta}\right)=0。
\end{aligned}\right\} \tag{b}$$

由(b)中的后二式可见，楔形体左右两面的应力边界条件，

$$(\sigma_\theta)_{\theta=\pm\frac{\alpha}{2}}=0,(\tau_{\theta r})_{\theta=\pm\frac{\alpha}{2}}=0,$$

是满足了的。此外还有一个应力边界条件：在楔顶附近的一小部分边界上有一组面力，它的分布没有给出，但已知它在单位宽度上合成为P。如果取任意一个截面，例如圆柱面 ab，则该截面上的应力必然和上述面力合成平衡力系，因而也就必然和力P合成平衡力系。于是得出由应力边界条件转换而来的平衡条件：

$$\sum F_x=0:\int_{-\frac{\alpha}{2}}^{\frac{\alpha}{2}}\sigma_r r d\theta\cos\theta+P\cos\beta=0,$$

$$\sum F_y=0: \int_{-\frac{\alpha}{2}}^{\frac{\alpha}{2}} \sigma_r r d\theta \sin\theta + P\sin\beta = 0。$$

将(b)中的第一式代入，得

$$2\int_{-\frac{\alpha}{2}}^{\frac{\alpha}{2}} (D\cos^2\theta - C\sin\theta\cos\theta)d\theta + P\cos\beta = 0,$$

$$2\int_{-\frac{\alpha}{2}}^{\frac{\alpha}{2}} (D\sin\theta\cos\theta - C\sin^2\theta)d\theta + P\sin\beta = 0。$$

积分以后得

$$D(\sin\alpha+\alpha)+P\cos\beta=0,$$
$$C(\sin\alpha-\alpha)+P\sin\beta=0,$$

由此得

$$C=\frac{P\sin\beta}{\alpha-\sin\alpha}, \quad D=-\frac{P\cos\beta}{\alpha+\sin\alpha}。$$

代入式(b)，即得密切尔的解答：

$$\left.\begin{aligned} &\sigma_r=-\frac{2P}{r}\left(\frac{\cos\beta\cos\theta}{\alpha+\sin\alpha}+\frac{\sin\beta\sin\theta}{\alpha-\sin\alpha}\right),\\ &\sigma_\theta=0,\\ &\tau_{r\theta}=\tau_{\theta r}=0。\end{aligned}\right\} \tag{4-21}$$

其次，设楔形体在楔顶受有力偶，而每单位宽度内的力偶矩为M，图 4-11。根据和前面相似的因次分析，可见在各应力分量的表达式中，r 只可能以负二次幂出现，而应力函数的表达式应当与 r 无关，也就是

$$\varphi=\varphi(\theta)。 \tag{c}$$

将式(c)代入相容方程(4-6)，得

$$\frac{1}{r^4}\left(\frac{d^4\varphi}{d\theta^4}+4\frac{d^2\varphi}{d\theta^2}\right)=0,$$

删去因子 $1/r^4$，求解这一常微分方程，得

$$\varphi = A\cos 2\theta + B\sin 2\theta + C\theta + D。\tag{4-22}$$

由于对称性(这里是反对称)，σ_r 和 σ_θ 应当是 θ 的奇函数，而 $\tau_{r\theta}=\tau_{\theta r}$ 应当是 θ 的偶函数。于是由公式(4-5)可见，φ 应当是 θ 的奇函数，从而可见，$A=D=0$，而应力函数简化为

$$\varphi = B\sin 2\theta + C\theta,$$

并由公式(4-5)得

$$\left.\begin{aligned}
&\sigma_r = \frac{1}{r}\frac{\partial\varphi}{\partial r} + \frac{1}{r^2}\frac{\partial^2\varphi}{\partial\theta^2} = -\frac{4B\sin 2\theta}{r^2},\\
&\sigma_\theta = \frac{\partial^2\varphi}{\partial r^2} = 0,\\
&\tau_{r\theta} = \tau_{\theta r} = -\frac{\partial}{\partial r}\left(\frac{1}{r}\frac{\partial\varphi}{\partial\theta}\right) = \frac{2B\cos 2\theta + C}{r^2}。
\end{aligned}\right\}\tag{d}$$

在楔形体的左右两面，边界条件要求

$$(\sigma_\theta)_{\theta=\pm\frac{\alpha}{2}} = 0,\ (\tau_{\theta r})_{\theta=\pm\frac{\alpha}{2}} = 0。$$

由式(d)可见，前一条件总能满足，而后一条件要求

$$\frac{2B\cos\alpha + C}{r^2} = 0,\text{即 } C = -2B\cos\alpha。$$

代入式(d)，得

$$\left.\begin{aligned}
&\sigma_r = -\frac{4B\sin 2\theta}{r^2},\\
&\sigma_\theta = 0,\\
&\tau_{r\theta} = \tau_{\theta r} = \frac{2B(\cos 2\theta - \cos\alpha)}{r^2}。
\end{aligned}\right\}\tag{e}$$

为了求出常数 B，仍然考虑 ab 以上部分的平衡条件。由平衡条件$\sum M_O=0$ 有

$$\int_{-\frac{\alpha}{2}}^{\frac{\alpha}{2}} (\tau_{r\theta} r d\theta) r + M = 0。$$

将(e)中的第三式代入，积分以后得出

$$2B=-\frac{M}{\sin\alpha-\alpha\cos\alpha}。$$

代回式(e),即得英格立斯的解答:

$$\left.\begin{aligned}&\sigma_r=\frac{2M\sin2\theta}{(\sin\alpha-\alpha\cos\alpha)r^2},\\&\sigma_\theta=0,\\&\tau_{r\theta}=\tau_{\theta r}=-\frac{M(\cos2\theta-\cos\alpha)}{(\sin\alpha-\alpha\cos\alpha)r^2}。\end{aligned}\right\}\tag{4-23}$$

读者试证明:应力分量(4-23)也能满足 ab 以上部分的另外两个平衡条件,即 $\sum F_x=0$ 及 $\sum F_y=0$。

在以上两个问题中,曾假定楔形体在楔顶所受的力或力偶是集中作用的,因此,在楔顶($r=0$),应力成为无限大。实际上,集中在一点的力或力偶是不存在的,因此也就不会发生无限大的应力。而且,只要面力的集度超过楔形体材料的比例极限,弹性力学的基本方程就不再适用,以上的解答也就不适用。因此,我们应当这样来理解:楔形体在楔顶附近受有一定的面力,这面力的最大集度不超过比例极限,而面力的合成是图中所示的 P 或 M。当然,面力分布的方式不同,应力分布也就不同。但是,按照圣维南原理,不论这个面力如何分布,在离开楔顶稍远之处,应力分布都相同,也就和以上各公式所示的分布相同。

最后,设楔形体在一面受有均布压力 q,如图 4-12 所示。在这里,楔形体内任意一点的各应力分量决定于 α、q、r 和 θ。根据因次分析,各应力分量的表达式只可能取 Nq 的形式,其中 N 是 α 和 θ 组成的无因次数量。这就是说,在各应力分量的表达式中,r 不可能出现。于是由公式(4-5)可见,应力函数 φ 应该是 θ 的某一函数乘以 r^2,即

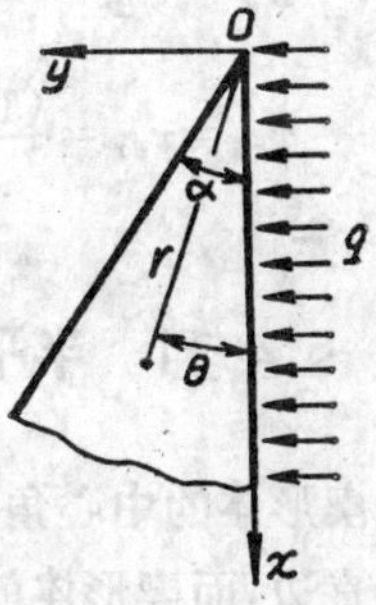

图 4-12

$$\varphi=r^2f(\theta)。\tag{f}$$

将式(f)代入相容方程(4-6),得

$$\frac{1}{r^2}\left[\frac{d^4f(\theta)}{d\theta^4}+4\frac{d^2f(\theta)}{d\theta^2}\right]=0。$$

解出 $f(\theta)$以后,代入式(f),得

$$\varphi=r^2(A\cos2\theta+B\sin2\theta+C\theta+D),\tag{4-24}$$

并由公式(4-5)得

$$\left.\begin{aligned}\sigma_r&=-2A\cos2\theta-2B\sin2\theta+2C\theta+2D,\\ \sigma_\theta&=2A\cos2\theta+2B\sin2\theta+2C\theta+2D,\\ \tau_{r\theta}&=\tau_{\theta r}=2A\sin2\theta-2B\cos2\theta-C。\end{aligned}\right\}\tag{g}$$

边界条件要求

$$(\sigma_\theta)_{\theta=0}=-q,(\sigma_\theta)_{\theta=\alpha}=0,(\tau_{\theta r})_{\theta=0}=0,(\tau_{\theta r})_{\theta=\alpha}=0。$$

将式(g)代入,得出以A、B、C、D四个任意常数为未知数的四个线性方程。求出这四个任意常数,再代入式(g),得应力分量的李维解答:

$$\left.\begin{aligned}\sigma_r&=-q+\frac{\mathrm{tg}\alpha(1+\cos2\theta)-(2\theta+\sin2\theta)}{2(\mathrm{tg}\alpha-\alpha)}q,\\ \sigma_\theta&=-q+\frac{\mathrm{tg}\alpha(1-\cos2\theta)-(2\theta-\sin2\theta)}{2(\mathrm{tg}\alpha-\alpha)}q,\\ \tau_{r\theta}&=\tau_{\theta r}=\frac{(1-\cos2\theta)-\mathrm{tg}\alpha\sin2\theta}{2(\mathrm{tg}\alpha-\alpha)}q。\end{aligned}\right\}\tag{4-25}$$

§ 4-11 半平面体在边界上受法向集中力

命楔形体的中心角等于一个平角,这楔形体的两个侧边就连成一个直边,而楔形体就成为一个所谓半平面体,图 4-13。因此,当这个平面体在边界上受有垂直于边界的力P时,为了得出应力分量,只须在公式(4-21)中命$\alpha=\pi$,$\beta=0$。于是得

$$
\left.\begin{aligned}
\sigma_r &= -\frac{2P}{\pi}\frac{\cos\theta}{r},\\
\sigma_\theta &= 0,
\end{aligned}\right\} \qquad (4\text{-}26)
$$

$$
\tau_{r\theta}=\tau_{\theta r}=0。
$$

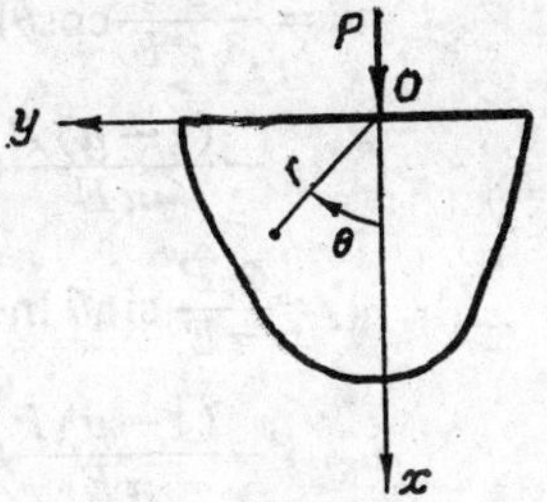

图 4-13

利用坐标变换式(4-7),可由上式得出直角坐标中的应力分量

$$
\left.\begin{aligned}
\sigma_x &= -\frac{2P}{\pi}\frac{\cos^3\theta}{r},\\
\sigma_y &= -\frac{2P}{\pi}\frac{\sin^2\theta\cos\theta}{r},\\
\tau_{xy} &= -\frac{2P}{\pi}\frac{\sin\theta\cos^2\theta}{r},
\end{aligned}\right\} \qquad (4\text{-}27)
$$

或将其中的极坐标改为直角坐标而得

$$
\left.\begin{aligned}
\sigma_x &= -\frac{2P}{\pi}\frac{x^3}{(x^2+y^2)^2},\\
\sigma_y &= -\frac{2P}{\pi}\frac{xy^2}{(x^2+y^2)^2},\\
\tau_{xy} &= -\frac{2P}{\pi}\frac{x^2y}{(x^2+y^2)^2}。
\end{aligned}\right\} \qquad (4\text{-}28)
$$

现在来求出位移,先假定这里是平面应力情况。将应 力分量(4-26)代入物理方程(4-3),得形变分量

$$
\varepsilon_r=-\frac{2P}{\pi E}\frac{\cos\theta}{r},\quad \varepsilon_\theta=\frac{2\mu P}{\pi E}\frac{\cos\theta}{r},\quad \gamma_{r\theta}=0。\qquad (4\text{-}29)
$$

再将这形变分量代入几何方程(4-2),得

$$
\frac{\partial u_r}{\partial r}=-\frac{2P}{\pi E}\frac{\cos\theta}{r},
$$

$$
\frac{u_r}{r}+\frac{1}{r}\frac{\partial u_\theta}{\partial\theta}=\frac{2\mu P}{\pi E}\frac{\cos\theta}{r},
$$

$$
\frac{1}{r}\frac{\partial u_r}{\partial\theta}+\frac{\partial u_\theta}{\partial r}-\frac{u_\theta}{r}=0。
$$

进行和§ 4-5 中相同的运算,可以得出位移分量

$$
\left.\begin{aligned}
u_r=&-\frac{2P}{\pi E}\cos\theta\ln r\\
&-\frac{(1-\mu)P}{\pi E}\theta\sin\theta+I\cos\theta+K\sin\theta,\\
u_\theta=&\frac{2P}{\pi E}\sin\theta\ln r+\frac{(1+\mu)P}{\pi E}\sin\theta\\
&-\frac{(1-\mu)P}{\pi E}\theta\cos\theta+Hr-I\sin\theta+K\cos\theta,
\end{aligned}\right\}\qquad(a)
$$

其中的H、I、K都是任意常数。

由问题的对称条件有

$$(u_\theta)_{\theta=0}=0。$$

将式(a)代入，得

$$H=0,\quad K=0。$$

于是式(a)成为

$$
\left.\begin{aligned}
u_r=&-\frac{2P}{\pi E}\cos\theta\ln r-\frac{(1-\mu)P}{\pi E}\theta\sin\theta+I\cos\theta,\\
u_\theta=&\frac{2P}{\pi E}\sin\theta\ln r-\frac{(1-\mu)P}{\pi E}\theta\cos\theta\\
&+\frac{(1+\mu)P}{\pi E}\sin\theta-I\sin\theta。
\end{aligned}\right\}\qquad(b)
$$

如果半平面体不受铅直方向的约束，则常数I不能确定，因为I取决于铅直方向(x方向)的刚体平移。如果半平面体受有铅直方向的约束，就可以根据这个约束条件来确定常数I。

为了求得边界上任意一点M向下的铅直位移，即所谓沉陷，可应用式(b)中的第二式。注意，位移u_θ是以沿θ正方向时为正，因此，M点的沉陷是

$$-(u_\theta)_{\theta=\frac{\pi}{2}}=-\frac{2P}{\pi E}\ln r-\frac{(1+\mu)P}{\pi E}+I。\qquad(c)$$

如果常数I未能确定(由于半平面体不受铅直方向的约束)，则沉陷(c)也不能确定。这时，只能求得相对沉陷。试在边界上取定一个基点B，图 4-14，它距荷载作用点的水平距离为s。边界上一

点M对于基点B的相对沉陷，等于M点的沉陷减去B点的沉陷，即

$$\eta=\left[-\frac{2P}{\pi E}\ln r-\frac{(1+\mu)P}{\pi E}+I\right]-\left[-\frac{2P}{\pi E}\ln s-\frac{(1+\mu)P}{\pi E}+I\right]。$$

简化以后得

$$\eta=\frac{2P}{\pi E}\ln\frac{s}{r}。\tag{4-30}$$

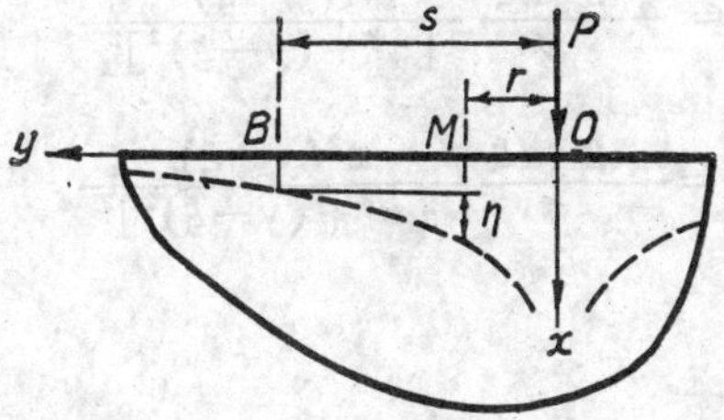

图 4-14

对于平面应变情况，在以上关于形变或位移的公式中，须将E换为$\frac{E}{1-\mu^2}$，将μ换为$\frac{\mu}{1-\mu}$。

本节中的解答，是符拉芒首先得出的。

§ 4-12 半平面体在边界上受法向分布力

有了上一节中关于半平面体在边界上受法向集中力作用时的应力公式和沉陷公式，即可通过叠加而得出法向分布力作用时的应力和沉陷。

设半平面体在其边界的AB一段上受有分布力，它在各点的集度为q，图 4-15。为了求出半平面体内某一点M处的应力，取坐标轴如图所示，命M点的坐标为(x,y)。在AB一段上距坐标原点O为ξ处，取微小长度$d\xi$，将其上所受的力$dP=qd\xi$看做一个微

小集中力。对于这个微小集中力引起的应力，可以应用公式（4-28)。注意，在公式(4-28)中，x 和 y 分别为欲求应力之点与集中力作用点的铅直和水平距离，而在图 4-15 中，M点与微小集中力 dP 的铅直和水平距离分别为 x 和 $y-\xi$。因此，$dP=qd\xi$ 在M点引起的应力为

$$d\sigma_x=-\frac{2\,qd\xi}{\pi}\frac{x^3}{[x^2+(y-\xi)^2]^2},$$

$$d\sigma_y=-\frac{2\,qd\xi}{\pi}\frac{x(y-\xi)^2}{[x^2+(y-\xi)^2]^2},$$

$$d\tau_{xy}=-\frac{2\,qd\xi}{\pi}\frac{x^2(y-\xi)}{[x^2+(y-\xi)^2]^2}。$$

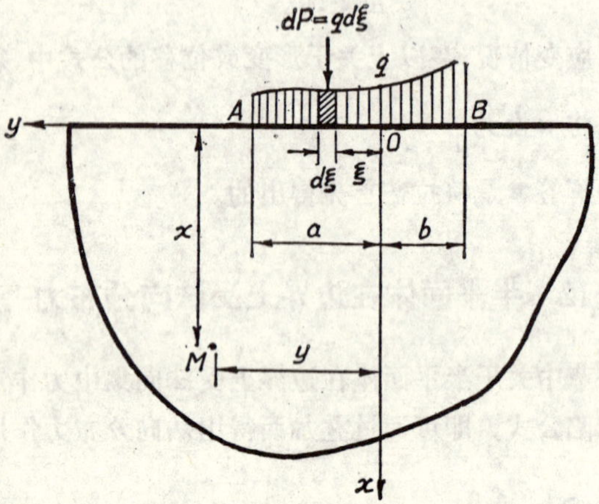

图 4-15

为了求出全部分布力所引起的应力，只须将所有各个微小集中力所引起的应力相叠加，也就是求出上列三式的积分：

$$\left.\begin{aligned}\sigma_x&=-\frac{2}{\pi}\int_{-b}^{a}\frac{qx^3d\xi}{[x^2+(y-\xi)^2]^2},\\ \sigma_y&=-\frac{2}{\pi}\int_{-b}^{a}\frac{qx(y-\xi)^2d\xi}{[x^2+(y-\xi)^2]^2},\\ \tau_{xy}&=-\frac{2}{\pi}\int_{-b}^{a}\frac{qx^2(y-\xi)d\xi}{[x^2+(y-\xi)^2]^2}。\end{aligned}\right\}\tag{4-31}$$

在应用这些公式时，须将集度 q 表示成为 ξ 的函数，然后再进行积分。

在用连杆法计算基础梁的平面问题时，需要用到半平面体在边界上受有均布单位力时的沉陷公式，现在来导出这个公式。

设有单位力均匀分布在半平面体边界的长度 c 上面，因而分布力的集度为 $1/c$，图 4-16。为了求得距均布力中点 I 为 x 的一点 K 的沉陷 η_{ki}，将这个均布力分为无数多个微分力 $dP=\frac{1}{c}dr$，其中 r 为该微分力至 K 点的距离。应用沉陷公式(4-30)，得出 K 点由于 dP 作用而引起的微分沉陷

$$d\eta_{ki}=\frac{2\,dP}{\pi E}\ln\frac{s}{r}=\frac{2}{\pi Ec}\ln\frac{s}{r}dr。\tag{a}$$

对 r 进行积分，即可求得沉陷 η_{ki}。

如果 K 点在均布力之外，则沉陷为

$$\eta_{ki}=\frac{2}{\pi Ec}\int_{x-c/2}^{x+c/2}\ln\frac{s}{r}dr。$$

为简单起见，假定沉陷的基点取得很远，即 s 远大于 r，积分时可以把 s 当作常数。积分的结果是

$$\eta_{ki}=\frac{1}{\pi E}(C+F_{ki}),\tag{4-32}$$

其中

$$C=2\left(\ln\frac{s}{c}+1+\ln 2\right),\tag{b}$$

$$F_{ki}=-2\frac{x}{c}\ln\left(\frac{2\frac{x}{c}+1}{2\frac{x}{c}-1}\right)-\ln\left(4\frac{x^2}{c^2}-1\right)。\quad (c)$$

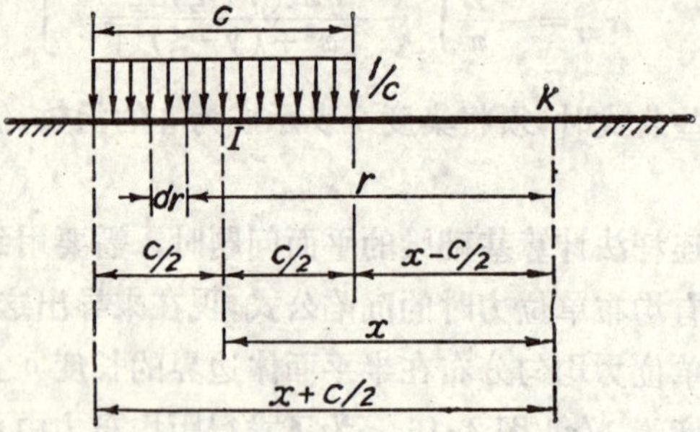

图 4-16

如果K点在均布力的中点$I(x=0)$，则沉陷为

$$\eta_{ki}=\frac{2}{\pi Ec}2\int_0^{c/2}\ln\frac{s}{r}dr。$$

积分的结果仍然可以写成(4-32)的形式，而且其中的常数C仍然如式(b)所示，但$F_{ki}=0$。

对于平面应变情况下的半平面体，沉陷公式(4-32)中的E应当换为$\frac{E}{1-\mu^2}$。

习 题

4-1 试导出位移分量的坐标变换式：

$$u_r=u\cos\theta+v\sin\theta,\quad u_\theta=-u\sin\theta+v\cos\theta;$$

$$u=u_r\cos\theta-u_\theta\sin\theta,\quad v=u_r\sin\theta+u_\theta\cos\theta。$$

4-2 设有内半径为a而外半径为b的圆筒受内压力q，试求内半径及外半径的改变，并求圆筒厚度的改变。

答案：$\frac{qa(1-\mu^2)}{E}\left(\frac{b^2+a^2}{b^2-a^2}+\frac{\mu}{1-\mu}\right)$，

$$\frac{qa(1-\mu^2)}{E}\frac{2ab}{b^2-a^2},\ -\frac{qa(1-\mu^2)}{E}\left(\frac{b-a}{b+a}+\frac{\mu}{1-\mu}\right)。$$

4-3　设有一刚体，具有半径为 b 的圆柱形孔道，孔道内放置外半径为 b 而内半径为 a 的圆筒，受内压力 q，试求筒壁的应力。

答案：

$$\sigma_\theta=\frac{\dfrac{1-2\mu}{r^2}-\dfrac{1}{b^2}}{\dfrac{1-2\mu}{a^2}+\dfrac{1}{b^2}}q,\quad \sigma_r=-\frac{\dfrac{1-2\mu}{r^2}+\dfrac{1}{b^2}}{\dfrac{1-2\mu}{a^2}+\dfrac{1}{b^2}}q。$$

4-4　矩形薄板受纯剪，剪力的集度为 q，图 4-17。如果离板边较远处有一小圆孔，试求孔边的最大和最小的正应力。

答案：最大 $4q$，最小 $-4q$。

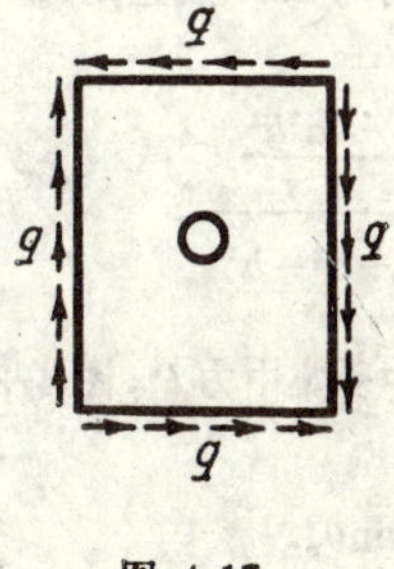

图 4-17

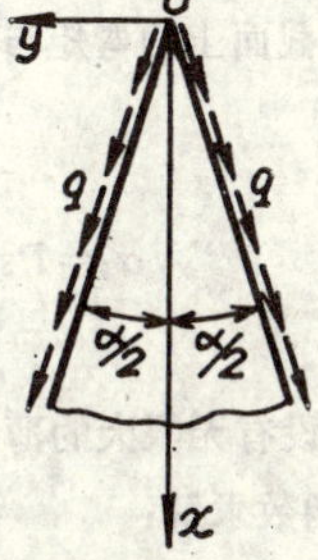

图 4-18

4-5　楔形体在两侧面上受有均布剪力 q，图 4-18，试求应力分量。

提示：用表达式(4-24)，并注意问题的对称性。

答案：$\sigma_r=-q\left(\dfrac{\cos 2\theta}{\sin\alpha}+\operatorname{ctg}\alpha\right)$，

$$\sigma_\theta=q\left(\frac{\cos 2\theta}{\sin\alpha}-\operatorname{ctg}\alpha\right),$$

$$\tau_{r\theta}=\tau_{\theta r}=q\frac{\sin 2\theta}{\sin\alpha}。$$

4-6　三角形悬臂梁在自由端受集中荷载 P，图 4-19，试由公式（4-21）求任一铅直截面上的正应力和剪应力，并与材料力学中的结果对比。

答案：$\sigma_x=-\dfrac{2P}{\alpha-\sin\alpha}\dfrac{x^2y}{(x^2+y^2)^2}$，$\tau_{xy}=-\dfrac{2P}{\alpha-\sin\alpha}\dfrac{xy^2}{(x^2+y^2)^2}$。

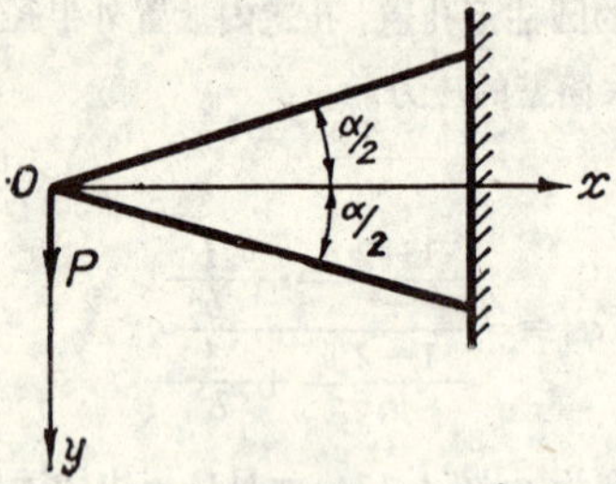

图 4-19

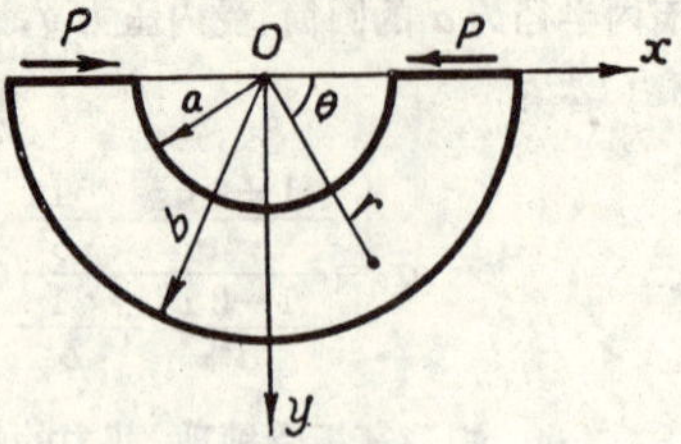

图 4-20

4-7　曲梁在两端受相反的两个力 P，图 4-20，试求应力分量。

提示：试假设弯应力 σ_θ 与 $\sin\theta$ 成正比，而剪应力 $\tau_{\theta r}$ 与 $\cos\theta$ 成正比（因为径向截面上的弯矩与 $\sin\theta$ 成正比，而剪力与 $\cos\theta$ 成正比）。

答案：

$$\sigma_\theta=P\sin\theta\frac{3r-\dfrac{a^2+b^2}{r}-\dfrac{a^2b^2}{r^3}}{(a^2+b^2)\ln\dfrac{b}{a}+a^2-b^2}。$$

4-8　设有无限大的薄板，在板内的小孔中受集中力 P，图 4-21，试用如下的应力函数求解：

$$\varphi=Ar\ln r\cos\theta+Br\theta\sin\theta。$$

提示：须要考虑位移的单值条件。

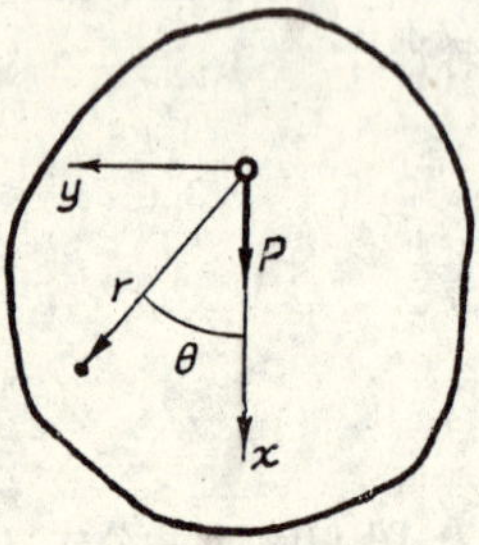

图 4-21

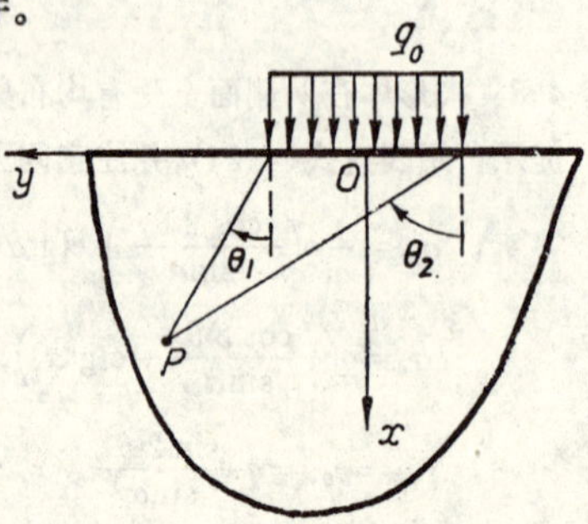

图 4-22

答案：$\sigma_r=-\frac{(3+\mu)P}{4\pi}\frac{\cos\theta}{r}$，

$$\sigma_\theta=\frac{(1-\mu)P}{4\pi}\frac{\cos\theta}{r},$$

$$\tau_{r\theta}=\tau_{\theta r}=\frac{(1-\mu)P}{4\pi}\frac{\sin\theta}{r}。$$

4-9 半平面体在其一段边界上受均布法向荷载 q_0，图 4-22，试证半平面体中的直角坐标应力分量为

$$\sigma_x=-\frac{q_0}{2\pi}[2(\theta_2-\theta_1)+(\sin 2\theta_2-\sin 2\theta_1)],$$

$$\sigma_y=-\frac{q_0}{2\pi}[2(\theta_2-\theta_1)-(\sin 2\theta_2-\sin 2\theta_1)],$$

$$\tau_{xy}=\tau_{yx}=-\frac{q_0}{2\pi}(\cos 2\theta_1-\cos 2\theta_2)。$$

参 考 教 材

铁摩辛柯、古地尔著，徐芝纶译，《弹性理论》，第四章。

第五章　平面问题的复变函数解答

§ 5-1　应力函数的复变函数表示

在第二章中已经证明，在平面问题里，如果体力是常量，就一定存在一个应力函数 U，它是位置坐标的重调和函数，即 $\nabla^4 U=0$（在本章中，应力函数改用字母 U 表示，因为字母 φ 另有别用）。

现在，引用复变数 $z=x+\mathrm{i}y$ 和 $\bar{z}=x-\mathrm{i}y$ 以代替实变数 x 和 y。注意

$$\frac{\partial z}{\partial x}=1,\frac{\partial z}{\partial y}=\mathrm{i},$$

$$\frac{\partial \bar{z}}{\partial x}=1,\frac{\partial \bar{z}}{\partial y}=-\mathrm{i},$$

可以得到变换式

$\frac{\partial U}{\partial z}$, $\frac{\partial U}{\partial \bar{z}}$ need to be defined first

$$\left.\begin{aligned}\frac{\partial U}{\partial x}&=\frac{\partial U}{\partial z}\frac{\partial z}{\partial x}+\frac{\partial U}{\partial \bar{z}}\frac{\partial \bar{z}}{\partial x}=\left(\frac{\partial}{\partial z}+\frac{\partial}{\partial \bar{z}}\right)U,\\ \frac{\partial U}{\partial y}&=\frac{\partial U}{\partial z}\frac{\partial z}{\partial y}+\frac{\partial U}{\partial \bar{z}}\frac{\partial \bar{z}}{\partial y}=\mathrm{i}\left(\frac{\partial}{\partial z}-\frac{\partial}{\partial \bar{z}}\right)U,\end{aligned}\right\}\tag{5-1}$$

$$\frac{\partial U}{\partial x}+\mathrm{i}\frac{\partial U}{\partial y}=2\frac{\partial U}{\partial \bar{z}},\quad \frac{\partial U}{\partial x}-\mathrm{i}\frac{\partial U}{\partial y}=2\frac{\partial U}{\partial z}。\tag{5-2}$$

由(5-1)式，又可以进而得到变换式

$$\frac{\partial^2 U}{\partial x^2}=\left(\frac{\partial}{\partial z}+\frac{\partial}{\partial \bar{z}}\right)^2 U,\ \frac{\partial^2 U}{\partial y^2}=-\left(\frac{\partial}{\partial z}-\frac{\partial}{\partial \bar{z}}\right)^2 U,\tag{5-3}$$

$$\nabla^2 U=\frac{\partial^2 U}{\partial x^2}+\frac{\partial^2 U}{\partial y^2}=4\frac{\partial^2 U}{\partial z\partial \bar{z}}。\tag{5-4}$$

于是可将相容方程 $\nabla^4 U=0$ 变换成为 $16\frac{\partial^4 U}{\partial z^2\partial \bar{z}^2}=0$，即

$$\frac{\partial^4 U}{\partial z^2\partial \bar{z}^2}=0。\qquad (a)$$

将式(a)对 z 及 $\bar{z}$ 各积分两次，得到

$$U=f_1(z)+\bar{z}f_2(z)+f_3(\bar{z})+zf_4(\bar{z}),\qquad (b)$$

其中 f_1、f_2、f_3、f_4 均表示任意函数。注意式(b) 左边的重调和函数 U 是实函数，可见该式右边的四项一定是两两共轭，即

$$f_3(\bar{z})=\overline{f_1(z)},\ f_4(\bar{z})=\overline{f_2(z)}。$$

于是式(b)可以只用 f_1 及 f_2 表示如下：

$$U=f_1(z)+\bar{z}f_2(z)+\overline{f_1(z)}+z\overline{f_2(z)}。$$

将任意函数 $f_1(z)$ 及 $f_2(z)$ 分别改写为 $\frac{1}{2}\theta_1(z)$ 及 $\frac{1}{2}\varphi_1(z)$，即得有名的古萨公式

$$U=\frac{1}{2}[\bar{z}\varphi_1(z)+z\overline{\varphi_1(z)}+\theta_1(z)+\overline{\theta_1(z)}]。\qquad (5\text{-}5)$$

它也可以再改写为

$$U=\mathrm{Re}[\bar{z}\varphi_1(z)+\theta_1(z)]。\qquad (5\text{-}6)$$

于是可见，在常量体力的平面问题中，应力函数 U 总可以用复变数 z 的两个解析函数 $\varphi_1(z)$ 和 $\theta_1(z)$ 来表示。

§ 5-2 应力和位移的复变函数表示

首先把应力分量用复变函数 $\varphi_1(z)$ 和 $\theta_1(z)$ 来表示。

假定不计体力，于是有

$$\sigma_x=\frac{\partial^2 U}{\partial y^2},\quad \sigma_y=\frac{\partial^2 U}{\partial x^2},\quad \tau_{xy}=-\frac{\partial^2 U}{\partial x\partial y}。\qquad (5\text{-}7)$$

因为由(5-4)式可得

$$\sigma_y+\sigma_x=\frac{\partial^2 U}{\partial x^2}+\frac{\partial^2 U}{\partial y^2}=4\frac{\partial^2 U}{\partial z\partial \bar{z}},$$

所以由(5-5)式可得

$$\sigma_y+\sigma_x=2[\varphi_1'(z)+\overline{\varphi_1'(z)}]=4\,\mathrm{Re}\varphi_1'(z)。\tag{5-8}$$

又因为

$$\sigma_y-\sigma_x+2\,\mathrm{i}\tau_{xy}=\frac{\partial^2 U}{\partial x^2}-\frac{\partial^2 U}{\partial y^2}-2\,\mathrm{i}\,\frac{\partial^2 U}{\partial x\partial y}$$

$$=\left(\frac{\partial}{\partial x}-\mathrm{i}\frac{\partial}{\partial y}\right)^2 U,$$

并由(5-2)式可得

$$\left(\frac{\partial}{\partial x}-\mathrm{i}\frac{\partial}{\partial y}\right)^2 U=4\frac{\partial^2 U}{\partial z^2},$$

所以由(5-5)式可得

$$\sigma_y-\sigma_x+2\,\mathrm{i}\tau_{xy}=2[\bar{z}\varphi_1''(z)+\theta_1''(z)]。\tag{a}$$

在以后，函数 $\theta_1(z)$本身并无用处，有用的只是它的导数，因此，引用另一个解析函数 $\psi_1(z)=\theta_1'(z)$，而将式(a)改写成为

$$\sigma_y-\sigma_x+2\,\mathrm{i}\tau_{xy}=2[\bar{z}\varphi_1''(z)+\psi_1'(z)]。\tag{5-9}$$

显然，$\varphi_1(z)$及 $\psi_1(z)$具有同样的因次[力][长度]$^{-1}$。

公式(5-8)及(5-9)就是应力分量的复变函数表示。只要已知 $\varphi_1(z)$及 $\psi_1(z)$，就可以把公式(5-9)右边的虚部和实部分开，由虚部得出 τ_{xy}，由实部得出 $\sigma_y-\sigma_x$。根据这样得来的 $\sigma_y-\sigma_x$ 和公式(5-8)给出的 $\sigma_y+\sigma_x$，极易求得 σ_y 和 σ_x。当然也可以建立公式，把 σ_x、σ_y、τ_{xy} 三者分开用 $\varphi_1(z)$和 $\psi_1(z)$来表示，但那些公式将比较冗长，用起来很不方便。

现在把位移分量用复变函数 $\varphi_1(z)$和 $\psi_1(z)$来表示。假定这里讲的是平面应力问题。由几何方程(2-9)及物理方程(2-15)有

$$E\frac{\partial u}{\partial x}=\sigma_x-\mu\sigma_y=(\sigma_x+\sigma_y)-(1+\mu)\sigma_y,\tag{b}$$

$$E\frac{\partial v}{\partial y}=\sigma_y-\mu\sigma_x=(\sigma_x+\sigma_y)-(1+\mu)\sigma_x, \tag{c}$$

$$\frac{E}{2(1+\mu)}\left(\frac{\partial v}{\partial x}+\frac{\partial u}{\partial y}\right)=\tau_{xy}。 \tag{d}$$

在式(b)中应用公式(5-8),并应用(5-7)中的第二式,然后再应用(5-1)中的第一式,得到

$$\begin{aligned}E\frac{\partial u}{\partial x}&=2[\varphi_1'(z)+\overline{\varphi_1'(z)}]-(1+\mu)\frac{\partial^2 U}{\partial x^2}\\&=2\frac{\partial}{\partial x}[\varphi_1(z)+\overline{\varphi_1(z)}]-(1+\mu)\frac{\partial^2 U}{\partial x^2}。\end{aligned} \tag{e}$$

在式(c)中应用公式(5-8),并应用(5-7)中的第一式,然后再应用(5-1)中的第二式,得到

$$\begin{aligned}E\frac{\partial v}{\partial y}&=2[\varphi_1'(z)+\overline{\varphi_1'(z)}]-(1+\mu)\frac{\partial^2 U}{\partial y^2}\\&=-2\mathrm{i}\frac{\partial}{\partial y}[\varphi_1(z)-\overline{\varphi_1(z)}]-(1+\mu)\frac{\partial^2 U}{\partial y^2}。\end{aligned} \tag{f}$$

将式(e)及式(f)分别对 x 及 y 积分,得

$$\left.\begin{aligned}Eu&=2[\varphi_1(z)+\overline{\varphi_1(z)}]-(1+\mu)\frac{\partial U}{\partial x}+f_1(y),\\Ev&=-2\mathrm{i}[\varphi_1(z)-\overline{\varphi_1(z)}]-(1+\mu)\frac{\partial U}{\partial y}+f_2(x),\end{aligned}\right\} \tag{g}$$

其中的 f_1 及 f_2 为任意函数。将式(g)代入式(d),应用(5-7) 中的第三式,再应用公式(5-1),将得到

$$-\frac{df_1(y)}{dy}=\frac{df_2(x)}{dx}。$$

于是可以和§ 2-4 中同样地得到刚体位移

$$f_1(y)=u_0-\omega y, f_2(x)=v_0+\omega x。$$

不计刚体位移,即由式(g)得到

$$E(u+\mathrm{i}v)=4\varphi_1(z)-(1+\mu)\left(\frac{\partial U}{\partial x}+\mathrm{i}\frac{\partial U}{\partial y}\right)。 \tag{h}$$

但由(5-2)中的第一式及公式(5-5)有

$$\frac{\partial U}{\partial x}+\mathrm{i}\frac{\partial U}{\partial y}=2\frac{\partial U}{\partial \bar{z}}=\varphi_1(z)+z\overline{\varphi_1'(z)}+\overline{\theta_1'(z)}$$

$$=\varphi_1(z)+z\overline{\varphi_1'(z)}+\overline{\psi_1(z)}。\tag{i}$$

代入式(h),即得

$$E(u+\mathrm{i}v)=(3-\mu)\varphi_1(z)-(1+\mu)[z\overline{\varphi_1'(z)}+\overline{\psi_1(z)}],$$

或将两边除以 $1+\mu$ 而得

$$\frac{E}{1+\mu}(u+\mathrm{i}v)=\frac{3-\mu}{1+\mu}\varphi_1(z)-z\overline{\varphi_1'(z)}-\overline{\psi_1(z)}。\tag{5-10}$$

这就是位移分量的复变函数表示。如果已知 $\varphi_1(z)$ 及 $\psi_1(z)$,就可以将该式右边的实部和虚部分开,从而得出 u 和 v。

公式(5-10)是针对平面应力情况导出的。对于平面应变情况,须将该式中的 E 改换为 $\frac{E}{1-\mu^2}$,μ 改换为 $\frac{\mu}{1-\mu}$。

公式(5-8)、(5-9)及(5-10)是柯洛索夫首先导出的。

§ 5-3 各个复变函数确定的程度

现在来考察,当弹性体中的应力或位移已经确定时,各个复变函数是否完全确定,或者还具有任意性,任意的程度如何。

当应力确定时,按照公式(5-8)和(5-9),函数 $\varphi_1(z)$ 及 $\psi_1(z)$ 应当满足下列条件:

$$4\,\mathrm{Re}\varphi_1'(z)=\sigma_y+\sigma_x,\tag{a}$$

$$2[\bar{z}\varphi_1''(z)+\psi_1'(z)]=\sigma_y-\sigma_x+2\,\mathrm{i}\tau_{xy}。\tag{b}$$

假定另外两个复变函数 $\varphi_2(z)$ 和 $\psi_2(z)$ 也给出同样的应力,那么,它们也应当满足同样的条件,也就是

$$4\,\mathrm{Re}\varphi_2'(z)=\sigma_y+\sigma_x,\tag{c}$$

$$2[\bar{z}\varphi_2''(z)+\psi_2'(z)]=\sigma_y-\sigma_x+2\,\mathrm{i}\tau_{xy}。\tag{d}$$

现在来考察,函数 φ_2 及 ψ_2 分别与 φ_1 及 ψ_1 有什么差别。

将式(c)与式(a)对比，可见 $\varphi_2'(z)$与$\varphi_1'(z)$具有相同的实部，所以它们之间只可能相差一个任意虚常数，也就是

$$\varphi_2'(z)=\varphi_1'(z)+\mathrm{i}C, \tag{e}$$

其中 C 为任意实常数。将式(e)两边对 z 积分后，得

$$\varphi_2(z)=\varphi_1(z)+\mathrm{i}Cz+\gamma, \tag{f}$$

其中 $\gamma=A+\mathrm{i}B$ 为任意复常数。

另一方面，因为由式(e)有 $\varphi_2''(z)=\varphi_1''(z)$，所以，将式($b$)与式($d$)对比，可见

$$\psi_2'(z)=\psi_1'(z)。 \tag{g}$$

积分以后，得

$$\psi_2(z)=\psi_1(z)+\gamma'。 \tag{h}$$

其中 $\gamma'=A'+\mathrm{i}B'$ 为任意复常数。

于是可见，将

$$\left.\begin{aligned}&\varphi_1(z)\text{代以 }\varphi_1(z)+\mathrm{i}Cz+\gamma,\\&\psi_1(z)\text{代以 }\psi_1(z)+\gamma',\end{aligned}\right\} \tag{i}$$

应力保持不变。因此，在不改变应力状态的条件下，可以任意选择 C、γ、γ'。

当位移确定时，应力是完全确定的，而当应力有所改变时，位移必然有改变。因此，为了位移保持不变，决不容许有(i)型以外的代换。现在来进一步考察，(i)型的代换如何才不致改变位移。在平面应力情况下，位移分量的复变函数表示是(5-10)，即

$$\frac{E}{1+\mu}(u+\mathrm{i}v)=\frac{3-\mu}{1+\mu}\varphi_1(z)-z\overline{\varphi_1'(z)}-\overline{\psi_1(z)}。$$

在这一公式中进行(i)型的代换以后，可见该公式成为

$$\begin{aligned}\frac{E}{1+\mu}(u+\mathrm{i}v)=&\frac{3-\mu}{1+\mu}\varphi_1(z)-z\overline{\varphi_1'(z)}-\overline{\psi_1(z)}\\&+\frac{4}{1+\mu}\mathrm{i}Cz+\left(\frac{3-\mu}{1+\mu}\gamma-\overline{\gamma}'\right)。\end{aligned} \tag{j}$$

这就说明，必须

$$C=0,\quad \frac{3-\mu}{1+\mu}\gamma-\overline{\gamma}'=0, \tag{k}$$

(i)型的代换才不致改变位移。这也就是说，在不改变位移的条件下，只能将

$$\left.\begin{aligned}&\varphi_1(z)\text{代以 }\varphi_1(z)+\gamma,\\&\psi_1(z)\text{代以 }\psi_1(z)+\frac{3-\mu}{1+\mu}\overline{\gamma},\end{aligned}\right\} \tag{l}$$

其中 γ 是可以任意选取的复常数。对于平面形变问题，式(l)中的 μ 须改为 $\frac{\mu}{1-\mu}$。

§ 5-4　边界条件的复变函数表示

在 § 2-5 中，已经导出平面问题的应力边界条件

$$l(\sigma_x)_s+m(\tau_{xy})_s=\overline{X},\quad m(\sigma_y)_s+l(\tau_{xy})_s=\overline{Y}。$$

将(5-7)式代入，得到

$$\left.\begin{aligned}&l\left(\frac{\partial^2U}{\partial y^2}\right)_s-m\left(\frac{\partial^2U}{\partial x\partial y}\right)_s=\overline{X},\\&m\left(\frac{\partial^2U}{\partial x^2}\right)_s-l\left(\frac{\partial^2U}{\partial x\partial y}\right)_s=\overline{Y}。\end{aligned}\right\} \tag{a}$$

设图 5-1 中的曲线 AB 代表任一段边界，而 s 是从边界上 A 点沿边界量取到 B 点的弧长（量取时使边界的外法线 N 指向右方），则由几何关系有

$$l=\cos(N,x)=\cos\alpha=\frac{dy}{ds},$$

$$m=\cos(N,y)=\sin\alpha=-\frac{dx}{ds}。$$

因此，式(a)可以改写成为

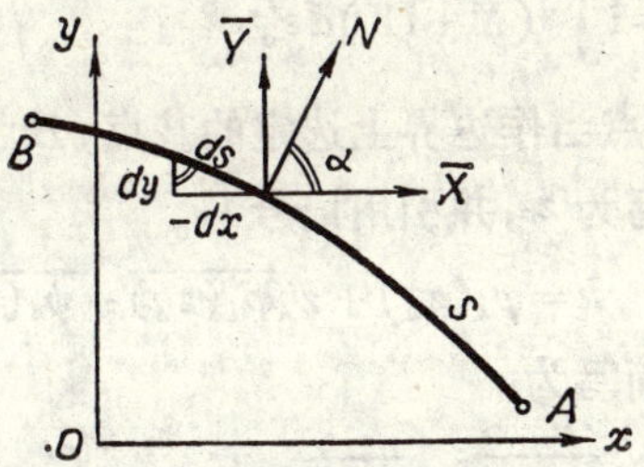

图 5-1

$$\frac{dy}{ds}\left(\frac{\partial^2 U}{\partial y^2}\right)_s+\frac{dx}{ds}\left(\frac{\partial^2 U}{\partial x\partial y}\right)_s=\overline{X},$$

$$-\frac{dx}{ds}\left(\frac{\partial^2 U}{\partial x^2}\right)_s-\frac{dy}{ds}\left(\frac{\partial^2 U}{\partial x\partial y}\right)_s=\overline{Y}。$$

也就是

$$\frac{d}{ds}\left(\frac{\partial U}{\partial y}\right)_s=\overline{X},\quad -\frac{d}{ds}\left(\frac{\partial U}{\partial x}\right)_s=\overline{Y}。$$

于是得面力矢量的复数表达式

$$\overline{X}+\mathrm{i}\overline{Y}=\frac{d}{ds}\left(\frac{dU}{\partial y}\right)_s-\mathrm{i}\frac{d}{ds}\left(\frac{\partial U}{\partial x}\right)_s$$

$$=-\mathrm{i}\frac{d}{ds}\left(\frac{\partial U}{\partial x}+\mathrm{i}\frac{\partial U}{\partial y}\right)_s。$$

将 § 5-2 中曾经得出的式(i)代入，即得

$$-\mathrm{i}\frac{d}{ds}[\varphi_1(z)+z\overline{\varphi_1'(z)}+\overline{\psi_1(z)}]=\overline{X}+\mathrm{i}\overline{Y}。$$

再将左右两边同乘以 ids，进行积分，从 A 点到 B 点，即得

$$[\varphi_1(z)+z\overline{\varphi_1'(z)}+\overline{\psi_1(z)}]_A^B=\mathrm{i}\int_A^B(\overline{X}+\mathrm{i}\overline{Y})ds, \tag{5-11}$$

也就是

$$[\varphi_1(z_B)+z_B\overline{\varphi_1'(z_B)}+\overline{\psi_1(z_B)}]$$

$$-[\varphi_1(z_A)+z_A\overline{\varphi_1'(z_A)}+\overline{\psi_1(z_A)}]$$

$$=\mathrm{i}\int_A^B(\bar{X}+\mathrm{i}\bar{Y})ds。\tag{b}$$

现在，把 A 点当作边界上选定的基点，B 点当作边界上的任意一点，将 z_B 简写为 z，并引用记号

$$k=\varphi_1(z_A)+z_A\overline{\varphi_1'(z_A)}+\overline{\psi_1(z_A)},$$

则式(b)可以简写为

$$[\varphi_1(z)+z\overline{\varphi_1'(z)}+\overline{\psi_1(z)}]_s-k=\mathrm{i}\int_A^B(\bar{X}+\mathrm{i}\bar{Y})ds。\tag{c}$$

在 § 5-3 中已经说明，在函数 $\varphi_1(z)$中，可以任意增加一个复常数 γ 而不致影响应力或位移。现在，我们假想在函数 $\varphi_1(z)$ 中增加一个复常数 γ，使 $\varphi_1(z)$成为 $\varphi_1(z)+\gamma$。这时，$\varphi_1'(z)$ 保持不变，而$\psi_1(z)$则成为 $\psi_1(z)+\frac{3-\mu}{1+\mu}\bar{\gamma}$。于是我们总可以选择 γ，使式(c)中的 k 被抵消，而式(c)就可以进一步简写为

$$[\varphi_1(z)+z\overline{\varphi_1'(z)}+\overline{\psi_1(z)}]_s=\mathrm{i}\int(\bar{X}+\mathrm{i}\bar{Y})ds。\tag{5-12}$$

这就是应力边界条件的复变函数表示，它指出：复变函数 $\varphi_1(z)+z\overline{\varphi_1'(z)}+\overline{\psi_1(z)}$在边界 s 上任意一点 z 的值，就等于基点与该点之间的面力主矢量乘以 i 。

位移边界条件如(2-17)所示，即

$$u_s=\bar{u},v_s=\bar{v},\tag{d}$$

其中 $\bar{u}$ 及 $\bar{v}$ 为边界上的已知位移分量。代入公式(5-10)，即得平面应力情况下位移边界条件的复变函数表示：

$$\left[\frac{3-\mu}{1+\mu}\varphi_1(z)-z\overline{\varphi_1'(z)}-\overline{\psi_1(z)}\right]_s=\frac{E}{1+\mu}(\bar{u}+\mathrm{i}\bar{v})。\tag{5-13}$$

对于平面应变的情况，须将式中的E换为$\frac{E}{1-\mu^2}$，μ 换为$\frac{\mu}{1-\mu}$。

§ 5-5 多连体中应力和位移的单值条件

在多连体中,解析函数 $\varphi_1(z)$和 $\psi_1(z)$可能表现为多值的(尽管它们在单连体中是单值的)。现在来考察,如何选择这些复变函数,才能保证应力和位移的单值条件。在一般情况下,多连体可能具有m个内边界 s_1、s_2、$\cdots$、s_k、$\cdots s_m$ 和一个外边界s_{m+1},图5-2。但是,为简单起见,我们先来考虑仅有一个内边界 s_k 和一个外边界 s_{m+1} 的情形。

因为应力分量必须是单值的,而应力分量与复变函数 $\varphi_1(z)$之间有关系式(5-8),即

$$\sigma_y+\sigma_x=4\,\mathrm{Re}\varphi_1'(z), \tag{a}$$

所以 $\varphi_1'(z)$的实部,即$\mathrm{Re}\varphi_1'(z)$,必须是单值的。但是,它的虚部却可以是多值的。因此,在环绕内边界 s_k 绕行一周后,$\varphi_1'(z)$可能有一个虚数增量。为了方便,命这个虚数增量为 $2\pi A_k\mathrm{i}$,其中 A_k 是实数。

在通常用到的复变函数中间,环绕s_k一周而具有一个虚常数增量的最简单的函数是 $\ln(z-z_k)$,其中 z_k 是边界 s_k 之外的任意一点,图 5-2。注意

$$A_k\ln(z-z_k)=A_k\ln(|z-z_k|e^{i\theta})=A_k\ln|z-z_k|+A_k\mathrm{i}\theta,$$

可见,环绕 s_k 一周后,式中右边的第二项将有增量 $2\pi\mathrm{i}A_k$。因此,命

$$\varphi_1'(z)=A_k\ln(z-z_k)+\varphi_{1*}'(z), \tag{b}$$

则 $\varphi_{1*}'(z)$是在多连中为单值的解析函数。

将式(b)对z积分,得

$$\varphi_1(z)=A_k[(z-z_k)\ln(z-z_k)-(z-z_k)]$$
$$+\int_{z_0}^{z}\varphi_{1*}'(z)dz+\text{常数}, \tag{c}$$

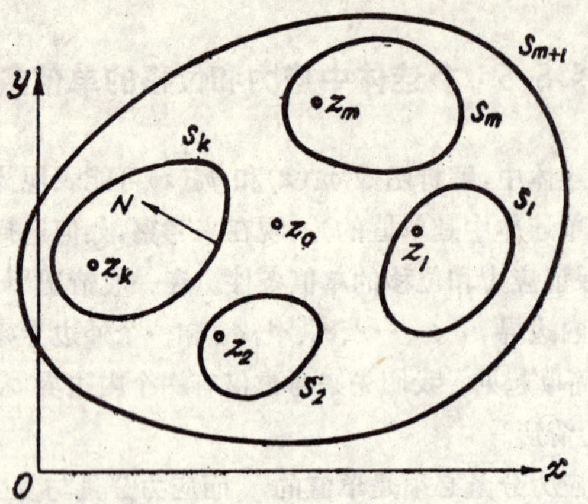

图 5-2

其中 z_0 为弹性体之内的任选定点,图 5-2。积分式 $\int_{z_0}^{z}\varphi'_{1*}(z)\,dz$ 也是复变数 z 的解析函数,但当绕行 s_k 一周后,它可能有一个增量 $2\pi i c_k$,其中 c_k 一般为复数,因子 $2\pi i$ 是为了方便而引用的。于是,与上相似,可以写出

$$\int_{z_0}^{z}\varphi'_{1*}(z)dz=c_k\ln(z-z_k)+\text{单值解析函数。}$$

代入式(c),并将 $-A_k z_k\ln(z-z_k)$ 与 $c_k\ln(z-z_k)$ 合并而写成 $\gamma_k\ln(z-z_k)$,并注意 $A_k(z-z_k)$ 是单值解析函数,即得

$$\varphi_1(z)=A_k z\ln(z-z_k)+\gamma_k\ln(z-z_k)+\varphi_{1*}(z), \qquad (d)$$

其中 $\varphi_{1*}(z)$ 是在多连体中为单值的解析函数,而 γ_k 为常数(一般为复数)。

根据公式(5-9),即

$$\sigma_y-\sigma_x+2i\tau_{xy}=2[\bar{z}\varphi''_1(z)+\psi'_1(z)],$$

可以对函数 $\psi_1(z)$ 分析如下: 因为式(b)中的 $\varphi'_{1*}(z)$ 是在多连体中为单值解析的,所以它对 z 的导数也必然是单值解析的;因为 $\ln(z-z_k)$ 对 z 的导数,即 $\frac{1}{z-z_k}$,也是在多连体中为单值解析的(z_k

不在弹性体之内),所以 $\varphi_1'(z)$ 对 z 的导数,即 $\varphi_1''(z)$,也必然是单值解析的。于是由上式可见,函数 $\psi_1'(z)$ 也是在多连体中为单值解析的。现在,对于 $\psi_1(z)$,和上面对于 $\varphi_{1*}(z)$ 一样,可以得出

$$\psi_1(z)=\gamma_k'\ln(z-z_k)+\psi_{1*}(z), \tag{e}$$

其中 γ_k' 为常数(一般为复数),而 $\psi_{1*}(z)$ 是在多连体中为单值的解析函数。

现在来进一步考察位移单值条件对 $\varphi_1(z)$ 及 $\psi_1(z)$ 的要求。位移分量的复变函数表示,在平面应力的情况下,如公式(5-10)所示,即

$$\frac{E}{1+\mu}(u+\mathrm{i}v)=\frac{3-\mu}{1+\mu}\varphi_1(z)-z\overline{\varphi_1'(z)}-\overline{\psi_1(z)}。$$

将(b)、(d)、(e)三式代入,可以看出,在绕行 s_k 一周后,表达式 $\dfrac{E}{1+\mu}(u+\mathrm{i}v)$ 将得到增量

$$2\pi\mathrm{i}\left[\left(\frac{3-\mu}{1+\mu}+1\right)A_kz+\frac{3-\mu}{1+\mu}\gamma_k+\overline{\gamma_k'}\right]。$$

可见,位移的单值条件要求

$$A_k=0,\quad \frac{3-\mu}{1+\mu}\gamma_k+\overline{\gamma_k'}=0。\tag{f}$$

现在来说明,常数 γ_k 及 γ_k' 可以用内边界 s_k 上的面力来表示。为此,把公式(5-11)应用于整个内边界 s_k(B 点与 A 点重合)。这样得到

$$[\varphi_1(z)+z\overline{\varphi_1'(z)}+\overline{\psi_1(z)}]_{s_k}=\mathrm{i}(X_k+\mathrm{i}Y_k), \tag{g}$$

其中 $X_k+\mathrm{i}Y_k$ 是整个内边界 s_k 上的面力主矢量。注意,绕行的方向必须是顺时针转向,因为,按照图 5-2,绕行时必须使向外法线N指向右方。将(d)、(b)、(e)三式代入式(g),注意式(f)中的 $A_k=0$,得

$$-2\pi\mathrm{i}(\gamma_k-\overline{\gamma_k'})=\mathrm{i}(X_k+\mathrm{i}Y_k)。\tag{h}$$

由式(f)及式(h)求解各个常数,即得

$$A_k=0,\quad \gamma_k=-\frac{1+\mu}{8\pi}(X_k+\mathrm{i}Y_k),\quad \gamma_k'=\frac{3-\mu}{8\pi}(X_k-\mathrm{i}Y_k)。$$

代入式(d)及式(e)，即得

$$\left.\begin{aligned}\varphi_1(z)&=-\frac{1+\mu}{8\pi}(X_k+\mathrm{i}Y_k)\ln(z-z_k)+\varphi_{1*}(z),\\ \psi_1(z)&=\frac{3-\mu}{8\pi}(X_k-\mathrm{i}Y_k)\ln(z-z_k)+\psi_{1*}(z)。\end{aligned}\right\}\quad(i)$$

对于具有m个内边界和一个外边界的一般多连体，图 5-2，可以将上面的论证推广而得到一般的表达式

$$\left.\begin{aligned}\varphi_1(z)&=-\frac{1+\mu}{8\pi}\sum_{k=1}^{m}(X_k+\mathrm{i}Y_k)\ln(z-z_k)+\varphi_{1*}(z),\\ \psi_1(z)&=\frac{3-\mu}{8\pi}\sum_{k=1}^{m}(X_k-\mathrm{i}Y_k)\ln(z-z_k)+\psi_{1*}(z)。\end{aligned}\right\}\quad(5\text{-}14)$$

总结起来，为了保证多连体中应力和位移的单值性，复变函数 $\varphi_1(z)$及 $\psi_1(z)$必须如公式(5-14)所示，其中 $\varphi_{1*}(z)$ 及 $\psi_{1*}(z)$是在该多连体中为单值的解析函数。

§ 5-6 无限大多连体的情形

在前一节所讨论的多连体中，图 5-2，命外边界 s_{m+1} 趋于无限远，则该多连体成为无限大的多连体(例如带孔洞的无限大薄板)。这时，我们还必须考察函数 $\varphi_1(z)$及 $\psi_1(z)$在无限远处的性质。

以坐标原点为圆心，作半径为R的大圆周 s_R， 将所有的内边界 s_1 到 s_m 包围在其内，则对于 s_R 之外、弹性体之内的任意一点 z 显然有$|z|>|z_k|$，于是可将 $\ln(z-z_k)$展开如下：

$$\begin{aligned}\ln(z-z_k)&=\ln z+\ln\left(1-\frac{z_k}{z}\right)\\ &=\ln z-\frac{z_k}{z}-\frac{1}{2}\left(\frac{z_k}{z}\right)^2-\frac{1}{3}\left(\frac{z_k}{z}\right)^3-\cdots\end{aligned}$$

$$=\ln z+\text{在 } s_R \text{ 之外为解析的复变函数。}$$

这样，公式(5-14)就可以写成

$$\left.\begin{aligned}\varphi_1(z)&=-\frac{1+\mu}{8\pi}(X+\mathrm{i}Y)\ln z+\varphi_{1**}(z),\\ \psi_1(z)&=\frac{3-\mu}{8\pi}(X-\mathrm{i}Y)\ln z+\psi_{1**}(z),\end{aligned}\right\}\tag{a}$$

其中$X=\sum\limits_{k=1}^{m}X_k$及$Y=\sum\limits_{k=1}^{m}Y_k$为$m$个边界上沿$x$及$y$方向的面力之和，$\varphi_{1**}(z)$及$\psi_{1**}(z)$是在$s_R$之外为解析的复变函数（但在无限远处可能是非解析的），它们可以在s_R之外展为罗朗级数：

$$\varphi_{1**}(z)=\sum_{-\infty}^{\infty}a_nz^n,\ \psi_{1**}(z)=\sum_{-\infty}^{\infty}b_nz^n。\tag{b}$$

应力分量的复变函数表示如公式(5-8)及(5-9)所示，即

$$\sigma_y+\sigma_x=2[\varphi_1'(z)+\overline{\varphi_1'(z)}],\tag{c}$$

$$\sigma_y-\sigma_x+2\,\mathrm{i}\,\tau_{xy}=2[\bar{z}\varphi_1''(z)+\psi_1'(z)]。\tag{d}$$

将(a)中的第一式代入式(c)，然后再将(b)中的第一式代入，得

$$\sigma_y+\sigma_x=2\left[-\frac{1+\mu}{8\pi}(X+\mathrm{i}Y)\frac{1}{z}-\frac{1+\mu}{8\pi}(X-\mathrm{i}Y)\frac{1}{\bar{z}}\right.$$
$$\left.+\sum_{-\infty}^{\infty}n(a_nz^{n-1}+\overline{a_nz^{n-1}})\right]。$$

在此式的右边，可能随$|z|$无限增大的项只是

$$\sum_{n=2}^{\infty}n(a_nz^{n-1}+\overline{a_nz^{n-1}})。$$

由此可以看出，在无限远处，即当$|z|\to\infty$时，为了应力不致成为无限大，就必须有

$$a_n=0。\ (n\geqslant 2)\tag{e}$$

假定条件(e)满足，根据式(d)，同样可以看出：当$|z|\to\infty$时，为了

应力不致成为无限大，还必须有

$$b_n=0。(n\geqslant 2) \tag{f}$$

于是，在应力保持为有限大的条件下，复变函数 $\varphi_1(z)$ 及 $\psi_1(z)$ 可以写成为

$$\left.\begin{aligned}\varphi_1(z)&=-\frac{1+\mu}{8\pi}(X+\mathrm{i}Y)\ln z+(B+\mathrm{i}C)z+\varphi_1^0(z),\\ \psi_1(z)&=\frac{3-\mu}{8\pi}(X-\mathrm{i}Y)\ln z+(B'+\mathrm{i}C')z+\psi_1^0(z),\end{aligned}\right\} \tag{g}$$

其中的 B、C、B'、C' 为实常数。在 s_R 之外，包括在无限远处，函数 $\varphi_1^0(z)$ 及 $\psi_1^0(z)$ 是解析函数，因此，它们可以展为如下的形式（以下将 a_{-1} 改写为 a_1，b_{-1} 改写为 b_1，等等）：

$$\varphi_1^0(z)=a_0+\frac{a_1}{z}+\frac{a_2}{z^2}+\cdots,\quad \psi_1^0(z)=b_0+\frac{b_1}{z}+\frac{b_2}{z^2}+\cdots。$$

根据§5-3中所述，在不改变应力状态的条件下，可以取

$$C=0,\ a_0=0,\ b_0=0。$$

于是式(g)可以简写为

$$\left.\begin{aligned}\varphi_1(z)&=-\frac{1+\mu}{8\pi}(X+\mathrm{i}Y)\ln z+Bz+\varphi_1^0(z),\\ \psi_1(z)&=\frac{3-\mu}{8\pi}(X-\mathrm{i}Y)\ln z+(B'+\mathrm{i}C')z+\psi_1^0(z),\end{aligned}\right\} \tag{5-15}$$

其中

$$\left.\begin{aligned}\varphi_1^0(z)&=\frac{a_1}{z}+\frac{a_2}{z^2}+\cdots,\\ \psi_1^0(z)&=\frac{b_1}{z}+\frac{b_2}{z^2}+\cdots。\end{aligned}\right\} \tag{5-16}$$

公式(5-15)中的常数 B 和 $B'+\mathrm{i}C'$ 有其力学意义，说明如下。试由该公式求出 $\varphi_1'(z)$、$z\varphi_1''(z)$ 和 $\psi_1'(z)$，然后命 $z\to\infty$，可见有

$$\lim\varphi_1'(z)=\lim\overline{\varphi_1'(z)}=B,$$

$$\lim\bar{z}\varphi_1''(z)=0,\ \lim\psi_1'(z)=B'+\mathrm{i}C''。$$

于是由式(c)及式(d)可见，在无限远处，有

$$\sigma_y+\sigma_x=4B,\quad \sigma_y-\sigma_x+2\mathrm{i}\tau_{xy}=2(B'+\mathrm{i}C')。\tag{h}$$

设 σ_1 及 σ_2 为弹性体中的在无限远处的主应力，而 α 为主应力 σ_1 与 x 轴之间的夹角，则可应用坐标变换式(4-8)而命 $\theta=\alpha,\tau_{r\theta}=0,\sigma_r=\sigma_1,\sigma_\theta=\sigma_2$，得到

$$\sigma_x=\frac{\sigma_1+\sigma_2}{2}+\frac{\sigma_1-\sigma_2}{2}\cos 2\alpha,$$

$$\sigma_y=\frac{\sigma_1+\sigma_2}{2}-\frac{\sigma_1-\sigma_2}{2}\cos 2\alpha,$$

$$\tau_{xy}=\frac{\sigma_1-\sigma_2}{2}\sin 2\alpha。$$

由此得出

$$\sigma_y+\sigma_x=\sigma_1+\sigma_2,$$

$$\begin{aligned}\sigma_y-\sigma_x+2\mathrm{i}\tau_{xy}&=-(\sigma_1-\sigma_2)\cos 2\alpha+\mathrm{i}(\sigma_1-\sigma_2)\sin 2\alpha\\&=-(\sigma_1-\sigma_2)(\cos 2\alpha-\mathrm{i}\sin 2\alpha)\\&=-(\sigma_1-\sigma_2)\mathrm{e}^{-2\mathrm{i}\alpha}。\end{aligned}$$

与式(h)对比，得到

$$B=\frac{1}{4}(\sigma_1+\sigma_2),\quad B'+\mathrm{i}C'=-\frac{1}{2}(\sigma_1-\sigma_2)\mathrm{e}^{-2\mathrm{i}\alpha}。\tag{5-17}$$

可见，常数 B 与弹性体中无限远处的两个主应力之和成正比，常数 $B'+\mathrm{i}C'$ 与弹性体中无限远处的两个主应力之差（或最大剪应力）成正比。

§ 5-7 保角变换与曲线坐标

为了便于根据各复变函数在弹性体边界上的已知条件来决定这些函数，我们采用保角变换

$$z=\omega(\zeta),$$

把弹性体在 z 平面上（即 xy 面上）所占的区域变换为 ζ 平面上的区域。这样，在 ζ 平面上命

$$\zeta=\rho(\cos\theta+\mathrm{i}\sin\theta)=\rho\mathrm{e}^{\mathrm{i}\theta},\tag{5-18}$$

则 ρ 和 θ 也就是 ζ 点的极坐标（不是 z 点的极坐标）。ζ 平面上的一个圆周 $\rho=\text{const}$ 和一根径向线 $\theta=\text{const}$ 分别对应于 z 平面上的一根曲线。这两根曲线也就可以用

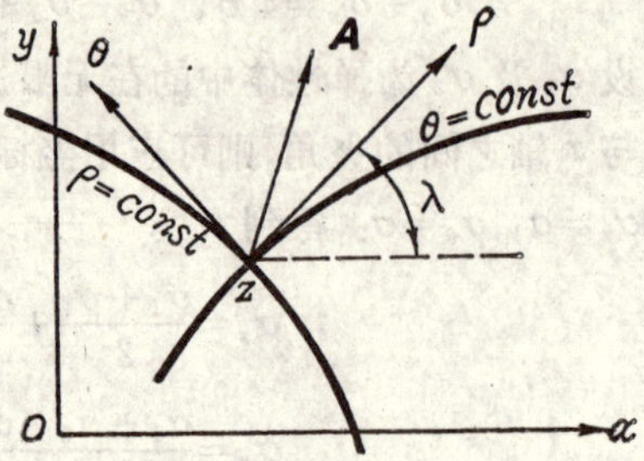

图 5-3

$\rho=\text{const}$ 和 $\theta=\text{const}$ 来表示，图 5-3。于是，ρ 和 θ 可以看作是 z 平面上一点的曲线坐标。由于变换的保角性，这个曲线坐标总是正交曲线坐标，而且坐标轴 ρ 和 θ 的相对方向与坐标轴 x 和 y 的相对方向相同。

现在，设 z 平面上有一个矢量 $\boldsymbol{A}$，它的起点在 $z=\omega(\zeta)=\omega(\rho\mathrm{e}^{\mathrm{i}\theta})$。用 A_x 及 A_y 分别代表这矢量在 x 及 y 轴上的投影，用 A_ρ 及 A_θ 分别代表它在 ρ 及 θ 轴上的投影。设 ρ 轴与 x 轴成角 λ，则由几何关系有

$$A_x=A_\rho\cos\lambda-A_\theta\sin\lambda,\quad A_y=A_\rho\sin\lambda+A_\theta\cos\lambda。$$

于是可得

$$\begin{aligned}A_x+\mathrm{i}A_y&=(A_\rho\cos\lambda-A_\theta\sin\lambda)+\mathrm{i}(A_\rho\sin\lambda+A_\theta\cos\lambda)\\&=A_\rho(\cos\lambda+\mathrm{i}\sin\lambda)+\mathrm{i}A_\theta(\cos\lambda+\mathrm{i}\sin\lambda)\\&=(A_\rho+\mathrm{i}A_\theta)(\cos\lambda+\mathrm{i}\sin\lambda)\\&=(A_\rho+\mathrm{i}A_\theta)\mathrm{e}^{\mathrm{i}\lambda},\end{aligned}$$

从而有

$$A_\rho+\mathrm{i}A_\theta=(A_x+\mathrm{i}A_y)\mathrm{e}^{-\mathrm{i}\lambda}。\tag{a}$$

为了计算 $\mathrm{e}^{-\mathrm{i}\lambda}$，假想沿 ρ 轴方向给 z 点以位移 dz，因而对应点 ζ 沿径线方向得到位移 $d\zeta$，于是有

$$dz=|dz|(\cos\lambda+\mathrm{i}\sin\lambda)=\mathrm{e}^{\mathrm{i}\lambda}|dz|,$$

$$d\zeta=|d\zeta|(\cos\theta+\mathrm{i}\sin\theta)=\mathrm{e}^{\mathrm{i}\theta}|d\zeta|。$$

可见

$$e^{i\lambda}=\frac{dz}{|dz|}=\frac{\omega'(\zeta)d\zeta}{|\omega'(\zeta)|\cdot|d\zeta|}=e^{i\theta}\frac{\omega'(\zeta)}{|\omega'(\zeta)|}$$

$$=\frac{\zeta}{\rho}\frac{\omega'(\zeta)}{|\omega'(\zeta)|}。\tag{b}$$

取上式两端的共轭复数,即得

$$e^{-i\lambda}=\frac{\bar{\zeta}}{\rho}\frac{\overline{\omega'(\zeta)}}{|\omega'(\zeta)|}。$$

于是式(a)可以改写为

$$A_\rho+iA_\theta=\frac{\bar{\zeta}}{\rho}\frac{\overline{\omega'(\zeta)}}{|\omega'(\zeta)|}(A_x+iA_y)。\tag{c}$$

现在来对一些重要公式进行变换,把其中 z 的函数 变 换为 ζ 的函数。为此,引用记号

$$\left.\begin{aligned}\varphi(\zeta)&=\varphi_1(z)=\varphi_1[\omega(\zeta)],\\ \psi(\zeta)&=\psi_1(z)=\psi_1[\omega(\zeta)],\end{aligned}\right\}\tag{5-19}$$

$$\left.\begin{aligned}\Phi(\zeta)&=\varphi'_1(z)=\varphi'(\zeta)/\omega'(\zeta),\\ \Psi(\zeta)&=\psi'_1(z)=\psi'(\zeta)/\omega'(\zeta),\\ \Phi'(\zeta)&=\varphi_1''(z)\cdot\omega'(\zeta)。\end{aligned}\right\}\tag{5-20}$$

这样,关于位移矢量的公式(5-10)就变换为

$$\frac{E}{1+\mu}(u+iv)=\frac{3-\mu}{1+\mu}\varphi(\zeta)-\frac{\omega(\zeta)}{\overline{\omega'(\zeta)}}\overline{\varphi'(\zeta)}-\overline{\psi(\zeta)}。\tag{5-21}$$

命位移矢量在ρ轴及θ轴上的投影分别为 u_ρ 及 u_θ,则 按照式(c)有

$$u_\rho+iu_\theta=\frac{\bar{\zeta}}{\rho}\frac{\overline{\omega'(\zeta)}}{|\omega'(\zeta)|}(u+iv),\tag{d}$$

所以(5-21)所示的位移公式又可以变换为

$$\begin{aligned}\frac{E}{1+\mu}(u_\rho+iu_\theta)=\frac{\bar{\zeta}}{\rho}\frac{\overline{\omega'(\zeta)}}{|\omega'(\zeta)|}\Big[&\frac{3-\mu}{1+\mu}\varphi(\zeta)\\ &-\frac{\omega(\zeta)}{\overline{\omega'(\zeta)}}\overline{\varphi'(\zeta)}-\overline{\psi(\zeta)}\Big]。\end{aligned}\tag{5-22}$$

这是曲线坐标中位移分量的复变函数表示。

现在来变换应力公式。命 σ_ρ、σ_θ、$\tau_{\rho\theta}$ 为弹性体 在曲线坐标 ρ 和 θ 中的(一般并不是极坐标中的)应力分量。利用变换式(4-9)，将其中 r 改为 ρ，θ 改为 λ，即得

$$\sigma_\rho=\frac{\sigma_x+\sigma_y}{2}+\frac{\sigma_x-\sigma_y}{2}\cos 2\lambda+\tau_{xy}\sin 2\lambda,$$

$$\sigma_\theta=\frac{\sigma_x+\sigma_y}{2}-\frac{\sigma_x-\sigma_y}{2}\cos 2\lambda-\tau_{xy}\sin 2\lambda,$$

$$\tau_{\rho\theta}=-\frac{\sigma_x-\sigma_y}{2}\sin 2\lambda+\tau_{xy}\cos 2\lambda,$$

从而得出

$$\sigma_\theta+\sigma_\rho=\sigma_y+\sigma_x,$$

$$\begin{aligned}\sigma_\theta-\sigma_\rho+2\mathrm{i}\tau_{\rho\theta}&=-(\sigma_x-\sigma_y)\cos 2\lambda-2\tau_{xy}\sin 2\lambda\\&\quad-\mathrm{i}(\sigma_x-\sigma_y)\sin 2\lambda+2\mathrm{i}\tau_{xy}\cos 2\lambda\\&=(\sigma_y-\sigma_x+2\mathrm{i}\tau_{xy})(\cos 2\lambda+\mathrm{i}\sin 2\lambda)\\&=(\sigma_y-\sigma_x+2\mathrm{i}\tau_{xy})\mathrm{e}^{2\mathrm{i}\lambda}。\end{aligned}$$

应用公式(5-8)及(5-9)，上式可以改写成为

$$\left.\begin{aligned}&\sigma_\theta+\sigma_\rho=2[\varphi'_1(z)+\overline{\varphi'_1(z)}]=4\,\mathrm{Re}\varphi'_1(z),\\&\sigma_\theta-\sigma_\rho+2\mathrm{i}\tau_{\rho\theta}=2[\bar{z}\varphi''_1(z)+\psi'_1(z)]\mathrm{e}^{2\mathrm{i}\lambda}。\end{aligned}\right\}\tag{e}$$

按照式(b)，

$$\begin{aligned}\mathrm{e}^{2\mathrm{i}\lambda}&=\frac{\zeta^2[\omega'(\zeta)]^2}{\rho^2|\omega'(\zeta)|^2}=\frac{\zeta^2}{\rho^2}\frac{[\omega'(\zeta)]^2}{\omega'(\zeta)\overline{\omega'(\zeta)}}\\&=\frac{\zeta^2}{\rho^2}\frac{\omega'(\zeta)}{\overline{\omega'(\zeta)}}。\end{aligned}\tag{f}$$

将式(f)代入式(e)，应用公式(5-20)，并注意 $\bar{z}=\overline{\omega(\zeta)}$，即得

$$\begin{aligned}&\sigma_\theta+\sigma_\rho=2[\Phi(\zeta)+\overline{\Phi(\zeta)}]=4\,\mathrm{Re}\Phi(\zeta),\\&\sigma_\theta-\sigma_\rho+2\mathrm{i}\tau_{\rho\theta}=\frac{2\zeta^2}{\rho^2\omega'(\zeta)}[\overline{\omega(\zeta)}\Phi'(\zeta)+\omega'(\zeta)\Psi(\zeta)]。\end{aligned}\tag{5-23}$$

这是曲线坐标中应力分量的复变函数表示。

§ 5-8 孔口问题

在各种平面问题中间，孔口问题最能显示复变函数解法的优越性。有些比较复杂的孔口问题，如果不用这种解法，几乎就无法求解。从本节开始，我们来讨论孔口问题的复变函数解法，但只以无限大弹性体的单孔口问题为限。

对上述问题进行保角变换时，最简单是把弹性体在 z 平面上所占的区域变换成为 ζ 平面上的所谓"中心单位圆"（它的圆心在坐标原点 $\zeta=0$，而半径等于 1）。变换函数的最普遍的形式是

$$z=\omega(\zeta)=R\left(\frac{1}{\zeta}+c_0+c_1\zeta+c_2\zeta^2+\cdots+c_n\zeta^n\right)$$

$$=R\left(\frac{1}{\zeta}+\sum_{k=0}^{n}c_k\zeta^k\right), \qquad (5\text{-}24)$$

其中 n 为正整数，R 为实数，c_k 一般为复数，而 $\sum\limits_{k=0}^{n}|c_k|<1$。在大多数的情况下，级数中只须取很少几项就足够精确。

现在来对表达式(5-15)进行变换。对于该式中的 $\ln z$，按照变换式(5-24)，可以写成

$$\ln z=\ln\left[\frac{R}{\zeta}(1+c_0\zeta+c_1\zeta^2+\cdots+c_n\zeta^{n+1})\right]$$

$$=-\ln\zeta+\ln R+\ln[1+(c_0\zeta+c_1\zeta^2+\cdots+c_n\zeta^{n+1})]。$$

在单位圆之内及圆周上，我们有 $|\zeta|\leqslant 1$。因为

$$|c_0|+|c_1|+|c_2|+\cdots+|c_n|<1,$$

所以

$$|c_0\zeta+c_1\zeta^2+\cdots+c_n\zeta^{n+1}|<1。$$

于是可以有展式

$$\ln[1+(c_0\zeta+c_1\zeta^2+\cdots+c_n\zeta^{n+1})]$$
$$=(c_0\zeta+c_1\zeta^2+\cdots)-\frac{1}{2}(c_0\zeta+c_1\zeta^2+\cdots)^2+\cdots,$$

从而有

$\ln z=-\ln\zeta+\zeta$ 的在圆内为单值的解析函数。

根据同样的理由，对于(5-15)式中 $\varphi_1^0(z)$ 及 $\psi_1^0(z)$ 的各项，例如 a_1/z 等等，可以有展式

$$\frac{a_1}{z}=\frac{a_1}{\frac{R}{\zeta}(1+c_0\zeta+c_1\zeta^2+\cdots)}=\frac{a_1\zeta}{R}(1-c_0\zeta-\cdots)$$

等等，从而可见，$\varphi_1^0(z)$ 及 $\psi_1^0(z)$ 的所有各项都是 ζ 的在圆内为单值的解析函数。将以上所得的结果代入表达式(5-15)，则该式可以写成

$$\varphi(\zeta)=\frac{1+\mu}{8\pi}(X+\mathrm{i}Y)\ln\zeta+B\omega(\zeta)+\varphi_0(\zeta), \tag{5-25}$$

$$\psi(\zeta)=-\frac{3-\mu}{8\pi}(X-\mathrm{i}Y)\ln\zeta+(B'+\mathrm{i}C')\omega(\zeta)+\psi_0(\zeta)。 \tag{5-26}$$

其中的

$$\varphi_0(\zeta)=\sum_{k=1}^{\infty}\alpha_k\zeta^k, \tag{5-27}$$

$$\psi_0(\zeta)=\sum_{k=1}^{\infty}\beta_k\zeta^k, \tag{5-28}$$

在中心单位圆之内是 ζ 的解析函数，并且在圆内及圆周上是连续的。式中的常数项已被删去，因为它们不影响应力。

现在来对边界条件进行变换（假定弹性体的全部边界都是应力边界）。在§ 5-4 中已经看到，函数 $\varphi_1(z)$ 和 $\psi_1(z)$ 在弹性体的边界上必须满足(5-12)，即

$$\left[\varphi_1(z)+z\overline{\varphi_1'(z)}+\overline{\psi_1(z)}\right]_s=\mathrm{i}\int(\overline{X}+\mathrm{i}\overline{Y})ds。$$

按照公式(5-19)及 (5-20) 对上式的左边进行变换，并注意 $z=\omega(\zeta)$，得到

$$\left[\varphi(\zeta)+\frac{\omega(\zeta)}{\overline{\omega'(\zeta)}}\overline{\varphi'(\zeta)}+\overline{\psi(\zeta)}\right]_s=\mathrm{i}\int(\overline{X}+\mathrm{i}\overline{Y})ds。\quad(a)$$

在边界上，$\rho=1$，因而 $\zeta=\rho e^{i\theta}=e^{i\theta}$。引用记号

$$\sigma=e^{i\theta},\quad(5\text{-}29)$$

则式(a)成为

$$\varphi(\sigma)+\frac{\omega(\sigma)}{\overline{\omega'(\sigma)}}\overline{\varphi'(\sigma)}+\overline{\psi(\sigma)}=\mathrm{i}\int(\overline{X}+\mathrm{i}\overline{Y})ds。\quad(b)$$

另一方面，取公式(5-25)及(5-26)的边界值，得

$$\varphi(\sigma)=\frac{1+\mu}{8\pi}(X+\mathrm{i}Y)\ln\sigma+B\omega(\sigma)+\varphi_0(\sigma),\quad(c)$$

$$\psi(\sigma)=-\frac{3-\mu}{8\pi}(X-\mathrm{i}Y)\ln\sigma+(B'+\mathrm{i}C')\omega(\sigma)$$
$$+\psi_0(\sigma)。\quad(d)$$

代入式(b)，并注意 $\overline{\sigma}=e^{-i\theta}=\dfrac{1}{\sigma}$，可见函数 $\varphi_0(\zeta)$ 和 $\psi_0(\zeta)$ 的边界条件可以写成

$$\varphi_0(\sigma)+\frac{\omega(\sigma)}{\overline{\omega'(\sigma)}}\overline{\varphi_0'(\sigma)}+\overline{\psi_0(\sigma)}=\mathrm{i}\int(\overline{X}+\mathrm{i}\overline{Y})ds$$
$$-\frac{X+\mathrm{i}Y}{2\pi}\ln\sigma-\frac{1+\mu}{8\pi}(X-\mathrm{i}Y)\frac{\omega(\sigma)}{\overline{\omega'(\sigma)}}\sigma$$
$$-2B\omega(\sigma)-(B'-\mathrm{i}C')\overline{\omega(\sigma)}。\quad(e)$$

Note: $\overline{\ln\sigma}=-\ln\sigma$ here

引用记号

$$f_0=\mathrm{i}\int(\overline{X}+\mathrm{i}\overline{Y})ds-\frac{X+\mathrm{i}Y}{2\pi}\ln\sigma-\frac{1+\mu}{8\pi}(X$$

$$-\mathrm{i}Y)\frac{\omega(\sigma)}{\omega'(\sigma)}\sigma-2B\omega(\sigma)-(B'-\mathrm{i}C')\overline{\omega(\sigma)}, \tag{5-30}$$

则式(e)所示的边界条件及其共轭式可以简写为

$$\varphi_0(\sigma)+\frac{\omega(\sigma)}{\overline{\omega'(\sigma)}}\overline{\varphi_0'(\sigma)}+\overline{\psi_0(\sigma)}=f_0, \tag{5-31}$$

$$\overline{\varphi_0(\sigma)}+\frac{\overline{\omega(\sigma)}}{\omega'(\sigma)}\varphi_0'(\sigma)+\psi_0(\sigma)=\overline{f}_0。 \tag{5-32}$$

当孔口不受面力时,$\overline{X}=\overline{Y}=0$, $X=Y=0$, 常数 B 和 $B'-\mathrm{i}C'$ 决定于距孔口很远处的应力主向和主应力，如公式(5-17)所示。当仅是孔口受有面力时,应力分布是局部性的,距孔口很远处的应力趋于零,即 $B=B'=C'=0$, 而 X 及 Y 决定于孔口上的已知面力分量 $\overline{X}$ 和 $\overline{Y}$。总之,f_0 是 σ 的已知函数。

为了把(5-31)及(5-32)两式转换为决定函数 $\varphi_0(\zeta)$及 $\psi_0(\zeta)$ 的条件,并为了以后的具体运算,可应用哥西积分公式。这里将介绍两种应用情况：(1)设函数 $F(\zeta)$在单位圆之内是解析的，而且在圆内及圆周上是连续的(该圆周就用 σ 表示),那么,对于圆内的任意一点 ζ 都将有

$$\frac{1}{2\pi\mathrm{i}}\int_\sigma\frac{F(\sigma)d\sigma}{\sigma-\zeta}=F(\zeta)。 \tag{5-33}$$

这就是通常应用于有限大区域的哥西积分公式。(2) 设函数 $F(\zeta)$ 在单位圆之外是解析的,而且在圆外及圆周上是连续的(该圆周就用 σ 表示),那么，对于圆内的任意一点则将有

$$\frac{1}{2\pi\mathrm{i}}\int_\sigma\frac{F(\sigma)d\sigma}{\sigma-\zeta}=F(\infty)。 \tag{5-34}$$

这是应用于无限大区域的哥西积分公式,它的推导见参考教材[3]的第四章。

现在，将公式(5-31)的两边乘以$\frac{1}{2\pi\mathrm{i}}\ \frac{d\sigma}{\sigma-\zeta}$, 并沿整个孔边进行积分，得

$$\frac{1}{2\pi i}\int_\sigma \frac{\varphi_0(\sigma)}{\sigma-\zeta}d\sigma+\frac{1}{2\pi i}\int_\sigma \frac{\omega(\sigma)}{\overline{\omega'(\sigma)}}\frac{\overline{\varphi_0'(\sigma)}}{\sigma-\zeta}d\sigma$$

$$+\frac{1}{2\pi i}\int_\sigma \frac{\overline{\psi_0(\sigma)}}{\sigma-\zeta}d\sigma=\frac{1}{2\pi i}\int_\sigma \frac{f_0}{\sigma-\zeta}d\sigma。 \qquad (f)$$

由公式(5-27)可见，函数 $\varphi_0(\zeta)$在中心单位圆之内是解析的，而且在圆内和圆周上是连续的，因此，按照公式(5-33)有

$$\frac{1}{2\pi i}\int_\sigma \frac{\varphi_0(\sigma)}{\sigma-\zeta}d\sigma=\varphi_0(\zeta)。 \qquad (g)$$

又由公式(5-28)可见

$$\overline{\psi_0(\sigma)}=\overline{\beta_1\sigma}+\overline{\beta_2\sigma^2}+\cdots=\frac{\overline{\beta}_1}{\sigma}+\frac{\overline{\beta}_2}{\sigma^2}+\cdots,$$

而

$$\frac{\overline{\beta}_1}{\zeta}+\frac{\overline{\beta}_2}{\zeta^2}+\cdots$$

在中心单位圆之外是解析的，而且在圆外和圆周上是连续的。因此，按照公式(5-34)有

$$\frac{1}{2\pi i}\int_\sigma \frac{\overline{\psi_0(\sigma)}}{\sigma-\zeta}d\sigma=\overline{\psi_0(\infty)}=0。 \qquad (h)$$

将式(g)和式(h)代入式(f)，得

$$\varphi_0(\zeta)+\frac{1}{2\pi i}\int_\sigma \frac{\omega(\sigma)}{\overline{\omega'(\sigma)}}\frac{\overline{\varphi_0'(\sigma)}}{\sigma-\zeta}d\sigma=\frac{1}{2\pi i}\int_\sigma \frac{f_0 d\sigma}{\sigma-\zeta}。 \qquad (5\text{-}35)$$

对公式(5-32)进行同样的处理，可以得到

$$\psi_0(\zeta)+\frac{1}{2\pi i}\int_\sigma \frac{\overline{\omega(\sigma)}}{\omega'(\sigma)}\frac{\varphi_0'(\sigma)}{\sigma-\zeta}d\sigma=\frac{1}{2\pi i}\int_\sigma \frac{\overline{f}_0 d\sigma}{\sigma-\zeta}。 \qquad (5\text{-}36)$$

对于任何形状的孔口，只要由复变函数的书籍中查得现成的变换式(5-24)，或者根据复变函数理论建立该变换式，就可以把那由该变换式得来的 $\omega(\sigma)$和公式(5-27)代入(5-35)式，应用哥西积分公式而得出函数 $\varphi_0(\zeta)$，然后代入(5-36)式，应用哥西积分公式而得出函数 $\psi_0(\zeta)$，再由公式(5-25)和(5-26)求出函数 $\varphi(\zeta)$ 和

$\psi(\zeta)$。将求得的函数 $\varphi(\zeta)$ 和 $\psi(\zeta)$ 代入 (5-20)，即可求得函数 $\Phi(\zeta)$ 和 $\Psi(\zeta)$，从而由公式 (5-23) 求得曲线坐标中的应力分量。

用上述方法求解孔口问题，虽然运算工作可能比较繁复，但有一定的步骤可以遵循，不会遇到原则性的困难。这个方法归功于数学家兼力学家木斯海立什维立。自从这个方法建立以后，很多复杂的孔口问题得到了解答。

§ 5-9 椭圆孔口

设有薄板或长柱，在距离边界较远处有椭圆形孔口，它的长轴和短轴分别为 $2a$ 和 $2b$，图 5-4 a，试考察该薄板或长柱在各种受力情况下孔口附近的应力分布。

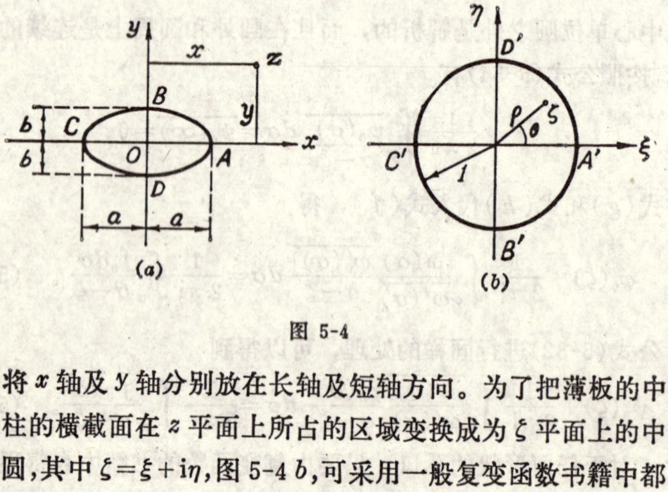

图 5-4

将 x 轴及 y 轴分别放在长轴及短轴方向。为了把薄板的中面或长柱的横截面在 z 平面上所占的区域变换成为 ζ 平面上的中心单位圆，其中 $\zeta=\xi+\mathrm{i}\eta$，图 5-4 b，可采用一般复变函数书籍中都给出的变换式

$$z=\omega(\zeta)=R\left(\frac{1}{\zeta}+m\zeta\right), \tag{a}$$

其中 R 和 m 都是实数，决定于 a 和 b。

$$R=\frac{a+b}{2},\qquad m=\frac{a-b}{a+b}。\tag{b}$$

以 $z=x+\mathrm{i}y$ 及 $\zeta=\rho e^{i\theta}=\rho(\cos\theta+\mathrm{i}\sin\theta)$ 代入式 (a) 的左右两端，然后分开实部和虚部，得

$$x=R\left(\frac{1}{\rho}+m\rho\right)\cos\theta,\qquad y=-R\left(\frac{1}{\rho}-m\rho\right)\sin\theta。$$

依次消去 θ 和 ρ，得

$$\frac{x^2}{R^2\left(\frac{1}{\rho}+m\rho\right)^2}+\frac{y^2}{R^2\left(\frac{1}{\rho}-m\rho\right)^2}=1,$$

$$\frac{x^2}{4R^2m\cos^2\theta}-\frac{y^2}{4R^2m\sin^2\theta}=1。$$

可见，ζ 平面上的圆周 $\rho=\text{const}$ 对应于 z 平面上的中心椭圆，它的半轴是 $R\left(\frac{1}{\rho}+m\rho\right)$ 和 $R\left(\frac{1}{\rho}-m\rho\right)$；$\zeta$ 平面上的径向线 $\theta=\text{const}$ 对应于 z 平面上的中心双曲线，它和 x 轴的交点的横坐标是 $2R\sqrt{m}\cos\theta$。这一族椭圆和一族双曲线就是 z 平面上的坐标曲线。特别指出：ζ 平面上的 $\rho=1$ 的圆周所对应的 z 平面上的椭圆，它的半轴是 $R(1+m)$ 和 $R(1-m)$，也就是 a 和 b。可见，这个椭圆就是孔口曲线。

注意：在 ζ 平面上，θ 是以反时针转向为正，而在 z 平面上，θ 则以顺时针转向为正。因此，图 5-6 b 中的 A'、B'、C'、D' 四点分别对应于 5-6 a 中的 A、B、C、D 四点。还须注意：坐标原点 $\zeta=0$ 对应于弹性体中距孔口无限远处的各点。

根据式(a)，可以导出下列各式：

$$\left.\begin{aligned}&\omega(\sigma)=R\left(\frac{1}{\sigma}+m\sigma\right),\quad \overline{\omega(\sigma)}=R\left(\sigma+\frac{m}{\sigma}\right),\\&\omega'(\sigma)=R\left(m-\frac{1}{\sigma^2}\right),\quad \overline{\omega'(\sigma)}=R(m-\sigma^2),\end{aligned}\right\}\tag{c}$$

$$\frac{\omega(\sigma)}{\overline{\omega'(\sigma)}}=-\frac{1}{\sigma}\frac{m\sigma^2+1}{\sigma^2-m},\quad \frac{\overline{\omega(\sigma)}}{\omega'(\sigma)}=\sigma\frac{\sigma^2+m}{m\sigma^2-1}。$$

于是，决定函数 $\varphi_0(\zeta)$ 的公式(5-35)成为

$$\varphi_0(\zeta)+\frac{1}{2\pi i}\int_\sigma\left(-\frac{1}{\sigma}\frac{m\sigma^2+1}{\sigma^2-m}\right)\frac{\overline{\varphi_0'(\sigma)}}{\sigma-\zeta}d\sigma=\frac{1}{2\pi i}\int_\sigma\frac{f_0d\sigma}{\sigma-\zeta}。$$

将由公式(5-27)求出的 $\overline{\varphi_0'(\sigma)}$ 代入，得

$$\varphi_0(\zeta)+\frac{1}{2\pi i}\int_\sigma\left(-\frac{1}{\sigma}\frac{m\sigma^2+1}{\sigma^2-m}\right)\left(\bar{\alpha}_1+2\frac{\bar{\alpha}_2}{\sigma}+3\frac{\bar{\alpha}_3}{\sigma^2}+\cdots\right)\frac{d\sigma}{\sigma-\zeta}$$
$$=\frac{1}{2\pi i}\int_\sigma\frac{f_0d\sigma}{\sigma-\zeta}。$$

因为函数

$$\left(-\frac{1}{\zeta}\frac{m\zeta^2+1}{\zeta^2-m}\right)\left(\bar{\alpha}_1+2\frac{\bar{\alpha}_2}{\zeta}+3\frac{\bar{\alpha}_3}{\zeta^2}+\cdots\right)$$

在单位圆之外($|\zeta|>1$)是解析的，而且在圆外和圆周上是连续的，所以，按照公式(5-34)，上式左边的积分式等于零。于是得

$$\varphi_0(\zeta)=\frac{1}{2\pi i}\int_\sigma\frac{f_0d\sigma}{\sigma-\zeta}。\qquad (d)$$

决定函数 $\psi_0(\zeta)$ 的公式(5-36)则成为

$$\psi_0(\zeta)+\frac{1}{2\pi i}\int_\sigma\sigma\frac{\sigma^2+m}{m\sigma^2-1}\frac{\varphi_0'(\sigma)}{\sigma-\zeta}d\sigma=\frac{1}{2\pi i}\int_\sigma\frac{\bar{f}_0d\sigma}{\sigma-\zeta}。\qquad (e)$$

因为函数

$$\zeta\frac{\zeta^2+m}{m\zeta^2-1}\varphi_0'(\zeta)=\zeta\frac{\zeta^2+m}{m\zeta^2-1}(\alpha_1+2\alpha_2\zeta+3\alpha_3\zeta^2+\cdots)$$

在单位圆之内($|\zeta|<1$)是解析的，而且在圆内和圆周上是连续的，所以，按照公式(5-33)，式(e)成为

$$\psi_0(\zeta)=\frac{1}{2\pi i}\int_\sigma\frac{\bar{f}_0d\sigma}{\sigma-\zeta}-\zeta\frac{\zeta^2+m}{m\zeta^2-1}\varphi_0'(\zeta)。\qquad (f)$$

作为例题，设薄板或长柱在与 x 轴成 α 角的方向受有均匀拉应力 q，而孔边不受面力，图 5-5。这时有

$$\sigma_1=q,\quad \sigma_2=0,\quad \bar{X}=\bar{Y}=0,\quad X=Y=0,\qquad (g)$$

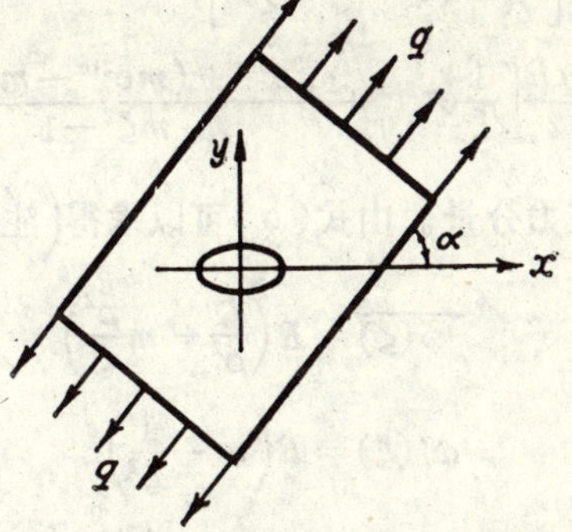

图 5-5

并按公式(5-17)有

$$\left.\begin{aligned} &B=\frac{1}{4}(\sigma_1+\sigma_2)=\frac{q}{4},\\ &B'+\mathrm{i}C'=-\frac{1}{2}(\sigma_1-\sigma_2)\mathrm{e}^{-2\mathrm{i}\alpha}=-\frac{q}{2}\mathrm{e}^{-2\mathrm{i}\alpha},\\ &B'-\mathrm{i}C'=-\frac{q}{2}\mathrm{e}^{2\mathrm{i}\alpha}。\end{aligned}\right\} \qquad (h)$$

于是由公式(5-30)得

$$\begin{aligned} f_0&=-2B\omega(\sigma)-(B'-\mathrm{i}C')\overline{\omega(\sigma)}\\ &=-\frac{qR}{2}\left(\frac{1}{\sigma}+m\sigma\right)+\frac{qR}{2}\left(\sigma+\frac{m}{\sigma}\right)\mathrm{e}^{2\mathrm{i}\alpha} \end{aligned} \qquad (i)$$

代入式(d),并利用公式(5-33)和(5-34),得

$$\varphi_0(\zeta)=\frac{qR}{2}(\mathrm{e}^{2\mathrm{i}\alpha}-m)\zeta。 \qquad (j)$$

将式(i)和式(j)代入式(f),经过与上相似的运算,可得

$$\psi_0(\zeta)=-\frac{qR}{2}\left[(1-m\mathrm{e}^{-2\mathrm{i}\alpha})\zeta+(m-\mathrm{e}^{2\mathrm{i}\alpha})\frac{m+\zeta^2}{1-m\zeta^2}\zeta\right], \qquad (k)$$

再将式(j)及式(k)分别代入公式(5-25)及(5-26),并注意式(g)及式(h),简化以后,得

$$\left.\begin{aligned}\varphi(\zeta)&=\frac{qR}{4}\left[\frac{1}{\zeta}+(2\mathrm{e}^{2i\alpha}-m)\zeta\right],\\ \psi(\zeta)&=-\frac{qR}{2}\left[\frac{1}{\zeta}\mathrm{e}^{-2i\alpha}+\frac{\zeta^3\mathrm{e}^{2i\alpha}+(m\mathrm{e}^{2i\alpha}-m^2-1)\zeta}{m\zeta^2-1}\right]。\end{aligned}\right\}\quad(l)$$

现在来求应力分量。由式(a)可以求得$\left(注意\ \bar{\zeta}=\dfrac{\rho^2}{\zeta}\right)$：

$$\overline{\omega(\zeta)}=R\left(\frac{\zeta}{\rho^2}+m\frac{\rho^2}{\zeta}\right),$$

$$\omega'(\zeta)=R\left(m-\frac{1}{\zeta^2}\right),$$

$$\overline{\omega'(\zeta)}=R\left(m-\frac{\zeta^2}{\rho^4}\right)。$$

由式(l)可以求得：

$$\varphi'(\zeta)=\frac{qR}{4}\left[(2\mathrm{e}^{2i\alpha}-m)-\frac{1}{\zeta^2}\right],$$

$$\psi'(\zeta)=-\frac{qR}{2}\left[-\frac{\mathrm{e}^{-2i\alpha}}{\zeta^2}+\frac{3\mathrm{e}^{2i\alpha}\zeta^2+(m\mathrm{e}^{2i\alpha}-m^2-1)}{m\zeta^2-1}\right.$$
$$\left.-\frac{\zeta^3\mathrm{e}^{2i\alpha}+(m\mathrm{e}^{2i\alpha}-m^2-1)\zeta}{(m\zeta^2-1)^2}2m\zeta\right]。$$

于是可以根据公式(5-20)求得

$$\Phi(\zeta)=\frac{\varphi'(\zeta)}{\omega'(\zeta)}=\frac{q}{4}\,\frac{(2\mathrm{e}^{2i\alpha}-m)\zeta^2-1}{m\zeta^2-1},$$

$$\Psi(\zeta)=\frac{\psi'(\zeta)}{\omega'(\zeta)}=-\frac{q}{2}\left[-\frac{\mathrm{e}^{-2i\alpha}}{m\zeta^2-1}+\frac{3\mathrm{e}^{2i\alpha}\zeta^2+(m\mathrm{e}^{2i\alpha}-m^2-1)}{(m\zeta^2-1)^2}\zeta^2\right.$$
$$\left.-\frac{\zeta^3\mathrm{e}^{2i\alpha}+(m\mathrm{e}^{2i\alpha}-m^2-1)\zeta}{(m\zeta^2-1)^3}2m\zeta\cdot\zeta^2\right],$$

并从而求得

$$\Phi'(\zeta)=\frac{q}{4}\left[\frac{(2\mathrm{e}^{2i\alpha}-m)2\zeta}{m\zeta^2-1}-\frac{(2\mathrm{e}^{2i\alpha}-m)\zeta^2-1}{(m\zeta^2-1)^2}2m\zeta\right]。$$

将以上各式代入公式(5-23)，简化以后，得应力分量的复变数表达式：

$$
\left.\begin{aligned}
&\sigma_\rho+\sigma_\theta=q\mathrm{Re}\frac{(2\mathrm{e}^{2\mathrm{i}\alpha}-m)\zeta^2-1}{m\zeta^2-1},\\
&\sigma_\theta-\sigma_\rho+2\mathrm{i}\tau_{\rho\theta}=\frac{q(m\rho^4+\zeta^2)\zeta^2}{\rho^4\left(m-\frac{\zeta^2}{\rho^4}\right)(m\zeta^2-1)}\left[2\mathrm{e}^{2\mathrm{i}\alpha}-m\right.\\
&\qquad\left.+m\frac{1+m\zeta^2-2\mathrm{e}^{2\mathrm{i}\alpha}\zeta^2}{m\zeta^2-1}\right]+\frac{q}{\rho^2\left(m-\frac{\zeta^2}{\rho^4}\right)}\left[\mathrm{e}^{-2\mathrm{i}\alpha}\right.\\
&\qquad-\frac{3\mathrm{e}^{2\mathrm{i}\alpha}\zeta^2+m\mathrm{e}^{2\mathrm{i}\alpha}-m^2-1}{m\zeta^2-1}\zeta^2\\
&\qquad\left.+\frac{\mathrm{e}^{2\mathrm{i}\alpha}\zeta^2+m\mathrm{e}^{2\mathrm{i}\alpha}-m^2-1}{(m\zeta^2-1)^2}2m\zeta^4\right]。
\end{aligned}\right\}\qquad(m)
$$

将 $\zeta=\rho(\cos\theta+\mathrm{i}\sin\theta)$ 代入上列二式，分开实部和虚部后，即可得出σ_ρ、σ_θ和 $\tau_{\rho\theta}$的表达式。具体的运算可参考文献[1]。

孔边应力是最重要的应力。在孔边，$\sigma_\rho=0$，$\zeta=\sigma$，故由(m)中的第一式得

$$
\begin{aligned}
\sigma_\theta&=q\mathrm{Re}\frac{(2\mathrm{e}^{2\mathrm{i}\alpha}-m)\sigma^2-1}{m\sigma^2-1}\\
&=q\mathrm{Re}\frac{[2(\cos2\alpha+\mathrm{i}\sin2\alpha)-m](\cos2\theta+\mathrm{i}\sin2\theta)-1}{m(\cos2\theta+\mathrm{i}\sin2\theta)-1}\\
&=q\frac{1-m^2+2m\cos2\alpha-2\cos2(\theta+\alpha)}{1+m^2-2m\cos2\theta}。\qquad(n)
\end{aligned}
$$

当 $\alpha=0$ 时(拉力 q 平行于 x 轴)，由式(n)得出孔边应力为

$$
\sigma_\theta=q\frac{1-m^2+2m-2\cos2\theta}{1+m^2-2m\cos2\theta}。
$$

最大正应力是

$$
\sigma_{\max}=(\sigma_\theta)_{\theta=\pm\frac{\pi}{2}}=q\frac{3+2m-m^2}{1+2m+m^2}=q\frac{3-m}{1+m}
$$

$$
=q\frac{3-\dfrac{a-b}{a+b}}{1+\dfrac{a-b}{a+b}}=q\left(1+\frac{2b}{a}\right),
$$

最小正应力是

$$\sigma_{\min}=(\sigma_{\theta})_{\theta=0,\pi}=q\frac{-m^2+2m-1}{1+m^2-2m}=-q。$$

当 $\alpha=\frac{\pi}{2}$ 时(拉力 q 平行于 y 轴),孔边应力为

$$\sigma_{\theta}=q\frac{1-m^2-2m+2\cos2\theta}{1+m^2-2m\cos2\theta}。$$

最大正应力是

$$\sigma_{\max}=(\sigma_{\theta})_{\theta=0,\pi}=q\frac{3-2m-m^2}{1-2m+m^2}=q\left(2\frac{a}{b}+1\right),$$

最小正应力是

$$\sigma_{\min}=(\sigma_{\theta})_{\theta=\pm\frac{\pi}{2}}=q\frac{-1-2m-m^2}{1+2m+m^2}=-q。$$

作为另一个例题,设孔边受有均匀压力,集度为 q,图 5-6。这时,面力分量为

$$\overline{X}=-q\cos(N,x)=-lq,$$

$$\overline{Y}=-q\cos(N,y)=-mq,$$

因而面力矢量为

$$\overline{X}+\mathrm{i}\overline{Y}=-q(l+\mathrm{i}m)。$$

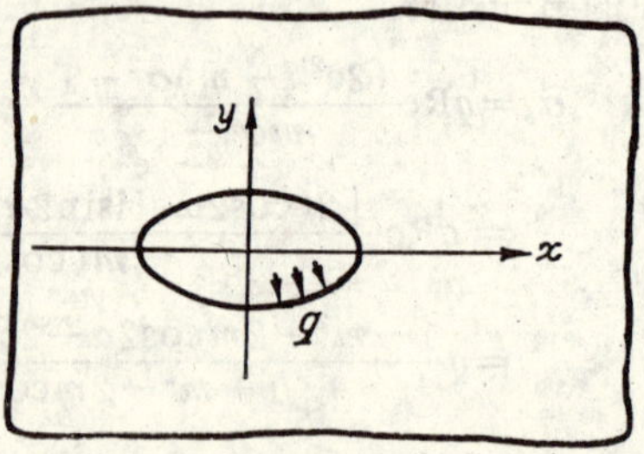

图 5-6

于是得

$$(\overline{X}+\mathrm{i}\overline{Y})ds=-q(lds+\mathrm{i}mds)=-q(dy-\mathrm{i}dx)$$
$$=\mathrm{i}q(dx+\mathrm{i}dy)=\mathrm{i}qdz。$$

注意: $X=Y=0$(面力为平衡力系),而且 $B=0, B'-\mathrm{i}C'=0$。因此,公式(5-30)所示的 f_0 成为

$$f_0=\mathrm{i}\int(\overline{X}+\mathrm{i}\overline{Y})ds=-q\int dz=-qz$$

$$=-qR\left(\frac{1}{\xi}+m\xi\right)。$$

因为在边界上有$\xi=\sigma$，所以上式成为

$$f_0=-qR\left(\frac{1}{\sigma}+m\sigma\right)。$$

进行与上相似的运算，可以得出

$$\varphi_0(\xi)=\varphi(\xi)=-qRm\xi,$$

$$\psi_0(\xi)=\psi(\xi)=-qR(1+m^2)\frac{\xi}{1-m\xi^2},$$

从而得出孔边应力的表达式

$$\sigma_\theta=q\frac{1-3m^2+2m\cos2\theta}{1+m^2-2m\cos2\theta},\sigma_\rho=-q。$$

最大与最小的正应力为：

$$\sigma_{\max}=(\sigma_\theta)_{\theta=0,\pi}=q\frac{1+3m}{1-m}=q\left(2\frac{a}{b}-1\right),$$

$$\sigma_{\min}=\sigma_\rho=-q。$$

本节中的普遍解答，是木斯海立什维立在1919年发表的。在稍前和稍后，英格立斯、普厄希尔、柯洛索夫等人曾发表过一些特殊情况下的解答。

§ 5-10 裂隙附近的应力集中

对于图5-4 a 所示的椭圆形孔口，如果命b趋于零，则该孔口退化成为 x 方向的、长度为$2a$ 的裂隙(即贯穿的裂缝)，如图 5-7 中的AB所示。在这种情况下，§5-9中的式(b)及式(a) 分别简化为

$$R=\frac{a}{2},\quad m=1, \tag{a}$$

$$z=\frac{a}{2}\left(\frac{1}{\xi}+\xi\right)。 \tag{b}$$

当具有这种裂隙的薄板或长柱受到单向的均匀拉力 q 时，图5-7，为了得出函数$\varphi(\xi)$及$\psi(\xi)$，只须将式(a)代入§5-9中的式(l)，

这样就得到

$$\left.\begin{aligned}\varphi(\zeta)&=\frac{qa}{8}\left[\frac{1}{\zeta}+(2e^{2i\alpha}-1)\zeta\right],\\ \psi(\zeta)&=-\frac{qa}{4}\left[\frac{1}{\zeta}e^{-2i\alpha}+\frac{\zeta^3e^{2i\alpha}+(e^{2i\alpha}-2)\zeta}{\zeta^2-1}\right]。\end{aligned}\right\}\quad(c)$$

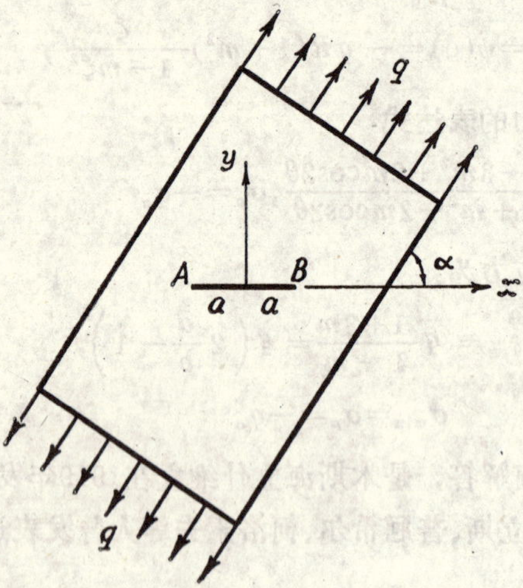

图 5-7

当拉力 q 垂直于裂隙时，图5-8，$\alpha=\frac{\pi}{2}$，我们有

$$e^{2i\alpha}=e^{-2i\alpha}=e^{\pm\pi i}=-1。$$

于是式(c)简化为

$$\left.\begin{aligned}\varphi(\zeta)&=\frac{qa}{8}\left(\frac{1}{\zeta}-3\zeta\right),\\ \psi(\zeta)&=\frac{qa}{4}\left(\frac{1}{\zeta}-\frac{\zeta^3+3\zeta}{1-\zeta^2}\right)。\end{aligned}\right\}\quad(d)$$

为了便于求得直角坐标中的应力分量σ_x、σ_y、τ_{xy}，宜将式(d)中的ζ用 z 来表示。因此，由式(b)解出ζ，得

$$\zeta=\frac{z}{a}\pm\sqrt{\frac{z^2}{a^2}-1}\ 。$$

注意，z 平面上距孔口或裂隙无限远处的那些点，是和ζ平面上单位圆的圆心相对应的。这就是说，当$|z|$趋于无限大时，$|\zeta|$应当趋于零。因此，在上式中应取负号而不应取正号。于是得

$$\zeta=\frac{z}{a}-\sqrt{\frac{z^2}{a^2}-1}。\tag{e}$$

代入式(d)，并应用公式(5-19)，得到

$$\left.\begin{aligned}\varphi_1(z)&=\varphi(\zeta)=\frac{q}{4}\left(2\sqrt{z^2-a^2}-z\right),\\ \psi_1(z)&=\psi(\zeta)=\frac{q}{2}\left(z-\frac{a^2}{\sqrt{z^2-a^2}}\right)。\end{aligned}\right\}\tag{f}$$

代入公式(5-8)及(5-9)，即得求解σ_x、σ_y、τ_{xy}的下列方程：

$$\left.\begin{aligned}\sigma_y+\sigma_x&=q\left[2\,\mathrm{Re}\frac{z}{\sqrt{z^2-a^2}}-1\right],\\ \sigma_y-\sigma_x+2i\tau_{xy}&=q\left[\frac{2ia^2y}{(z^2-a^2)^{3/2}}+1\right]。\end{aligned}\right\}\tag{g}$$

在裂隙问题中，重要的是分析裂隙端点附近的应力分布，特别是应力随着距裂隙端点的距离而变化的规律，因此，引用以裂隙端点B为原点的极坐标(r,θ)，图5-8。由图可见有几何关系

$$z=a+r\cos\theta+ir\sin\theta,$$
$$y=r\sin\theta。$$

代入(g)中二式的右边，即可得出用极坐标r和θ表示σ_x、σ_y、τ_{xy}的表达式。当然，这些表达式将是非常冗长的。

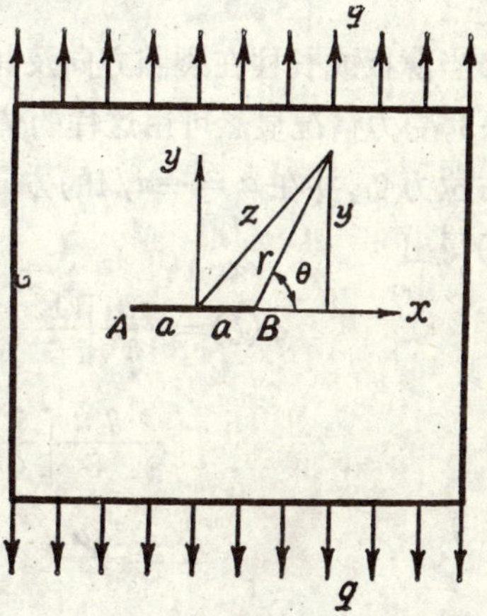

图 5-8

但是，由于在裂隙端点B的附近，r远小于a，因此可将上述表达式按r/a的升幂次展开，只保留其中随着r的减小而增大的所谓主项，而略去其中的次要项，即不随r变化的常数项以及随着r的减小而减小的各项。这样就得到

$$\left.\begin{aligned}&\sigma_y+\sigma_x=q\sqrt{\frac{2a}{r}}\cos\frac{\theta}{2},\\&\sigma_y-\sigma_x+2\mathrm{i}\tau_{xy}=q\sqrt{\frac{2a}{r}}\sin\frac{\theta}{2}\cos\frac{\theta}{2}\\&\qquad\left(\sin\frac{3\theta}{2}+\mathrm{i}\cos\frac{3\theta}{2}\right),\end{aligned}\right\}\qquad(h)$$

从而得出

$$\left.\begin{aligned}&\sigma_x=q\sqrt{\frac{a}{2r}}\cos\frac{\theta}{2}\left(1-\sin\frac{\theta}{2}\sin\frac{3\theta}{2}\right),\\&\sigma_y=q\sqrt{\frac{a}{2r}}\cos\frac{\theta}{2}\left(1+\sin\frac{\theta}{2}\sin\frac{3\theta}{2}\right),\\&\tau_{xy}=q\sqrt{\frac{a}{2r}}\sin\frac{\theta}{2}\cos\frac{\theta}{2}\cos\frac{3\theta}{2}。\end{aligned}\right\}\qquad(5\text{-}37)$$

当薄板或长柱在裂隙方向及其垂直方向受有均布剪力q时，图5-9,受力情况显然可用这样的情况来代替：在$\alpha=\pi/4$的方向受均布拉力q，并在$\alpha=-\pi/4$的方向受均布压力q。于是可以由式(c)得出

$$\begin{aligned}\varphi(\zeta)=&\frac{qa}{8}\left[\frac{1}{\zeta}+(2e^{2i\alpha}-1)\zeta\right]_{\alpha=\pi/4}\\&-\frac{qa}{8}\left[\frac{1}{\zeta}+(2e^{2i\alpha}-1)\zeta\right]_{\alpha=-\pi/4}\\=&\frac{iqa}{2}\zeta。\end{aligned}$$

同样可由式(c)得出

$$\psi(\zeta)=\frac{\mathrm{i}qa}{2}\left(\frac{1}{\zeta}+\frac{\zeta^3+\zeta}{1-\zeta^2}\right)。$$

将式(e)代入上列二式，并应用公式(5-19)，得到

$$\left.\begin{aligned}\varphi_1(z)&=\varphi(\zeta)=\frac{\mathrm{i}q}{2}(z-\sqrt{z^2-a^2}),\\ \psi_1(z)&=\psi(\zeta)=\frac{\mathrm{i}q}{2}\left(2\sqrt{z^2-a^2}+\frac{a^2}{\sqrt{z^2-a^2}}\right)。\end{aligned}\right\}\quad(i)$$

代入公式(5-8)及(5-9),即得求解σ_x、σ_y、τ_{xy}的下列方程：

$$\left.\begin{aligned}\sigma_y+\sigma_x&=-2q\mathrm{Re}\frac{\mathrm{i}z}{\sqrt{z^2-a^2}},\\ \sigma_y-\sigma_x+2\mathrm{i}\tau_{xy}&=q\frac{\mathrm{i}a^2\bar{z}+\mathrm{i}z(2z^2-3a^2)}{(z^2-a^2)^{3/2}}。\end{aligned}\right\}\quad(j)$$

引用以裂隙端点B为原点的极坐标(r,θ),图5-9,则将有几何关系

$$z=a+r\cos\theta+\mathrm{i}r\sin\theta,$$
$$\bar{z}=a+r\cos\theta-\mathrm{i}r\sin\theta。$$

代入式(j)的右边,然后按r/a的升幂次展开,而只保留其中的主项,即得

$$\left.\begin{aligned}\sigma_y+\sigma_x&=-q\sqrt{\frac{2a}{r}}\sin\frac{\theta}{2},\\ \sigma_y-\sigma_x+2\mathrm{i}\tau_{xy}&=q\sqrt{\frac{2a}{r}}\left[\sin\frac{\theta}{2}\left(1+\cos\frac{\theta}{2}\cos\frac{3\theta}{2}\right)\right.\\ &\quad\left.+\mathrm{i}\cos\frac{\theta}{2}\left(1-\sin\frac{\theta}{2}\sin\frac{3\theta}{2}\right)\right],\end{aligned}\right\}\quad(k)$$

从而得出

$$\left.\begin{aligned}\sigma_x&=-q\sqrt{\frac{a}{2r}}\sin\frac{\theta}{2}\left(2+\cos\frac{\theta}{2}\cos\frac{3\theta}{2}\right),\\ \sigma_y&=q\sqrt{\frac{a}{2r}}\sin\frac{\theta}{2}\cos\frac{\theta}{2}\cos\frac{3\theta}{2},\end{aligned}\right\}\quad(5\text{-}38)$$

$$\tau_{xy}=q\sqrt{\frac{a}{2r}}\cos\frac{\theta}{2}\left(1-\sin\frac{\theta}{2}\sin\frac{3\theta}{2}\right)。$$

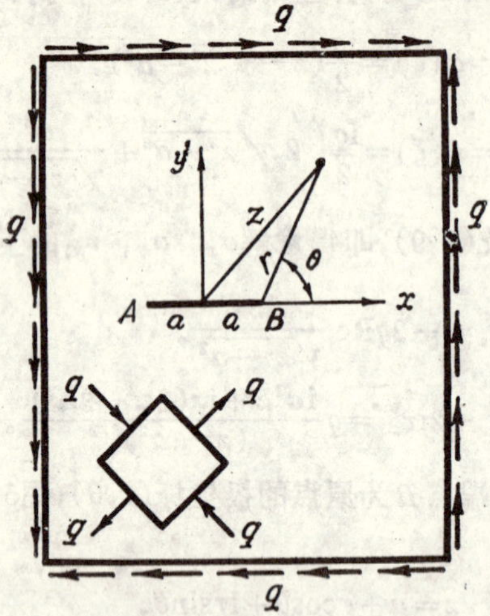

图 5-9

如果在(5-37)式或(5-38)式中命 r 趋于零，则各个应力分量的数值趋于无限大。这就表示，在裂隙的端点，应力是无限大的。实际上，由于在裂隙端点的附近总是出现或大或小的塑性区，因此就不会发生无限大的应力，而(5-37)式及(5-38)式只适用于塑性区之外。虽然如此，在脆性材料的情况下，以及在塑性区范围很小的情况下，(5-37)式及(5-38)式所示的应力，可以令人满意地表明裂隙端点附近的应力状态，因而也就用来作为断裂力学中有关裂隙开展现象的重要资料。

§ 5-11 正方形孔口

为了把 ζ 平面上的中心单位圆变换成为 z 平面上的正方形，可以采用复变函数书籍中给出的变换式

$$z=\omega(\zeta)=R\left(\frac{1}{\zeta}-\frac{1}{6}\zeta^3+\frac{1}{56}\zeta^7-\frac{1}{176}\zeta^{11}+\cdots\right),\qquad (a)$$

其中R为实数，它反映正方形的大小。

设在式(a)中只取两项,即,近似地取

$$z=\omega(\zeta)=R\left(\frac{1}{\zeta}-\frac{1}{6}\zeta^3\right),\qquad (b)$$

则当$\rho=1$而$\zeta=\sigma=e^{i\theta}$时,我们有

$$\begin{aligned}x+iy&=R\left(e^{-i\theta}-\frac{1}{6}e^{3i\theta}\right)\\&=R\left(\cos\theta-i\sin\theta-\frac{1}{6}\cos3\theta-\frac{1}{6}i\sin3\theta\right)。\end{aligned}$$

分开实部和虚部,得到z平面上孔边曲线方程的参数表示：

$$x=R\left(\cos\theta-\frac{1}{6}\cos3\theta\right),\ y=-R\left(\sin\theta+\frac{1}{6}\sin3\theta\right)。$$

令θ取不同的数值,点绘而成的孔边曲线如图5-10 a所示。当$\theta=0$时,$x=\frac{5}{6}R$而$y=0$;当$\theta=\frac{\pi}{2}$时,$x=0$而$y=-\frac{5}{6}R$;当$\theta=\frac{\pi}{4}$时,$x=-y=\frac{7}{12}\sqrt{2}\,R$。可见这"近似正方形"的中心高度及中心宽度为$a=2\times\frac{5}{6}R=\frac{5}{3}R$,而对角线的长度为

$$d=2\sqrt{2}\frac{7}{12}\sqrt{2}\,R=\frac{7}{3}R=\frac{7}{5}a=1.400\,a。$$

四个圆角的曲率半径为

$$|r|=\left[\frac{\left\{\left(\frac{dx}{d\theta}\right)^2+\left(\frac{dy}{d\theta}\right)^2\right\}^{\frac{3}{2}}}{\frac{dx}{d\theta}\cdot\frac{d^2y}{d\theta^2}-\frac{dy}{d\theta}\cdot\frac{d^2x}{d\theta^2}}\right]_{\theta=\frac{\pi}{4}}=\frac{R}{10}=\frac{3}{50}a=0.060a。$$

设在式(a)中取三项，即

$$z=\omega(\zeta)=R\left(\frac{1}{\zeta}-\frac{1}{6}\zeta^3+\frac{1}{56}\zeta^7\right),\qquad (c)$$

则得$|r|=0.025a$,孔边曲线如图 5-10 b 所示。设在式(a)中取四项，即

$$z=\omega(\zeta)=R\left(\frac{1}{\zeta}-\frac{1}{6}\zeta^3+\frac{1}{56}\zeta^7-\frac{1}{176}\zeta^{11}\right), \qquad (d)$$

则得$|r|=0.014a$,在孔边曲线与精确正方形之间看不出什么区别。

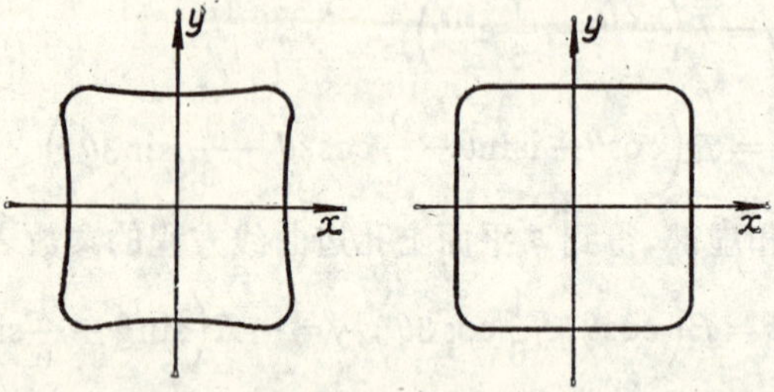

图 5-10

现在,设具有正方形孔口的薄板在与 x 轴成 α 角的方向受有均匀拉力 q ,孔口不受面力。和前一节中一样,我们有

$$\overline{X}=\overline{Y}=X=Y=0, \qquad (e)$$

$$B=\frac{q}{4},\ B'-\mathrm{i}C'=-\frac{q}{2}\mathrm{e}^{2\mathrm{i}\alpha}。 \qquad (f)$$

按照式(b)导出下列公式:

$$\left.\begin{aligned}
&\omega(\sigma)=R\left(\frac{1}{\sigma}-\frac{1}{6}\sigma^3\right),\ \overline{\omega(\sigma)}=R\left(\sigma-\frac{1}{6\sigma^3}\right),\\
&\omega'(\sigma)=-R\left(\frac{1}{\sigma^2}+\frac{\sigma^2}{2}\right),\ \overline{\omega'(\sigma)}=-R\left(\sigma^2+\frac{1}{2\sigma^2}\right),\\
&\frac{\omega(\sigma)}{\overline{\omega'(\sigma)}}=\frac{\sigma}{6}-\frac{13\sigma}{6(2\sigma^4+1)},\ \frac{\overline{\omega(\sigma)}}{\omega'(\sigma)}=\frac{1}{6\sigma}-\frac{13\sigma^3}{6(2+\sigma^4)}。
\end{aligned}\right\}(g)$$

于是由公式(5-30)得

$$f_0=-\frac{qR}{2}\left(\frac{1}{\sigma}-\frac{\sigma^3}{6}\right)+\frac{qR}{2}\left(\sigma-\frac{1}{6\sigma^3}\right)e^{2i\alpha}。\qquad (h)$$

公式(5-35)右边的积分式成为

$$\frac{1}{2\pi i}\int_\sigma\frac{f_0 d\sigma}{\sigma-\xi}=\frac{qR}{12}(\xi^2+6e^{2i\alpha})\xi,$$

而左边的积分式成为

$$\frac{1}{2\pi i}\int_\sigma\frac{\omega(\sigma)}{\overline{\omega'(\sigma)}}\cdot\frac{\overline{\varphi_0'(\sigma)}}{\sigma-\xi}d\sigma$$

$$=\frac{1}{2\pi i}\int_\sigma\left[\frac{\sigma}{6}-\frac{13\sigma}{6(2\sigma^4-1)}\right]$$

$$\times\left(\bar{\alpha}_1+\frac{2\bar{\alpha}_2}{\sigma}+\frac{3\bar{\alpha}_3}{\sigma^2}+\cdots\right)\frac{d\sigma}{\sigma-\xi}=\frac{1}{6}\bar{\alpha}_1\xi+\frac{1}{3}\bar{\alpha}_2。$$

代入公式(5-36)，得

$$\alpha_1\xi+\alpha_2\xi^2+\alpha_3\xi^3+\cdots+\frac{1}{6}\bar{\alpha}_1\xi+\frac{1}{3}\bar{\alpha}_2$$

$$=\frac{qR}{12}(\xi^2+6e^{2i\alpha})\xi。$$

将两边 ξ 的同幂次项的系数对比，得

$$\alpha_1+\frac{1}{6}\bar{\alpha}_1=\frac{qR}{2}e^{2i\alpha},\quad \alpha_2=0,\quad \alpha_3=\frac{qR}{12},\quad \alpha_4=\alpha_5=\cdots=0,$$

从而得出

$$\alpha_1=qR\left(\frac{3}{7}\cos2\alpha+i\frac{3}{5}\sin2\alpha\right),\quad \alpha_2=0,\quad \alpha_3=\frac{qR}{12}。$$

于是有

$$\varphi_0(\xi)=\alpha_1\xi+\alpha_2\xi^2+\alpha_3\xi^3$$

$$=qR\left[\left(\frac{3}{7}\cos2\alpha+i\frac{3}{5}\sin2\alpha\right)\xi+\frac{1}{12}\xi^3\right]。\qquad (i)$$

将式(i)、式(g)和式(h)代入公式(5-36)，得

$$\psi_0(\xi)+\frac{1}{2\pi i}\int_\sigma\left[\frac{1}{6\sigma}-\frac{13\sigma^3}{6(2+\sigma^4)}\right]qR\left[\left(\frac{3}{7}\cos2\alpha\right.\right.$$

$$+\mathrm{i}\frac{3}{5}\sin2\alpha\Big)+\frac{1}{4}\sigma^2\Big]\frac{d\sigma}{\sigma-\xi}$$

$$=\frac{1}{2\pi\mathrm{i}}\int_\sigma\Big[-\frac{qR}{2}\Big(\sigma-\frac{1}{6\sigma^3}\Big)$$

$$+\frac{qR}{2}\Big(\frac{1}{\sigma}-\frac{\sigma^3}{6}\Big)\mathrm{e}^{-2\mathrm{i}\alpha}\Big]\frac{d\sigma}{\sigma-\xi}。$$

进行积分，得

$$\psi_0(\xi)-\frac{13\xi^3}{6(2+\xi^4)}qR\Big(\frac{3}{7}\cos2\alpha+\mathrm{i}\frac{3}{5}\sin2\alpha\Big)$$

$$+\Big[\frac{1}{6\xi}-\frac{13\xi^3}{6(2+\xi^4)}\Big]qR\frac{1}{4}\xi^2=-\frac{qR}{2}\Big[\xi+\frac{1}{6}\xi^3\mathrm{e}^{-2\mathrm{i}\alpha}\Big]。$$

简化以后，得

$$\psi_0(\xi)=-\frac{qR}{12}\Big[\mathrm{e}^{-2\mathrm{i}\alpha}\xi^3+\frac{13\xi-26\Big(\frac{3}{7}\cos2\alpha+\mathrm{i}\frac{3}{5}\sin2\alpha\Big)\xi^3}{2+\xi^4}\Big]。\tag{j}$$

将式(i)及式(j)分别代入公式(5-25)及(5-26)，并注 意式(e)及式(f),即得

$$\varphi(\xi)=qR\Big[\frac{1}{4\xi}+\Big(\frac{3}{7}\cos2\alpha+\mathrm{i}\frac{3}{5}\sin2\alpha\Big)\xi+\frac{1}{24}\xi^3\Big],$$

$$\psi(\xi)=-qR\Big[\frac{\mathrm{e}^{-2\mathrm{i}\alpha}}{2\xi}+\frac{13\xi-26\Big(\frac{3}{7}\cos2\alpha+\mathrm{i}\frac{3}{5}\sin2\alpha\Big)\xi^3}{12(2+\xi^4)}\Big]。$$

关于应力的计算,见文献[2]的第二章。

习 题

5-1 试考察下列复变函数所解决的问题：

(a) $\varphi_1(z)=\frac{q}{4}z,\quad \psi_1(z)=\frac{q}{2}z$。

(b) $\varphi_1(z)=\frac{q}{4}z,\quad \psi_1(z)=-\frac{q}{2}z$。

(c) $\varphi_1(z)=0$, $\psi_1(z)=\mathrm{i}qz$。

答案：(a) 矩形薄板在 y 方向受均布拉力 q。

(b) 矩形薄板在 x 方向受均布拉力 q。

(c) 矩形薄板受均布剪力 q。

5-2 试证矩形截面梁的纯弯曲问题可用如下的复变函数求解：

$$\varphi_1(z)=-\frac{\mathrm{i}M}{8I}z^2,\quad \psi_1(z)=\frac{\mathrm{i}M}{8I}z^2,$$

其中 I 为梁截面的惯矩，M 为作用的弯矩。

5-3 试导出用复变函数 $\varphi_1(z)$ 及 $\psi_1(z)$ 表示极坐标中应力分量的公式

$$\sigma_\theta+\sigma_r=4\,\mathrm{Re}\varphi'_1(z),$$

$$\sigma_\theta-\sigma_r+2\mathrm{i}\tau_{r\theta}=2[\bar{z}\varphi''_1(z)+\psi'_1(z)]e^{2i\theta}。$$

5-4 试用习题 5-3 中的公式由

$$\varphi_1(z)=-\frac{P}{2\pi}\ln z \text{ 及 } \psi_1(z)=\frac{P}{2\pi}\ln z$$

导出解答(4-26)。

5-5 试用习题 5-3 中的公式由

$$\varphi_1(z)=\frac{qa}{4}\left(\frac{z}{a}+2\frac{a}{z}\right)\text{及 } \psi_1(z)=-\frac{qa}{2}\left(\frac{z}{a}+\frac{a}{z}-\frac{a^3}{z^3}\right)$$

导出解答(4-17)。

5-6 具有椭圆孔口的薄板，在平行于孔轴的方向受有均布剪力 q，图 5-11。试求复变函数 $\varphi(\zeta)$ 及 $\psi(\zeta)$，并求出孔边应力及其极值。

答案：$\varphi(\zeta)=\mathrm{i}qR\zeta$, $\psi(\zeta)=\mathrm{i}qR\dfrac{1+\zeta^4}{\zeta(1-m\zeta^2)}$,

$$\frac{4q\sin2\theta}{1+m^2-2m\cos2\theta},\ \pm\frac{4}{1-m^2}q。$$

5-7 具有椭圆孔口的薄板，在孔边受均布剪力 q，图 5-12。试求复变函数 $\varphi(\zeta)$ 及 $\psi(\zeta)$，并求出孔边应力及其极值。

答案：$\varphi(\zeta)=\mathrm{i}mqR\zeta$, $\psi(\zeta)=-\mathrm{i}qR\,\zeta\dfrac{1-m^2-2m\zeta^2}{1-m\zeta^2}$,

$$\frac{4mq\sin2\theta}{1+m^2-2m\cos2\theta},\ \pm\frac{4m}{1-m^2}q。$$

5-8 试导出表达式(5-37)及(5-38)。

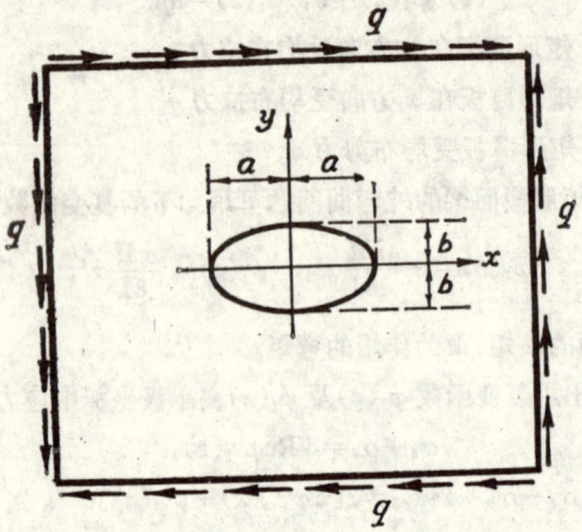

图 5-11

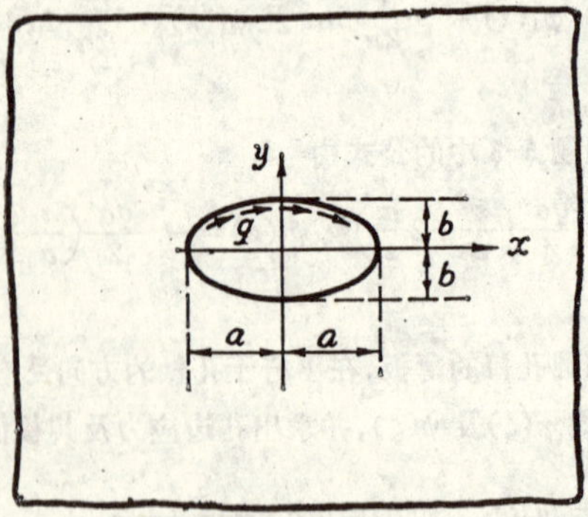

图 5-12

参考教材

[1] 张芝琪著，《坝体内的孔口和廊道》，载《水利水电建设》第14期 1959。

[2] Г. Н. 萨文著，卢鼎霍译，《孔附近的应力集中》，第一章及第二章。

[3] Н. И. Мусхелишвили 著，赵惠元译，《数学弹性力学的几个基本问题》，第二章、第四章及第五章。

[4] 赵光恒著，《标准廊道附近的应力集中》，载《高等学校自然科学学报》（土木、建筑、水利版），第一卷第一期，1965。

第六章　温度应力的平面问题

当弹性体的温度有所改变时，它的每一部分一般都将由于温度的升高或降低而趋于膨胀或收缩。但是，由于弹性体所受的外在约束，以及各个部分之间的相互约束，这种膨胀或收缩并不能自由地发生，于是就产生应力，即所谓变温应力。近年来，变温应力已趋于改称为温度应力，但读者不可因此而有这样的误解："温度应力是温度引起的，因而一定的温度相应于一定的应力。"实际上，这个应力是变温引起的，一定的变温才相应于一定的应力。

为了决定弹性体内的温度应力，须进行两方面的计算：(1) 按照热传导理论，根据弹性体的热学性质、内部热源、初始条件和边界条件，计算弹性体内各点在各瞬时的温度，即所谓"决定温度场"，而前后两个温度场之差就是弹性体的变温。(2) 按照"热弹性力学"，根据弹性体的变温来求出体内各点的温度应力，即所谓"决定应力场"。本章将对这两方面的计算进行简单的介绍。

§ 6-1　关于温度场和热传导的一些概念

热量从物体的一部分传递到另一部分，或从一个物体传入与之相接触的另一个物体，都称为热传导。在热传导理论中，和在弹性力学中一样，也是概不考虑物质的微粒构造，而把物体当做是连续介质。

一般而论，在热传导的过程中，物体内各点的温度随着各点的位置不同和时间的经过而变化，因而温度 T 是位置坐标和时间 t

的函数：

$$T=T(x,y,z,t)。\qquad (a)$$

在任一瞬时，所有各点的温度值的总体，称为温度场。

一个温度场，如果它的温度随时间而变，如式(a)所示，就称为不稳定温度场或非定常温度场；如果它的温度不随时间而变，就称为稳定温度场或定常温度场。在稳定温度场中，温度只是位置坐标的函数，即

$$T=T(x,y,z),\left(\frac{\partial T}{\partial t}=0\right)。\qquad (b)$$

如果温度场的温度随着三个位置坐标而变，如式(a)所示，它就称为空间温度场或三维温度场；如果温度只随平面内的两个位置坐标而变，它就称为平面温度场，它的数学表示是

$$T=T(x,y,t),\left(\frac{\partial T}{\partial z}=0\right)。\qquad (c)$$

平面稳定温度场的数学表示则为

$$T=T(x,y),\left(\frac{\partial T}{\partial t}=0,\frac{\partial T}{\partial z}=0\right)。\qquad (d)$$

在任一瞬时，连接场内温度相同的各点，就得到这一瞬时的一个等温面。图 6-1 中的虚线，表示温度相差为ΔT的一些等温面。

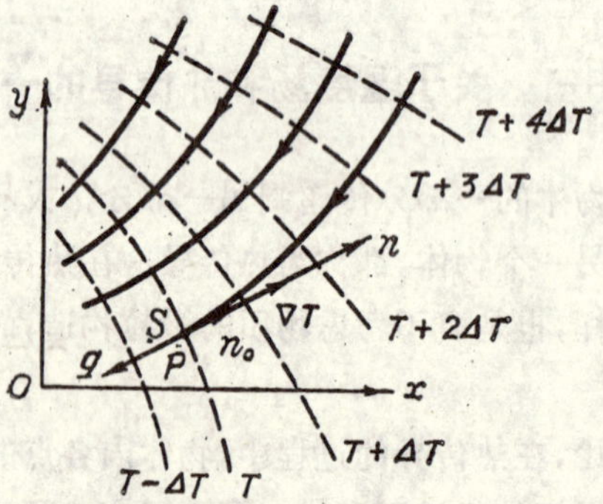

图 6-1

显然，沿着等温面，温度不变；沿着其他方向，温度都有变化，沿着等温面的法线方向，温度的变化率最大。

为了明确表示温度T在某一点P处的变化率，在这一点取一个矢量，称为温度梯度，用∇T表示，它沿着等温面的法线方向，指向增温的方面，而大小等于$\frac{\partial T}{\partial n}$，其中$n$是沿着等温面法线而量的距离。取单位矢量$\boldsymbol{n}_0$，沿着等温面法线而指向增温的方面，则

$$\nabla T=\boldsymbol{n}_0\frac{\partial T}{\partial n}。\tag{e}$$

显然，P点的温度梯度表示该点的最大变温率的方向和大小。该点沿坐标方向的变温率，则等于该点的温度梯度在坐标轴上的投影，即

$$\left.\begin{aligned}\frac{\partial T}{\partial x}&=\frac{\partial T}{\partial n}\cos(n,x),\\\frac{\partial T}{\partial y}&=\frac{\partial T}{\partial n}\cos(n,y),\\\frac{\partial T}{\partial z}&=\frac{\partial T}{\partial n}\cos(n,z)。\end{aligned}\right\}\tag{f}$$

在单位时间内通过等温面面积S的热量，称为热流速度(与水流的流量相似)，用$\frac{dQ}{dt}$表示，它的因次是[热量][时间]$^{-1}$。通过等温面单位面积的热流速度，称为热流密度(与水流的速度相似)。用q表示热流密度的大小，则有

$$q=\frac{dQ}{dt}\bigg/S,\tag{g}$$

它的因次是[热量][长度]$^{-2}$[时间]$^{-1}$。在热传导中，热流密度必须当作矢量看待(和水流速度一样)，它的矢量表示是

$$\boldsymbol{q}=-\boldsymbol{n}_0\frac{dQ}{dt}\bigg/S,\tag{h}$$

因为它也是沿着等温面的法线方向，但指向降温的方面。

热传导的基本定律是：热流密度与温度梯度成正比而方向相反，也就是

$$\boldsymbol{q}=-\lambda\nabla T, \tag{i}$$

其中的比例常数 λ 称为导热系数。由(e)、(h)、(i)三式中消去矢量 $\boldsymbol{q}$ 及 ∇T，得到

$$\lambda=\frac{dQ}{dt}\bigg/\frac{\partial T}{\partial n}S。 \tag{j}$$

由此可见，导热系数 λ 表示“在单位温度梯度下通过等温面单位面积的热流速度”，也就是，当温度沿等温面法线每单位长度降低一度时，在单位时间内传过等温面单位面积的热量，它的因次是[热量][长度]$^{-1}$[时间]$^{-1}$[温度]$^{-1}$。

由式(e)及式(i)可见，热流密度 $\boldsymbol{q}$ 的大小是

$$q=\lambda\frac{\partial T}{\partial n}。 \tag{6-1}$$

所以热流密度 $\boldsymbol{q}$ 在 x 轴上的投影是

$$q_x=q\cos(\boldsymbol{q},x)=\lambda\frac{\partial T}{\partial n}\cos(\boldsymbol{q},x)=-\lambda\frac{\partial T}{\partial n}\cos(n,x),$$

从而通过式(f)得到

$$q_x=-\lambda\frac{\partial T}{\partial x}。$$

同样可得热流密度 $\boldsymbol{q}$ 在 y 轴和 z 轴上的投影，总共得到

$$q_x=-\lambda\frac{\partial T}{\partial x},\quad q_y=-\lambda\frac{\partial T}{\partial y},\quad q_z=-\lambda\frac{\partial T}{\partial z}。 \tag{6-2}$$

因为坐标轴是任意选取的，所以上式表示：热流密度在任一方向的分量，等于导热系数乘以温度在该方向的递减率。

§ 6-2 热传导微分方程

热传导微分方程的建立，是以如下的热量平衡原理为依据的：

在任意一段时间内，物体的任一微小部分所积蓄的热量(亦即温度增高所需的热量)，等于传入该微小部分的热量加上内部热源所供给的热量。

取直角坐标系并取微小六面体 $dxdydz$，如图 6-2 所示。假定该六面体的温度在 dt 时间内由 T 升高到 $T+\frac{\partial T}{\partial t}dt$。由于温度升高了 $\frac{\partial T}{\partial t}dt$，它所积蓄的热量是 $c\rho dxdydz\frac{\partial T}{\partial t}dt$，其中 ρ 是物体的密度；c 是比热容，也就是单位质量的物体升高一度时所需的热量。

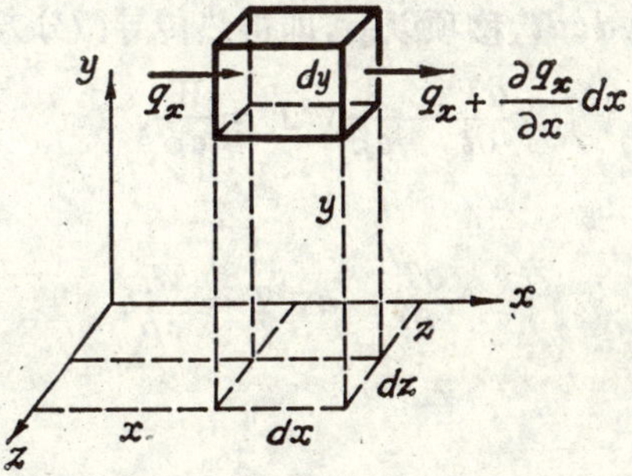

图 6-2

在同一时间 dt 内，由六面体左面传入热量 $q_x dydzdt$，由右面传出 $\left(q_x+\frac{\partial q_x}{\partial x}dx\right)dydzdt$。因此，传入的净热量为

$$-\frac{\partial q_x}{\partial x}dxdydzdt,$$

并由(6-2)中的第一式可见其等于 $\lambda\frac{\partial^2 T}{\partial x^2}dxdydzdt$。同样，由上下两面及前后两面传入的净热量分别为 $\lambda\frac{\partial^2 T}{\partial y^2}dydzdxdt$ 及 $\lambda\frac{\partial^2 T}{\partial z^2}dzdxdydt$。这样，传入六面体的净热量总共是 $\lambda\Big(\frac{\partial^2 T}{\partial x^2}+$

$\left.\frac{\partial^2 T}{\partial y^2}+\frac{\partial^2 T}{\partial z^2}\right)dxdydzdt$，或简写为$\lambda\nabla^2 Tdxdydzdt$。

设该六面体的内部有热源，其强度为W(在单位时间、单位体积内供给的热量)，则该热源在时间dt内所供给的热量为 $Wdxdydzdt$。在这里，供热的热源作为正的热源，例如金属通电时发热，混凝土硬化时发热，水分结冰时发热，等等；吸热的热源作为负的热源，例如水分蒸发时吸热，冰粒溶解时吸热，等等。

于是，根据热量平衡原理，我们有

$$c\rho\, dxdydz\frac{\partial T}{\partial t}dt=\lambda\nabla^2 Tdxdydzdt+Wdxdydzdt。$$

除以 $c\rho dxdydzdt$，移项以后，即得热传导微分方程

$$\frac{\partial T}{\partial t}-\frac{\lambda}{c\rho}\nabla^2 T=\frac{W}{c\rho}, \tag{a}$$

或简写为

$$\frac{\partial T}{\partial t}-a\nabla^2 T=\frac{W}{c\rho}, \tag{b}$$

其中

$$a=\frac{\lambda}{c\rho} \tag{6-3}$$

称为导温系数，它的因次是[长度]^2[时间]$^{-1}$，它的单位是米^2/时。在通常的情况下，混凝土的导温系数在 0.003 与 0.005 之间。

方程(a)或(b)中的系数 λ、c、ρ、a 都可以近似地当做常量，但热源强度W却往往随着时间的经过而有较大的变化，它必须作为时间 t 的函数(已知函数)。

分析混凝土体在硬化发热期间的不稳定温度场时，引用所谓绝热温升来代替热源强度，比较方便一些。我们把拌捣好了的一块混凝土放在绝热条件下，使混凝土硬化时所发的热量全部用于提高混凝土试块本身的温度，这时量得的试块温度的升高 θ 称为绝热温升，它随时间(龄期) t 的变化大致如图 6-3 中的绝热温升

图线所示。绝热温升对于时间的改变率，即$\frac{\partial\theta}{\partial t}$，称为绝热温升率，可由绝热温升图线的斜率得来。

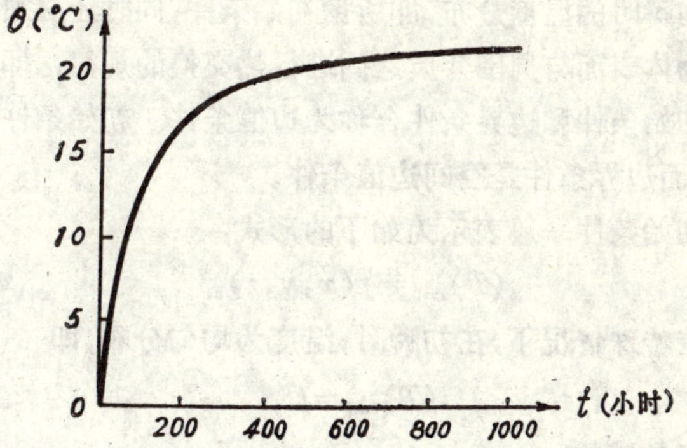

图 6-3

由于混凝土试块不大，而且是处于绝热情况下，所以试块内的温度可以认为是均匀的，也就是，它的温度只随时间变化而不是坐标的函数。这样我们就有$\nabla^2 T=0$，从而由式(a)或式(b)可见有

$$\frac{\partial T}{\partial t}=\frac{W}{c\rho}。\tag{c}$$

但这时的$\frac{\partial T}{\partial t}$就是绝热温升率$\frac{\partial\theta}{\partial t}$，因此又有

$$\frac{W}{c\rho}=\frac{\partial\theta}{\partial t}。$$

再代回式(b)，即得

$$\frac{\partial T}{\partial t}-a\nabla^2 T=\frac{\partial\theta}{\partial t}。\tag{6-4}$$

这就是混凝土在硬化发热期间的热传导微分方程。

§6-3　温度场的边值条件

为了能够求解热传导微分方程，从而求得温度场，必须已知物体在初瞬时的温度分布，即所谓初始条件；同时还必须已知初瞬时以后物体表面与周围介质之间进行热交换的规律，即所谓边界条件。初始条件和边界条件合称为边值条件。初始条件是时间边值条件，而边界条件是空间边值条件。

初始条件一般表示为如下的形式：

$$(T)_{t=0}=f(x,y,z)。\tag{6-5}$$

在某些特殊情况下，在初瞬时，温度为均匀分布，即

$$(T)_{t=0}=C,\tag{6-6}$$

其中 C 是常数。

边界条件可能以四种方式给出。

第一类边界条件是：已知物体表面上任意一点在所有各瞬时的温度，即

$$T_s=f(t),\tag{6-7}$$

其中 T_s 是物体表面的温度。在最简单的情况下，上式成为

$$T_s=C,\tag{6-8}$$

即，物体表面的温度保持不变。这种边界条件可能是借人工维持的，或是当物体与周围介质进行特殊热交换时实现的，参阅下面所说的第三类边界条件。

第二类边界条件是：已知物体表面上任意一点的法向热流密度，即

$$(q_n)_s=f(t),$$

其中角码 s 表示“表面”，角码 n 表示法向。按照§6-1中最后的结论，上式可以改写成为

$$-\lambda\left(\frac{\partial T}{\partial n}\right)_s=(q_n)_s=f(t)。\tag{6-9}$$

在绝热边界上，由于热流密度为零，由上式得到

$$\left(\frac{\partial T}{\partial n}\right)_s=0。\tag{6-10}$$

第三类边界条件是：已知物体边界上任意一点在所有各瞬时的运流(对流)放热情况。按照热量的运流定律，在单位时间内从物体表面传向周围介质的热流密度，是和两者的温度差成正比的，即

$$(q_n)_s=\beta(T_s-T_e),\tag{6-11}$$

其中 T_e 是周围介质的温度；β 称为运流放热系数，或简称为放热系数，它的因次是[热量][长度]$^{-2}$[时间]$^{-1}$[温度]$^{-1}$。放热系数 β 依赖于周围介质的密度，粘度，流速，流向，流态，还依赖于物体表面的曲率及糙率，它的数值范围是很大的。按照§6-1中最后的结论，(6-11)式可以改写成为

$$-\lambda\left(\frac{\partial T}{\partial n}\right)_s=\beta(T_s-T_e),$$

也就是

$$\left(\frac{\partial T}{\partial n}\right)_s=-\frac{\beta}{\lambda}(T_s-T_e)。\tag{6-12}$$

如果周围介质的流速较大，运流几乎是完全的，则物体表面被迫取周围介质的温度，而上式可以近似地代以

$$T_s=T_e。\tag{6-13}$$

这时，(6-12)式中的$\frac{\beta}{\lambda}$很大，而$\left(\frac{\partial T}{\partial n}\right)_s$仍然取普通的数值。如果 T_e 随时间变化，是时间 t 的函数，则(6-13)式等同于(6-7)式。如果 T_e 不随时间变化，则(6-13)式等同于(6-8)式。

第四类边界条件是：已知物体和与之接触的另一物体以热传导方式进行热交换的情况。通常都假定接触是完全的，即，物体表

面的温度 T_s 和接触体表面的温度 T_c 相同，即

$$T_s = T_c。\tag{6-14}$$

按照边值条件求解热传导微分方程，在数学上是个难题，对于工程实际上提出的问题，用函数求解一般是不现实的。对于平面问题，可以用差分法求解(见第七章)，最好是用有限单元法求解。对于空间问题，就只可能用有限单元法求解。

§ 6-4　按位移求解温度应力的平面问题

从现在开始，我们来讨论温度应力问题的第二部分，即，根据弹性体内的已知变温来决定体内的温度应力。为此，首先要导出热弹性力学的基本方程和边界条件。

命弹性体内各点的变温为 T，即后一瞬时的温度减去前一瞬时的温度，以升温时为正，降温时为负（现在和以后都不再用 T 表示某一瞬时的温度）。由于变温 T，弹性体内各点的微小长度，如果不受约束，将发生正应变 αT，其中 α 是弹性体的线热胀系数，它的因次是[温度]$^{-1}$。在各向同性体中，系数 α 不随方向而变，所以这种正应变在所有各个方向都相同，因而也就不伴随着任何剪应变。在通常的温度应力问题中，还假定 α 也不随温度的改变而改变(不然的话，温度应力问题将成为非线性问题)。这样，弹性体内各点的形变分量为

$$\varepsilon_x = \varepsilon_y = \varepsilon_z = \alpha T,\ \gamma_{yz} = \gamma_{zx} = \gamma_{xy} = 0,\tag{a}$$

而式中的 α 是常数。

但是，由于弹性体所受的外在约束以及体内各部分之间的相互约束，上述形变并不能自由发生，于是就产生了应力，即所谓温度应力。这个温度应力又将由于物体的弹性而引起附加的形变，如虎克定律所示。因此，连同式(a)所示的形变，总的形变分量是

$$\left.\begin{aligned}
\varepsilon_x&=\frac{1}{E}[\sigma_x-\mu(\sigma_y+\sigma_z)]+\alpha T,\\
\varepsilon_y&=\frac{1}{E}[\sigma_y-\mu(\sigma_z+\sigma_x)]+\alpha T,\\
\varepsilon_z&=\frac{1}{E}[\sigma_z-\mu(\sigma_x+\sigma_y)]+\alpha T,\\
\gamma_{yz}&=\frac{2(1+\mu)}{E}\tau_{yz},\\
\gamma_{zx}&=\frac{2(1+\mu)}{E}\tau_{zx},\\
\gamma_{xy}&=\frac{2(1+\mu)}{E}\tau_{xy}。
\end{aligned}\right\}\tag{6-15}$$

假定在如图 2-1 所示的等厚度薄板及坐标系中，没有体力和面力的作用,但是有变温 T 的作用，而这个变温 T 是平行于 xy 面的、前后两个瞬时的平面温度场之差,因而只是 x 和 y 的函数，不随 z 而变化。通过与§2-1 中相同的论证，可见这里仍然是平面应力的问题，因而有

$$\sigma_z=0,\ \tau_{yz}=0,\ \tau_{zx}=0,\tag{b}$$

并由（6-15）式得出用应力分量和变温 T 表示形变分量的物理方程，即所谓热弹性力学的物理方程：

$$\left.\begin{aligned}
\varepsilon_x&=\frac{1}{E}(\sigma_x-\mu\sigma_y)+\alpha T,\\
\varepsilon_y&=\frac{1}{E}(\sigma_y-\mu\sigma_x)+\alpha T,\\
\gamma_{xy}&=\frac{2(1+\mu)}{E}\tau_{xy}。
\end{aligned}\right\}\tag{6-16}$$

由上式求解应力分量，就得出用形变分量和变温 T 表示应力分量的物理方程

$$\sigma_x=\frac{E}{1-\mu^2}(\varepsilon_x+\mu\varepsilon_y)-\frac{E\alpha T}{1-\mu},$$

$$
\left.\begin{aligned}
\sigma_y&=\frac{E}{1-\mu^2}(\varepsilon_y+\mu\varepsilon_x)-\frac{E\alpha T}{1-\mu},\\
\tau_{xy}&=\frac{E}{2(1+\mu)}\gamma_{xy}。
\end{aligned}\right\}\tag{c}
$$

几何方程仍然如(2-3)式所示，即

$$
\varepsilon_x=\frac{\partial u}{\partial x},\quad \varepsilon_y=\frac{\partial v}{\partial y},\quad \gamma_{xy}=\frac{\partial v}{\partial x}+\frac{\partial u}{\partial y}。\tag{d}
$$

这是因为，形变与位移之间的纯粹几何关系，不会因为引起形变和位移的原因不同而有所改变。但须注意，这里的形变和位移是由于变温和温度应力共同作用而引起的。将式(d)代入式(c)，得出用位移分量和变温T表示应力分量的公式如下：

$$
\left.\begin{aligned}
\sigma_x&=\frac{E}{1-\mu^2}\left(\frac{\partial u}{\partial x}+\mu\frac{\partial v}{\partial y}\right)-\frac{E\alpha T}{1-\mu},\\
\sigma_y&=\frac{E}{1-\mu^2}\left(\frac{\partial v}{\partial y}+\mu\frac{\partial u}{\partial x}\right)-\frac{E\alpha T}{1-\mu},\\
\tau_{xy}&=\frac{E}{2(1+\mu)}\left(\frac{\partial v}{\partial x}+\frac{\partial u}{\partial y}\right)。
\end{aligned}\right\}\tag{6-17}
$$

求解温度应力时，一般都宜于按位移求解(关于按应力求解，见§7-6)。为了得出按位移求解时所需用的微分方程，将(6-17)式代入平衡微分方程(2-2)，并注意在这里$X=0,Y=0$，简化以后得

$$
\left.\begin{aligned}
&\frac{\partial^2 u}{\partial x^2}+\frac{1-\mu}{2}\frac{\partial^2 u}{\partial y^2}+\frac{1+\mu}{2}\frac{\partial^2 v}{\partial x\partial y}-(1+\mu)\alpha\frac{\partial T}{\partial x}=0,\\
&\frac{\partial^2 v}{\partial y^2}+\frac{1-\mu}{2}\frac{\partial^2 v}{\partial x^2}+\frac{1+\mu}{2}\frac{\partial^2 u}{\partial x\partial y}-(1+\mu)\alpha\frac{\partial T}{\partial y}=0。
\end{aligned}\right\}\tag{6-18}
$$

为了得出按位移求解时的应力边界条件，将(6-17)式代入(2-18)式，并注意在这里$\bar{X}=0,\bar{Y}=0$，简化以后得

$$
\begin{aligned}
&l\left(\frac{\partial u}{\partial x}+\mu\frac{\partial v}{\partial y}\right)_s+m\frac{1-\mu}{2}\left(\frac{\partial u}{\partial y}+\frac{\partial v}{\partial x}\right)_s\\
&\qquad=l(1+\mu)\alpha T,
\end{aligned}
$$

$$\left.\begin{array}{l} m\left(\dfrac{\partial v}{\partial y}+\mu\dfrac{\partial u}{\partial x}\right)_s+l\dfrac{1-\mu}{2}\left(\dfrac{\partial v}{\partial x}+\dfrac{\partial u}{\partial y}\right)_s \\ \qquad =m(1+\mu)\alpha T。\end{array}\right\} \tag{6-19}$$

位移边界条件仍然如(2-17)所示。

将方程(6-18)及(6-19)分别与(2-20)及(2-21)对比，可见

$$-\frac{E\alpha}{1-\mu}\frac{\partial T}{\partial x}\text{及}-\frac{E\alpha}{1-\mu}\frac{\partial T}{\partial y}$$

代替了体力分量X及Y，而

$$l\frac{E\alpha T}{1-\mu}\text{及}\,m\frac{E\alpha T}{1-\mu} \tag{e}$$

代替了面力分量$\overline{X}$及$\overline{Y}$。于是可知，在一定的位移边界条件下，弹性体中由于变温T而引起的位移，就等于温度不变而受有下列假想外来作用时的位移：

(1) 体力，它的分量是

$$X=-\frac{E\alpha}{1-\mu}\frac{\partial T}{\partial x},\quad Y=-\frac{E\alpha}{1-\mu}\frac{\partial T}{\partial y}; \tag{f}$$

(2) 法向面力

$$\sigma_N=\frac{E\alpha T}{1-\mu}, \tag{g}$$

它的分量如式(e)所示。按照应力边界条件(2-21)及位移边界条件(2-17)求出微分方程(2-20)的解答u及v以后，就可以按照(6-17)式求得应力分量。这里须注意：应力分量应当包含两部分，一部分是和通常一样根据位移分量求得的，另一部分是与各点的变温T成正比的、各向相同的正应力$-\dfrac{E\alpha T}{1-\mu}$。

总结起来，在温度应力的平面应力问题中，温度应力就等于假想体力(f)和假想面力(g)所引起的应力，叠加以各向相同的正应力$-\dfrac{E\alpha T}{1-\mu}$。这样就把温度应力的平面问题变换成为通常的、已知体力和面力的平面问题。

这样的变换，对于温度应力的模型实验有很大的帮助。用模型实验量测温度应力时，控制温度就有困难，而要使得模型和原型在热学方面和力学方面都能满足模型相似律，就更加困难。通过上述变换，就可以用施加荷载来代替加热，把一个热学和力学的混合模型变换成为单纯的力学模型，减少实验工作中的困难。

现在，假定在如图 2-2 所示的无限长柱形体及坐标系中，没有体力和面力作用，但是有变温 T 的作用，而这个变温也只是 x 和 y 的函数，不随 z 而变化。通过与§2-1及§2-4中相同的论证，可见这里仍然是平面应变的问题，因而有

$$\varepsilon_z=0,\ \tau_{yz}=0,\ \tau_{zx}=0,$$

并从而由(6-15)式得出与(6-16)相似的物理方程

$$\left.\begin{aligned}\varepsilon_x&=\frac{1-\mu^2}{E}\left(\sigma_x-\frac{\mu}{1-\mu}\sigma_y\right)+(1+\mu)\alpha T,\\ \varepsilon_y&=\frac{1-\mu^2}{E}\left(\sigma_y-\frac{\mu}{1-\mu}\sigma_x\right)+(1+\mu)\alpha T,\\ \gamma_{xy}&=\frac{2(1+\mu)}{E}\tau_{xy}。\end{aligned}\right\}\tag{h}$$

将物理方程(h)与(6-16)对比，可见 E 变换为 $\dfrac{E}{1-\mu^2}$，μ 变换为 $\dfrac{\mu}{1-\mu}$，此外还有 α 变换为 $(1+\mu)\alpha$。于是又可见，上面针对温度应力的平面应力问题而推导出来那些方程和结论，进行这样的变换以后，就适用于温度应力的平面应变问题。这是因为，在推导过程中所用到的方程，除了物理方程(6-16)以外，都不包含 E、μ、α 这三个物理常数。

但是，必须指出：在温度应力的平面应变问题中，除了应力分量 σ_x、σ_y、τ_{xy} 以外，还有一个应力分量 σ_z。在(6-15)的第三式中，命 $\varepsilon_z=0$，就得到这个应力分量：

$$\sigma_z=\mu(\sigma_x+\sigma_y)-E\alpha T。\tag{6-20}$$

§ 6-5 位移势函数的引用

前一节中已经说明，在平面应力的情况下，按位移求解温度应力问题时，须使位移分量 u 和 v 满足微分方程(6-18)，并在边界上满足位移边界条件和应力边界条件。实际求解时，宜分两步进行：(1)求出微分方程(6-18)的任意一组特解，它只须满足(6-18)，而不一定要满足边界条件。(2) 不计变温 T，求出(6-18)的一组补充解，使它和特解叠加以后，能满足边界条件。

为了求得一组位移特解，引用一个函数 $\psi(x,y)$，将位移特解取为

$$u'=\frac{\partial\psi}{\partial x},\quad v'=\frac{\partial\psi}{\partial y}。\tag{6-21}$$

函数 ψ 称为位移势函数。以 u' 及 v' 分别作为 u 及 v 代入(6-18)，简化以后，得到

$$\frac{\partial}{\partial x}\nabla^2\psi=(1+\mu)\alpha\frac{\partial T}{\partial x},$$

$$\frac{\partial}{\partial y}\nabla^2\psi=(1+\mu)\alpha\frac{\partial T}{\partial y}。$$

注意 μ 和 α 都是常量，即显然可见，如果取函数 ψ 满足微分方程

$$\nabla^2\psi=(1+\mu)\alpha T,\tag{6-22}$$

则上式可以满足，因而微分方程(6-18)也能满足。于是表达式(6-21)就可以作为一组特解。将表达式(6-21)以及由(6 22)式得来的 $\alpha T=\frac{1}{1+\mu}\nabla^2\psi$ 代入公式(6-17)，可见相应于位移特解的应力分量是

$$\sigma_x'=-\frac{E}{1+\mu}\frac{\partial^2\psi}{\partial y^2},$$

$$\left.\begin{aligned}\sigma'_y&=-\frac{E}{1+\mu}\frac{\partial^2\psi}{\partial x^2},\\ \tau'_{xy}&=\frac{E}{1+\mu}\frac{\partial^2\psi}{\partial x\partial y}。\end{aligned}\right\}\tag{6-23}$$

位移的补充解 u'' 及 v'' 须满足(6-18)的齐次微分方程，即

$$\frac{\partial^2 u''}{\partial x^2}+\frac{1-\mu}{2}\frac{\partial^2 u''}{\partial y^2}+\frac{1+\mu}{2}\frac{\partial^2 v''}{\partial x\partial y}=0,$$

$$\frac{\partial^2 v''}{\partial y^2}+\frac{1-\mu}{2}\frac{\partial^2 v''}{\partial x^2}+\frac{1+\mu}{2}\frac{\partial^2 u''}{\partial x\partial y}=0。$$

相应于位移补充解的应力分量可由公式(6-17)得来(注意这时不计变温，因而有 $T=0$)：

$$\sigma''_x=\frac{E}{1-\mu^2}\left(\frac{\partial u''}{\partial x}+\mu\frac{\partial v''}{\partial y}\right),$$

$$\sigma''_y=\frac{E}{1-\mu^2}\left(\frac{\partial v''}{\partial y}+\mu\frac{\partial u''}{\partial x}\right),$$

$$\tau''_{xy}=\frac{E}{2(1+\mu)}\left(\frac{\partial v''}{\partial x}+\frac{\partial u''}{\partial y}\right)。$$

这样，总的位移分量是

$$u=u'+u'',\quad v=v'+v'',$$

它们须满足位移边界条件；总的应力分量是

$$\sigma_x=\sigma'_x+\sigma''_x,\quad \sigma_y=\sigma'_y+\sigma''_y,\quad \tau_{xy}=\tau'_{xy}+\tau''_{xy},$$

它们须满足应力边界条件。

在应力边界问题中(没有位移边界条件)，为了避免寻求位移补充解的困难，可以把相应于位移补充解的应力分量直接用应力函数来表示，即

$$\sigma''_x=\frac{\partial^2\varphi}{\partial y^2},\quad \sigma''_y=\frac{\partial^2\varphi}{\partial x^2},\quad \tau''_{xy}=-\frac{\partial^2\varphi}{\partial x\partial y},\tag{6-24}$$

其中的应力函数 φ 可以按照应力边界条件的要求来选取。第三章中一些满足相容方程的应力函数可供参考。

在平面应变的情况下，须要按照前一节中所述，将以上各方程

中的E换为$\dfrac{E}{1-\mu^2}$,将μ换为$\dfrac{\mu}{1-\mu}$,并将 α 换为$(1+\mu)\alpha$。这样,位移势函数ψ所应满足的方程(6-22)就成为

$$\nabla^2\psi=\frac{1+\mu}{1-\mu}\alpha T, \tag{6-25}$$

但相应于位移特解的应力分量仍然如(6-23)所示。应力分量σ_z仍可由(6-20)式求得。

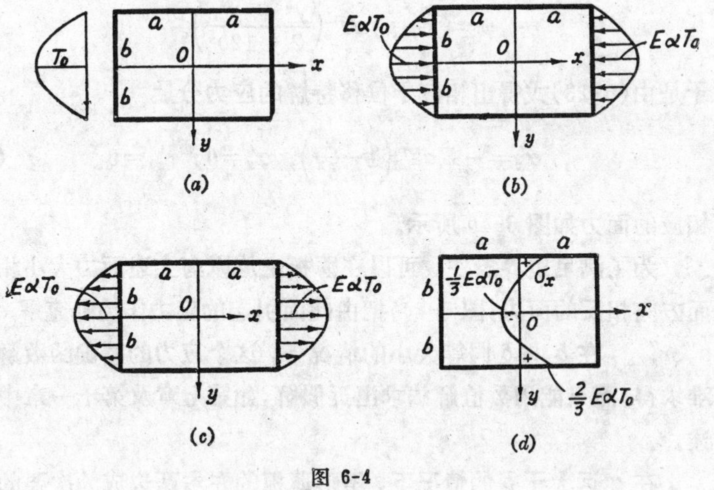

图 6-4

作为简例,设图 6-4a 所示的矩形薄板中发生如下的变温:

$$T=T_0\left(1-\frac{y^2}{b^2}\right),$$

其中的T_0是常量。在这里,位移势函数ψ所应满足的微分方程(6-22)成为

$$\nabla^2\psi=(1+\mu)\alpha T_0\left(1-\frac{y^2}{b^2}\right)。 \tag{a}$$

显然,取

$$\psi=Ay^2+By^4, \tag{b}$$

可以满足式(a)。为了求出常数A及B，将式(b)代入式(a)，得

$$2A+12By^2=(1+\mu)\alpha T_0\left(1-\frac{y^2}{b^2}\right)。$$

比较两边的系数，可见常数A及B应为

$$A=\frac{(1+\mu)\alpha T_0}{2},\quad B=-\frac{(1+\mu)\alpha T_0}{12b^2},$$

再代回式(b)，得位移势函数

$$\psi=(1+\mu)\alpha T_0\left(\frac{y^2}{2}-\frac{y^4}{12b^2}\right)。$$

于是由(6-23)式得出相应于位移特解的应力分量

$$\sigma'_x=-E\alpha T_0\left(1-\frac{y^2}{b^2}\right),\quad \sigma'_y=0,\quad \tau'_{xy}=0。\qquad (c)$$

相应的面力如图6-4b所示。

为了满足边界条件，可以在薄板上施以与上述面力大小相同而方向相反的面力，图6-4c，把由此而引起的应力作为补充解σ''_x、σ''_y、τ''_{xy}。在a与b同等大小的情况下，这个应力的精确函数解很难求得，而只能用数值解法求出近似解，如第七章及第十一章中所述。

在a远大于b的情况下，矩形薄板的左右两边成为次要的小部分的边界，就可以按照圣维南原理，把两边上的面力化为静力等效的均布拉力。这就启示我们，采用§3-1中满足相容方程的应力函数

$$\varphi=cy^2,$$

可以得出所需要的、相应于位移补充解的应力分量：

$$\sigma''_x=\frac{\partial^2\varphi}{\partial y^2}=2c,\quad \sigma''_y=\frac{\partial^2\varphi}{\partial x^2}=0,\quad \tau''_{xy}=-\frac{\partial^2\varphi}{\partial x\partial y}=0。$$

将这些应力分量和式(c)所示的应力分量相叠加，得到总的应力分量

$$\left.\begin{aligned}&\sigma_x=\sigma_x'+\sigma_x''=2c-E\alpha T_0\left(1-\frac{y^2}{b^2}\right),\\&\sigma_y=\sigma_y'+\sigma_y''=0,\\&\tau_{xy}=\tau_{xy}'+\tau_{xy}''=0。\end{aligned}\right\}\quad(d)$$

边界条件要求

$$(\sigma_x)_{x=\pm a}=0,\ (\tau_{xy})_{x=\pm a}=0,$$
$$(\sigma_y)_{y=\pm b}=0,\ (\tau_{xy})_{y=\pm b}=0,$$

其中后三个条件是满足的,而第一个条件不能满足。现在,应用圣维南原理,把第一个条件变换为静力等效的条件,即,在 $x=\pm a$ 的边界上,σ_x 的主矢量及主矩等于零;

$$\int_{-b}^{b}(\sigma_x)_{x=\pm a}dy=0,\quad \int_{-b}^{b}(\sigma_x)_{x=\pm a}y\,dy=0。$$

将式(d)代入,求得 $2c=\frac{2}{3}E\alpha T_0$。于是由式($d$)得最后的温度应力

$$\sigma_x=E\alpha T_0\left(\frac{y^2}{b^2}-\frac{1}{3}\right),\ \sigma_y=0,\ \tau_{xy}=0。\quad(e)$$

应力分布如图 6-4(d)所示。最大及最小的应力为

$$(\sigma_x)_{y=\pm b}=\frac{2}{3}E\alpha T_0,\ (\sigma_x)_{y=0}=-\frac{1}{3}E\alpha T_0。\quad(6\text{-}26)$$

在 x 为常量的所有截面上,包括两端截面 $x=\pm a$ 在内,都有如图 6-4d 所示的正应力。因此,该两端的边界条件是不能精确满足的。但是,根据圣维南原理,每一端上自成平衡的面力只会影响靠近该端处的应力。在离开两端较远之处,不论两端是否有这样的、等效于零的面力,都可以认为应力如式(e)所示。

§ 6-6 用极坐标求解问题

对于圆形、楔形、扇形、瓦形弹性体中的温度应力,宜用极坐标

求解

在平面应力的情况下，变温 $T(r,\theta)$ 及温度应力引起的形变分量是

$$\left.\begin{aligned}\varepsilon_r&=\frac{1}{E}(\sigma_r-\mu\sigma_\theta)+\alpha T,\\ \varepsilon_\theta&=\frac{1}{E}(\sigma_\theta-\mu\sigma_r)+\alpha T,\\ \gamma_{r\theta}&=\frac{2(1+\mu)}{E}\tau_{r\theta}。\end{aligned}\right\}\tag{a}$$

进行与§6-5中相同的论证，并用位移势函数 $\psi(r,\theta)$ 把径向和环向位移的特解表示为

$$u'_r=\frac{\partial\psi}{\partial r},\quad u'_\theta=\frac{1}{r}\frac{\partial\psi}{\partial\theta},\tag{6-27}$$

可见 ψ 所应满足的微分方程仍然是

$$\nabla^2\psi=(1+\mu)\alpha T,\tag{6-28}$$

但其中的 ∇^2 为

$$\nabla^2=\frac{\partial^2}{\partial r^2}+\frac{1}{r}\frac{\partial}{\partial r}+\frac{1}{r^2}\frac{\partial^2}{\partial\theta^2}。$$

应用极坐标中的几何方程(4-2)及物理方程(4-3)，可将相应于位移特解的应力分量表示成为

$$\left.\begin{aligned}\sigma'_r&=-\frac{E}{1+\mu}\left(\frac{1}{r}\frac{\partial\psi}{\partial r}+\frac{1}{r^2}\frac{\partial^2\psi}{\partial\theta^2}\right),\\ \sigma'_\theta&=-\frac{E}{1+\mu}\frac{\partial^2\psi}{\partial r^2},\\ \tau'_{r\theta}&=\frac{E}{1+\mu}\frac{\partial}{\partial r}\left(\frac{1}{r}\frac{\partial\psi}{\partial\theta}\right)。\end{aligned}\right\}\tag{6-29}$$

对于轴对称的变温，即 $T=T(r)$，位移势函数只须取为 $\psi(r)$，于是 ψ 所应满足的微分方程(6-28)成为

$$\left(\frac{d^2}{dr^2}+\frac{1}{r}\frac{d}{dr}\right)\psi=(1+\mu)\alpha T,$$

或

$$\frac{1}{r}\frac{d}{dr}\left(r\frac{d\psi}{dr}\right)=(1+\mu)\alpha T。$$

两边乘以 rdr,对 r 积分,再乘以$\frac{dr}{r}$,再对r积分,得

$$\psi(r)=(1+\mu)\alpha\int\frac{1}{r}\int Trdr^2+(1+\mu)\alpha A\ln r+B, \qquad (6-30)$$

其中的A和B是任意常数。常数A的前面乘以因子$(1+\mu)\alpha$,只是为了下面运算时比较方便。

将(6-30)式代入公式(6-29),即得相应于位移特解的应力分量为

$$\sigma_r'=-\frac{E}{1+\mu}\frac{1}{r}\frac{d\psi}{dr}=-\frac{E\alpha}{r^2}\left[\int Trdr+A\right],$$

$$\sigma_\theta'=-\frac{E}{1+\mu}\frac{d^2\psi}{dr^2}=\frac{E\alpha}{r^2}\left[\int Trdr+A-Tr^2\right],$$

$$\tau_{r\theta}'=0。$$

在这里,积分的上限当然必须取为r,但下限可以任意选取。取不同的下限,积分式只相差一个常数,而这个常数可以用任意常数A来调整,因此,上式可以改写为

$$\left.\begin{aligned}&\sigma_r'=-\frac{E\alpha}{r^2}\left[\int_\rho^r Trdr+A\right],\\&\sigma_\theta'=\frac{E\alpha}{r^2}\left[\int_\rho^r Trdr+A-Tr^2\right],\\&\tau_{r\theta}'=0,\end{aligned}\right\} \qquad (6-31)$$

其中ρ为任意选取的常数,它的因次必须是长度。

在平面应变的情况下,如§6-4中所述,须在以上的各公式中将E换为$\frac{E}{1-\mu^2}$,μ换为$\frac{\mu}{1-\mu}$,α换为$(1+\mu)\alpha$。至于多出的应力分量σ_z,则可根据$\varepsilon_z=0$的条件得出与(6-20)相似的公式

$$\sigma_z=\mu(\sigma_r+\sigma_\theta)-E\alpha T。 \qquad (6-32)$$

如果边界条件不能满足，则上述相应于位移特解的应力分量还须叠加以相应于位移补充解的应力分量，而后者可以用第四章中所述的方法求得。

§6-7　圆环和圆筒的轴对称温度应力

设有圆环，内半径为 a，外半径为 b，发生轴对称的变温 $T=T(r)$。边界条件是

$$(\sigma_r)_{r=a}=0,\ (\sigma_r)_{r=b}=0。\tag{a}$$

按照公式(6-31)，取 $\rho=a$，得到相应于位移特解的应力分量

$$\left.\begin{aligned}&\sigma'_r=-\frac{E\alpha}{r^2}\left[\int_a^r Trdr+A\right],\\&\sigma'_\theta=\frac{E\alpha}{r^2}\left[\int_a^r Trdr+A-Tr^2\right],\\&\tau'_{r\theta}=0。\end{aligned}\right\}\tag{b}$$

显然，边界条件(a)不能满足(在一般情况下，不可能选择一个常数 A，使 $r=a$ 及 $r=b$ 处的两个条件同时满足)。因此，我们由满足相容条件的应力函数 $\varphi=\frac{C}{2}r^2$，求出如下的应力作为补充解：

$$\sigma''_r=\sigma''_\theta=C,\ \tau''_{r\theta}=0。\tag{c}$$

于是由式(b)及式(c)得总的应力分量

$$\left.\begin{aligned}&\sigma_r=-\frac{E\alpha}{r^2}\left[\int_a^r Trdr+A\right]+C,\\&\sigma_\theta=\frac{E\alpha}{r^2}\left[\int_a^r Trdr+A-Tr^2\right]+C,\\&\tau_{r\theta}=0。\end{aligned}\right\}\tag{d}$$

代入边界条件(a)，并注意 $\int_a^a Trdr=0$，得

$$-\frac{E\alpha}{a^2}A+C=0,\quad -\frac{E\alpha}{b^2}\left[\int_a^b Trdr+A\right]+C=0。$$

求解A和C,得

$$A=\frac{a^2}{b^2-a^2}\int_a^b Trdr,\ C=\frac{E\alpha}{b^2-a^2}\int_a^b Trdr。\qquad (e)$$

再代回式(d),即得

$$\left.\begin{aligned}&\sigma_r=\frac{E\alpha}{r^2}\left[\frac{r^2-a^2}{b^2-a^2}\int_a^b Trdr-\int_a^r Trdr\right],\\&\sigma_\theta=\frac{E\alpha}{r^2}\left[\frac{r^2+a^2}{b^2-a^2}\int_a^b Trdr+\int_a^r Trdr-Tr^2\right],\\&\tau_{r\theta}=0。\end{aligned}\right\}\qquad (f)$$

对于圆筒,作为平面应变问题,须将式(f)中的E换为$\frac{E}{1-\mu^2}$,α换为$(1+\mu)\alpha$,这样得出

$$\left.\begin{aligned}&\sigma_r=\frac{E\alpha}{(1-\mu)r^2}\left[\frac{r^2-a^2}{b^2-a^2}\int_a^b Trdr-\int_a^r Trdr\right],\\&\sigma_\theta=\frac{E\alpha}{(1-\mu)r^2}\left[\frac{r^2+a^2}{b^2-a^2}\int_a^b Trdr+\int_a^r Trdr-Tr^2\right],\\&\tau_{r\theta}=0。\end{aligned}\right\}\qquad (g)$$

此外并由公式(6-32)得出

$$\sigma_z=\frac{E\alpha}{1-\mu}\left[\frac{2\mu}{b^2-a^2}\int_a^b Trdr-T\right]。\qquad (h)$$

式(h)所示的应力,是维持平面应变的应力,是在无限长圆筒中或在两端受完全约束的有限长圆筒中才可能发生的。如果圆筒是有限长的而且两端不受约束,则在两端将有边界条件$\sigma_z=0$。但由式(h)可见,这是不可能满足的。为了可以近似地满足这个边界条件,我们对式(h)所示的σ_z叠加以常量D,而使这个σ_z在圆筒两端的合力成为零,即

$$\int_a^b\left\{\frac{E\alpha}{1-\mu}\left[\frac{2\mu}{b^2-a^2}\int_a^b Trdr-T\right]+D\right\}2\pi rdr=0。$$

注意$\int_a^b Trdr$是常量，进行积分后，求解常量 D，得

$$D=\frac{2E\alpha}{b^2-a^2}\int_a^b Trdr。$$

在式(h)中叠加以这个常量以后，得

$$\sigma_z=\frac{E\alpha}{1-\mu}\left[\frac{2}{b^2-a^2}\int_a^b Trdr-T\right]。\tag{i}$$

在圆筒的两端，这个应力还是不等于零(除非T是常量)，但是，它的合力等于零。因此，按照圣维南原理，在离开两端较远之处，式(g)及式(i)所示的应力可以认为是精确的。

作为特例，设圆筒从某一均匀温度加热，内面($r=a$)增温T_a，外面($r=b$)增温T_b。由方程(6-4)可见，如果没有内热源($W=0$，亦即$\frac{\partial\theta}{\partial t}=0$)，则当热流稳定以后$\left(\frac{\partial T}{\partial t}=0\right)$，变温$T$应当满足微分方程$\nabla^2T=0$，即$\left(\frac{d^2}{dr^2}+\frac{1}{r}\frac{d}{dr}\right)T=0$，或

$$\frac{1}{r}\frac{d}{dr}\left(r\frac{dT}{dr}\right)=0。$$

两边乘以rdr，对r积分，再乘以$\frac{dr}{r}$，再对r积分，得

$$T=A\ln r+B。$$

由边界条件$(T)_{r=a}=T_a$及$(T)_{r=b}=T_b$求出任意常数A及B以后，再代入上式，简化以后，得

$$T=T_a\frac{\ln\frac{b}{r}}{\ln\frac{b}{a}}+T_b\frac{\ln\frac{a}{r}}{\ln\frac{a}{b}}。\tag{j}$$

对于两端不受约束的有限长圆筒，将式(j)代入式(g)和式(i)，进行积分后加以整理，得

$$\left.\begin{aligned}\sigma_r&=-\frac{E\alpha(T_a-T_b)}{2(1-\mu)}\left[\frac{\ln\frac{b}{r}}{\ln\frac{b}{a}}-\frac{\frac{b^2}{r^2}-1}{\frac{b^2}{a^2}-1}\right],\\ \sigma_\theta&=-\frac{E\alpha(T_a-T_b)}{2(1-\mu)}\left[\frac{\ln\frac{b}{r}-1}{\ln\frac{b}{a}}+\frac{\frac{b^2}{r^2}+1}{\frac{b^2}{a^2}-1}\right],\end{aligned}\right\}\tag{k}$$

$$\sigma_z=-\frac{E\alpha(T_a-T_b)}{2(1-\mu)}\left[\frac{2\ln\frac{b}{r}-1}{\ln\frac{b}{a}}+\frac{2}{\frac{b^2}{a^2}-1}\right]。\tag{l}$$

当$T_a>T_b$时，应力分布大致如图 6-5 所示。在圆筒的外表面，

$$(\sigma_\theta)_{r=a}=(\sigma_z)_{r=a}=-\frac{E\alpha(T_a-T_b)}{2(1-\mu)}\left[\frac{2\frac{b^2}{a^2}}{\frac{b^2}{a^2}-1}-\frac{1}{\ln\frac{b}{a}}\right],$$

$$(\sigma_\theta)_{r=b}=(\sigma_z)_{r=b}=\frac{E\alpha(T_a-T_b)}{2(1-\mu)}\left[\frac{1}{\ln\frac{b}{a}}-\frac{2}{\frac{b^2}{a^2}-1}\right]。$$

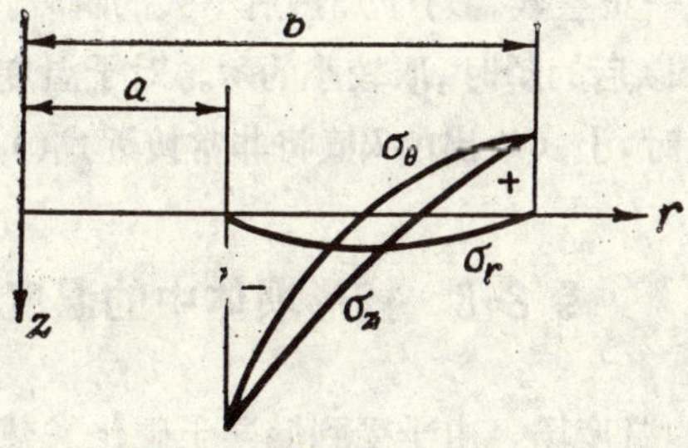

图 6-5

对于无限长的圆筒或两端受完全约束的有限长圆筒，应力分量σ_r和σ_θ的数值与上相同。但是，σ_z须由式(h)得来，而更简单些是直接由(6-32)式得来。将式(k)代入(6-32)式，得

$$\sigma_z=-\frac{\mu E\alpha(T_a-T_b)}{2(1-\mu)}\left[\frac{2\ln\frac{b}{r}-1}{\ln\frac{b}{a}}+\frac{2}{\frac{b^2}{a^2}-1}\right]-E\alpha T。$$

在圆筒的内外表面，由上式得

$$(\sigma_z)_{r=a}=-\frac{\mu E\alpha(T_a-T_b)}{2(1-\mu)}\left[\frac{2\frac{b^2}{a^2}}{\frac{b^2}{a^2}-1}-\frac{1}{\ln\frac{b}{a}}\right]-E\alpha T_a,$$

$$(\sigma_z)_{r=b}=\frac{\mu E\alpha(T_a-T_b)}{2(1-\mu)}\left[\frac{1}{\ln\frac{b}{a}}-\frac{2}{\frac{b^2}{a^2}-1}\right]-E\alpha T_b。$$

在加热以后而热流未稳定时，圆筒在任一瞬时的变温可用如下的经验公式近似地表示：

$$T=T_a\frac{\left(\frac{b}{r}\right)^n-1}{\left(\frac{b}{a}\right)^n-1}+T_b\frac{1-\left(\frac{a}{r}\right)^n}{1-\left(\frac{a}{b}\right)^n},$$

其中的n为一正整数。对于加热后不久的瞬时，取较大的n，例如6到8。对于以后的瞬时，取较小的n。对于温度接近稳定的瞬时，取$n=1$，这时，上式给出的T值将非常接近式(j)给出的。

§6-8　楔形坝体中的温度应力

坝体的温度场，由于受到混凝土硬化发热的影响以及水温和气温变化的影响，分布复杂而且随时改变，要用通常的方法进行计

算，是比较困难的。根据计算出来的变温来计算温度应力，将更加困难。因此，坝体温度应力的实际问题，只可能用数值法进行计算。但是，对于简单形状的坝体和简单的变温分布，用函数求解还是可能的。

马斯洛夫曾经针对两种特别简化了的变温分布，就平面应力状态分析了无限长楔形坝体的温度应力。本节中将介绍他所得的成果。

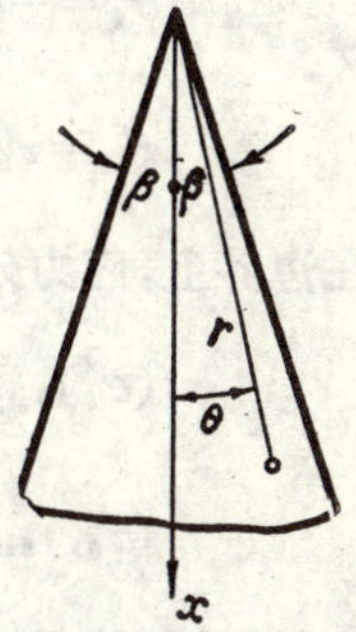

图 6-6

楔形坝体的中心角取为2β，坝体的中心轴取为x轴，图6-6。首先，假定变温在中心轴上为$T=T_0$，在两边为$T=0$，按$\cos\theta$的一次式变化：

$$T=T_0\frac{\cos\theta-\cos\beta}{1-\cos\beta}。\tag{a}$$

按照方程(6-28)，位移势函数ψ所应满足的方程为

$$\left(\frac{\partial^2}{\partial r^2}+\frac{1}{r}\frac{\partial}{\partial r}+\frac{1}{r^2}\frac{\partial^2}{\partial\theta^2}\right)\psi=(1+\mu)\alpha T_0\frac{\cos\theta-\cos\beta}{1-\cos\beta}。\tag{b}$$

取位移势函数为

$$\psi=r^2(C_1\cos\theta+C_2),\tag{c}$$

代入式(b)，得

$$3C_1\cos\theta+4C_2=(1+\mu)\alpha T_0\frac{\cos\theta-\cos\beta}{1-\cos\beta},$$

将两边的$\cos\theta$项及常数项进行对比，得到

$$C_1=\frac{(1+\mu)\alpha T_0}{3(1-\cos\beta)},$$

$$C_2=-\frac{(1+\mu)\alpha T_0\cos\beta}{4(1-\cos\beta)},$$

代回式(c)，得

$$\psi=\frac{(1+\mu)\alpha T_0}{1-\cos\beta}r^2\left(\frac{1}{3}\cos\theta-\frac{1}{4}\cos\beta\right)。$$

于是可由(6-29)式得出相应于位移特解的应力分量：

$$\left.\begin{aligned}\sigma_r'&=-\frac{E\alpha T_0}{1-\cos\beta}\left(\frac{1}{3}\cos\theta-\frac{1}{2}\cos\beta\right),\\\sigma_\theta'&=-\frac{E\alpha T_0}{1-\cos\beta}\left(\frac{2}{3}\cos\theta-\frac{1}{2}\cos\beta\right),\\\tau_{r\theta}'&=\tau_{\theta r}'=-\frac{E\alpha T_0}{1-\cos\beta}\left(\frac{1}{3}\sin\theta\right)。\end{aligned}\right\}\quad(d)$$

在边界上，应力分量为如下的常量：

$$(\sigma_\theta')_{\theta=\pm\beta}=-\frac{E\alpha T_0}{1-\cos\beta}\left(\frac{1}{6}\cos\beta\right),$$

$$(\tau_{\theta r}')_{\theta=\pm\beta}=\mp\frac{E\alpha T_0}{1-\cos\beta}\left(\frac{1}{3}\sin\beta\right)。$$

由此可见，为了满足边界条件，相应于位移补充解的应力分量应当与 r 无关，而只是 θ 的函数。于是可以利用§4-9 中式(g) 所示的应力分量。根据问题的对称性，只须取 σ_r 及 σ_θ 的偶 θ 项和 $\tau_{r\theta}$ 的奇 θ 项：

$$\sigma_r''=-2A\cos2\theta+2D,$$

$$\sigma_\theta''=2A\cos2\theta+2D,$$

$$\tau_{r\theta}''=\tau_{\theta r}''=2A\sin2\theta。$$

与式(d)相叠加，得

$$\left.\begin{aligned}\sigma_r&=-\frac{E\alpha T_0}{1-\cos\beta}\left(\frac{1}{3}\cos\theta-\frac{1}{2}\cos\beta\right)-2A\cos2\theta+2D,\\\sigma_\theta&=-\frac{E\alpha T_0}{1-\cos\beta}\left(\frac{2}{3}\cos\theta-\frac{1}{2}\cos\beta\right)+2A\cos2\theta+2D,\\\tau_{r\theta}&=\tau_{\theta r}=-\frac{E\alpha T_0}{1-\cos\beta}\left(\frac{1}{3}\sin\theta\right)+2A\sin2\theta。\end{aligned}\right\}$$

$$(e)$$

应用边界条件

$$(\sigma_\theta)_{\theta=\pm\beta}=0,(\tau_{\theta r})_{\theta=\pm\beta}=0,$$

求出常数 $2A$ 及 $2D$，再代回式(e)，即得温度应力

$$\sigma_r=\frac{E\alpha T_0(\sin^2\theta-\cos\beta\cos\theta+\cos^2\beta)}{3\cos\beta(1-\cos\beta)},$$

$$\sigma_\theta=\frac{E\alpha T_0(\cos\theta-\cos\beta)^2}{3\cos\beta(1-\cos\beta)},$$

$$\tau_{r\theta}=\tau_{\theta r}=\frac{E\alpha T_0\sin\theta(\cos\theta-\cos\beta)}{3\cos\beta(1-\cos\beta)}.$$

变温及温度应力的分布大致如图 6-7 所示。最大的拉应力是

$$(\sigma_r)_{\theta=\pm\beta}=\frac{E\alpha T_0(1+\cos\beta)}{3\cos\beta}.$$

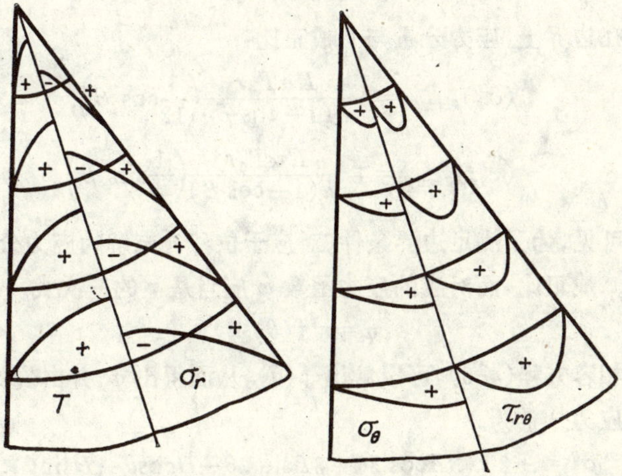

图 6-7

其次，假定变温与 r 成正比，并按 $\cos\theta$ 的一次式变化：

$$T=\frac{T_0 r(\cos\theta-\cos\beta)}{h(1-\cos\beta)},$$

其中的 h 为某一指定长度，例如坝高的一部分（T_0为 $r=h$ 及 $\theta=0$ 处的变温）。按照方程(6-28)，位移势函数 ψ 应当满足下列条件：

$$\left(\frac{\partial^2}{\partial r^2}+\frac{1}{r}\frac{\partial}{\partial r}+\frac{1}{r^2}\frac{\partial^2}{\partial\theta^2}\right)\psi=\frac{(1+\mu)\alpha T_0 r(\cos\theta-\cos\beta)}{h(1-\cos\beta)}.$$

取

$$\psi=r^3(C_1\cos\theta+C_2),$$

代入上式，求出 C_1及 C_2，再应用公式(6-29)，得出 相 应于 位移特解的应力分量

$$\left.\begin{aligned}\sigma_r'&=-\frac{E\alpha T_0 r}{h(1-\cos\beta)}\left(\frac{1}{4}\cos\theta-\frac{1}{3}\cos\beta\right),\\ \sigma_\theta'&=-\frac{E\alpha T_0 r}{h(1-\cos\beta)}\left(\frac{3}{4}\cos\theta-\frac{2}{3}\cos\beta\right),\\ \tau_{r\theta}'&=\tau_{\theta r}'=-\frac{E\alpha T_0 r}{h(1-\cos\beta)}\left(\frac{1}{4}\sin\theta\right)。\end{aligned}\right\}\quad(f)$$

在边界上，应力分量与 r 成正比：

$$(\sigma_\theta')_{\theta=\pm\beta}=-\frac{E\alpha T_0 r}{h(1-\cos\beta)}\left(\frac{1}{12}\cos\beta\right),$$

$$(\tau_{\theta r}')_{\theta=\pm\beta}=\mp\frac{E\alpha T_0 r}{h(1-\cos\beta)}\left(\frac{1}{4}\sin\beta\right)。$$

由此可见，为了满足边界条件，对应于位移补充解的应力分量也应当与 r 成正比，而对应的应力函数 φ 应当是 r 的三次式：

$$\varphi=r^3f(\theta)。$$

代入相容方程(4-6)，可以解出 $f(\theta)$，从而得出 φ，并由公式(4-5)求得应力分量为

$$\sigma_r''=-2r(3A\cos 3\theta+3B\sin 3\theta-C\cos\theta-D\sin\theta),$$

$$\sigma_\theta''=6r(A\cos 3\theta+B\sin 3\theta+C\cos\theta+D\sin\theta),$$

$$\tau_{r\theta}''=\tau_{\theta r}''=2r(3A\sin 3\theta-3B\cos 3\theta+C\sin\theta-D\cos\theta)。$$

由于对称，只须取 σ_r'' 及 σ_θ'' 中的偶 θ 项和 $\tau_{r\theta}''$ 中的奇 θ 项，也就是取 $B=D=0$。将剩下的各项与式(f)相叠加，得

$$\sigma_r=-\frac{E\alpha T_0 r}{h(1-\cos\beta)}\left(\frac{1}{4}\cos\theta-\frac{1}{3}\cos\beta\right)-2r(3A\cos 3\theta-C\cos\theta),$$

$$\sigma_\theta=-\frac{E\alpha T_0 r}{h(1-\cos\beta)}\left(\frac{3}{4}\cos\theta-\frac{2}{3}\cos\beta\right)$$

$$+6r(A\cos 3\theta+C\cos\theta),$$

$$\tau_{r\theta}=\tau_{\theta r}=-\frac{E\alpha T_0 r}{h(1-\cos\beta)}\left(\frac{1}{4}\sin\theta\right)$$

$$+2r(3A\sin 3\theta+C\sin\theta)。$$

应用边界条件

$$(\sigma_\theta)_{\theta=\pm\beta}=0,\quad (\tau_{\theta r})_{\theta=\pm\beta}=0,$$

求出常数 A 和 C，再代回上式，即得温度应力：

$$\sigma_r=\frac{E\alpha T_0 r(\cos^2\beta+\sin^2\beta\cos\theta-\cos^3\theta)}{3h\cos^2\beta(1-\cos\beta)},$$

$$\sigma_\theta=\frac{E\alpha T_0 r(\cos\beta-\cos\theta)^2(2\cos\beta+\cos\theta)}{3h\cos^2\beta(1-\cos\beta)},$$

$$\tau_{r\theta}=\tau_{\theta r}=\frac{E\alpha T_0 r(\sin^2\beta-\sin^2\theta)}{3h\cos^2\beta(1-\cos\beta)}。$$

变温及温度应力的分布大致如图 6-8 所示。最大拉应力发生在边界上：

$$(\sigma_r)_{\theta=\beta}=\frac{E\alpha T_0 r(1+2\cos\beta)}{3h\cos\beta}。$$

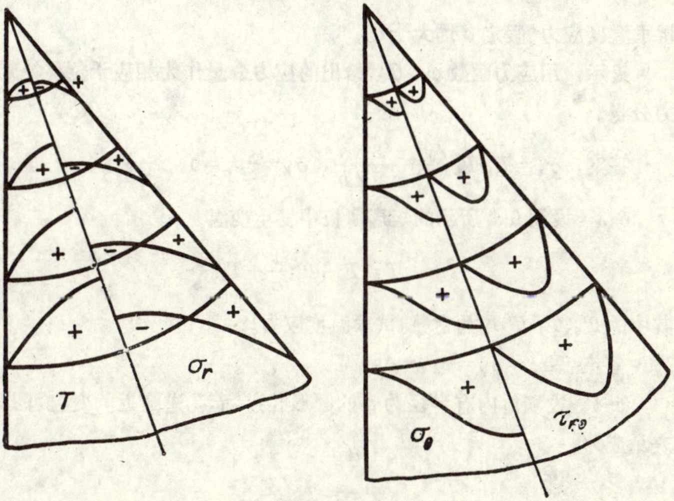

图 6-8

以上是针对平面应力问题进行分析的，因此，得出的解答只适用于具有伸缩缝的坝段。如果坝体并没有伸缩缝，而我们仍然把温度应力的问题近似地作为平面问题，则须按照平面应变问题来处理。这样，在以上的表达式中，须将E换为$\frac{E}{1-\mu^2}$，将μ换为$\frac{\mu}{1-\mu}$，并将α换为$(1+\mu)\alpha$。

习 题

6-1 设图6-4所示的矩形薄板中发生变温

$$T=T_0\cos\frac{\pi y}{2b},$$

试求温度应力(假定a远大于b)。

答案：$\sigma_x=E\alpha T_0\left(\frac{2}{\pi}-\cos\frac{\pi y}{2b}\right)$，$\sigma_y=\tau_{xy}=0$。

6-2 设图6-4所示的矩形薄板中发生变温

$$T=-T_0\frac{y^3}{b^3},$$

试求温度应力(假定a远大于b)。

提示：用应力函数$\varphi=Cy^3$给出的应力分量作为相应于位移补充解的应力分量。

答案：$\sigma_x=E\alpha T_0\left(\frac{y^2}{b^2}-\frac{3}{5}\right)\frac{y}{b}$，$\sigma_y=\tau_{xy}=0$。

6-3 设图6-4所示的矩形薄板中发生变温

$$T=T_0+T_1\frac{x}{a}+T_2\frac{y}{b},$$

其中的T_0、T_1、T_2均为常数，试求温度应力。

答案：$\sigma_x=\sigma_y=\tau_{xy}=0$。

6-4 设坝体内有半径为a的圆形孔道，而孔道附近的变温可以近似地表示成为

$$T=-T_a\left(\frac{a}{r}\right),$$

其中 T_a 为孔边的变温，而 r 为距孔道中心线的距离，试求温度应力。

答案：$\sigma_r=\dfrac{E\alpha T_a}{1-\mu}\left(1-\dfrac{a}{r}\right)\left(\dfrac{a}{r}\right)$，$\sigma_\theta=\dfrac{E\alpha T_a}{1-\mu}\dfrac{a^2}{r^2}$，$\sigma_z=\dfrac{E\alpha T_a}{1-\mu}\dfrac{a}{r}$。

6-5 同习题6-4，但 $T=-T_a\dfrac{a^3}{r^3}$。

答案：$\sigma_r=\dfrac{E\alpha T_a}{1-\mu}\left(1-\dfrac{a}{r}\right)\dfrac{a^2}{r^2}$，$\sigma_\theta=\dfrac{E\alpha T_a}{1-\mu}\left(2\dfrac{a}{r}-1\right)\dfrac{a^2}{r^2}$，

$\sigma_z=\dfrac{E\alpha T_a}{1-\mu}\dfrac{a^3}{r^3}$。

6-6 设图 6-6 所示的楔形坝体中发生变温

$$T=T_0\frac{\cos 2\theta-\cos 2\beta}{1-\cos 2\beta},$$

试求温度应力，并求出最大拉应力。

提示：取 $\psi=r^2(C_1+C_2\theta\sin 2\theta)$。

答案：$(\sigma_r)_{\theta=\pm\beta}=\dfrac{E\alpha T_0(2\beta-\sin 2\beta\cos 2\beta)}{2\sin 2\beta(1-\cos 2\beta)}$。

第七章　平面问题的差分解

§7-1　差分公式的推导

自从弹性力学基本方程建立以来，这些方程在各种问题的边界条件下如何求解，曾经是很多数学工作者和力学工作者研究的内容。但是，对于工程上许多重要的问题，并没有能够得出函数式解答。因此，弹性力学问题的各种数值解法便具有重要的实际意义。差分法是沿用较久的一种数值解法。

所谓差分法，是把基本方程和边界条件(一般均为微分方程)近似地改用差分方程(代数方程)来表示，把求解微分方程的问题改换成为求解代数方程的问题。因此，在讲述差分法之前，先来导出弹性力学上常用的一些差分公式，以便用它们来建立差分方程。

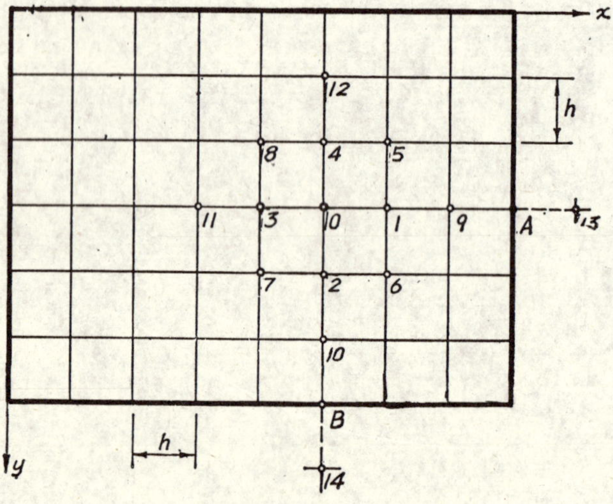

图 7-1

我们在弹性体上用相隔等间距 h 而平行于坐标轴的两组平行线织成网格，图 7-1。设 $f=f(x,y)$ 为弹性体内的某一个连续函数，它可能是某一个应力分量或者位移分量，也可能是应力函数或者温度，等等。这个函数，在平行于 x 轴的一根网线上，例如在 3-0-1 上，它只随 x 坐标的改变而变化。在邻近结点 0 处，函数 f 可以展为泰勒级数如下：

$$f=f_0+\left(\frac{\partial f}{\partial x}\right)_0(x-x_0)+\frac{1}{2!}\left(\frac{\partial^2 f}{\partial x^2}\right)_0(x-x_0)^2+\frac{1}{3!}\left(\frac{\partial^3 f}{\partial x^3}\right)_0(x-x_0)^3+\frac{1}{4!}\left(\frac{\partial^4 f}{\partial x^4}\right)(x-x_0)^4+\cdots。\tag{a}$$

在下面，我们将只考虑离开结点 0 充分近的那些结点，如图 7-1 中所示，因而所用到的 x 值都和 x_0 相差不大，也就是说，$x-x_0$ 是充分小的。于是可以不计 $x-x_0$ 的三次幂及更高次幂的各项，而将式(a)简写为

$$f=f_0+\left(\frac{\partial f}{\partial x}\right)_0(x-x_0)+\frac{1}{2}\left(\frac{\partial^2 f}{\partial x^2}\right)(x-x_0)^2。\tag{b}$$

在结点 3 及结点 1，x 分别等于 x_0-h 及 x_0+h，即，$x-x_0$ 分别等于 $-h$ 及 h。代入式(b)，得到

$$f_3=f_0-h\left(\frac{\partial f}{\partial x}\right)_0+\frac{h^2}{2}\left(\frac{\partial^2 f}{\partial x^2}\right)_0，\tag{c}$$

$$f_1=f_0+h\left(\frac{\partial f}{\partial x}\right)_0+\frac{h^2}{2}\left(\frac{\partial^2 f}{\partial x^2}\right)_0。\tag{d}$$

联立求解 $\left(\frac{\partial f}{\partial x}\right)_0$ 及 $\left(\frac{\partial^2 f}{\partial x^2}\right)_0$，即得差分公式

$$\left(\frac{\partial f}{\partial x}\right)_0=\frac{f_1-f_3}{2h}，\tag{7-1}$$

$$\left(\frac{\partial^2 f}{\partial x^2}\right)_0=\frac{f_1+f_3-2f_0}{h^2}。\tag{7-2}$$

同样，如果在网线 4-0-2 上取

$$f=f_0+\left(\frac{\partial f}{\partial y}\right)_0(y-y_0)+\frac{1}{2}\left(\frac{\partial^2 f}{\partial y^2}\right)(y-y_0)^2, \tag{e}$$

则将得到差分公式

$$\left(\frac{\partial f}{\partial y}\right)_0=\frac{f_2-f_4}{2h}, \tag{7-3}$$

$$\left(\frac{\partial^2 f}{\partial y^2}\right)_0=\frac{f_2+f_4-2f_0}{h^2} \tag{7-4}$$

公式(7-1)与(7-4)是基本差分公式，可以从而导出其他的差分公式。例如，利用(7-1)及(7-3)，可以导出混合二阶导数的差分公式如下：

$$\left(\frac{\partial^2 f}{\partial x\partial y}\right)_0=\left[\frac{\partial}{\partial x}\left(\frac{\partial f}{\partial y}\right)\right]_0=\frac{\left(\frac{\partial f}{\partial y}\right)_1-\left(\frac{\partial f}{\partial y}\right)_3}{2h}$$

$$=\frac{\frac{f_6-f_5}{2h}-\frac{f_7-f_8}{2h}}{2h}=\frac{1}{4h^2}\left[(f_6+f_8)-(f_5+f_7)\right]。 \tag{7-5}$$

又例如，用同样的方法，可以从公式(7-2)及(7-4)导出四阶导数的差分公式如下：

$$\left.\begin{aligned}\left(\frac{\partial^4 f}{\partial x^4}\right)_0&=\frac{1}{h^4}[6f_0-4(f_1+f_3)+(f_9+f_{11})],\\ \left(\frac{\partial^4 f}{\partial x^2\partial y^2}\right)_0&=\frac{1}{h^4}[4f_0-2(f_1+f_2+f_3+f_4)\\ &\quad+(f_5+f_6+f_7+f_8)],\\ \left(\frac{\partial^4 f}{\partial y^4}\right)_0&=\frac{1}{h^4}[6f_0-4(f_2+f_4)+(f_{10}+f_{12})]。\end{aligned}\right\} \tag{7-6}$$

建议读者自行推导这些公式，以资练习。

差分公式(7-1)及(7-3)是以相隔 $2h$ 的两结点处的函数值来表示中间结点处的一阶导数值，可称为中点导数公式。有时也需要用到另一种形式的差分公式，它以相邻三结点处的函数值来表示一个端点处的一阶导数值，可称为端点导数公式，导出如下。

首先把导数$\left(\frac{\partial f}{\partial x}\right)_0$用$f_0$、$f_1$、$f_9$来表示。为此，在式($b$)中命$x=x_0+2h$，即$x-x_0=2h$，得出

$$f_9=f_0+2h\left(\frac{\partial f}{\partial x}\right)_0+2h^2\left(\frac{\partial^2 f}{\partial x^2}\right)_0, \tag{f}$$

再从式(d)及式(f)中消去$\left(\frac{\partial^2 f}{\partial x^2}\right)_0$，即得端点导数公式

$$\left(\frac{\partial f}{\partial x}\right)_0=\frac{-3f_0+4f_1-f_9}{2h}。 \tag{7-7}$$

同样也可以把导数$\left(\frac{\partial f}{\partial x}\right)_0$用$f_0$、$f_3$、$f_{11}$来表示。为此，在式($b$)中命$x=x_0-2h$，即$x-x_0=-2h$，得出

$$f_{11}=f_0-2h\left(\frac{\partial f}{\partial x}\right)_0+2h^2\left(\frac{\partial^2 f}{\partial x^2}\right)_0, \tag{g}$$

再从式(c)及式(g)中消去$\left(\frac{\partial^2 f}{\partial x^2}\right)_0$，又可得端点导数公式

$$\left(\frac{\partial f}{\partial x}\right)_0=\frac{3f_0-4f_3+f_{11}}{2h}。 \tag{7-8}$$

与上相似，也可以导出端点导数公式

$$\left(\frac{\partial f}{\partial y}\right)_0=\frac{-3f_0+4f_2-f_{10}}{2h}, \tag{7-9}$$

$$\left(\frac{\partial f}{\partial y}\right)_0=\frac{3f_0-4f_4+f_{12}}{2h}。 \tag{7-10}$$

应当指出：中点导数公式与端点导数公式相比，精度较高，因为前者反映了结点两边的函数变化，而后者却只反映了结点一边的函数变化。据此，我们总是尽可能应用前者，而只有在无法应用前者时才不得不应用后者。

以上在导出差分公式时，是从式(b)或式(e)出发的，而在式(b)及式(e)中已经分别略去了$x-x_0$或$y-y_0$的三次幂及更高

次幂的各项,使该二式中的 f 简化为 x 或 y 的二次函数。这就是说，在连续两段网线间距之内,f 已被当做按抛物线变化。因此，以上导出的差分公式常被称为抛物线差分公式。

用不同的方式,可以导出不同的差分公式。例如,我们可以在式(b)中把 $(x-x_0)^2$ 的项也略去不计,从而由式(c)及式(d)分别得出基本差分公式

$$\left(\frac{\partial f}{\partial x}\right)_0=\frac{f_0-f_3}{h}, \tag{h}$$

$$\left(\frac{\partial f}{\partial x}\right)_0=\frac{f_1-f_0}{h}。 \tag{i}$$

在这里，由于式(b)中的 f 被简化为 x 的线性函数，也就是说,在一段网格间距之内,f 已被当做按直线变化，因此，上列两个基本差分公式常被称为直线差分公式，式(h)称为向后线性差分公式，而式(i)称为向前线性差分公式。以这两个公式为基础,可以导出高阶导数的向后或向前的差分公式。但这种差分公式精度较差，因而很少采用。

又例如,我们还可以在式(a) 中保留 $(x-x_0)^3$ 及 $(x-x_0)^4$ 的项,将该式应用于结点1、3、9、11,得出 $\left(\frac{\partial f}{\partial x}\right)_0$、$\left(\frac{\partial^2 f}{\partial x^2}\right)_0$、$\left(\frac{\partial^3 f}{\partial x^3}\right)_0$、$\left(\frac{\partial^4 f}{\partial x^4}\right)_0$ 的四个方程,联立求解，从而得出四个基本差分公式。这种差分公式虽然比较精确,但也很少采用,因为每一公式涉及的结点太多,用起来很不方便。

§7-2　稳定温度场的差分解

本节中以无热源的、平面的、稳定的温度场为例,说明差分法的应用。

在无热源的平面稳定温度场中，$\frac{\partial\theta}{\partial t}=0$，$\frac{\partial T}{\partial z}=0$，$\frac{\partial T}{\partial t}=0$，所以热传导微分方程(6-4)简化为调和方程 $\nabla^2 T=0$，即

$$\frac{\partial^2 T}{\partial x^2}+\frac{\partial^2 T}{\partial y^2}=0。\tag{a}$$

为了用差分法求解，我们在温度场的域内织成网格，如图 7-1 所示。在任意一个结点，例如在结点 0，由差分公式(7-2)及(7-4)有

$$\left(\frac{\partial^2 T}{\partial x^2}\right)_0=\frac{T_1+T_3-2T_0}{h^2},\tag{b}$$

$$\left(\frac{\partial^2 T}{\partial y^2}\right)_0=\frac{T_2+T_4-2T_0}{h^2}。\tag{c}$$

代入由式(a)得来的 $\left(\frac{\partial^2 T}{\partial x^2}\right)_0+\left(\frac{\partial^2 T}{\partial y^2}\right)_0=0$，即得差分方程

$$4T_0-T_1-T_2-T_3-T_4=0。\tag{7-11}$$

如果一个温度场的全部边界都具有第一类边界条件，则所有边界结点处的 T 值都是已知的。这样，只须在每一个内结点处建立一个(7-11)型的差分方程，就可以由这些方程求得所有内结点处的未知 T 值。

对于具有第二类边界条件的边界结点 0，图 7-2 a，由于该结点处的温度 T_0 是未知的，需要计算，因而也需要在该结点建立一个(7-11)型的差分方程。但这一方程中将含有边界外的虚结点 1 处的温度 T_1。为了消去这个未知的 T_1，可利用边界条件(6-9)。假定该边界是垂直于 x 轴的，而且该边界的向外法线是沿 x 轴的正向，如图所示，则上述边界条件成为

$$-\lambda\left(\frac{\partial T}{\partial x}\right)_0=(q_x)_0,$$

其中 $(q_x)_0$ 是结点 0 处的沿 x 方向的已知热流密度。对 $\left(\frac{\partial T}{\partial x}\right)_0$ 应用差分公式(7-1)，则上式成为

$$-\lambda\left(\frac{T_1-T_3}{2h}\right)=(q_x)_0。$$

解出 T_1,代入(7-11)式,即得修正的差分方程

$$4T_0-T_2-2T_3-T_4=-\frac{2h}{\lambda}(q_x)_0。\tag{7-12}$$

如果 4-0-2 是绝热边界或对称轴,则有$(q_x)_0=0$, 而上式简化为

$$4T_0-T_2-2T_3-T_4=0。\tag{7-13}$$

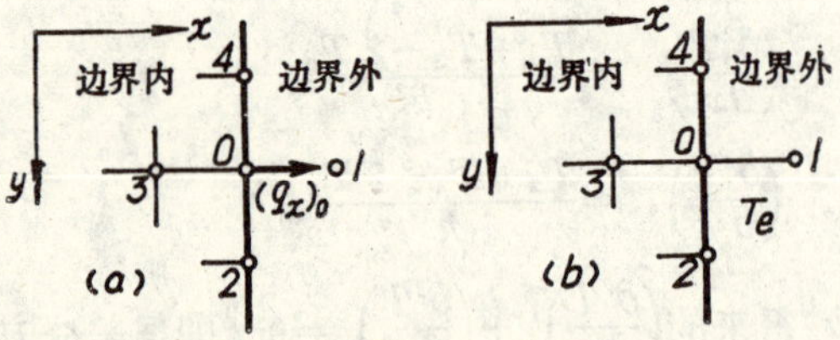

图 7-2

对于具有第三类边界条件的边界结点 0, 图 7-2 b,也须立出相应于未知值 T_0 的差分方程。为了消去该方程中的虚结点温度 T_1,可利用边界条件(6-12)而得

$$\left(\frac{\partial T}{\partial x}\right)_0=-\frac{\beta}{\lambda}(T_0-T_e),$$

其中 T_e 为边界以外的介质的已知温度。应用差分公式(7-1),可得

$$\frac{T_1-T_3}{2h}=-\frac{\beta}{\lambda}(T_0-T_e)。$$

解出 T_1,代入(7-11)式,即得修正的差分方程

$$\left(4+\frac{2h\beta}{\lambda}\right)T_0-T_2-2T_3-T_4=-\frac{2h\beta}{\lambda}T_e。\tag{7-14}$$

当边界垂直于 y 轴时,也极易导出与上式相似的修正差分方程。

至于具有第四类边界条件的边界结点,在完全接触的情况下,由于两个接触体的温度场是连续的,如(6-14)式所示,因此,只要

两个接触体具有相同的热性常数，这个边界结点就和内结点完全一样。如果接触不完全，或者两个接触体具有不同的热性常数，则问题比较复杂，这里不进行讨论。

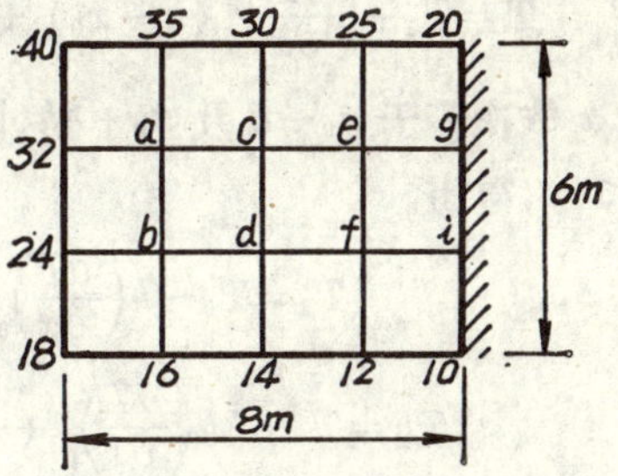

图 7-3

作为简例，设有矩形薄板，图 7-3，长 8 米，宽 6 米，右边界为绝热边界，其余三边界上的已知结点温度标在各结点上(单位为℃)，试求板内的结点温度 T_a 至 T_i。

用 4×3 的网格，$h=2$ 米。按照(7-11)式立出结点 a 至 f 处的差分方程如下：

$$4T_a-T_b-T_c-35-32=0,$$
$$4T_b-T_a-T_d-16-24=0,$$
$$4T_c-T_a-T_d-T_e-30=0,$$
$$4T_d-T_b-T_c-T_f-14=0,$$
$$4T_e-T_c-T_f-T_g-25=0,$$
$$4T_f-T_d-T_e-T_i-12=0。$$

按照(7-13)式立出结点 g 及 i 处的差分方程如下：

$$4T_g-T_i-2T_e-20=0,$$
$$4T_i-T_g-2T_f-10=0。$$

联立求解上列 8 个方程，得到(单位为℃)：

$$T_a=28.51,\ T_b=22.03,\ T_c=24.99,\ T_d=19.61,$$
$$T_e=21.84,\ T_f=17.41,\ T_g=19.97,\ T_i=16.20。$$

当温度场具有曲线边界或斜边界时，在靠近边界处将出现不规则的内结点，如图 7-4 a 中的结点 0。我们首先假定边界 AB 是第一类边界。将温度 T 在邻近结点 0 处沿 x 方向展为泰勒级数，略去 $x-x_0$ 的三次幂及更高次幂的项，得到

$$T=T_0+\left(\frac{\partial T}{\partial x}\right)_0(x-x_0)+\frac{1}{2}\left(\frac{\partial^2 T}{\partial x^2}\right)_0(x-x_0)^2。$$

命 x 依次等于 x_0-h 及 $x_0+\xi h$，即 $x-x_0$ 依次等于 $-h$ 及 $\xi h(0<\xi<1)$，得出

$$T_3=T_0-h\left(\frac{\partial T}{\partial x}\right)_0+\frac{h^2}{2}\left(\frac{\partial^2 T}{\partial x^2}\right)_0,$$

$$T_A=T_0+\xi h\left(\frac{\partial T}{\partial x}\right)_0+\frac{1}{2}\xi^2 h^2\left(\frac{\partial^2 T}{\partial x^2}\right)_0。$$

从两式中消去$\left(\frac{\partial T}{\partial x}\right)_0$，可以得到

$$\left(\frac{\partial^2 T}{\partial x^2}\right)_0=\frac{2}{h}\left[\frac{1}{\xi(1+\xi)}T_A+\frac{1}{1+\xi}T_3-\frac{1}{\xi}T_0\right]。$$

$$(0<\xi<1)$$

至于$\left(\frac{\partial^2 T}{\partial y^2}\right)_0$，则仍然如式($c$)所示。这样将得出代替(7-11) 的差分方程

$$2\left(1+\frac{1}{\xi}\right)T_0-T_2-\frac{2}{1+\xi}T_3-T_4=\frac{2}{\xi(1+\xi)}T_A。$$

$$(0<\xi<1) \tag{7-15}$$

对于图 7-4 b 中的不规则结点 0，同样可以导出代替(7-11)的差分方程

$$\left(\frac{1}{\xi}+\frac{1}{\eta}\right)T_0-\frac{1}{1+\xi}T_3-\frac{1}{1+\eta}T_4$$

$$=\frac{1}{\xi(1+\xi)}T_A+\frac{1}{\eta(1+\eta)}T_B。 \tag{7-16}$$

$$(0<\xi<1,\quad 0<\eta<1)$$

其次，假定图 7-4 a 中的边界 AB 是第二类边界。这时，我们将温度 T 在邻近结点 A 处沿 x 方向展为泰勒级数，略去 $x-x_A$ 的三次幂及更高次幂的项，得到

$$T=T_A+\left(\frac{\partial T}{\partial x}\right)_A(x-x_A)+\frac{1}{2}\left(\frac{\partial^2 T}{\partial x^2}\right)_A(x-x_A)^2。$$

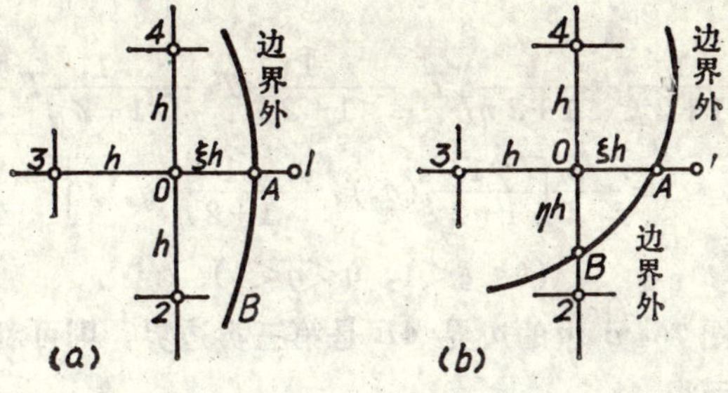

图 7-4

命 $x-x_A$ 依次等于 $-\xi h$ 及 $-(1+\xi)h$，其中 $0<\xi<1$，得到

$$T_0=T_A-\xi h\left(\frac{\partial T}{\partial x}\right)_A+\frac{\xi^2h^2}{2}\left(\frac{\partial^2 T}{\partial x^2}\right)_A,$$

$$T_3=T_A-(1+\xi)h\left(\frac{\partial T}{\partial x}\right)_A+\frac{1}{2}(1+\xi)^2h^2\left(\frac{\partial^2 T}{\partial x^2}\right)_A。$$

从两式中消去$\left(\frac{\partial^2 T}{\partial x^2}\right)_A$，可得

$$T_A=\frac{1}{1+2\xi}\left[(1+\xi)^2T_0-\xi^2T_3+\xi(1+\xi)h\left(\frac{\partial T}{\partial x}\right)_A\right]。\quad (d)$$

再利用边界条件 $-\lambda\left(\frac{\partial T}{\partial x}\right)_A=(q_x)_A$ 以消去$\left(\frac{\partial T}{\partial x}\right)_A$，即得

$$T_A=\frac{1}{1+2\xi}\left[(1+\xi)^2T_0-\xi^2T_3-\xi(1+\xi)\frac{h}{\lambda}(q_x)_A\right]。$$

代入(7-15)式，简化以后，即得代替(7-11)的差分方程

$$\frac{4(1+\xi)}{1+2\xi}T_0-T_2-\frac{2}{1+2\xi}T_3-T_4=-\frac{2}{1+2\xi}\frac{h}{\lambda}(q_x)_A。\quad (7\text{-}17)$$

$$(0<\xi<1)$$

对于图 7-4 b 中的不规则结点 0，也可以同样导出代替(7-11)的差

分方程

$$\left(\frac{1}{1+2\xi}+\frac{1}{1+2\eta}\right)T_0-\frac{1}{1+2\xi}T_3-\frac{1}{1+2\eta}T_4$$
$$=-\frac{h}{\lambda}\left[\frac{1}{1+2\xi}(q_x)_A+\frac{1}{1+2\eta}(q_x)_B\right] \qquad (7\text{-}18)$$
$$(0<\xi<1,\ 0<\eta<1)$$

如果图 7-4 *a* 中的边界 AB 是第三类边界，则可利用边界条件(6-12)而得

$$\left(\frac{\partial T}{\partial x}\right)_A=-\frac{\beta}{\lambda}(T_A-T_e)。$$

代入式(d)，可得方程

$$T_A=\frac{1}{1+2\xi}\Big[(1+\xi)^2T_0-\xi^2T_3$$
$$-\frac{\beta h}{\lambda}\xi(1+\xi)(T_A-T_e)\Big]。 \qquad (e)$$
$$(0<\xi<1)$$

解出 T_A，再代入(7-15)式，即得代替(7-11) 的差分方程。如果图 7-4 *b* 中的边界 AB 是第三类边界，则除了方程(e) 以外还可以得出相似的方程

$$T_B=\frac{1}{1+2\eta}\Big[(1+\eta)^2T_0-\eta^2T_4$$
$$-\frac{\beta h}{\lambda}\eta(1+\eta)(T_B-T_e)\Big]。 \qquad (f)$$
$$(0<\eta<1)$$

将方程(e)及(f)一并代入(7-16)式，亦可得出代替(7-11) 的差分方程。

§ 7-3 不稳定温度场的差分解

本节中将简单介绍平面不稳定温度场的差分解法，主要目的

在于说明，如何计算混凝土体中由于混凝土凝结发热而出现的不稳定温度场，供温度应力的计算及温度控制之用。

计算时，仍然和以前一样地在温度场上织成网格，图 7-1。将平面不稳定温度场的微分方程(6-4)用于在任一瞬时的任一内结点 0，得到

$$\left(\frac{\partial T}{\partial t}\right)_0-a(\nabla^2 T)_0=\left(\frac{\partial \theta}{\partial t}\right)_0。\tag{a}$$

命结点 0 在 t 时的温度为 T_0，在 $t+\Delta t$ 时的温度为 T_0'。应用向前线性差分公式，得到

$$\left(\frac{\partial T}{\partial t}\right)_0=\frac{T_0'-T_0}{\Delta t}。\tag{b}$$

对于 $\nabla^2 T$，仍然采用抛物线差分公式，得到

$$\begin{aligned}(\nabla^2 T)_0&=\left(\frac{\partial^2 T}{\partial x^2}\right)_0+\left(\frac{\partial^2 T}{\partial y^2}\right)_0\\&=\frac{T_1+T_3-2\,T_0}{h^2}+\frac{T_2+T_4-2\,T_0}{h^2}\\&=\frac{1}{h^2}(T_1+T_2+T_3+T_4-4\,T_0)。\end{aligned}\tag{c}$$

对于 $\frac{\partial \theta}{\partial t}$，也采用线性差分公式，即

$$\left(\frac{\partial \theta}{\partial t}\right)_0=\frac{(\Delta\theta)_0}{\Delta t}。\tag{d}$$

将式(b)、式(c)、式(d)代入式(a)，即得差分方程

$$\begin{aligned}T_0'=&\left(1-\frac{4\,a\Delta t}{h^2}\right)T_0\\&+\frac{a\Delta t}{h^2}(T_1+T_2+T_3+T_4)+(\Delta\theta)_0。\end{aligned}\tag{7-19}$$

利用这一方程，可以根据结点 0、1、2、3、4 在 t 时的温度，以及结点 0 在时段 Δt 内的 $\Delta\theta$，求得结点 0 在 $t+\Delta t$ 时的温度。

对于具有第一类边界条件的边界结点0,由于结点温度T'_0是已知的,当然无须应用什么方程来求出它的温度。

对于具有第二类边界条件的边界结点0, 图7-2 a,由于它的温度T'_0是未知的,因而需要用到(7-19)型的差分方程。但这一方程的右边将含有边界外的虚结点1处的温度T_1。为了消去这个未知温度,可以和前一节中同样地利用边界条件

$$-\lambda\left(\frac{T_1-T_3}{2h}\right)=(q_x)_0。$$

解出T_1,代入(7-19),即得修正的差分方程

$$T'_0=\left(1-\frac{4a\Delta t}{h^2}\right)T_0+\frac{a\Delta t}{h^2}\left[T_2+2T_3+T_4-\frac{2h}{\lambda}(q_x)_0\right]+(\Delta\theta)_0。\tag{7-20}$$

对于具有第三类边界条件的边界结点0,图7-2 b, 也需要用到(7-19)型的差分方程。为了消去虚结点1处的温度T_1,可以和前一节中同样地利用边界条件

$$\frac{T_1-T_3}{2h}=-\frac{\beta}{\lambda}(T_0-T_e)。$$

解出T_1,代入(7-19),即得修正的差分方程

$$T'_0=\left(1-\frac{4a\Delta t}{h^2}-\frac{2a\beta\Delta t}{h\lambda}\right)T_0+\frac{a\Delta t}{h^2}(T_2+2T_3+T_4)+\frac{2a\beta\Delta t}{h\lambda}T_e+(\Delta\theta)_0。\tag{7-21}$$

关于具有第四类边界条件的边界结点,已在前一节中进行说明。总之,不论边界条件如何,都可以由Δt前的结点温度求得Δt后的结点温度。具体计算时,可将温度场的经历时间分为若干个相等或不相等的时段Δt,从初瞬时开始,依次利用差分方程算出各个时段终了时的结点温度,从而确定各结点处的变温过程。

按照差分理论，为了保证结点温度收敛于正确解答，必须取充分小的 Δt 值，以使差分方程右边 T_0 的系数不致成为负值。据此，对于内结点及具有第二类边界条件的边界结点，可由差分方程(7-19)或(7-20)得收敛条件

$$1-\frac{4a\Delta t}{h^2}\geqslant 0,$$

从而得

$$\Delta t\leqslant h^2/4a, \tag{7-22}$$

对于具有第三类边界条件的边界结点，则可由差分方程(7-21)得收敛条件

$$1-\frac{4a\Delta t}{h^2}-\frac{2a\beta\Delta t}{h\lambda}\geqslant 0,$$

从而得

$$\Delta t\leqslant\frac{1}{\frac{4a}{h^2}+\frac{2a\beta}{\lambda h}}=\frac{h^2}{4a\left(1+\frac{\beta h}{2\lambda}\right)}。\tag{7-23}$$

观察(7-22)及(7-23)两式，可见 Δt 总是决定于 β 值最大的、具有第三类边界条件的边界结点。

如果对于$\frac{\partial T}{\partial t}$采用向后差分公式，则每一个差分方程中将包含不止一个结点而是多个结点在 Δt 后的温度，因而整个温度场内各结点处的差分方程成为联立方程；对于每一个时段 Δt，都要求解一次联立方程。这样，虽然由于没有收敛条件的限制，Δt可以取得大一些，但计算工作量仍然可能很大。

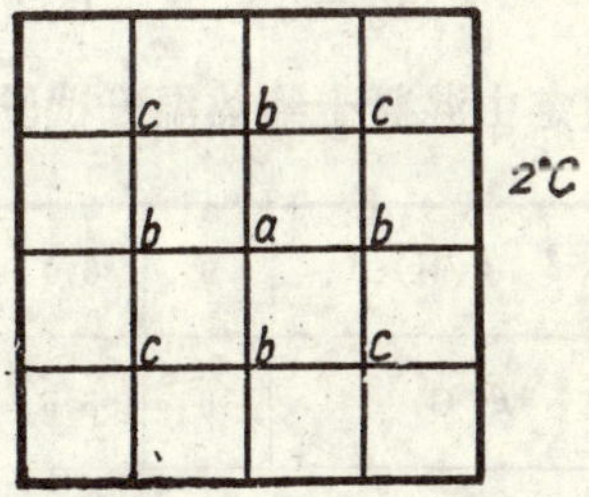

图 7-5

作为算例，设有一混凝土墩，其水平横截面为 1.6 米 × 1.6 米

的正方形。混凝土的浇注温度为 2°C,浇注以后,表面的温度也大致保持为 2°C（第一类边界条件）。混凝土的导温系数取为 $a=0.00334$ 米^2/时。试用差分法计算混凝土凝结发热期间的不稳定温度场。

假定混凝土墩的高度远大于 1.6 米，因而该温度场的问题可以近似地作为平面问题。在横截面上织成 $h=0.4$ 米的 4×4 网格,图7-5。在图上,凡是根据对称条件看出温度应当相同的结点,均用相同的字母标明。按照公式(7-22),计算的时段应取为

$$\Delta t\leqslant\frac{h^2}{4a}=\frac{0.4^2}{4\times0.00334}=12.0\text{ 时。}$$

现在取 $\Delta t=6.0$ 时,从而有

$$\frac{4a\Delta t}{h^2}=0.5,\quad \frac{a\Delta t}{h^2}=0.125。$$

按照(7-19)式立出差分方程：

$$T'_a=(1-0.5)T_a+0.125(4T_b)+(\Delta\theta)_a,$$
$$T'_b=(1-0.5)T_b+0.125(T_a+2T_c+2)+(\Delta\theta)_b,$$
$$T'_c=(1-0.5)T_c+0.125(2T_b+2\times2)+(\Delta\theta)_c。$$

由于全部混凝土均属于同一龄期，故有 $(\Delta\theta)_a=(\Delta\theta)_b=(\Delta\theta)_c=\Delta\theta$。于是上列三式简化为

$$\left.\begin{aligned}T'_a&=0.5T_a+0.5T_b+\Delta\theta,\\T'_b&=0.5T_b+0.125T_a+0.25T_c+0.25+\Delta\theta,\\T'_c&=0.5T_c+0.25T_b+0.5+\Delta\theta。\end{aligned}\right\}\qquad(e)$$

假定由混凝土绝热温升试验得来的数据如下表中的前三行所示：

t (时)	0	6.0	12.0	18.0	24.0	30.0	36.0	42.0	48.0
θ(°C)	0	5.5	8.0	9.7	10.8	11.6	12.4	13.1	13.8
$\Delta\theta$(°C)		5.5	2.5	1.7	1.1	0.8	0.8	0.7	0.7

结点 a	2.00	7.50	10.00	11.36	11.79	11.69	11.47	11.11	10.75
结点 b	2.00	7.50	9.31	10.01	9.99	9.65	9.35	8.99	8.69
结点 c	2.00	7.50	8.63	8.84	8.52	8.06	7.74	7.41	7.15

按照式(e)进行分时段计算，结果如下：

第一时段($t=0$ 至 $t=6.0$)，$\Delta\theta=5.5$℃，

$$T_a=T_b=T_c=2.00\text{(即初始温度)},$$

$$T'_a=T'_b=T'_c=2.00+5.5=7.50℃。$$

第二时段($t=6.0$ 至 $t=12.0$)，$\Delta\theta=2.5$℃，

$$T_a=T_b=T_c=7.50℃,$$

$$T_a'=10.00℃,T_b'=9.31℃,T_c'=8.63℃。$$

对其余各时段进行同样的计算，结果如上表中的后三行所示。图7-6约略示出三结点处温度变化的过程。

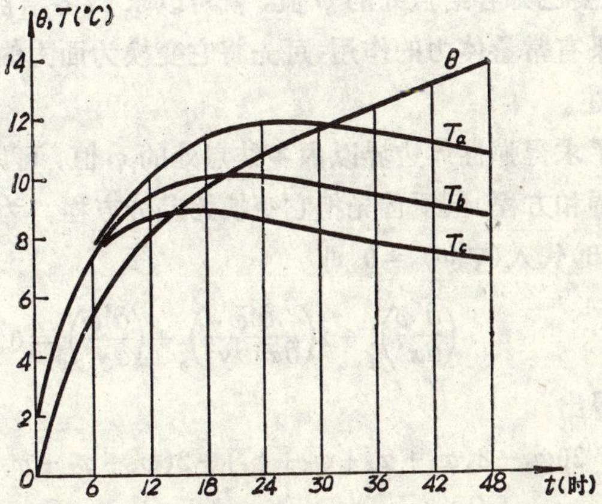

图 7-6

§ 7-4 应力函数的差分解

在§2-12 中已经说明，在不计体力的情况下，平面问题中的应

力分量 σ_x、σ_y、τ_{xy} 可以用应力函数 φ 的二阶导数表示如下：

$$\sigma_x=\frac{\partial^2\varphi}{\partial y^2},\quad \sigma_y=\frac{\partial^2\varphi}{\partial x^2},\quad \tau_{xy}=-\frac{\partial^2\varphi}{\partial x\partial y}。\qquad (a)$$

如果在弹性体上织成如图 7-1 所示的网格，应用差分公式(7-4)、(7-2)、(7-5)，就可以把任一结点 0 处的应力分量表示成为

$$\left.\begin{aligned}
(\sigma_x)_0&=\left(\frac{\partial^2\varphi}{\partial y^2}\right)_0=\frac{1}{h^2}[(\varphi_2+\varphi_4)-2\varphi_0],\\
(\sigma_y)_0&=\left(\frac{\partial^2\varphi}{\partial x^2}\right)_0=\frac{1}{h^2}[(\varphi_1+\varphi_3)-2\varphi_0],\\
(\tau_{xy})_0&=\left(-\frac{\partial^2\varphi}{\partial x\partial y}\right)_0\\
&=\frac{1}{4h^2}\cdot[(\varphi_5+\varphi_7)-(\varphi_6+\varphi_8)]。
\end{aligned}\right\}\tag{7-24}$$

可见，只要已知各结点处的 φ 值，就可以求得各结点处的应力分量。如果有常量体力的作用，可先将它变换为面力的作用，如§2-11 中所述。

为了求得弹性体边界以内各结点处的 φ 值，可以利用应力函数的重调和方程，但须首先把它变换为差分方程。为此，要把差分公式(7-6)代入 $(\nabla^4\varphi)_0=0$，即

$$\left(\frac{\partial^4\varphi}{\partial x^4}\right)_0+2\left(\frac{\partial^4\varphi}{\partial x^2\partial y^2}\right)_0+\left(\frac{\partial^4\varphi}{\partial y^4}\right)_0=0。$$

这样就得出

$$\begin{aligned}
20\varphi_0-8(\varphi_1+\varphi_2+\varphi_3+\varphi_4)+2(\varphi_5+\varphi_6+\varphi_7+\varphi_8)\\
+(\varphi_9+\varphi_{10}+\varphi_{11}+\varphi_{12})=0。
\end{aligned}\tag{7-25}$$

对于弹性体边界以内的每一结点，都可以建立这样一个差分方程。但是，对于边界内一行的(距边界为 h 的)结点，建立的差分方程中还将包含边界上各结点处的 φ 值，并包含边界外一行的虚结点处的 φ 值。

为了求得边界上各结点处的 φ 值，须要应用应力边界条件(2-18)，即

$$l(\sigma_x)_s+m(\tau_{xy})_s=\overline{X},\quad m(\sigma_y)_s+l(\tau_{xy})_s=\overline{Y}。$$

利用式(a)，可将它变换成为

$$\left.\begin{aligned} l\left(\frac{\partial^2\varphi}{\partial y^2}\right)_s-m\left(\frac{\partial^2\varphi}{\partial x\partial y}\right)_s=\overline{X},\\ m\left(\frac{\partial^2\varphi}{\partial x^2}\right)_s-l\left(\frac{\partial^2\varphi}{\partial x\partial y}\right)_s=\overline{Y}。\end{aligned}\right\}\quad(b)$$

但由图 7-7 可见

$$l=\cos(N,x)=\cos\alpha=\frac{dy}{ds},$$

$$m=\cos(N,y)=\sin\alpha=-\frac{dx}{ds}。$$

因此，式(b)可以改写成为

$$\frac{dy}{ds}\left(\frac{\partial^2\varphi}{\partial y^2}\right)_s+\frac{dx}{ds}\left(\frac{\partial^2\varphi}{\partial x\partial y}\right)_s=\overline{X},$$

$$-\frac{dx}{ds}\left(\frac{\partial^2\varphi}{\partial x^2}\right)_s-\frac{dy}{ds}\left(\frac{\partial^2\varphi}{\partial x\partial y}\right)_s=\overline{Y},$$

或

$$\frac{d}{ds}\left(\frac{\partial\varphi}{\partial y}\right)_s=\overline{X},\qquad -\frac{d}{ds}\left(\frac{\partial\varphi}{\partial x}\right)_s=\overline{Y}。\quad(c)$$

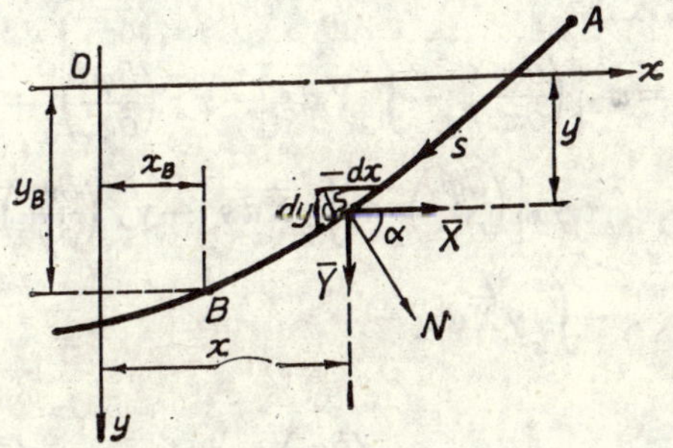

图 7-7

将式(c)对 s 积分，从 A 点到 B 点，得

$$\left(\frac{\partial\varphi}{\partial y}\right)_A^B=\int_A^B\overline{X}ds,\qquad -\left(\frac{\partial\varphi}{\partial x}\right)_A^B=\int_A^B\overline{Y}ds,$$

或

$$\left(\frac{\partial\varphi}{\partial y}\right)_B=\left(\frac{\partial\varphi}{\partial y}\right)_A+\int_A^B\overline{X}ds,$$
$$\left(\frac{\partial\varphi}{\partial x}\right)_B=\left(\frac{\partial\varphi}{\partial x}\right)_A-\int_A^B\overline{Y}ds。\qquad (d)$$

另一方面，因为 $d\varphi=\frac{\partial\varphi}{dx}dx+\frac{\partial\varphi}{\partial y}dy$，故由分部积分得

$$(\varphi)_A^B=\left(x\frac{\partial\varphi}{\partial x}\right)_A^B-\int_A^B x\frac{d}{ds}\left(\frac{\partial\varphi}{\partial x}\right)ds+\left(y\frac{\partial\varphi}{\partial y}\right)_A^B-\int_A^B y\frac{d}{ds}\left(\frac{\partial\varphi}{\partial y}\right)ds,$$

或将式(c)代入而得

$$(\varphi)_A^B=\left(x\frac{\partial\varphi}{\partial x}\right)_A^B+\int_A^B x\overline{Y}ds+\left(y\frac{\partial\varphi}{\partial y}\right)_A^B-\int_A^B y\overline{X}ds,$$

也就是

$$\varphi_B-\varphi_A=x_B\left(\frac{\partial\varphi}{\partial x}\right)_B-x_A\left(\frac{\partial\varphi}{\partial x}\right)_A+\int_A^B x\overline{Y}ds+y_B\left(\frac{\partial\varphi}{\partial y}\right)_B-y_A\left(\frac{\partial\varphi}{\partial y}\right)_A-\int_A^B y\overline{X}ds。$$

再将式(d)代入，得

$$\varphi_B-\varphi_A=x_B\left[\left(\frac{\partial\varphi}{\partial x}\right)_A-\int_A^B\overline{Y}ds\right]-x_A\left(\frac{\partial\varphi}{\partial x}\right)_A+\int_A^B x\overline{Y}ds+y_B\left[\left(\frac{\partial\varphi}{\partial y}\right)_A+\int_A^B\overline{X}ds\right]-y_A\left(\frac{\partial\varphi}{\partial y}\right)_A-\int_A^B y\overline{X}ds,$$

从而得出

$$\varphi_B=\varphi_A+(x_B-x_A)\left(\frac{\partial\varphi}{\partial x}\right)_A+(y_B-y_A)\left(\frac{\partial\varphi}{\partial y}\right)_A$$

$$+\int_A^B (y_B-y)\overline{X}ds+\int_A^B (x-x_B)\overline{Y}ds。\qquad (e)$$

由式(e)及式(d)可见，设已知 φ_A、$\left(\frac{\partial\varphi}{\partial x}\right)_A$、$\left(\frac{\partial\varphi}{\partial y}\right)_A$，即可根据面力分量$\overline{X}$及$\overline{Y}$求得 φ_B、$\left(\frac{\partial\varphi}{\partial x}\right)_B$、$\left(\frac{\partial\varphi}{\partial y}\right)_B$。但在§3-1中已经说明，把应力函数 φ 加上一个线性函数，并不影响应力。因此，我们可以假想把函数 φ 加上 $a+bx+cy$，然后调整 a、b、c 三个数值，使得$\varphi_A=0$，$\left(\frac{\partial\varphi}{\partial x}\right)_A=0$，$\left(\frac{\partial\varphi}{\partial y}\right)_A=0$。于是式($d$)及式($e$)即简化为

$$\left(\frac{\partial\varphi}{\partial y}\right)_B=\int_A^B \overline{X}ds, \qquad (7\text{-}26)$$

$$\left(\frac{\partial\varphi}{\partial x}\right)_B=-\int_A^B \overline{Y}ds, \qquad (7\text{-}27)$$

$$\varphi_B=\int_A^B (y_B-y)\overline{X}ds+\int_A^B (x-x_B)\overline{Y}ds。\qquad (7\text{-}28)$$

以上是针对单连体导出的结果。对于多连体，情况就不象这样简单。当我们在某一个连续边界 s 上任意选定基点 A 并取 $\varphi_A=\left(\frac{\partial\varphi}{\partial x}\right)_A=\left(\frac{\partial\varphi}{\partial y}\right)_A=0$ 以后，应力函数 φ 就不再具有任意性，它在弹性体的任何一点都有了一定的数值。因此，对于另一个连续边界 s_1上任选的基点 A_1，就不能再取 $\varphi_{A_1}=\left(\frac{\partial\varphi}{\partial x}\right)_{A_1}=\left(\frac{\partial\varphi}{\partial y}\right)_{A_1}=0$。只有应用位移单值条件，才能确定 φ_{A_1}、$\left(\frac{\partial\varphi}{\partial x}\right)_{A_1}$、$\left(\frac{\partial\varphi}{\partial y}\right)_{A_1}$，从而求出 s_1 上其他各点的 φ 值、$\frac{\partial\varphi}{\partial x}$值、$\frac{\partial\varphi}{\partial y}$值。而且，由于$\varphi_{A_1}$、$\left(\frac{\partial\varphi}{\partial x}\right)_{A_1}$、$\left(\frac{\partial\varphi}{\partial y}\right)_{A_1}$一般都不等于零，于是只能直接应用公式($d$)和($e$)，而不能应用简化了的公式(7-26)至(7-28)。这就使得应力函数的差分解在多连体问题中应用起来很不方便。

观察图 7-7，可见式(7-26)右边的积分式表示A与B之间的、x方向的面力之和，式(7-27)右边的积分式表示A与B之间的、y方向的面力之和，式(7-28)右边的积分式表示A与B之间的面力对于B点的矩(在如图 7-7 所示的x轴向右而y轴向下的坐标系中，这个矩以顺时针转向为正)。

至于边界外一行的(距边界为h的)虚结点处的φ值，则可用函数φ在边界上的导数值和边界内一行的各结点处的φ值来表示。例如，对于图 7-1 中的虚结点 13 及 14，因为有

$$\left(\frac{\partial\varphi}{\partial x}\right)_A=\frac{\varphi_{13}-\varphi_9}{2h},\quad \left(\frac{\partial\varphi}{\partial y}\right)_B=\frac{\varphi_{14}-\varphi_{10}}{2h},$$

所以有

$$\varphi_{13}=\varphi_9+2h\left(\frac{\partial\varphi}{\partial x}\right)_A,\quad \varphi_{14}=\varphi_{10}+2h\left(\frac{\partial\varphi}{\partial y}\right)_B. \tag{7-29}$$

在实际计算时，可采取步骤如下：(1) 在边界上任意选定一个结点作为基点A，取$\varphi_A=\left(\frac{\partial\varphi}{\partial x}\right)_A=\left(\frac{\partial\varphi}{\partial y}\right)_A=0$，然后由面力的矩及面力之和算出边界上所有各结点处的φ值，以及应用公式(7-29)时所必需的一些$\frac{\partial\varphi}{\partial x}$值及$\frac{\partial\varphi}{\partial y}$值，即垂直于边界方向的导数值。(2) 应用公式(7-29)，将边界外一行各虚结点处的φ值用边界内的相应结点处的φ值来表示。(3) 对边界内的各结点建立差分方程(7-25)，联立求解这些结点处的φ值。(4)按照公式(7-29)，算出边界外一行的各虚结点处的φ值。(5) 按照公式(7-24)计算应力分量。

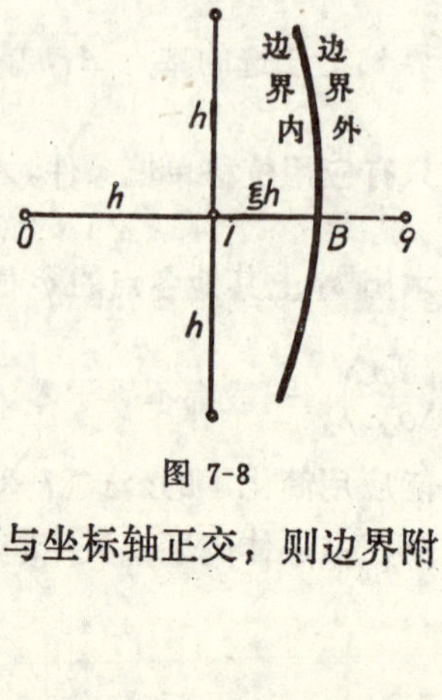

图 7-8

如果一部分边界是曲线的，或是不与坐标轴正交，则边界附

近将出现不规则的内结点，如图 7-8 中的结点 0。对于这样的结点，差分方程(7-25)必须加以修正。至于更靠近边界的结点 1，则根本不把它当做内结点看待，也就是，不把这个结点处的 φ 值(即 φ_1)作为一个独立的未知值，而把它用 φ_0 来表示，进行如下。

在 B 点附近，把应力函数 φ 沿 x 方向展为泰勒级数，不计 $x-x_B$ 的三次幂及更高次幂，得到

$$\varphi=\varphi_B+\left(\frac{\partial\varphi}{\partial x}\right)_B(x-x_B)+\frac{1}{2}\left(\frac{\partial^2\varphi}{\partial x^2}\right)_B(x-x_B)^2。$$

命 x 依次等于 $x_B-\xi h+h$、$x_B-\xi h$、$x_B-(h+\xi h)$，也就是命 $x-x_B$ 依次等于 $(1-\xi)h$、$-\xi h$、$-(1+\xi)h$，得出

$$\varphi_9=\varphi_B+(1-\xi)h\left(\frac{\partial\varphi}{\partial x}\right)_B+\frac{1}{2}(1-\xi)^2h^2\left(\frac{\partial^2\varphi}{\partial x^2}\right)_B, \tag{f}$$

$$\varphi_1=\varphi_B-\xi h\left(\frac{\partial\varphi}{\partial x}\right)_B+\frac{1}{2}\xi^2h^2\left(\frac{\partial^2\varphi}{\partial x^2}\right)_B, \tag{g}$$

$$\varphi_0=\varphi_B-(1+\xi)h\left(\frac{\partial\varphi}{\partial x}\right)_B+\frac{1}{2}(1+\xi)^2h^2\left(\frac{\partial^2\varphi}{\partial x^2}\right)_B。 \tag{h}$$

现在，首先从式(f)及式(h)中消去$\left(\frac{\partial^2\varphi}{\partial x^2}\right)_B$，然后从式($g$)及式($h$)中消去$\left(\frac{\partial^2\varphi}{\partial x^2}\right)_B$，得到

$$\varphi_9=\frac{4\xi}{(1+\xi)^2}\varphi_B+\frac{2(1-\xi)}{1+\xi}h\left(\frac{\partial\varphi}{\partial x}\right)_B+\frac{(1-\xi)^2}{(1+\xi)^2}\varphi_0, \tag{i}$$

$$\varphi_1=\frac{1+2\xi}{(1+\xi)^2}\varphi_B-\frac{\xi}{1+\xi}h\left(\frac{\partial\varphi}{\partial x}\right)_B+\frac{\xi^2}{(1+\xi)^2}\varphi_0。 \tag{j}$$

应用差分方程(7-25)时，其中的φ_9及φ_1应当如式(i)及式(j)所示。当$\xi=0$时，结点B与结点1重合，式(j)成为$\varphi_1=\varphi_B$，不起作用，而式(i)成为$\varphi_9=\varphi_0+2h\left(\frac{\partial\varphi}{\partial x}\right)_B$，与(7-29)中第一式的意义相同。

§ 7-5 应力函数差分解的实例

设有正方形的混凝土深梁，图7-9，上边受有均布向下的铅直荷载q，由下角点处的反力维持平衡，试用应力函数的差分解求出应力分量。

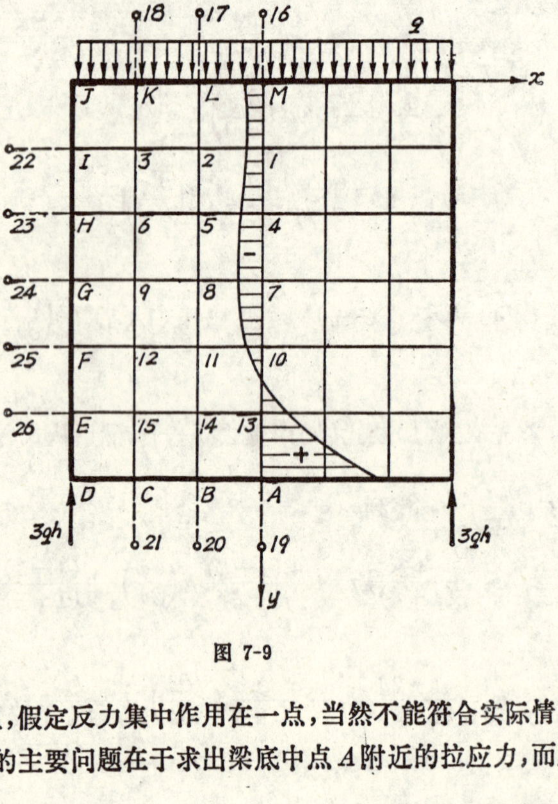

图 7-9

在这里，假定反力集中作用在一点，当然不能符合实际情况。但是，这里的主要问题在于求出梁底中点A附近的拉应力，而反力的分布方式对于这个拉应力的影响是不会很大的。因此，为了计算简便，就假定反力是集中力。

取坐标轴如图所示，取网格间距 h 等于六分之一边长。由于对称，只计算梁的左一半。现在按前一节中所说的步骤进行计算如下。

（1）取梁底的中点 A 作为基点，取 $\varphi_A=\left(\frac{\partial\varphi}{\partial x}\right)_A=\left(\frac{\partial\varphi}{\partial y}\right)_A=0$，计算边界上所有各结点处的 φ 值以及必需的 $\frac{\partial\varphi}{\partial x}$ 值和 $\frac{\partial\varphi}{\partial y}$ 值，列表如下（不必需的导数值没有计算，在表中用短横线表示）。

结　点	A	B,C	D	E,F,G,H,I	J	K	L	M
$\frac{\partial\varphi}{\partial x}$	0	—	—	$3qh$	—	—	—	—
$\frac{\partial\varphi}{\partial y}$	0	0	—	—	—	0	0	0
φ	0	0	0	0	0	$2.5qh^2$	$4.0qh^2$	$4.5qh^2$

（2）将边界外一行各个虚结点处的 φ 值（φ_{16}至φ_{26}）用边界内一行各结点处的 φ 值表示。在上下两边，$\frac{\partial\varphi}{\partial y}=0$，所以有

$$\left.\begin{array}{l}\varphi_{16}=\varphi_1,\ \varphi_{17}=\varphi_2,\ \varphi_{18}=\varphi_3,\\ \varphi_{19}=\varphi_{13},\varphi_{20}=\varphi_{14},\varphi_{21}=\varphi_{15}。\end{array}\right\}\tag{a}$$

在左边，$\frac{\partial\varphi}{\partial x}=3\,qh$，所以有

$$\varphi_3=\varphi_{22}+2h\left(\frac{\partial\varphi}{\partial x}\right)_I=\varphi_{22}+2h(3\,qh)=\varphi_{22}+6\,qh^2,$$

即

$$\varphi_{22}=\varphi_3-6\,qh^2。\tag{b}$$

同样有

$$\varphi_{23,24,25,26}=\varphi_{6,9,12,15}-6qh^2。\tag{c}$$

(3) 对边界内的各结点建立差分方程。例如，对结点1，注意对称性，由公式(7-25)得

$$20\varphi_1-8(2\varphi_2+\varphi_4+\varphi_M)+2(2\varphi_5+2\varphi_L)+(2\varphi_3+\varphi_7+\varphi_{16})=0。$$

将上表中 φ_M 及 φ_L 的已知值代入，并注意式(a)中的 $\varphi_{16}=\varphi_1$，得

$$21\varphi_1-16\varphi_2+2\varphi_3-8\varphi_4+4\varphi_5+\varphi_7-20qh^2=0。\tag{d}$$

又例如，对结点15，得

$$20\varphi_{15}-8(\varphi_{12}+\varphi_{14}+\varphi_C+\varphi_E)+2(\varphi_{11}+\varphi_B+\varphi_D+\varphi_F)+(\varphi_9+\varphi_{13}+\varphi_{21}+\varphi_{26})=0。$$

将上表中的 φ_C、φ_E、φ_B、φ_D、φ_F 代入，并注意式(a)中的 $\varphi_{21}=\varphi_{15}$ 及式(c)中的 $\varphi_{26}=\varphi_{15}-6qh^2$，得

$$\varphi_9+2\varphi_{11}-8\varphi_{12}+\varphi_{13}-8\varphi_{14}+22\varphi_{15}-6qh^2=0。\tag{e}$$

象(d)和(e)这样的方程共有15个，其中包含15个未知值，φ_1至φ_{15}。联立求解，得(以 qh^2 单位)：

$$\varphi_1=4.36,\quad \varphi_2=3.89,\quad \varphi_3=2.47,$$
$$\varphi_4=3.98,\quad \varphi_5=3.59,\quad \varphi_6=2.35,$$
$$\varphi_7=3.29,\quad \varphi_8=3.03,\quad \varphi_9=2.10,$$
$$\varphi_{10}=2.23,\quad \varphi_{11}=2.13,\quad \varphi_{12}=1.63,$$
$$\varphi_{13}=0.92,\quad \varphi_{14}=0.94,\quad \varphi_{15}=0.88。$$

(4) 计算边界外一行各结点处的 φ 值。由(a)、(b)、(c)三式得(以 qh^2 为单位)：

$$\varphi_{16}=4.36,\qquad \varphi_{17}=3.89,\qquad \varphi_{18}=2.47,$$
$$\varphi_{19}=0.92,\qquad \varphi_{20}=0.94,\qquad \varphi_{21}=0.88,$$
$$\varphi_{22}=-3.53,\qquad \varphi_{23}=-3.65,\qquad \varphi_{24}=-3.90,$$
$$\varphi_{25}=-4.37,\qquad \varphi_{26}=-5.12。$$

(5) 计算应力。例如,对于结点 M,由公式(7-24)可得

$$(\sigma_x)_M=\frac{1}{h^2}[(\varphi_1+\varphi_{16})-2\varphi_M]$$
$$=(4.36+4.36-2\times4.50)q$$
$$=-0.28q。$$

同样可得

$$(\sigma_x)_{1,4,7,10,13,A}=-0.24q,\ -0.31q,\ -0.37q,$$
$$-0.25q,\quad 0.39q,\quad 1.84q。$$

沿着梁的中线 MA,σ_x 的变化如图 7-9 中的曲线所示。

如果按照材料力学中的公式计算弯应力 σ_x,则得

$$(\sigma_x)_M=-0.75q,\ (\sigma_x)_A=0.75q。$$

可见,对于象本例题中这样的深梁,用材料力学公式算出的应力,是远远不能反映实际情况的。

§ 7-6 温度应力问题的应力函数差分解

对于温度应力的平面问题,如果按应力求解,就要把那些用应力及变温表示形变的物理方程代入形变相容方程。在平面应力的情况下,这些物理方程是(6-16),即

$$\varepsilon_x=\frac{\sigma_x-\mu\sigma_y}{E}+\alpha T,$$

$$\varepsilon_y=\frac{\sigma_y-\mu\sigma_x}{E}+\alpha T,$$

$$\gamma_{xy}=\frac{2(1+\mu)}{E}\tau_{xy},$$

其中 T 是变温(不是某一温度场中的温度)。代入形变相容方程(2-22),得

$$\frac{\partial^2}{\partial y^2}\left(\frac{\sigma_x-\mu\sigma_y}{E}+\alpha T\right)+\frac{\partial^2}{\partial x^2}\left(\frac{\sigma_y-\mu\sigma_x}{E}+\alpha T\right)$$

$$=\frac{\partial^2}{\partial x\partial y}\left[\frac{2(1+\mu)}{E}\tau_{xy}\right]。\qquad (a)$$

另一方面，在平衡微分方程(2-2)中，命体力分量等于零，得

$$\frac{\partial\sigma_x}{\partial x}+\frac{\partial\tau_{xy}}{\partial y}=0,\qquad \frac{\partial\sigma_y}{\partial y}+\frac{\partial\tau_{xy}}{\partial x}=0。\qquad (b)$$

式(a)及式(b)就是按应力求解时的基本微分方程。

利用平衡微分方程(b)，可以简化相容方程(a)。为此，将(b)中的第一式及第二式分别对 x 及 y 求导，然后相加，得

$$2\frac{\partial^2\tau_{xy}}{\partial x\partial y}=-\frac{\partial^2\sigma_x}{\partial x^2}-\frac{\partial^2\sigma_y}{\partial y^2}。$$

代入式(a)，化简以后，可见相容方程成为

$$\nabla^2(\sigma_x+\sigma_y)+E\alpha\nabla^2T=0。\qquad (c)$$

现在，可以把式(b)和式(c)作为按应力求解时的基本微分方程。

在温度应力问题中，没有体力作用，因此，也可以引用应力函数而使问题得到进一步的简化。命

$$\sigma_x=\frac{\partial^2\varphi}{\partial y^2},\qquad \sigma_y=\frac{\partial^2\varphi}{\partial x^2},\qquad \tau_{xy}=-\frac{\partial^2\varphi}{\partial x\partial y},\qquad (d)$$

则平衡微分方程(b)总能满足。代入式(c)，就得出用应力函数表示的相容方程

$$\nabla^4\varphi+E\alpha\nabla^2T=0。\qquad (e)$$

对于平面应变问题，须将其中的E换为$\frac{E}{1-\mu^2}$，α 换为$(1+\mu)\alpha$。

在温度应力问题中，面力分量$\overline{X}=\overline{Y}=0$。因此，如果在边界上选定了某一基点$A$，取 $\varphi_A=\left(\frac{\partial\varphi}{\partial x}\right)_A=\left(\frac{\partial\varphi}{\partial y}\right)_A=0$，则在任意其他一点$B$都有 $\varphi_B=\left(\frac{\partial\varphi}{\partial x}\right)_B=\left(\frac{\partial\varphi}{\partial y}\right)_B=0$。这就是说，在边界的所有各点，都有

$$\varphi=0,\qquad \frac{\partial\varphi}{\partial x}=0,\qquad \frac{\partial\varphi}{\partial y}=0。\qquad (f)$$

于是，求解温度应力的平面问题，就简化为在式(f)所示的边界条件下求解微分方程(e)，然后按式(d)求出应力分量。

用差分法求解温度应力时，须将微分方程(e)化为差分方程。参阅图7-1，利用差分公式(7-2)及(7-4)，可见有

$$(\nabla^2 T)_0=\frac{1}{h^2}(T_1+T_2+T_3+T_4-4T_0); \tag{g}$$

利用差分公式(7-6)，可见有

$$\begin{aligned}(\nabla^4\varphi)_0=\frac{1}{h^4}[20\varphi_0&-8(\varphi_1+\varphi_2+\varphi_3+\varphi_4)\\&+2(\varphi_5+\varphi_6+\varphi_7+\varphi_8)\\&+(\varphi_9+\varphi_{10}+\varphi_{11}+\varphi_{12})]。\end{aligned} \tag{h}$$

对于任一内结点0，由式(e)有

$$(\nabla^4\varphi)_0+E\alpha(\nabla^2 T)_0=0。 \tag{i}$$

将式(g)及式(h)代入式(i)，即得所需的差分方程：

$$\begin{aligned}20\varphi_0&-8(\varphi_1+\varphi_2+\varphi_3+\varphi_4)+2(\varphi_5+\varphi_6+\varphi_7+\varphi_8)\\&+(\varphi_9+\varphi_{10}+\varphi_{11}+\varphi_{12})\\&+E\alpha h^2(T_1+T_2+T_3+T_4-4T_0)=0。\end{aligned} \tag{7-30}$$

边界条件(f)也须化为差分形式。参阅图7-1及公式(7-29)，可见

$$\varphi_{13}=\varphi_9+2h\left(\frac{\partial\varphi}{\partial x}\right)_A,\qquad \varphi_{14}=\varphi_{10}+2h\left(\frac{\partial\varphi}{\partial y}\right)_B。 \tag{j}$$

按照边界条件(f)，我们有 $\varphi_A=\varphi_B=0$ 和

$$\left(\frac{\partial\varphi}{\partial x}\right)_A=0,\qquad \left(\frac{\partial\varphi}{\partial y}\right)_B=0。$$

代入式(j)，即得边界条件的差分形式：

$$\varphi_A=\varphi_B=0,\ \varphi_{13}=\varphi_9,\ \varphi_{14}=\varphi_{10}。 \tag{7-31}$$

这就是说：边界上各结点处的 φ 值为零，而边界外一行虚结点处的 φ 值，就等于边界内一行相对结点处的 φ 值。

这样，用差分法求解温度应力问题，就是在(7-31)所示的边界

条件下求解(7-30)型的差分方程。这些方程中只包含内结点处的 φ 值作为未知值，因而可以用来求解这些未知值，从而用(7-24)式求得各结点处的应力分量。可见，变温作用时的温度应力问题，与荷载作用时的应力问题相比，是比较简单的。

此外，还可以指出，由于无热源的平面稳定温度场满足调和方程，因而两个这样的温度场之差也满足调和方程，也就是说，变温 T 将满足 $\nabla^2 T=0$。于是，在任一内结点 0 处将有 $T_1+T_2+T_3+T_4-4T_0=0$，而(7-30)型的差分方程组将成为齐次线性方程组。应用边界条件(7-31)以后，它们仍然是齐次线性方程组（没有自由项），因而应力函数 φ 只有零解，应力分量也只有零解。于是得出如下的结论：前后两个无热源的平面稳定温度场之差，不会在没有边界约束的单连体中引起任何温度应力（不论前一个稳定温度场经过怎样的不稳定过程而过渡到后一个稳定温度场）。

§7-7　位移的差分解

对于只具有应力边界条件的单连体受有常量体力时的平面问题，可以通过应力函数的差分解比较简便地求得应力的数值，如前面几节中所述。但是，对于多连体，则求解是比较繁的，因为这时要用到位移单值条件。当弹性体具有应力边界条件或混合边界条件时，特别是在体力并非常量的情况下，则更难以利用应力函数的差分解。在另一方面，即使已经通过应力函数差分解求得应力的数值，要进一步求出位移，也是很繁的。

在以下几节中可见，如果利用位移的差分解，则不论弹性体是单连体还是多连体，也不论它具有何种边界，以及它所受的体力是否为常量，总可以比较简便地求得位移的数值，从而求得应力的数值。

按位移求解平面问题时，基本未知函数是位移分量 u 和 v。因此，在利用位移差分解时，对于位移边界问题，只须把基本微分方程(2-20)变换为差分方程，并利用边界条件(2-17)，就可以很简单地解决问题。对于应力边界问题和混合边界问题，当然也可以借助于应力边界条件(2-21)的差分形式来解决问题。但是，这时要在边界之外布置虚结点，而将虚结点处的位移分量表以边界结点及内结点处的位移分量。这就使得差分方程复杂化。因此，作者补充导出了不同于§7-1中的一些差分公式，再根据“结点领域”的平衡条件，利用这些差分公式来导出各种情况下的差分方程。用这种差分方程来求解任何平面问题，都无须布置任何虚结点，因为差分方程中的未知值只是内结点及边界结点处的位移分量。

在导出上述差分方程时，需要用到函数 f（代表位移分量 u 或 v）在非结点处的导数值。首先来说明如何求得 f 在网线上一点处的导数值。为此，设网线段 0-1 上有一点 a，图 7-10，它距结点 0 的距离为 ξh。我们规定：(一)函数 f 沿网线方向的导数，它在该网线上各点(不包括结点)处的数值取为常量，据此有

$$\left(\frac{\partial f}{\partial x}\right)_a=\frac{f_1-f_0}{h}。\qquad(7\text{-}32)$$

(二)函数 f 在垂直于网线方向的导数，它在该网线上各点(不包括结点)处的数值取为按线性变化，据此有

$$\left(\frac{\partial f}{\partial y}\right)_a=(1-\xi)\left(\frac{\partial f}{\partial y}\right)_0+\xi\left(\frac{\partial f}{\partial y}\right)_1,\qquad(7\text{-}33)$$

其中，f 在结点处的导数值仍按差分公式(7-3)取为

$$\left(\frac{\partial f}{\partial y}\right)_0=\frac{f_2-f_4}{2h},\ \left(\frac{\partial f}{\partial y}\right)_1=\frac{f_6-f_5}{2h}。$$

对于网线段 0-2 上距结点 0 为 ηh 的一点 b，图 7-10，按照与上相同的规定和处理，也可以得出

$$\left(\frac{\partial f}{\partial y}\right)_b=\frac{f_2-f_0}{h},\qquad(7\text{-}34)$$

$$\left(\frac{\partial f}{\partial x}\right)_b=(1-\eta)\left(\frac{\partial f}{\partial x}\right)_0+\eta\left(\frac{\partial f}{\partial x}\right)_2, \tag{7-35}$$

其中

$$\left(\frac{\partial f}{\partial x}\right)_0=\frac{f_1-f_3}{2h},\quad \left(\frac{\partial f}{\partial x}\right)_2=\frac{f_6-f_7}{2h}。$$

这样就把 f 在网线上各点(非结点)处的导数值表以 f 在结点处的数值。此外,我们再规定:(三)对于不在网线上的任一点 c,图 7-10,则仿照(7-33)及(7-35)取为

$$\left.\begin{aligned}\left(\frac{\partial f}{\partial y}\right)_c&=(1-\xi)\left(\frac{\partial f}{\partial y}\right)_b+\xi\left(\frac{\partial f}{\partial y}\right)_d,\\ \left(\frac{\partial f}{\partial x}\right)_c&=(1-\eta)\left(\frac{\partial f}{\partial x}\right)_a+\eta\left(\frac{\partial f}{\partial x}\right)_e。\end{aligned}\right\} \tag{7-36}$$

这样就把 f 在 c 点的导数值表以 f 在网线上四点处的导数值,并可以从而表以 f 在结点处的数值:

$$\left.\begin{aligned}\left(\frac{\partial f}{\partial y}\right)_c&=(1-\xi)\left(\frac{f_2-f_0}{h}\right)+\xi\left(\frac{f_6-f_1}{h}\right),\\ \left(\frac{\partial f}{\partial x}\right)_c&=(1-\eta)\left(\frac{f_1-f_0}{h}\right)+\eta\left(\frac{f_6-f_2}{h}\right)。\end{aligned}\right\} \tag{7-37}$$

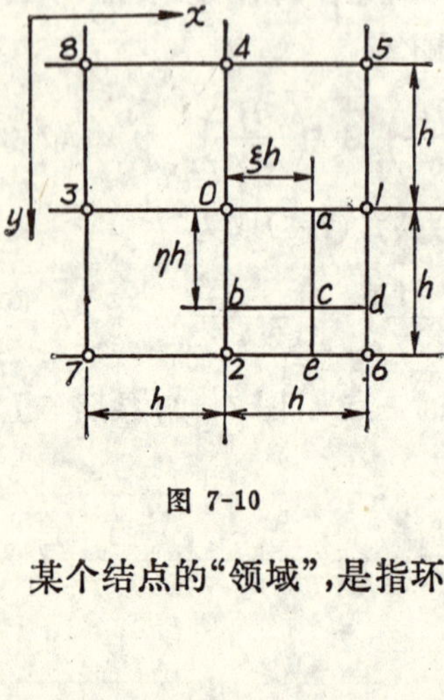

图 7-10

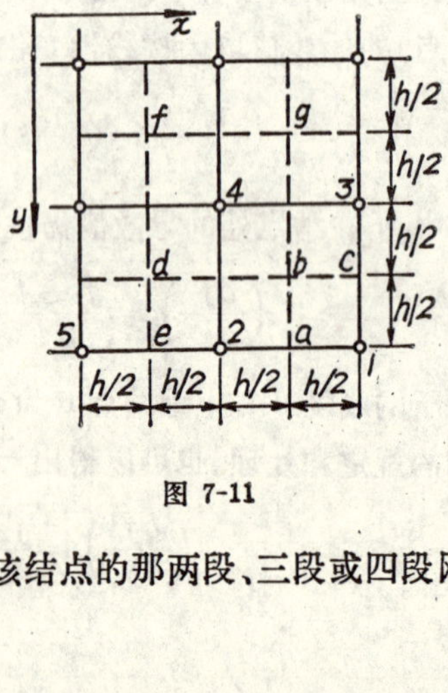

图 7-11

某个结点的“领域”,是指环绕该结点的那两段、三段或四段网

线的垂直平分线所围成的区域。例如，在图 7-11 中，ab 和 bc 是环绕着角隅结点 1 的两段网线 1-2 和 1-3 的垂直平分线，因而该角隅结点的领域就是 $h/2\times h/2$ 的正方形 $1abc$。又例如，ab、bd、de 是环绕着边界结点 2 的三段网线 2-1、2-4、2-5 的垂直平分线，因而边界结点 2 的领域就是 $h\times h/2$ 的矩形 $abde$。再例如，bd、df、fg、gb 是环绕着内结点 4 的四段网线的垂直平分线，因而内结点 4 的领域就是 $h\times h$ 的正方形 $bdfg$。

现在来利用上面的差分公式导出内结点处的差分方程。在图 7-12 中，内结点 0 的领域是虚线所示的 $h\times h$ 的正方形。在该领域上，作用于 x 方向的外力总和用 $(P_x)_0$ 代表，以沿 x 轴的正方向时为正；作用于 x 方向的应力有 $(\sigma_x)_a$、$(\sigma_x)_b$、$(\tau_{xy})_c$ 及 $(\tau_{xy})_d$。由该领域在 x 方向的平衡条件得

$$h(\sigma_x)_a-h(\sigma_x)_b+h(\tau_{xy})_c-h(\tau_{xy})_d+(P_x)_0=0。$$

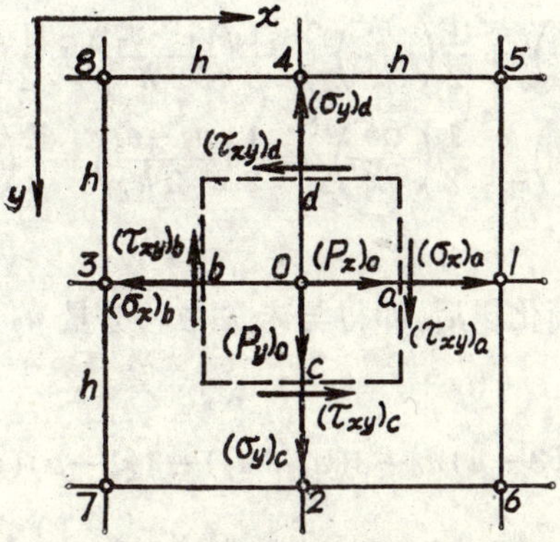

图 7-12

以平面应力问题为例，通过物理方程及几何方程，将应力分量表以位移分量的导数，上式成为

$$h\frac{E}{1-\mu^2}\left[\left(\frac{\partial u}{\partial x}\right)_a+\mu\left(\frac{\partial v}{\partial y}\right)_a\right]$$

$$-h\frac{E}{1-\mu^2}\left[\left(\frac{\partial u}{\partial x}\right)_b+\mu\left(\frac{\partial v}{\partial y}\right)_b\right]$$
$$+h\frac{E}{2(1+\mu)}\left[\left(\frac{\partial u}{\partial y}\right)_c+\left(\frac{\partial v}{\partial x}\right)_c\right]$$
$$-h\frac{E}{2(1+\mu)}\left[\left(\frac{\partial u}{\partial y}\right)_d+\left(\frac{\partial v}{\partial x}\right)_d\right]$$
$$+(P_x)_0=0。\tag{7-38}$$

应用差分公式(7-32)至(7-37)，可以写出

$$\left.\begin{aligned}
&\left(\frac{\partial u}{\partial x}\right)_a=\frac{u_1-u_0}{h},\quad\left(\frac{\partial u}{\partial x}\right)_b=\frac{u_0-u_3}{h},\\
&\left(\frac{\partial u}{\partial y}\right)_c=\frac{u_2-u_0}{h},\quad\left(\frac{\partial u}{\partial y}\right)_d=\frac{u_0-u_4}{h},\\
&\left(\frac{\partial v}{\partial y}\right)_a=\frac{1}{2}\left(\frac{\partial v}{\partial y}\right)_0+\frac{1}{2}\left(\frac{\partial v}{\partial y}\right)_1=\frac{1}{2}\left(\frac{v_2-v_4}{2h}\right)+\frac{1}{2}\left(\frac{v_6-v_5}{2h}\right),\\
&\left(\frac{\partial v}{\partial y}\right)_b=\frac{1}{2}\left(\frac{\partial v}{\partial y}\right)_0+\frac{1}{2}\left(\frac{\partial v}{\partial y}\right)_3=\frac{1}{2}\left(\frac{v_2-v_4}{2h}\right)+\frac{1}{2}\left(\frac{v_7-v_8}{2h}\right),\\
&\left(\frac{\partial v}{\partial x}\right)_c=\frac{1}{2}\left(\frac{\partial v}{\partial x}\right)_0+\frac{1}{2}\left(\frac{\partial v}{\partial x}\right)_2=\frac{1}{2}\left(\frac{v_1-v_3}{2h}\right)+\frac{1}{2}\left(\frac{v_6-v_7}{2h}\right),\\
&\left(\frac{\partial v}{\partial x}\right)_d=\frac{1}{2}\left(\frac{\partial v}{\partial x}\right)_0+\frac{1}{2}\left(\frac{\partial v}{\partial x}\right)_4=\frac{1}{2}\left(\frac{v_1-v_3}{2h}\right)+\frac{1}{2}\left(\frac{v_5-v_8}{2h}\right)。
\end{aligned}\right\}\tag{7-39}$$

代入(7-38)式，简化以后，即得与未知位移分量 u_0 相应的差分方程

$$\frac{E}{8(1-\mu^2)}\Big[8(3-\mu)u_0-8(u_1+u_3)-4(1-\mu)(u_2+u_4)$$
$$+(1+\mu)(v_5-v_6+v_7-v_8)\Big]=(P_x)_0。\tag{7-40}$$

与上相似，可由该结点领域在 y 方向的平衡条件得出与未知位移分量 v_0 相应的差分方程

$$\frac{E}{8(1-\mu^2)}\Big[8(3-\mu)v_0-8(v_2+v_4)-4(1-\mu)(v_1+v_3)$$
$$+(1+\mu)(u_5-u_6+u_7-u_8)\Big]=(P_y)_0。\tag{7-41}$$

为了计算时的方便，将上列两个差分方程分别用图 7-13 及图 7-14 中的差分图式来表示。

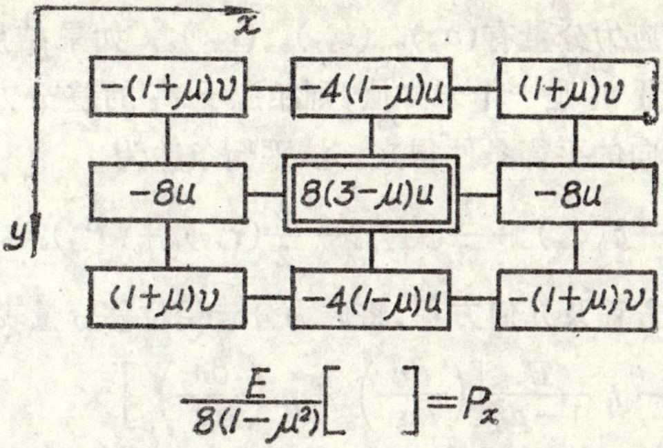

图 7-13

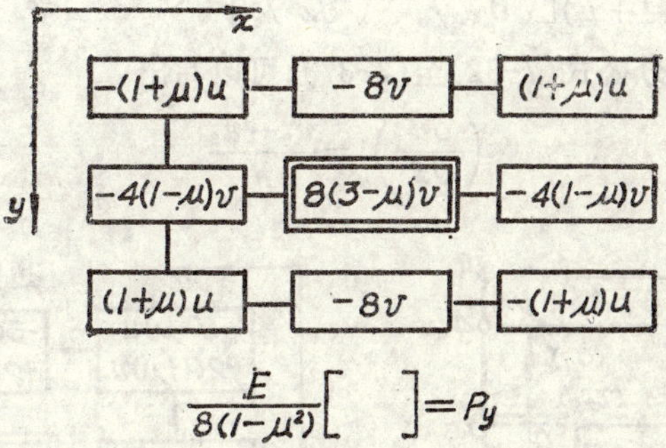

图 7-14

读者试证：如果应用差分公式(7-2)、(7-4)、(7-5)，把微分方程(2-20)变换为差分方程，注意到 $X_0=(P_x)_0/h^2$ 及 $Y_0=(P_y)_0/h^2$，将同样得到差分方程(7-40)及(7-41)。

现在来导出边界结点处的差分方程。设弹性体具有垂直于 x 轴的某一边界 AB，图 7-15，其向外法线系沿 x 轴的正向（结点 2、

0、4 在边界上而结点 7、3、8 在边界之内）。边界结点 0 的领域为 $h/2\times h$ 的矩形，如图中虚线所示。用 $(P_x)_0$ 表示该领域所受的 x 方向的外力总和（包括体力和面力，以沿 x 的正向时为正）。平行于 x 轴的应力分量有 $(\sigma_x)_a$、$(\tau_{xy})_b$、$(\tau_{xy})_c$。如果结点 0 在 x 方向的位移分量 u_0 是一个未知值，则相应于 u_0 的差分方程可由该领域在 x 方向的平衡条件得来。该平衡条件为

$$-h(\sigma_x)_a+\frac{h}{2}(\tau_{xy})_b-\frac{h}{2}(\tau_{xy})_c+(P_x)_0=0。$$

通过物理方程及几何方程，将应力分量用位移分量表示，上式成为

$$\begin{aligned}&-h\frac{E}{1-\mu^2}\left[\left(\frac{\partial u}{\partial x}\right)_a+\mu\left(\frac{\partial v}{\partial y}\right)_a\right]\\&+\frac{h}{2}\frac{E}{2(1+\mu)}\left[\left(\frac{\partial u}{\partial y}\right)_b+\left(\frac{\partial v}{\partial x}\right)_b\right]\\&-\frac{h}{2}\frac{E}{2(1+\mu)}\left[\left(\frac{\partial u}{\partial y}\right)_c+\left(\frac{\partial v}{\partial x}\right)_c\right]+(P_x)_0=0。\end{aligned}\tag{7-42}$$

应用差分公式(7-32)至(7-37)，可以写出

$$\left(\frac{\partial u}{\partial x}\right)_a=\frac{u_0-u_3}{h},$$

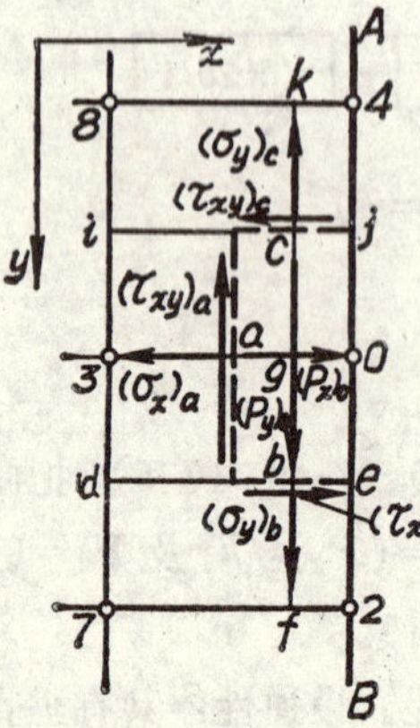

图 7-15

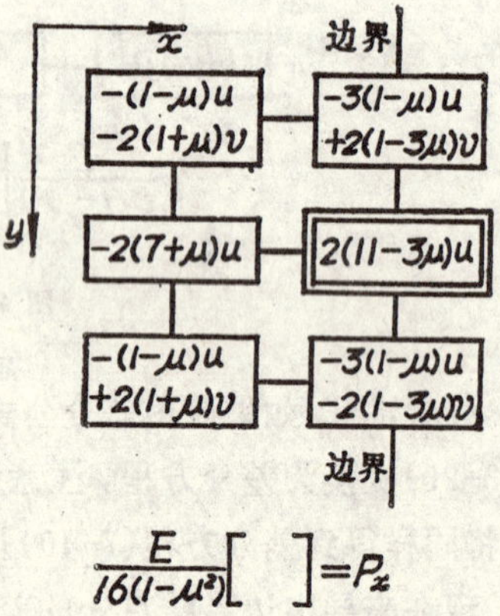

图 7-16

$$
\left.\begin{aligned}
\left(\frac{\partial v}{\partial y}\right)_a &= \frac{1}{2}\left(\frac{\partial v}{\partial y}\right)_0 + \frac{1}{2}\left(\frac{\partial v}{\partial y}\right)_3 = \frac{1}{2}\left(\frac{v_2 - v_4}{2h}\right) \\
&\quad + \frac{1}{2}\left(\frac{v_7 - v_8}{2h}\right), \\
\left(\frac{\partial u}{\partial y}\right)_b &= \frac{1}{4}\left(\frac{\partial u}{\partial y}\right)_d + \frac{3}{4}\left(\frac{\partial u}{\partial y}\right)_e = \frac{1}{4}\left(\frac{u_7 - u_3}{h}\right) \\
&\quad + \frac{3}{4}\left(\frac{u_2 - u_0}{h}\right), \\
\left(\frac{\partial v}{\partial x}\right)_b &= \frac{1}{2}\left(\frac{\partial v}{\partial x}\right)_f + \frac{1}{2}\left(\frac{\partial v}{\partial x}\right)_g = \frac{1}{2}\left(\frac{v_2 - v_7}{h}\right) \\
&\quad + \frac{1}{2}\left(\frac{v_0 - v_3}{h}\right), \\
\left(\frac{\partial u}{\partial y}\right)_c &= \frac{1}{4}\left(\frac{\partial u}{\partial y}\right)_i + \frac{3}{4}\left(\frac{\partial u}{\partial y}\right)_j = \frac{1}{4}\left(\frac{u_3 - u_8}{h}\right) \\
&\quad + \frac{3}{4}\left(\frac{u_0 - u_4}{h}\right), \\
\left(\frac{\partial v}{\partial x}\right)_c &= \frac{1}{2}\left(\frac{\partial v}{\partial x}\right)_k + \frac{1}{2}\left(\frac{\partial v}{\partial x}\right)_g = \frac{1}{2}\left(\frac{v_4 - v_8}{h}\right) \\
&\quad + \frac{1}{2}\left(\frac{v_0 - v_3}{h}\right)。
\end{aligned}\right\} \tag{7-43}
$$

代入(7-42)式，简化以后，即得相应于 u_0 的差分方程：

$$
\frac{E}{16(1-\mu^2)}[2(11-3\mu)u_0 - 3(1-\mu)(u_2+u_4)
$$
$$
-2(7+\mu)u_3 - (1-\mu)(u_7+u_8) - 2(1-3\mu)(v_2-v_4)
$$
$$
+2(1+\mu)(v_7-v_8) = (P_x)_0。
$$

其差分图式如图 7-16 所示。

同样，如果该结点 0 在 y 方向的位移分量 v_0 是未知值，则相应于 v_0 的差分方程可由该结点领域在 y 方向的平衡条件得来，而这一平衡条件为

$$
\frac{h}{2}(\sigma_y)_b - \frac{h}{2}(\sigma_y)_c - h(\tau_{xy})_a + (P_y)_0 = 0。 \tag{7-44}
$$

通过与上相似的运算，可得如图 7-17 所示的图式。

如果边界 AB 的向外法线是沿 x 轴的负向，则作用于边界结点 0 的领域的应力分量及外力分量如图 7-18 所示。注意，这里的外力分量 $(P_x)_0$ 及 $(P_y)_0$ 仍然以沿坐标轴的正向时为正。进行与上相似的运算，可以得出相应于未知值 u_0 及 v_0 的差分方程，它们的差分图式分别如图 7-19 及图 7-20 所示。

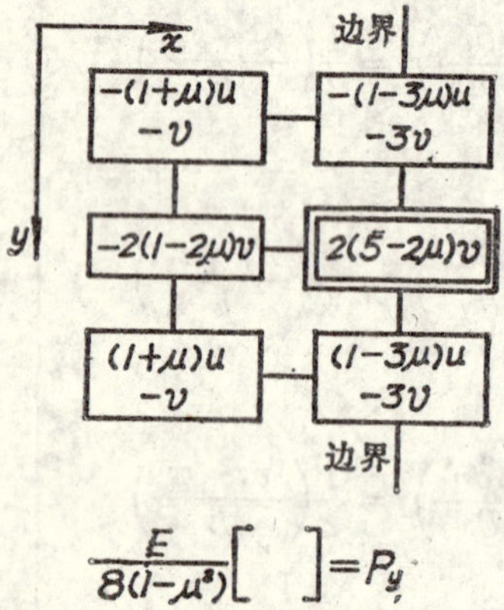

图 7-17

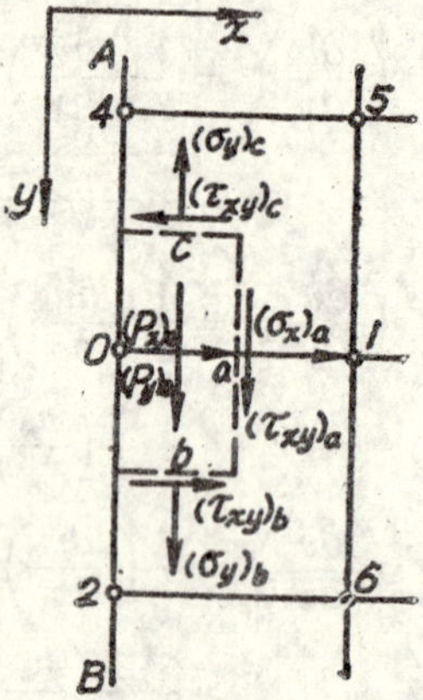

图 7-18

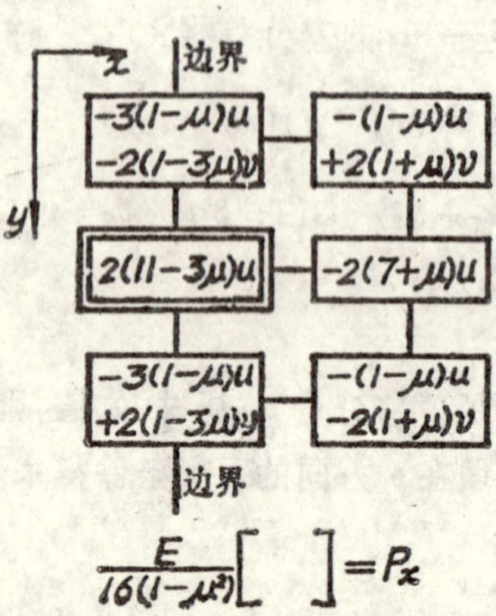

图 7-19

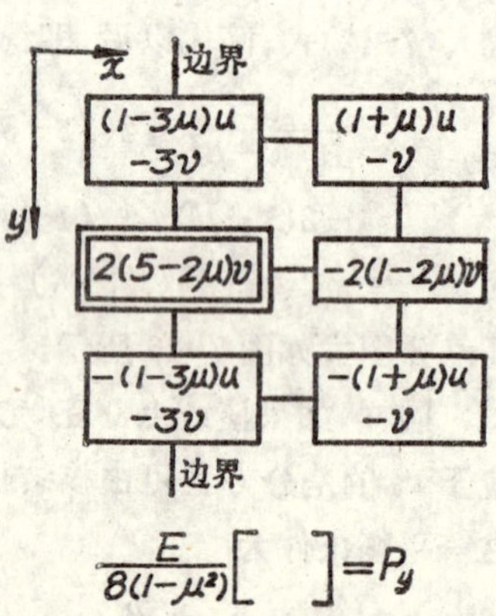

图 7-20

现在，假定弹性体具有垂直于 y 轴的一个边界。如果边界的向外法线是沿 y 轴的正向，而该边界上某一结点 0 的位移分量 u_0 或 v_0 是未知值，则得出相应于 u_0 或 v_0 的差分图式如图 7-21 或图 7-22 所示。如果该边界的向外法线是沿 y 轴的负向，则得出相应于未知值 u_0 或 v_0 的差分图式如图 7-23 或 7-24 所示。

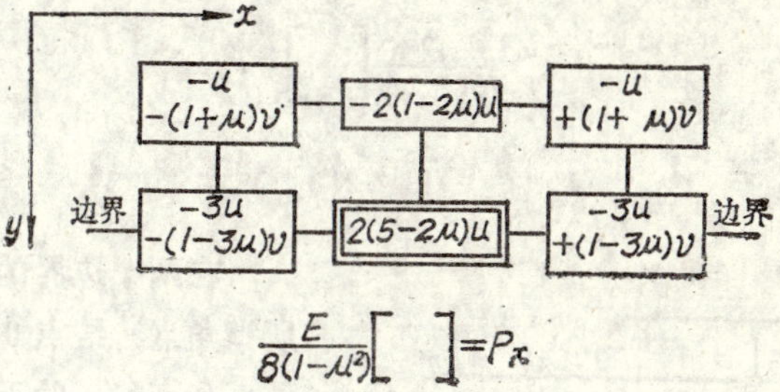

图 7-21

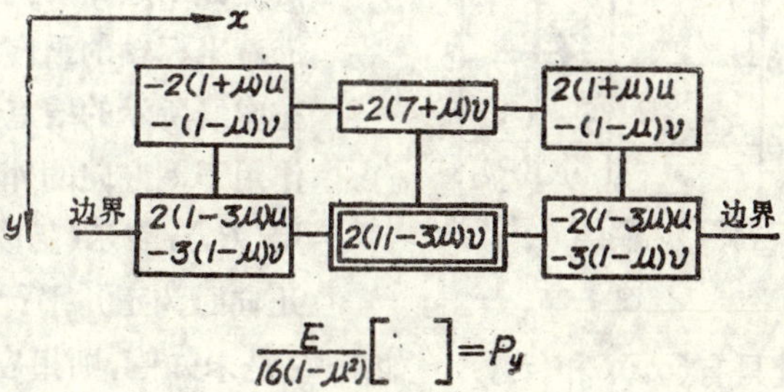

图 7-22

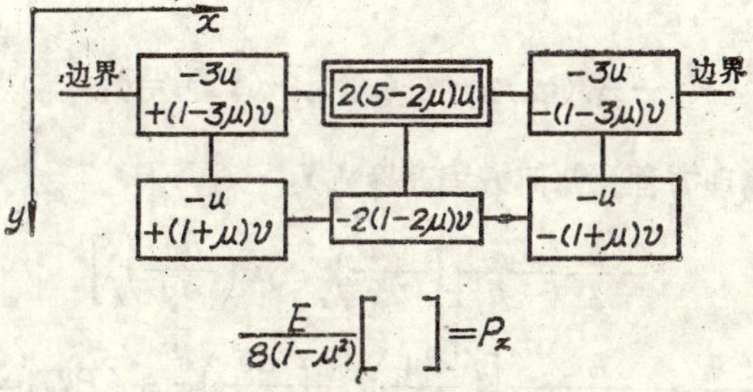

图 7-23

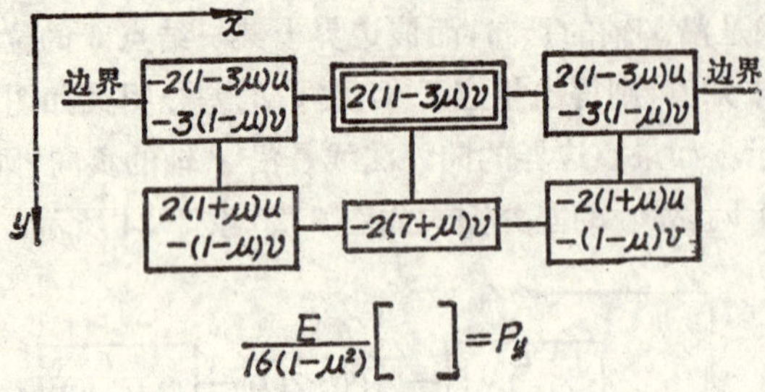

图 7-24

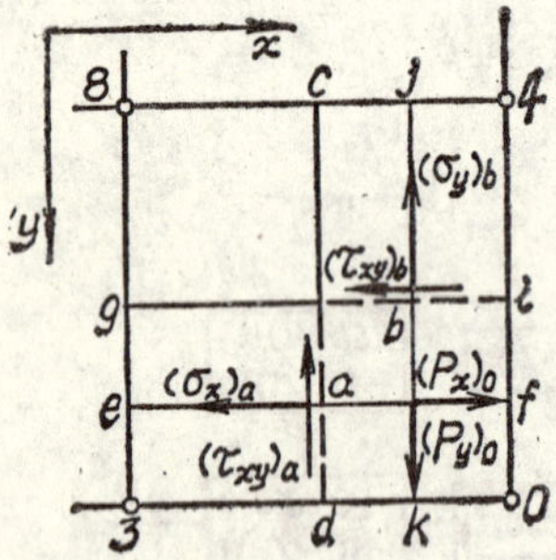

图 7-25

在两个边界的交点（即所谓角点），结点 0 的领域将是 $h/2\times h/2$ 的正方形。先假定该二边界的向外法线都沿着坐标轴的正向，图7-25。在虚线所示的结点领域上，作用于 x 方向的外力总和仍用 $(P_x)_0$ 表示（仍以沿 x 轴的正向时为正），平行于 x 轴的应力分量只有 $(\sigma_x)_a$ 和 $(\tau_{xy})_b$。如果 u_0 是未知值，则相应于 u_0 的差分方程可由该领域在 x 方向的平衡条件得来，而该平衡条件可以表示为

$$-\frac{h}{2}(\sigma_x)_a-\frac{h}{2}(\tau_{xy})_b+(P_x)_0=0,$$

或利用物理方程及几何方程改换成为

$$-\frac{h}{2}\frac{E}{1-\mu^2}\left[\left(\frac{\partial u}{\partial x}\right)_a+\mu\left(\frac{\partial v}{\partial y}\right)_a\right]$$

$$-\frac{h}{2}\frac{E}{2(1+\mu)}\left[\left(\frac{\partial u}{\partial y}\right)_b+\left(\frac{\partial v}{\partial x}\right)_b\right]+(P_x)_0=0。$$

由差分公式(7-32)至(7-37)可得

$$\left(\frac{\partial u}{\partial x}\right)_a=\frac{1}{4}\left(\frac{\partial u}{\partial x}\right)_c+\frac{3}{4}\left(\frac{\partial u}{\partial x}\right)_d=\frac{1}{4}\left(\frac{u_4-u_8}{h}\right)+\frac{3}{4}\left(\frac{u_0-u_3}{h}\right),$$

$$\left(\frac{\partial v}{\partial y}\right)_a=\frac{1}{2}\left(\frac{\partial v}{\partial y}\right)_e+\frac{1}{2}\left(\frac{\partial v}{\partial y}\right)_f=\frac{1}{2}\left(\frac{v_3-v_8}{h}\right)+\frac{1}{2}\left(\frac{v_0-v_4}{h}\right),$$

$$\left(\frac{\partial u}{\partial y}\right)_b=\frac{1}{4}\left(\frac{\partial u}{\partial y}\right)_g+\frac{3}{4}\left(\frac{\partial u}{\partial y}\right)_i=\frac{1}{4}\left(\frac{u_3-u_8}{h}\right)+\frac{3}{4}\left(\frac{u_0-u_4}{h}\right),$$

$$\left(\frac{\partial v}{\partial x}\right)_b=\frac{1}{2}\left(\frac{\partial v}{\partial x}\right)_j+\frac{1}{2}\left(\frac{\partial v}{\partial x}\right)_k=\frac{1}{2}\left(\frac{v_4-v_8}{h}\right)+\frac{1}{2}\left(\frac{v_0-v_3}{h}\right)。$$

代入上式，简化以后，即得相应于未知值 u_0 的差分方程

$$\frac{E}{16(1-\mu^2)}[3(3-\mu)u_0-(5+\mu)u_3-(1-3\mu)u_4$$

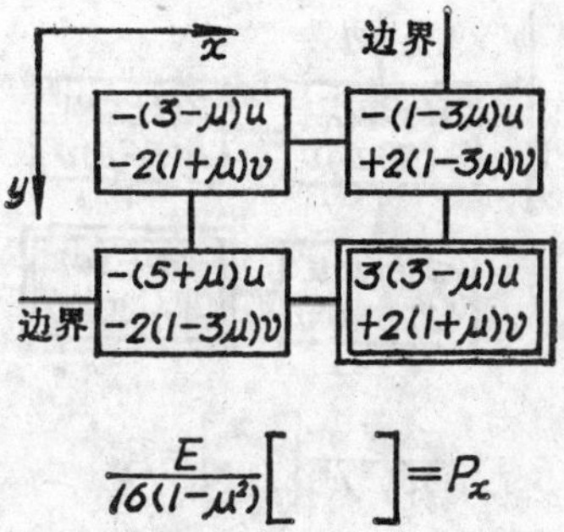

图 7-26

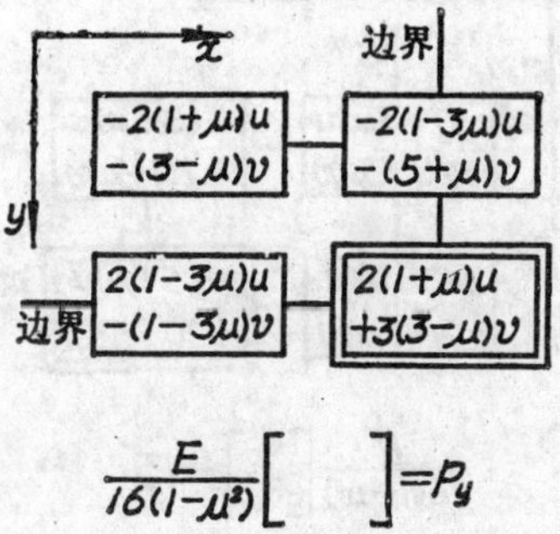

图 7-27

$$-(3-\mu)u_8+2(1+\mu)(v_0-v_8)+2(1-3\mu)(v_4-v_3)]$$
$$=(P_x)_0,$$

其图式如图 7-26 所示。同样可得相应于未知值 v_0 的差分方程，其图式如图 7-27 所示。

与上相似，如果在角隅结点 0 处，一个边界或两个边界的向外法线是沿坐标轴的负向，亦可得出相应于未知值 u_0 及 v_0 的差分图式，如图 7-28 至图 7-33 所示。

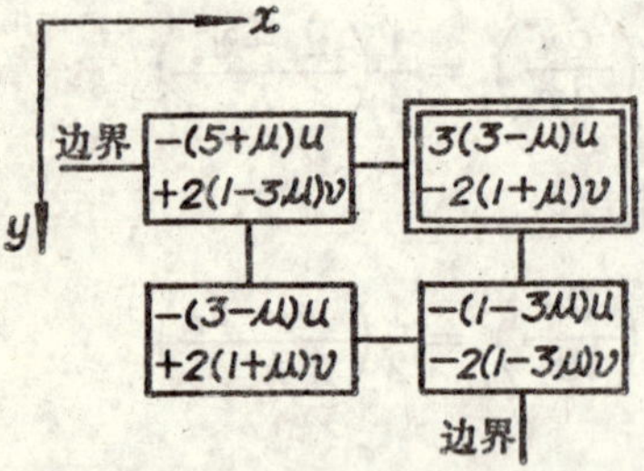

$$\frac{E}{16(1-\mu^2)}\left[\quad\right]=P_x$$

图 7-28

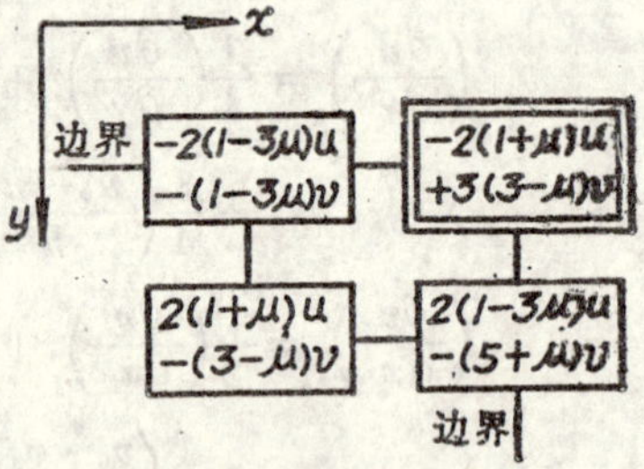

$$\frac{E}{16(1-\mu^2)}\left[\quad\right]=P_y$$

图 7-29

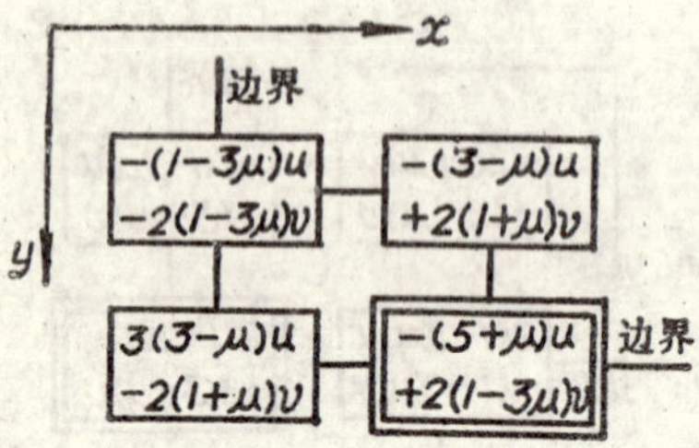

$$\frac{E}{16(1-\mu^2)}\left[\quad\right]=P_x$$

图 7-30

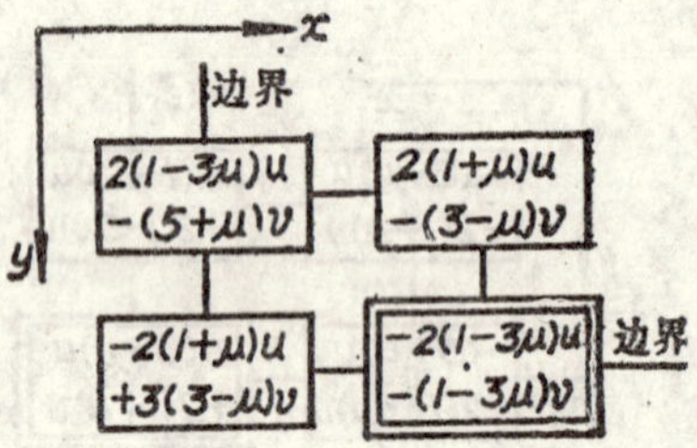

$$\frac{E}{16(1-\mu^2)}\left[\quad\right]=P_y$$

图 7-31

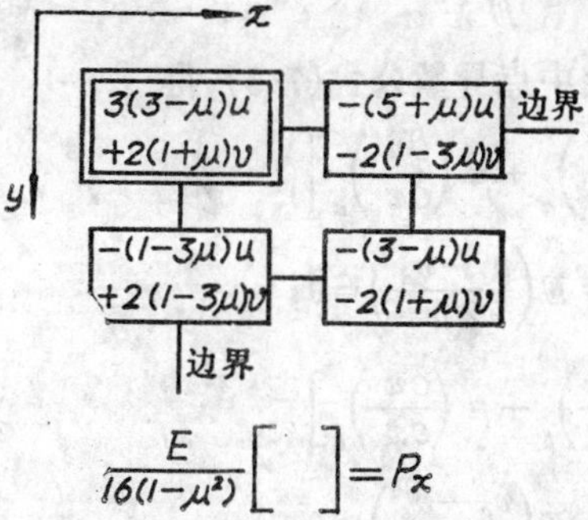

图 7-32

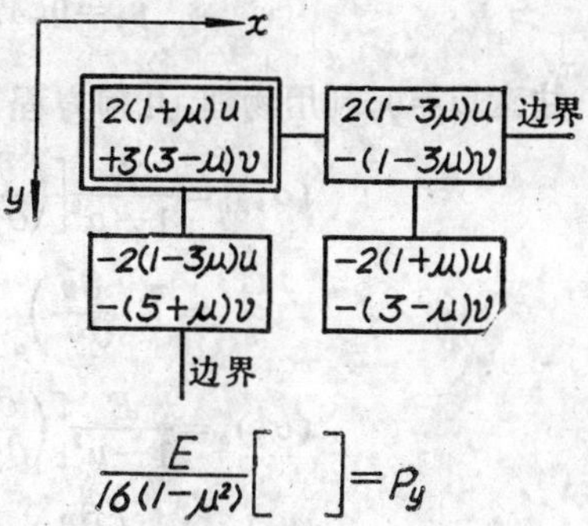

图 7-33

§ 7-8　位移差分解的实例

例(一)，设有四边固定的矩形薄板，图 7-34，其长度与宽度之比为 2:1，密度为 ρ，为简单起见取 $\mu=0$。试用 4×2 的网格计算自重引起的位移和应力。

由于对称，只有三个独立的未知值，即 u_a、v_a、v_b（$u_b=0$，$v_c=v_a$，$u_c=-u_a$）。注意 a、b、c 三结点的领域面积均为 h^2，利用图 7-13 及图 7-14，可立出相应于 u_a、v_a、v_b 的差分方程如下：

$$\frac{E}{8}[8(3)u_a]=(P_x)_a=0,$$

$$\frac{E}{8}[8(3)v_a-4\,v_b]=(P_y)_b=\rho gh^2,$$

$$\frac{E}{8}[8(3)v_b-2(4)v_a]=(P_y)_b=\rho gh^2。$$

简化以后求解，得出

$$u_a=0,\ v_a=0.4118\frac{\rho gh^2}{E},$$

$$v_b=0.4706\frac{\rho g h^2}{E}。$$

注意 $\mu=0$,利用物理、几何方程及中点导数公式(7-3),得

$$(\sigma_y)_a=\frac{E}{1-\mu^2}\left[\left(\frac{\partial v}{\partial y}\right)_a+\mu\left(\frac{\partial u}{\partial x}\right)_a\right]$$

$$=E\left(\frac{\partial v}{\partial y}\right)_a=E\left(\frac{v_f-v_d}{2h}\right)=0,$$

$$(\sigma_y)_b=\frac{E}{1-\mu^2}\left[\left(\frac{\partial v}{\partial y}\right)_b+\mu\left(\frac{\partial u}{\partial x}\right)_b\right]$$

$$=E\left(\frac{\partial v}{\partial y}\right)_b=E\left(\frac{v_g-v_e}{2h}\right)=0。$$

对于边界上的结点,则须利用端点导数公式(7-9)或(7-10)。这样得到

$$(\sigma_y)_d=E\left(\frac{\partial v}{\partial y}\right)_d=E\left(\frac{-3v_d+4v_a-v_f}{2h}\right)$$

$$=\frac{2Ev_a}{h}=0.824\rho g h,$$

$$(\sigma_y)_f=E\left(\frac{\partial v}{\partial y}\right)_f=E\left(\frac{3v_f-4v_a+v_d}{2h}\right)$$

$$=-\frac{2Ev_a}{h}=-0.824\rho g h,$$

$$(\sigma_y)_e=\frac{2Ev_b}{h}=0.941\rho g h,$$

$$(\sigma_y)_g=-\frac{2Ev_b}{h}=-0.941\rho g h。$$

通过同样的计算,可见在所有各结点处都得到

$$\sigma_x=0。$$

由于网格较疏,这些应力分量数值都是粗略近似的。

例(二),设例(一)中的薄板改为在下边受连杆支承(光滑支承),图 7-35,试求自重引起的位移及应力。

现在,独立的未知值除了有 u_a、v_a、v_b 以外还有 u_f。利用图

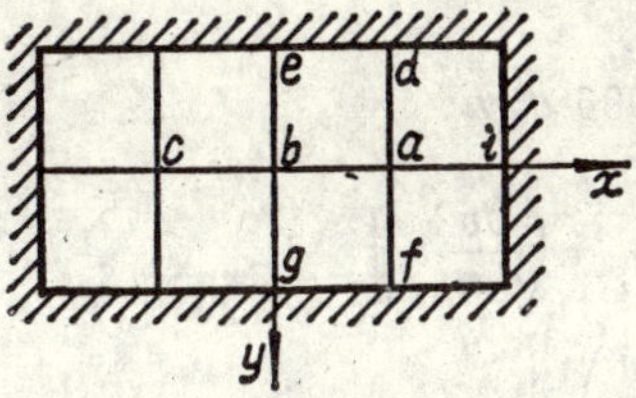

图 7-34

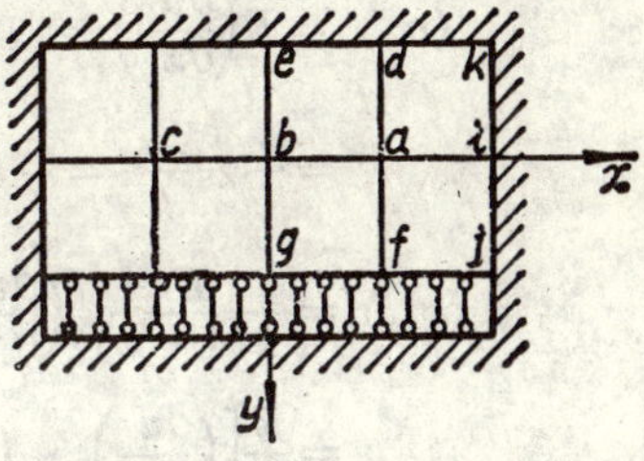

图 7-35

7-13、图 7-14 及图 7-21，立出相应于上述四个未知值的差分方程如下：

$$\frac{E}{8}[8(3)u_a-4\,u_f]=(P_x)_a=0,$$

$$\frac{E}{8}[8(3)v_a-4\,v_b]=(P_y)_a=\rho g h^2,$$

$$\frac{E}{8}[8(3)v_b-2(4)v_a-2(-u_f)]=(P_y)_b=\rho g h^2,$$

$$\frac{E}{8}[2(5)u_f-2\,u_a-v_b]=(P_x)_f=0。$$

简化以后求解，得出

$$u_a=0.0080\frac{\rho g h^2}{E},\ v_a=0.4111\frac{\rho g h^2}{E},$$

$$v_b=0.4663\frac{\rho g h^2}{E},\ u_f=0.0482\frac{\rho g h^2}{E}。$$

关于 σ_y 的计算，同于例(一)。这里只计算几点处的 σ_x 及 τ_{xy}：

$$(\sigma_x)_g=\frac{E}{1-\mu^2}\left[\left(\frac{\partial u}{\partial x}\right)_g+\mu\left(\frac{\partial v}{\partial y}\right)_g\right]$$

$$=E\left(\frac{\partial u}{\partial x}\right)_g=E\left[\frac{u_f-(-u_f)}{2\,h}\right]=0.048\,\rho g h,$$

$$(\sigma_x)_f=E\left(\frac{\partial u}{\partial x}\right)_f=E\left(\frac{u_j-u_g}{2\,h}\right)=0,$$

$$(\sigma_x)_j=E\left(\frac{\partial u}{\partial x}\right)_j=E\left(\frac{3u_j-4u_f+u_g}{2h}\right)$$

$$=-2\frac{Eu_f}{h}=-0.096\rho gh,$$

$$(\tau_{xy})_i=\frac{E}{2(1+\mu)}\left[\left(\frac{\partial u}{\partial y}\right)_i+\left(\frac{\partial v}{\partial x}\right)_i\right]$$

$$=\frac{E}{2}\left[\left(\frac{\partial u}{\partial y}\right)_i+\left(\frac{\partial v}{\partial x}\right)_i\right]$$

$$=\frac{E}{2}\left(\frac{u_j-u_k}{2h}+\frac{3v_i-4v_a+v_b}{2h}\right)$$

$$=\frac{E}{2}\left(\frac{-4v_a+v_b}{2h}\right)=-0.295\rho gh,$$

$$(\tau_{xy})_j=\frac{E}{2}\left[\left(\frac{\partial u}{\partial y}\right)_j+\left(\frac{\partial v}{\partial x}\right)_j\right]$$

$$=\frac{E}{2}\left(\frac{3u_j-4u_i+u_k}{2h}+\frac{3v_j-4v_f+v_g}{2h}\right)=0。$$

例(三)，设有矩形深梁，左右两边固定，上边受均布荷载 q，图7-36。试求位移及应力。取 $\mu=0.2$。

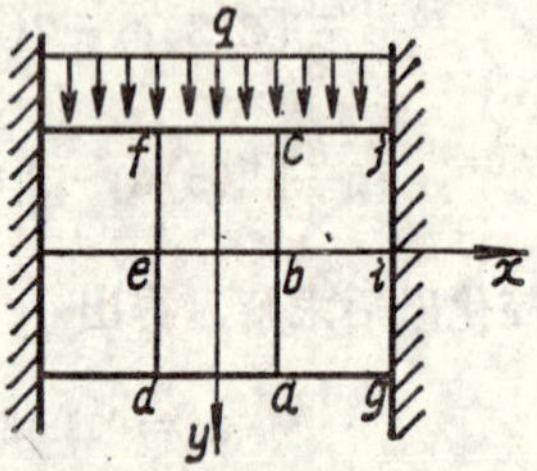

图 7-36

由于对称，独立的未知值只有6个，即 u_a、v_a、u_b、v_b、u_c、v_c ($v_d=v_a$, $v_e=v_b$, $v_f=v_c$, $u_d=-u_a$, $u_e=-u_b$, $u_f=-u_c$)。按照图 7-21 及图 7-22，相应于 u_a 及 v_a 的差分方程为

$$\frac{E}{8(0.96)}[2(4.6)u_a-2(0.6)u_b-3(-u_a)$$

$$-0.4v_a-(-u_b)-1.2v_b]=(P_x)_a=0,$$

$$\frac{E}{16(0.96)}[2(10.4)v_a-2(7.2)v_b+2(0.4)(-u_a)$$

$$-3(0.8)v_a-2(1.2)(-u_b)-0.8v_b]=(P_y)_a=0。$$

按照图 7-13 及图 7-14，相应于 u_b 及 v_b 的差分方程为

$$\frac{E}{8(0.96)}[8(2.3)u_b-4(0.8)u_a-4(0.8)u_c+1.2v_a$$

$$-8(-u_b)-1.2v_c]=(P_x)_b=0,$$

$$\frac{E}{8(0.96)}[8(2.8)v_b-8v_a-8v_c+1.2(-u_a)$$

$$-4(0.8)v_b-1.2(-u_c)]=(P_y)_b=0。$$

按照图 7-23 及图 7-24，相应于 u_c 及 v_c 的差分方程为

$$\frac{E}{8(0.96)}[2(4.6)u_c-2(0.6)u_b-(-u_b)+1.2v_b$$

$$-3(-u_c)+0.4v_c]=(P_x)_c=0,$$

$$\frac{E}{16(0.96)}[2(10.4)v_c-2(7.2)v_b+2(1.2)(-u_b)-0.8v_b$$

$$-2(0.4)(-u_c)-3(0.8)v_c]=(P_y)_c=qh。$$

将上列 6 个方程简化以后，联立求解，得出位移分量

$$u_a=0.1513\,qh/E,\quad v_a=0.9951\,qh/E,$$

$$u_b=0.0305\,qh/E,\quad v_b=1.2015\,qh/E,$$

$$u_c=-0.1780\,qh/E,\quad v_c=1.8390\,qh/E.$$

几个重要的应力分量计算如下：

$$(\sigma_x)_i=\frac{E}{1-\mu^2}\left[\left(\frac{\partial u}{\partial x}\right)_i+\mu\left(\frac{\partial v}{\partial y}\right)_i\right]$$

$$=\frac{E}{0.96}\left(\frac{3u_i-4u_c+u_f}{2h}+0\right)$$

$$=\frac{E}{0.96}\left(-\frac{5u_c}{2h}\right)=0.464\,q,$$

$$(\sigma_x)_g=\frac{E}{1-\mu^2}\left[\left(\frac{\partial u}{\partial x}\right)_g+\mu\left(\frac{\partial v}{\partial y}\right)_g\right]$$

$$=\frac{E}{0.96}\left(\frac{3u_g-4u_a+u_d}{2h}+0\right)$$

$$=\frac{E}{0.96}\left(-\frac{5u_a}{2h}\right)=-0.394\,q,$$

$$(\tau_{xy})_i=\frac{E}{2(1+\mu)}\left[\left(\frac{\partial u}{\partial y}\right)_i+\left(\frac{\partial v}{\partial x}\right)_i\right]$$

$$=\frac{E}{2(1.2)}\left(\frac{u_g-u_i}{2h}+\frac{3v_i-4v_b+v_e}{2h}\right)$$

$$=\frac{E}{2(1.2)}\left(\frac{-4v_b+v_b}{2h}\right)$$

$$=-0.751q,$$

$$(\tau_{xy})_j=\frac{E}{2(1+\mu)}\left[\left(\frac{\partial u}{\partial y}\right)_j+\left(\frac{\partial v}{\partial x}\right)_j\right]$$

$$=\frac{E}{2(1.2)}\left(\frac{3v_j-4v_c+v_f}{2h}+0\right)$$

$$=\frac{E}{2(1.2)}\left(\frac{-4v_c+v_c}{2h}\right)$$

$$=-0.625q,$$

$$(\sigma_y)_b=\frac{E}{1-\mu^2}\left[\left(\frac{\partial v}{\partial y}\right)_b+\mu\left(\frac{\partial u}{\partial x}\right)_b\right]$$

$$=\frac{E}{0.96}\left(\frac{v_a-v_c}{2h}+0.2\frac{u_i-u_e}{2h}\right)$$

$$=\frac{E}{0.96}\left(\frac{v_a-v_c+0.2u_b}{2h}\right)$$

$$=-0.436q,$$

$$(\sigma_y)_c=\frac{E}{1-\mu^2}\left[\left(\frac{\partial v}{\partial y}\right)_c+\mu\left(\frac{\partial u}{\partial x}\right)_c\right]$$

$$=\frac{E}{0.96}\left(\frac{-3v_c+4v_b-v_a}{2h}+0.2\frac{u_j-u_f}{2h}\right)$$

$$=\frac{E}{0.96}\left(\frac{-3v_c+4v_b-v_a+0.2u_c}{2h}\right)$$

$$=-0.907q。$$

由应力边界条件可见应当有$(\sigma_y)_c=-q$。现在，由于网格太疏，得到的是$(\sigma_y)_c=-0.907q$，误差达 $0.093q$。其他应力数值的误差大致也属于这个量阶。为了得到较精确的应力数值，必须把网格加密。

最后还应当指出：对于只具有应力边界条件的单连体平面问题，虽然也可以与上相同地用位移差分解求得应力分量，但是，改用应力函数差分解时，同样的网格可以给出较精确的应力数值，而且计算工作量较少。因此，如果不须求出位移而只须求出应力，则毫无疑问地应当用应力函数差分解，而完全不必用位移差分解。

§ 7-9　多连体问题的位移差分解

为了求解多连体的问题，先来导出内尖角处的结点位移差分方程。图 7-37 示一内尖角，其两边的向外法线分别沿 x 轴及 y 轴的正向。按照§7-7 中关于结点领域的定义，结点 0 的领域应如图中虚线所示，其面积为$\frac{3}{4}h^2$。该领域所受的沿 x 及 y 方向的外力总和(包括体力及面力)仍然用 $(P_x)_0$ 及$(P_y)_0$表示。由 x 方向的平衡条件有

$$\frac{h}{2}(\sigma_x)_a-h(\sigma_x)_b+\frac{h}{2}(\tau_{xy})_c-h(\tau_{xy})_d+(P_x)_0=0。$$

将应力分量表以位移分量的导数，则上式成为

$$\begin{aligned}&\frac{h}{2}\frac{E}{1-\mu^2}\left[\left(\frac{\partial u}{\partial x}\right)_a+\mu\left(\frac{\partial v}{\partial y}\right)_a\right]\\&\quad-h\frac{E}{1-\mu^2}\left[\left(\frac{\partial u}{\partial x}\right)_b+\mu\left(\frac{\partial v}{\partial y}\right)_b\right]\\&\quad+\frac{h}{2}\frac{E}{2(1+\mu)}\left[\left(\frac{\partial u}{\partial y}\right)_c+\left(\frac{\partial v}{\partial x}\right)_c\right]\\&\quad-h\frac{E}{2(1+\mu)}\left[\left(\frac{\partial u}{\partial y}\right)_d+\left(\frac{\partial v}{\partial x}\right)_d\right]\\&\quad+(P_x)_0=0。\end{aligned}\tag{a}$$

按照差分公式(7-32)至(7-37)，可以写出

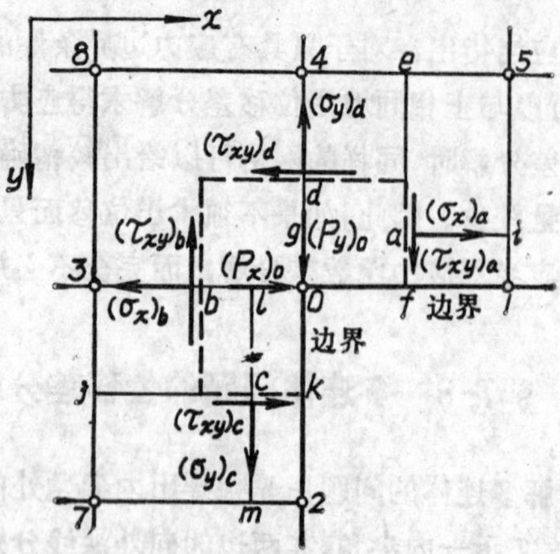

图 7-37

$$\left(\frac{\partial u}{\partial x}\right)_a=\frac{1}{4}\left(\frac{\partial u}{\partial x}\right)_e+\frac{3}{4}\left(\frac{\partial u}{\partial x}\right)_f$$

$$=\frac{1}{4}\left(\frac{u_5-u_4}{h}\right)+\frac{3}{4}\left(\frac{u_1-u_0}{h}\right),$$

$$\left(\frac{\partial v}{\partial y}\right)_a=\frac{1}{2}\left(\frac{\partial v}{\partial y}\right)_g+\frac{1}{2}\left(\frac{\partial v}{\partial y}\right)_i$$

$$=\frac{1}{2}\left(\frac{v_0-v_4}{h}\right)+\frac{1}{2}\left(\frac{v_1-v_5}{h}\right),$$

$$\left(\frac{\partial u}{\partial x}\right)_b=\frac{u_0-u_3}{h},$$

$$\left(\frac{\partial v}{\partial y}\right)_b=\frac{1}{2}\left(\frac{\partial v}{\partial y}\right)_3+\frac{1}{2}\left(\frac{\partial v}{\partial y}\right)_0$$

$$=\frac{1}{2}\left(\frac{v_7-v_8}{2h}\right)+\frac{1}{2}\left(\frac{v_2-v_4}{2h}\right),$$

$$\left(\frac{\partial u}{\partial y}\right)_c=\frac{1}{4}\left(\frac{\partial u}{\partial y}\right)_j+\frac{3}{4}\left(\frac{\partial u}{\partial y}\right)_k$$

$$=\frac{1}{4}\left(\frac{u_7-u_3}{h}\right)+\frac{3}{4}\left(\frac{u_2-u_0}{h}\right),$$

$$\left(\frac{\partial v}{\partial x}\right)_c=\frac{1}{2}\left(\frac{\partial v}{\partial x}\right)_l+\frac{1}{2}\left(\frac{\partial v}{\partial x}\right)_m$$

$$=\frac{1}{2}\left(\frac{v_0-v_3}{h}\right)+\frac{1}{2}\left(\frac{v_2-v_7}{h}\right),$$

$$\left(\frac{\partial u}{\partial y}\right)_d=\frac{u_0-u_4}{h},$$

$$\left(\frac{\partial v}{\partial x}\right)_d=\frac{1}{2}\left(\frac{\partial v}{\partial x}\right)_4+\frac{1}{2}\left(\frac{\partial v}{\partial x}\right)_0$$

$$=\frac{1}{2}\left(\frac{v_5-v_8}{2h}\right)+\frac{1}{2}\left(\frac{v_1-v_3}{2h}\right)。$$

代入式(a)，简化以后，即得相应于未知值 u_0 的差分方程

$$\frac{E}{16(1-\mu^2)}[11(3-\mu)u_0-6u_1-3(1-\mu)u_2-(15+\mu)u_3$$
$$-2(3-4\mu)u_4-2u_5-(1-\mu)u_7$$
$$-2(1+\mu)v_0+2(1-3\mu)v_1-2(1-3\mu)v_2$$
$$+2(1+\mu)v_5+2(1+\mu)v_7-2(1+\mu)v_8]=(P_x)_0。$$

它的差分图式如图 7-38 所示。

通过同样的运算，可得相应于未知值 v_0 的差分方程，其差分

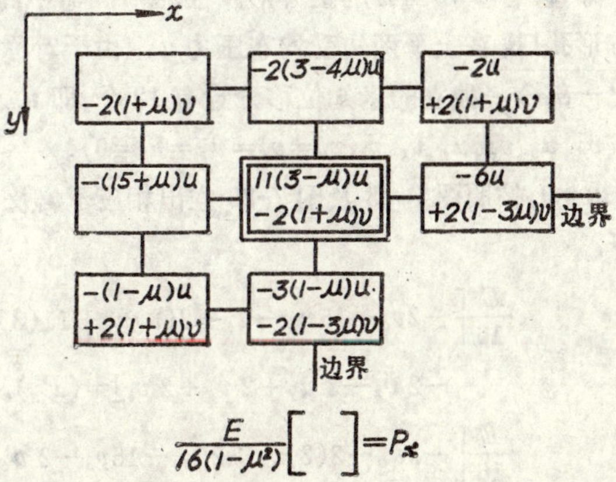

图 7-38

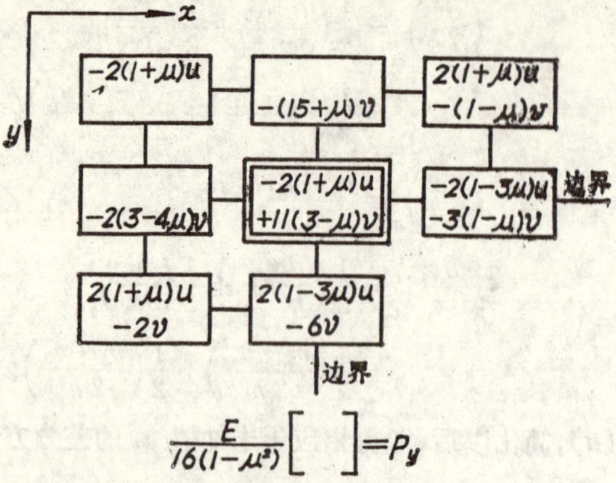

图 7-39

图式如图 7-39 所示。

在内尖角结点处，如果一个或两个边界的向外法线是沿坐标轴的负向，也可以通过与上相似的运算得出该结点处的差分方程以及相应的差分图式。

有了内尖角处的结点位移差分方程，就可以对多连体进行计算。例如，设有 $4h\times4h$ 的正方形薄板，图 7-40，中间有 $2h\times2h$ 的正方形孔口，在上下两边受均布压力 q。由于对称，只须计算四分之一部分。独立的未知位移分量有 12 个，即 u_a、v_a、u_b、v_b、u_c、u_d、v_d、u_e、v_e、u_f、v_g、v_i($v_c=v_f=u_g=u_i=0$)。

取$\mu=0$，按照图 7-38 及图 7-39 立出相应于u_e及 v_e 的差分方程如下：

$$\frac{E}{16}\Big[-2v_a-15u_b-u_c-2(3)u_d+11(3)u_e$$

$$-2v_e-3u_f+2v_g+2v_i\Big]=(P_x)_e=0,$$

$$\frac{E}{16}\Big[-2u_a-2(3)v_b+2u_c-15v_d-2u_e$$

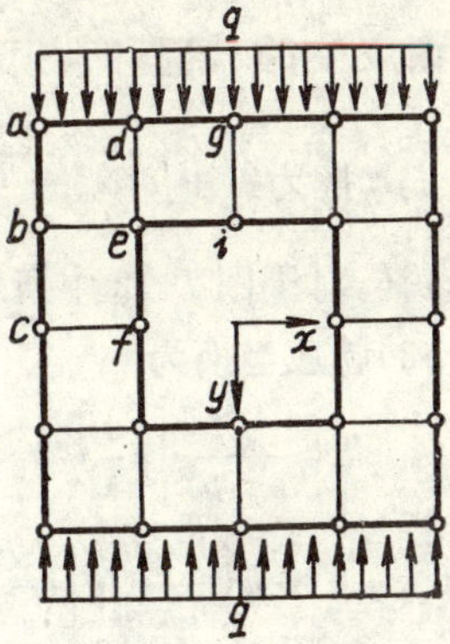

图 7-40

其余 10 个差分方程可仍按 §7-7 中的差分图式列出。联立求解上述 12 个方程，得出(以qh/E为单位)：

$u_a=0.820, v_a=2.265,$

$u_b=-0.742,$

$v_b=1.180,$

$u_c=-1.545,$

$u_d=0.707, v_d=3.980,$

$u_e=-0.706,$

$v_e=2.819,\quad u_f=-1.541,\quad v_g=5.392,\quad v_i=4.819$。

应力分量可以和以前一样地求得。但是，由于网格太疏，算出的应力数值将只是粗略近似的，而内尖角结点(例如e)处的应力数值将具有特别大的误差(它在理论上是无限大)。

§ 7-10 温度应力问题的位移差分解

利用位移的差分解，也可以较简便地求得温度应力。在温度应力问题中，因为不考虑实际荷载的作用，所以对任何结点领域说来，都有$P_x=P_y=0$。但是，用位移分量表示应力分量时，必须考虑变温T的作用。在平面应力的情况下，这就必须采用(6-17)式，即

$$\left.\begin{aligned}\sigma_x&=\frac{E}{1-\mu^2}\left(\frac{\partial u}{\partial x}+\mu\frac{\partial v}{\partial y}\right)-\frac{E\alpha T}{1-\mu},\\ \sigma_y&=\frac{E}{1-\mu^2}\left(\frac{\partial v}{\partial y}+\mu\frac{\partial u}{\partial x}\right)-\frac{E\alpha T}{1-\mu},\\ \tau_{xy}&=\frac{E}{2(1+\mu)}\left(\frac{\partial u}{\partial y}+\frac{\partial v}{\partial x}\right)。\end{aligned}\right\}\qquad(a)$$

在平面应变的情况下，须将上式中的E换为$\dfrac{E}{1-\mu^2}$，μ换为$\dfrac{\mu}{1-\mu}$，α换为$(1+\mu)\alpha$。

这样，对于图 7-12 中所示的内结点 0 的正方形领域，平衡方程(7-38)就应当换为

$$
\begin{aligned}
& h\left\{\frac{E}{1-\mu^2}\left[\left(\frac{\partial u}{\partial x}\right)_a+\mu\left(\frac{\partial v}{\partial y}\right)_a\right]-\frac{E\alpha}{1-\mu}T_a\right\} \\
& -h\left\{\frac{E}{1-\mu^2}\left[\left(\frac{\partial u}{\partial x}\right)_b+\mu\left(\frac{\partial v}{\partial y}\right)_b\right]-\frac{E\alpha}{1-\mu}T_b\right\} \\
& +h\left\{\frac{E}{2(1+\mu)}\left[\left(\frac{\partial u}{\partial y}\right)_c+\left(\frac{\partial v}{\partial x}\right)_c\right]\right\} \\
& -h\left\{\frac{E}{2(1+\mu)}\left[\left(\frac{\partial u}{\partial y}\right)_d+\left(\frac{\partial v}{\partial x}\right)_d\right]\right\}=0。
\end{aligned}
$$

将(7-39)式代入以后，将得出代替(7-40)的方程

$$
\begin{aligned}
& \frac{E}{8(1-\mu^2)}\Big[8(3-\mu)u_0-8(u_1+u_3)-4(1-\mu)(u_2+u_4) \\
& \qquad +(1+\mu)(v_5-v_6+v_7-v_8)\Big]=\frac{hE\alpha}{1-\mu}(T_b-T_a)。
\end{aligned}
$$

与(7-40)式对比，可见$\dfrac{hE\alpha}{1-\mu}(T_b-T_a)$代替了$(P_x)_0$。因此可以说，变温的等效结点荷载是

$$
(P_x)_0=\frac{hE\alpha}{1-\mu}(T_b-T_a)。\qquad (b)
$$

为了把T_b和T_a用结点处的变温来表示，我们假定变温T在相邻两结点之间是按线性变化。由图 7-12 可见，这样就有

$$
T_b=\frac{T_3+T_0}{2},\qquad T_a=\frac{T_0+T_1}{2}。
$$

代入式(b)，即得x方向的等效结点荷载，用结点处的变温表示为

$$(P_x)_0=\frac{hE\alpha}{2(1-\mu)}(T_3-T_1)。$$

同样可以得到y方向的等效结点荷载为

$$(P_y)_0=\frac{hE\alpha}{2(1-\mu)}(T_4-T_2)。$$

上列两个等效结点荷载的差分图式如图 7-41 及图 7-42 所示，可以分别与图 7-13 及图 7-14 联合使用，以建立内结点处的差分方程。

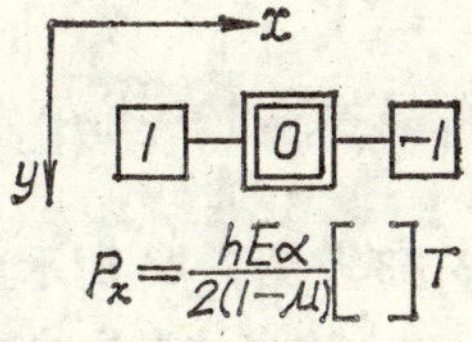

图 7-41

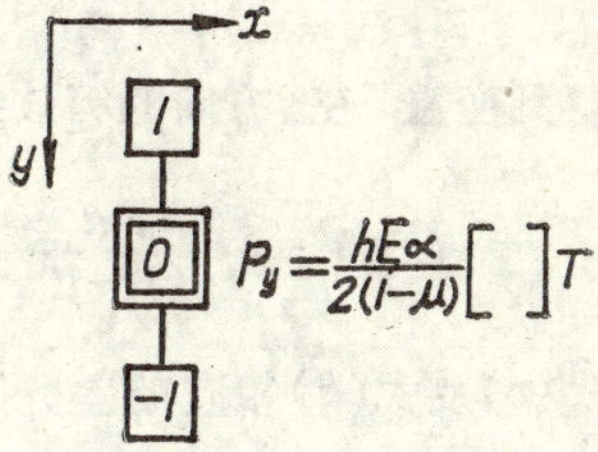

图 7-42

与上相似，对于图 7-15 中所示的边界结点领域，平衡方程(7-42)应当改换为

$$-h\left\{\frac{E}{1-\mu^2}\left[\left(\frac{\partial u}{\partial x}\right)_a+\mu\left(\frac{\partial v}{\partial y}\right)_a\right]+\frac{E\alpha}{1-\mu}T_a\right\}$$
$$+\frac{h}{2}\left\{\frac{E}{2(1+\mu)}\left[\left(\frac{\partial u}{\partial y}\right)_b+\left(\frac{\partial v}{\partial x}\right)_b\right]\right\}$$
$$-\frac{h}{2}\left\{\frac{E}{2(1+\mu)}\left[\left(\frac{\partial u}{\partial y}\right)_c+\left(\frac{\partial v}{\partial x}\right)_c\right]\right\}=0。$$

将(7-43)代入以后，可见变温在x方向的等效结点荷载为

$$(P_x)_0=\frac{hE\alpha}{1-\mu}T_a。$$

假定 变温T在结点 0 与结点 3 之间按线性变化，取$T_a=\frac{1}{2}(T_0+T_3)$，即得

$$(P_x)_0=\frac{hE\alpha}{2(1-\mu)}(T_0+T_3)。\tag{c}$$

同样可见变温在y方向的等效结点荷载为

$$(P_y)_0=\frac{hE\alpha}{2(1-\mu)}(T_c-T_b)。$$

假定变温T在相邻两结点之间按线性变化，取

$$T_c=\frac{1}{4}T_i+\frac{3}{4}T_j=\frac{1}{4}\frac{T_3+T_8}{2}+\frac{3}{4}\frac{T_0+T_4}{2},$$

$$T_b=\frac{1}{4}T_d+\frac{3}{4}T_e=\frac{1}{4}\frac{T_3+T_7}{2}+\frac{3}{4}\frac{T_0+T_2}{2},$$

就得到变温T在y方向的等效结点荷载为

$$(P_y)_0=\frac{hE\alpha}{16(1-\mu)}[3(T_4-T_2)+T_8-T_7]。\tag{d}$$

与式(c)及式(d)相应的差分图式如图7-43及图7-44所示，可以分别与图7-16及图7-17联合使用，以建立边界结点处的差分方程。

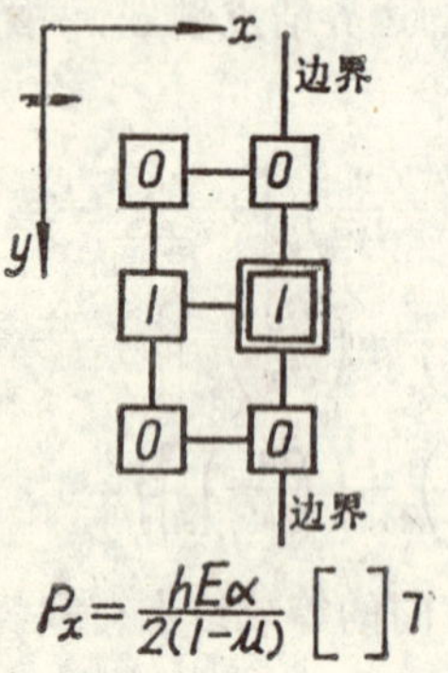

图 7-43

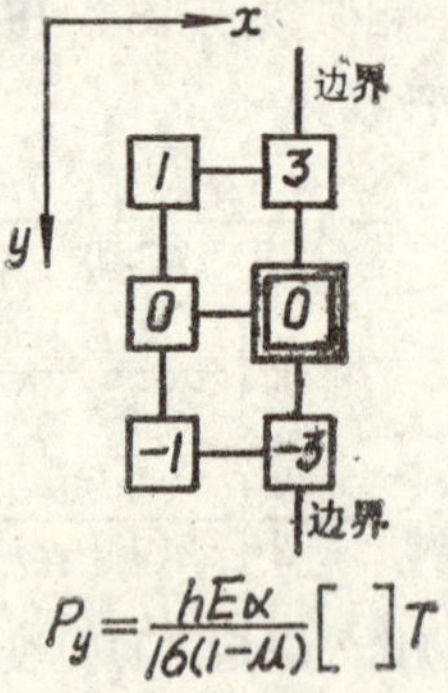

图 7-44

通过与上相似的运算，可以得出其他各种结点处的等效结点荷载，其差分图式如图7-45至图7-58所示，可以与§7-7中相应

的差分图式联合使用，以建立这些结点处的差分方程。

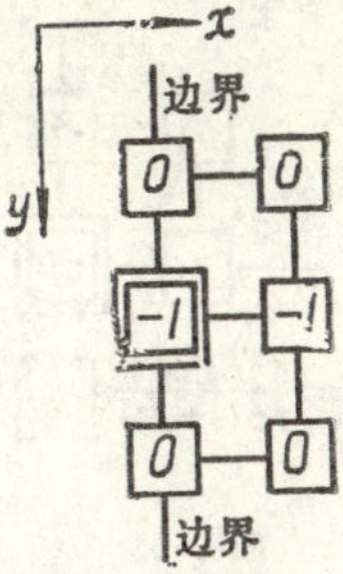

$$P_x=\frac{hE\alpha}{2(1-\mu)}[\quad]T$$

图 7-45

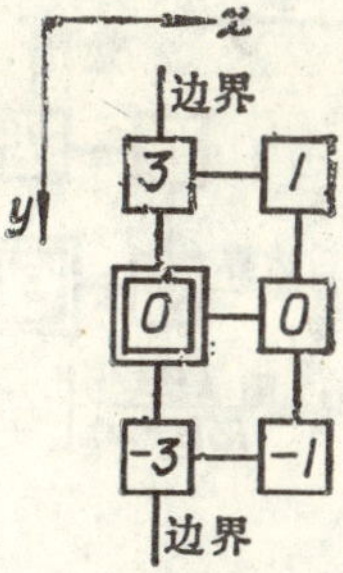

$$P_y=\frac{hE\alpha}{16(1-\mu)}[\quad]T$$

图 7-46

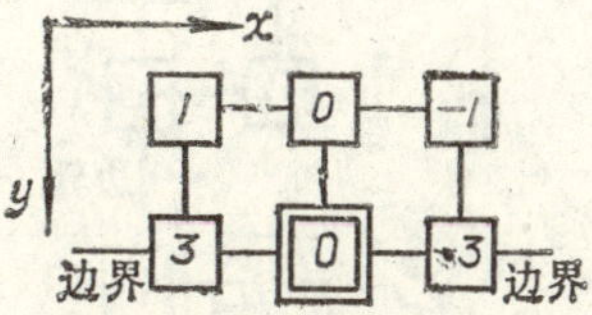

$$P_x=\frac{hE\alpha}{16(1-\mu)}[\quad]T$$

图 7-47

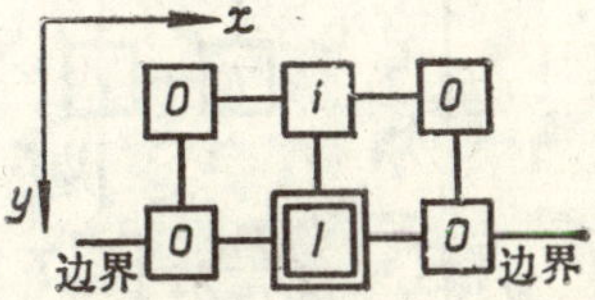

$$P_y=\frac{hE\alpha}{2(1-\mu)}[\quad]T$$

图 7-48

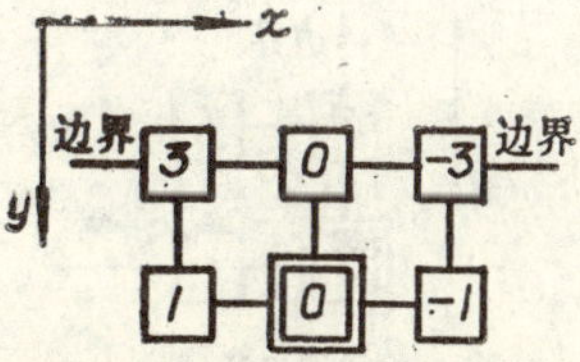

$$P_x=\frac{hE\alpha}{16(1-\mu)}[\quad]T$$

图 7-49

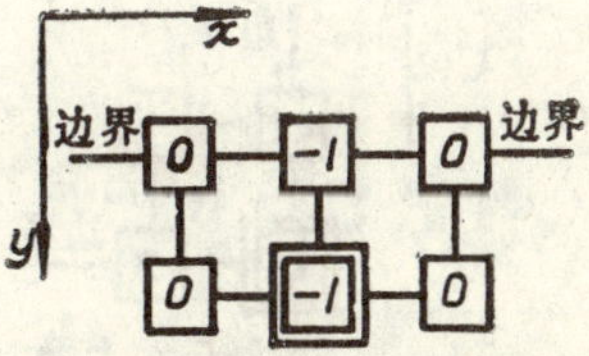

$$P_y=\frac{hE\alpha}{2(1-\mu)}[\quad]T$$

图 7-50

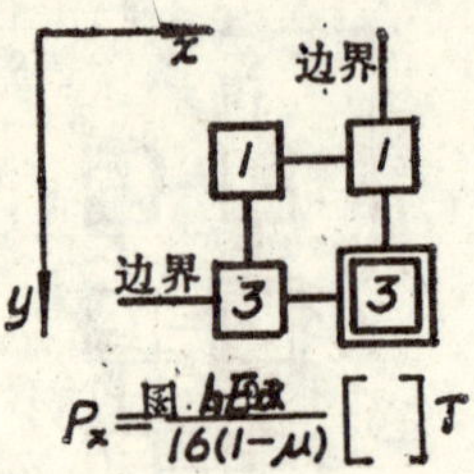

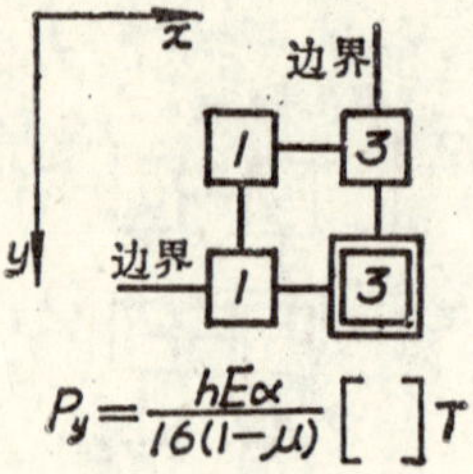

图 7-52

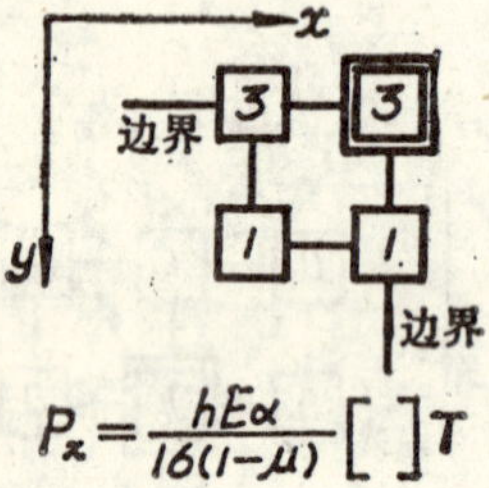

图 7-53

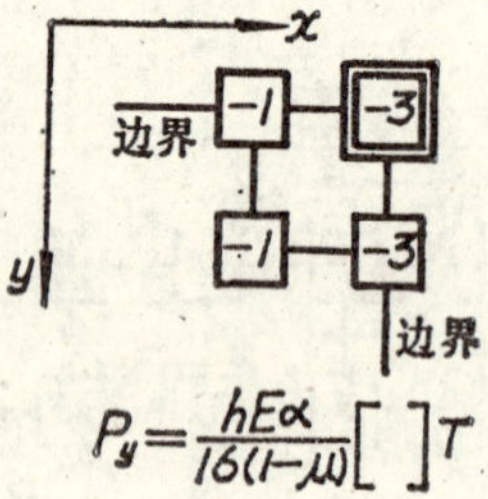

图 7-54

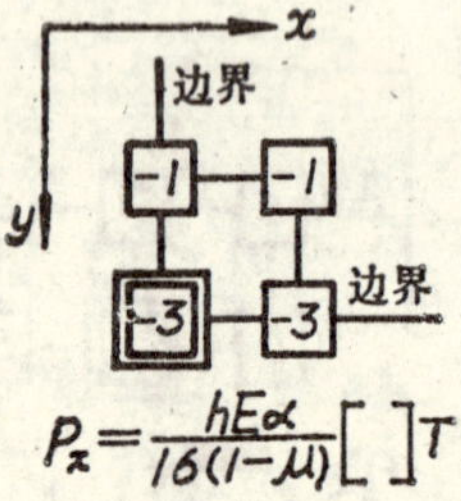

图 7-55

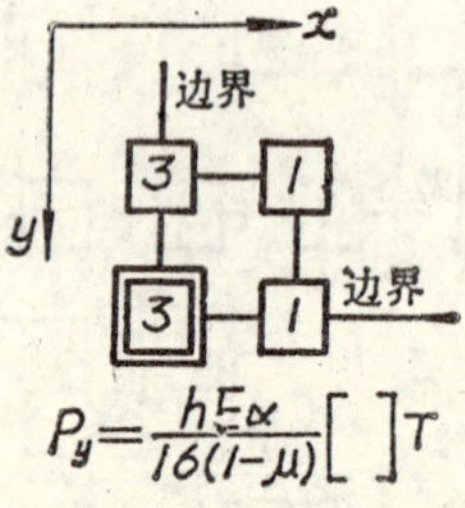

图 7-56

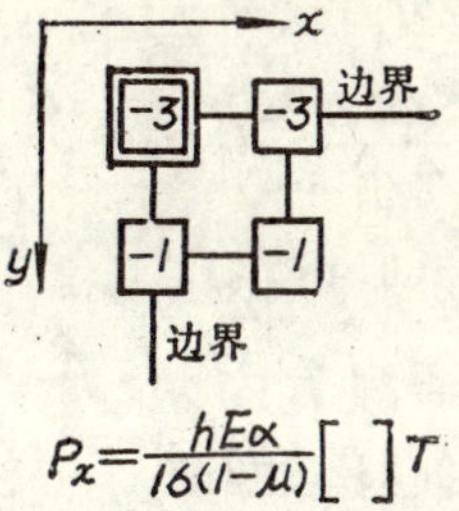

图 7-57

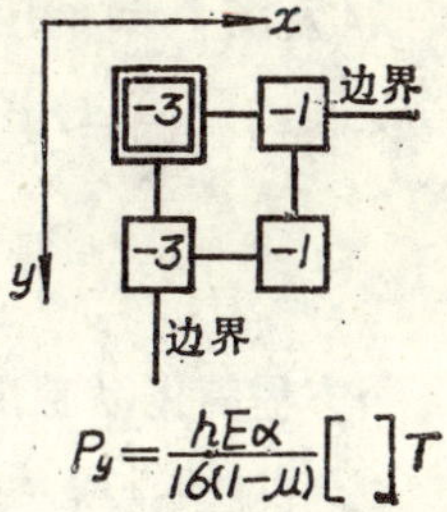

图 7-58

作为例题，设有混凝土填槽，其宽度与深度之比为 1:2，图 7-59，由于混凝土的硬化冷却，发生如下的变温：$T_a=-T_0$，$T_b=-0.95T_0$，$T_c=-0.75T_0$，$T_d=-0.45T_0$，$T_e=0$。试求温度应力，取$\mu=0$。

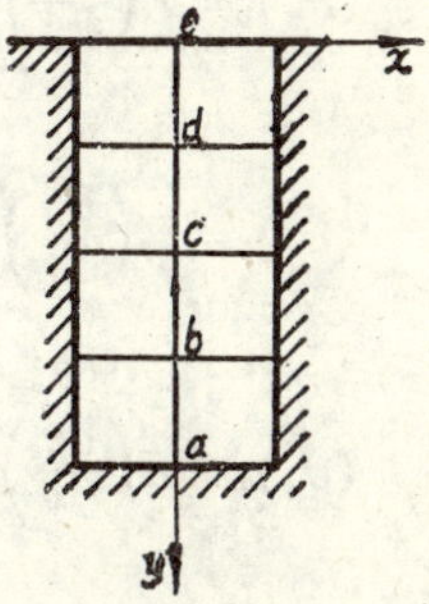

图 7-59

由于对称，$u_b=u_c=u_d=u_e=0$，未知值为 v_b, v_c, v_d, v_e。按照图 7-14 及图7-42，相应于 v_b、v_c、v_d 的差分方程为

$$\frac{E}{8}(24v_b-8v_c)=(P_y)_b=\frac{hE\alpha}{2}(T_c-T_a)$$
$$=\frac{hE\alpha}{2}(0.25T_0),$$

$$\frac{E}{8}(24v_c-8v_b-8v_d)=(P_y)_c=\frac{hE\alpha}{2}(T_d-T_b)$$
$$=\frac{hE\alpha}{2}(0.5T_0),$$

$$\frac{E}{8}(24v_d-8v_c-8v_e)=(P_y)_d=\frac{hE\alpha}{2}(T_e-T_c)$$
$$=\frac{hE\alpha}{2}(0.75T_0)。$$

按照图 7-24 及图 7-50，相应于 v_e 的差分方程为

$$\frac{E}{16}(22\,v_e-14\,v_d)=(P_y)_e=\frac{hE\alpha}{2}(-T_d-T_e)$$

$$=\frac{hE\alpha}{2}(0.45\,T_0)。$$

将上列 4 个方程简化以后，联立求解，得到

$$v_b=0.119\,h\alpha T_0,\quad v_c=0.232\,h\alpha T_0,$$

$$v_d=0.326\,h\alpha T_0,\quad v_e=0.371\,h\alpha T_0。$$

利用式(a)，注意 $\mu=0$，$v_a=0$，可求得应力分量

$$(\sigma_y)_a=E\left(\frac{\partial v}{\partial y}\right)_a-E\alpha T_a=E\frac{3\,v_a-4\,v_b+v_c}{2\,h}+E\alpha T_0$$

$$=0.878\,E\alpha T_0,$$

$$(\sigma_y)_b=E\left(\frac{\partial v}{\partial y}\right)_b-E\alpha T_b=E\frac{v_a-v_c}{2\,h}+0.95\,E\alpha T_0$$

$$=0.834\,E\alpha T_0,$$

$$(\sigma_y)_c=E\left(\frac{\partial v}{\partial y}\right)_c-E\alpha T_c=E\frac{v_b-v_d}{2\,h}+0.75\,E\alpha T_0$$

$$=0.647\,E\alpha T_0,$$

$$(\sigma_y)_d=E\left(\frac{\partial v}{\partial y}\right)_d-E\alpha T_d=E\,\frac{v_c-v_e}{2\,h}+0.45\,E\alpha T_0$$

$$=0.381\,E\alpha T_0,$$

$$(\sigma_y)_e=E\left(\frac{\partial v}{\partial y}\right)_e-E\alpha T_e=E\frac{-3\,v_e+4\,v_d-v_c}{2\,h}$$

$$=-0.021\,E\alpha T_0。$$

按照边界条件，应当有 $(\sigma_y)_e=0$。现在得出 $(\sigma_y)_e=-0.021\,E\alpha T_0$，是误差引起的。

习 题

7-1 用差分法计算图 7-60 中基础梁的最大拉应力，并与材料力学公式给出的解答进行对比。采用 2×4 的网格，如图所示。

答案：$\sigma_{max}=(\sigma_x)_a=1.28\,q$，材料力学公式给出 $2.25\,q$。

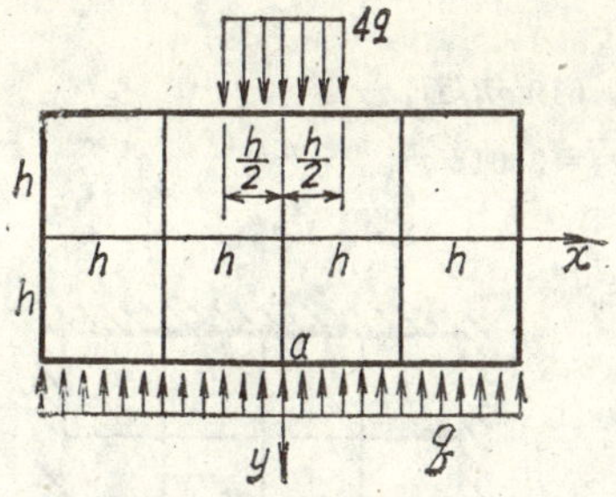

图 7-60

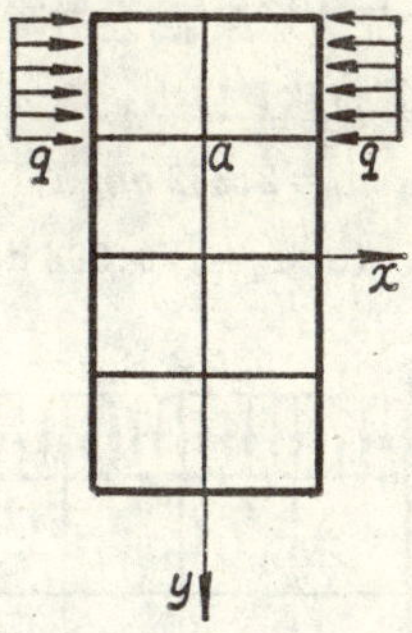

图 7-61

7-2　用 2×4 的网格计算图 7-61 中矩形板的应力。

答案：$(\sigma_x)_a=-0.490\,q$。

7-3　试计算图 7-62 中薄板的最大拉应力。

答案：$\sigma_{max}=(\sigma_x)_a=0.149\,q$。

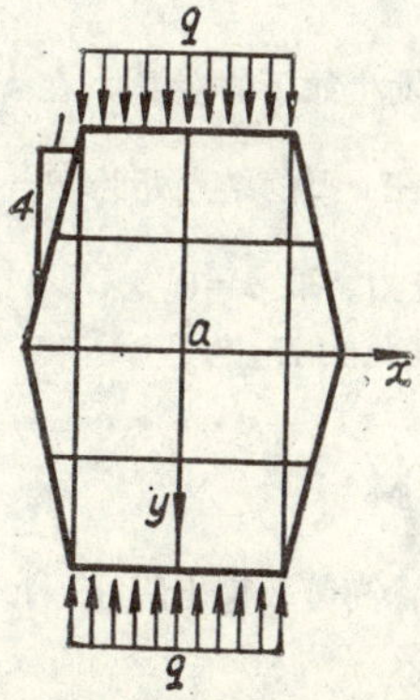

图 7-62

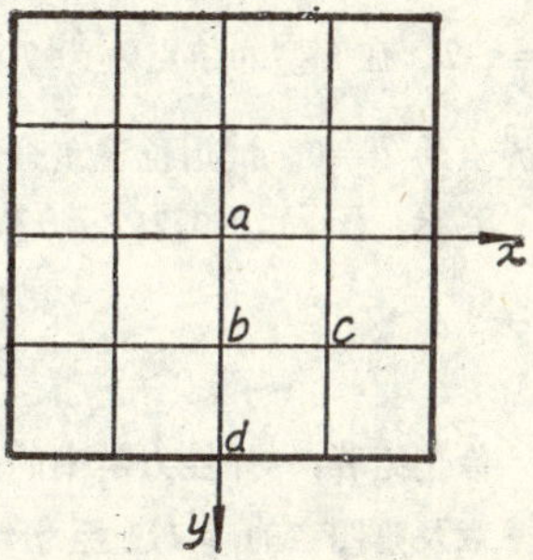

图 7-63

7-4　设图 7-63 所示的混凝土板发生如下的变温：在结点 a 处为 $T=T_0$，在 b 型的结点处为 $T=\frac{3}{4}T_0$，在 c 型的结点处为 $T=\frac{9}{16}T_0$，在边界上为 $T=0$。试用应力函数差分解求出温度应力。

答案：$(\sigma_x)_d=0.532\,E\alpha T_0$。

7-5 正方形深梁，左右两边固定，图7-64，上边受均布荷载 q，试用 4×4 的网格计算位移及应力。取 $\mu=0$。

答案：$v_a=2.332\,qh/E$，$v_b=0.619\,qh/E$，

$(\sigma_x)_a=-0.998\,q$，$(\sigma_x)_b=0.018\,q$

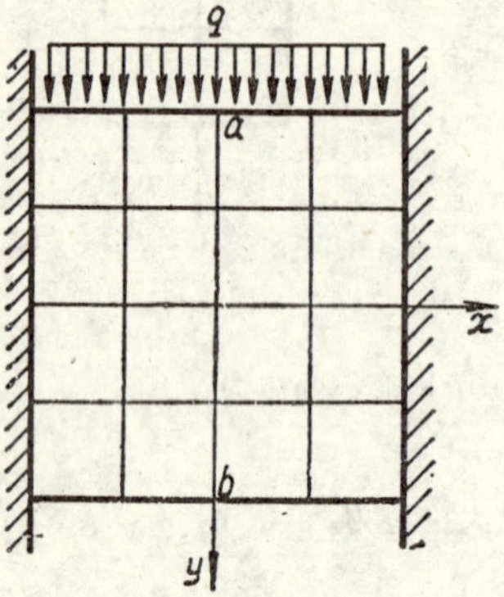

图 7-64

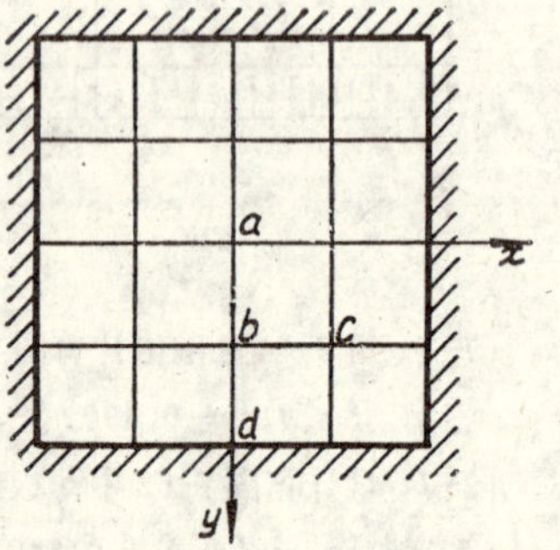

图 7-65

7-6 正方形薄板，四边固定，图7-65，发生如下的变温：在结点 a 处为 $T=-T_0$，在 b 型的结点处为 $T=-\dfrac{3}{4}T_0$，在 c 型的结点处为 $T=-\dfrac{9}{16}T_0$，在边界上为 $T=0$。试用位移差分解求温度应力。取 $\mu=0$。

答案：$(\sigma_y)_a=0.797\,E\alpha T_0$，$(\sigma_y)_d=0.405\,E\alpha T_0$。

参考教材

徐芝纶著，《弹性力学中的差分方法》，高等教育出版社，1989年出版，第一章及第四章的 §4.1 至 §4.4。

第八章　空间问题的基本理论

§ 8-1　平衡微分方程

分析空间问题时，仍然要从三方面来考虑：静力学方面，几何学方面和物理学方面。现在来考虑空间问题的静力学方面，而首先导出空间问题的平衡微分方程。

在物体内的任意一点 P，割取一个微小的平行六面体，它的六面垂直于坐标轴，而棱边的长度为 $PA=dx$，$PB=dy$，$PC=dz$，图 8-1。一般而论，应力分量是位置坐标的函数。因此，作用在这

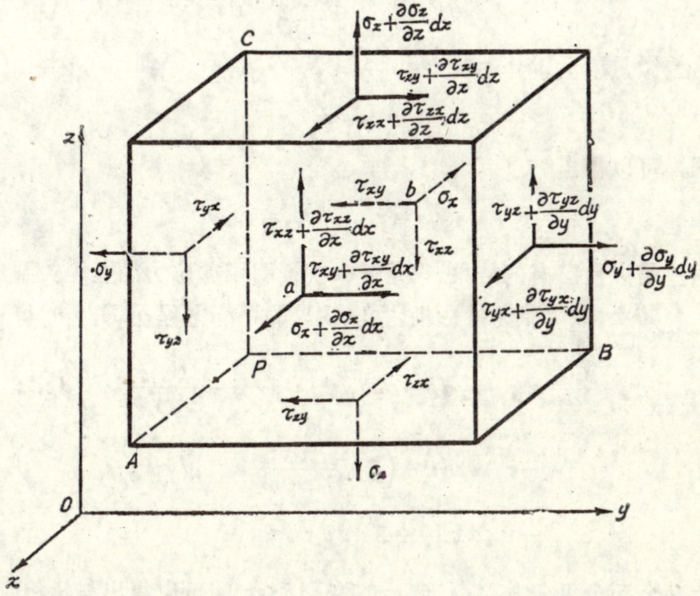

图 8-1

六面体两对面上的应力分量不完全相同，而具有微小的差量。例如，作用在后面的平均正应力是 σ_x，由于坐标 x 的改变，作用在前面的平均正应力应当是 $\sigma_x+\frac{\partial \sigma_x}{\partial x}dx$，余类推。

首先，以连接六面体前后两面中心的直线 ab 为矩轴，立出力矩的平衡方程 $\sum M_{ab}=0$：

$$\left(\tau_{yz}+\frac{\partial \tau_{yz}}{\partial y}dy\right)dx\,dz\frac{dy}{2}+\tau_{yz}dx\,dz\frac{dy}{2}-\left(\tau_{zy}+\frac{\partial \tau_{zy}}{\partial z}dz\right)dx\,dy\frac{dz}{2}-\tau_{zy}dx\,dy\frac{dz}{2}=0。$$

除以 $dxdydz$，合并相同的项，得

$$\tau_{yz}+\frac{1}{2}\frac{\partial \tau_{yz}}{\partial y}dy-\tau_{zy}-\frac{1}{2}\frac{\partial \tau_{zy}}{\partial z}dz=0。$$

略去微量以后，得

$$\tau_{yz}=\tau_{zy}。$$

同样可以得出

$$\tau_{zx}=\tau_{xz}, \quad \tau_{xy}=\tau_{yx}。$$

这些是以前已有的结果，只是又一次证明了剪应力的互等关系。

其次，以 x 轴为投影轴，立出投影的平衡方程 $\sum F_x=0$，得

$$\left(\sigma_x+\frac{\partial \sigma_x}{\partial x}dx\right)dydz-\sigma_x dydz+\left(\tau_{yx}+\frac{\partial \tau_{yx}}{\partial y}dy\right)dzdx-\tau_{yx}dzdx+\left(\tau_{zx}+\frac{\partial \tau_{zx}}{\partial z}dz\right)dxdy-\tau_{zx}dxdy+Xdxdydz=0。$$

由其余两个平衡方程，$\sum F_y=0$ 和 $\sum F_z=0$，可以得出与此相似的两个方程。将这三个方程约简以后，除以 $dxdydz$，得

$$\left.\begin{aligned}\frac{\partial\sigma_x}{\partial x}+\frac{\partial\tau_{yx}}{\partial y}+\frac{\partial\tau_{zx}}{\partial z}+X=0,\\ \frac{\partial\sigma_y}{\partial y}+\frac{\partial\tau_{zy}}{\partial z}+\frac{\partial\tau_{xy}}{\partial x}+Y=0,\\ \frac{\partial\sigma_z}{\partial z}+\frac{\partial\tau_{xz}}{\partial x}+\frac{\partial\tau_{yz}}{\partial y}+Z=0。\end{aligned}\right\}\quad(8\text{-}1)$$

这就是空间问题的平衡微分方程。

§ 8-2 物体内任一点的应力状态

现在，假定物体在任一点 P 的六个应力分量 σ_x、σ_y、σ_z、$\tau_{yz}=\tau_{zy}$、$\tau_{zx}=\tau_{xz}$、$\tau_{xy}=\tau_{yx}$ 为已知，试求经过 P 点的任一斜面上的应力。为此，在 P 点附近取一个平面 ABC，平行于这一斜面，并与经过 P 点而平行于坐标面的三个平面形成一个微小的四面体 $PABC$，图 8-2。当平面 ABC 趋近于 P 点时，平面 ABC 上的应力就成为该斜面上的应力。

命平面 ABC 的外法线为 N，其方向余弦为

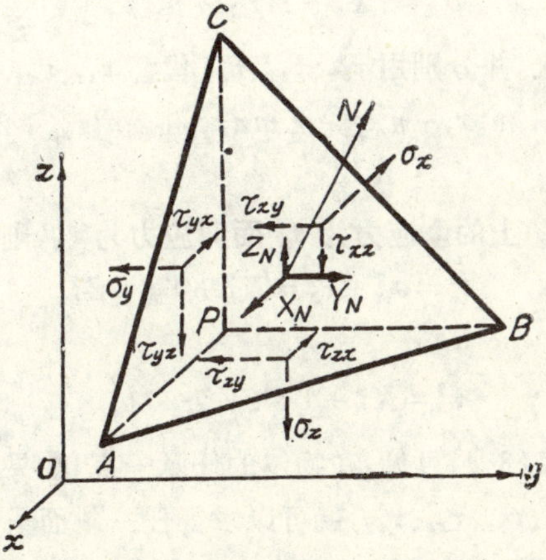

图 8-2

$$\cos(N,x)=l,\cos(N,y)=m,\cos(N,z)=n。$$

设三角形 ABC 的面积为 ΔS，则三角形 BPC、CPA、APB 的面积分别为 $l\Delta S$、$m\Delta S$、$n\Delta S$。四面体 $PABC$ 的体积用 ΔV 代表。三角形 ABC 上的应力 s_N 在坐标轴方向的分量用 X_N、Y_N、Z_N 代表。根据四面体的平衡条件 $\sum F_x=0$，得

$$X_N\Delta S-\sigma_x l\Delta S-\tau_{yx}m\Delta S-\tau_{zx}n\Delta S+X\Delta V=0。$$

除以 ΔS，并移项，得

$$X_N+X\frac{\Delta V}{\Delta S}=l\sigma_x+m\tau_{yx}+n\tau_{zx}。$$

当斜面 ABC 趋近于 P 点时，由于 ΔV 是比 ΔS 更高一阶的微量，所以 $\frac{\Delta V}{\Delta S}$ 趋于零。于是得出下面(8-2)中的第一式。其余二式可分别由平衡条件 $\sum F_y=0$ 及 $\sum F_z=0$ 同样地得出。

$$\left.\begin{aligned}X_N&=l\sigma_x+m\tau_{yx}+n\tau_{zx},\\Y_N&=m\sigma_y+n\tau_{zy}+l\tau_{xy},\\Z_N&=n\sigma_z+l\tau_{xz}+m\tau_{yz}。\end{aligned}\right\}\tag{8-2}$$

设三角形 ABC 上的正应力为 σ_N，则由投影可得

$$\sigma_N=lX_N+mY_N+nZ_N。$$

将(8-2)式代入，并分别用 τ_{yz}、τ_{zx}、τ_{xy} 代替 τ_{zy}、τ_{xz}、τ_{yx}，即得

$$\sigma_N=l^2\sigma_x+m^2\sigma_y+n^2\sigma_z+2\,mn\tau_{yz}+2\,nl\tau_{zx}+2\,lm\tau_{xy}。\tag{8-3}$$

设三角形 ABC 上的全应力为 s_N 而剪应力为 τ_N，则由于

$$s_N^2=\sigma_N^2+\tau_N^2=X_N^2+Y_N^2+Z_N^2$$

而有

$$\tau_N^2=X_N^2+Y_N^2+Z_N^2-\sigma_N^2。\tag{8-4}$$

由公式(8-3)及(8-4)可见，在物体的任意一点，如果已知六个应力分量 σ_x、σ_y、σ_z、τ_{yz}、τ_{zx}、τ_{xy}，就可以求得任一斜面上的正应力和剪应力。这就是说，六个应力分量完全决定了一点的应力状态。

在特殊情况下，如果 ABC 是物体的边界面，则 X_N、Y_N、Z_N 成为面力分量 $\bar{X}$、$\bar{Y}$、$\bar{Z}$，于是由公式(8-2)得出

$$\left.\begin{aligned} l(\sigma_x)_s+m(\tau_{yx})_s+n(\tau_{zx})_s=\bar{X},\\ m(\sigma_y)_s+n(\tau_{zy})_s+l(\tau_{xy})_s=\bar{Y},\\ n(\sigma_z)_s+l(\tau_{xz})_s+m(\tau_{yz})_s=\bar{Z}。\end{aligned}\right\} \tag{8-5}$$

这就是弹性体的应力边界条件，它表明应力分量的边界值与面力分量之间的关系。

§ 8-3 主应力与应力主向

设经过任一点 P 的某一斜面上的剪应力等于零，则该斜面上的正应力称为在 P 点的一个主应力，该斜面称为在 P 点的一个应力主面，而该斜面的法线方向称为在 P 点的一个应力主向。

假设在 P 点有一个应力主面存在。这样，由于该面上的剪应力等于零，所以该面上的全应力就等于该面上的正应力，也就等于主应力 σ。于是该面上的全应力在坐标轴上的投影成为

$$X_N=l\sigma,\ Y_N=m\sigma,\ Z_N=n\sigma。$$

将公式(8-2)代入，即得

$$\left.\begin{aligned} l\sigma_x+m\tau_{yx}+n\tau_{zx}=l\sigma,\\ m\sigma_y+n\tau_{zy}+l\tau_{xy}=m\sigma,\\ n\sigma_z+l\tau_{xz}+m\tau_{yz}=n\sigma。\end{aligned}\right\} \tag{a}$$

此外还有关系式

$$l^2+m^2+n^2=1。 \tag{b}$$

如果将式(a)与式(b)联立求解，能够得出 σ、l、m、n 的一组解答，就得到 P 点的一个主应力以及与之对应的应力主面和应力主向。用下述方法求解，比较简便。

将式(a)改写为

$$\left.\begin{aligned}(\sigma_x-\sigma)l+\tau_{yx}m+\tau_{zx}n=0,\\ \tau_{xy}l+(\sigma_y-\sigma)m+\tau_{zy}n=0,\\ \tau_{xz}l+\tau_{yz}m+(\sigma_z-\sigma)n=0。\end{aligned}\right\}\qquad(c)$$

这是 l、m、n 的三个齐次线性方程。因为由式(b)可见 l、m、n不能全等于零，所以这三个方程的系数的行列式应当等于零，即

$$\begin{vmatrix}\sigma_x-\sigma & \tau_{yx} & \tau_{zx}\\ \tau_{xy} & \sigma_y-\sigma & \tau_{zy}\\ \tau_{xz} & \tau_{yz} & \sigma_z-\sigma\end{vmatrix}=0。$$

用 τ_{yz}、τ_{zx}、τ_{xy} 分别代替 τ_{zy}、τ_{xz}、τ_{yx}，并将行列式展开，得出 σ 的三次方程

$$\begin{aligned}&\sigma^3-(\sigma_x+\sigma_y+\sigma_z)\sigma^2\\ &\quad+(\sigma_y\sigma_z+\sigma_z\sigma_x+\sigma_x\sigma_y-\tau_{yz}^2-\tau_{zx}^2-\tau_{xy}^2)\sigma\\ &\quad-(\sigma_x\sigma_y\sigma_z-\sigma_x\tau_{yz}^2-\sigma_y\tau_{zx}^2-\sigma_z\tau_{xy}^2+2\tau_{yz}\tau_{zx}\tau_{xy})=0。\end{aligned}\qquad(8\text{-}6)$$

求解这个方程，如果能得出 σ 的三个实根 σ_1、σ_2、σ_3，那么，这些就是 P 点的三个主应力。

为了求得与主应力 σ_1 相应的方向余弦 l_1、m_1、n_1，可以利用(c)中的任意二式，例如其中的前二式，由此得

$$(\sigma_x-\sigma_1)l_1+\tau_{yx}m_1+\tau_{zx}n_1=0,$$
$$\tau_{xy}l_1+(\sigma_y-\sigma_1)m_1+\tau_{zy}n_1=0。$$

将二式均除以 l_1，得

$$\tau_{yx}\frac{m_1}{l_1}+\tau_{zx}\frac{n_1}{l_1}+(\sigma_x-\sigma_1)=0,$$

$$(\sigma_y-\sigma_1)\frac{m_1}{l_1}+\tau_{zy}\frac{n_1}{l_1}+\tau_{xy}=0,$$

由此可以求得比值 m_1/l_1 及 n_1/l_1，然后按照式(b)求出

$$l_1=\frac{1}{\sqrt{1+\left(\frac{m_1}{l_1}\right)^2+\left(\frac{n_1}{l_1}\right)^2}},$$

即可由已知的比值 m_1/l_1 及 n_1/l_1 求得 m_1 及 n_1。同样可以求得与主应力 σ_2 相应的方向余弦 l_2、m_2、n_2，以及与主应力 σ_3 相应的方向余弦 l_3、m_3、n_3。

我们晓得，三次方程(8-6)至少有一个实根，因而至少存在一个主应力以及与之对应的应力主向。把这个主应力称为 σ_3，并将轴放在这个应力主向，则 $\sigma_z=\sigma_3$ 而 $\tau_{zx}=\tau_{xz}=0$，$\tau_{zy}=\tau_{yz}=0$。于是，平行六面体上的应力如图 8-3 所示（垂直于图平面的 $\sigma_z=\sigma_3$ 没有画出）。根据§2-3中的分析，可以断定有两个主应力 σ_1 和 σ_2，作用在互相垂直而且垂直于图平面的两个应力主面上，如图所示。这就证明：在物体内的任意一点，一定存在三个互相垂直的应力主面以及对应的三个主应力。

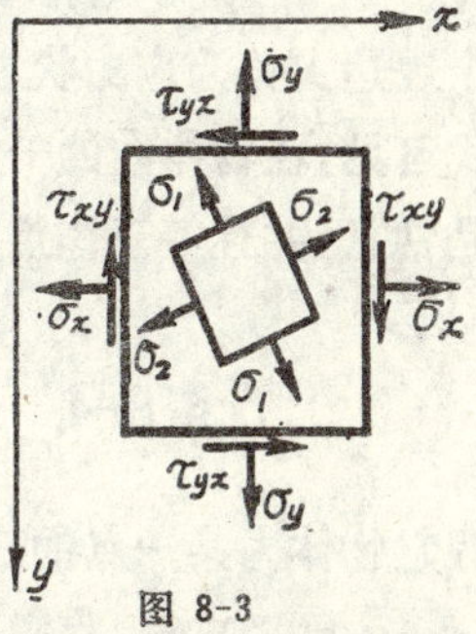

图 8-3

因为主应力 σ_1、σ_2、σ_3 是方程(8-6)的三个根，所以该方程可以写成

$$(\sigma-\sigma_1)(\sigma-\sigma_2)(\sigma-\sigma_3)=0。$$

展开以后，得到

$$\sigma^3-(\sigma_1+\sigma_2+\sigma_3)\sigma^2+(\sigma_2\sigma_3+\sigma_3\sigma_1+\sigma_1\sigma_2)\sigma-\sigma_1\sigma_2\sigma_3=0。$$

将这个方程与方程(8-6)对比，可见有关系式

$$\left.\begin{aligned}&\sigma_x+\sigma_y+\sigma_z=\sigma_1+\sigma_2+\sigma_3,\\&\sigma_y\sigma_z+\sigma_z\sigma_x+\sigma_x\sigma_y-\tau_{yz}^2-\tau_{zx}^2-\tau_{xy}^2\\&\quad=\sigma_2\sigma_3+\sigma_3\sigma_1+\sigma_1\sigma_2,\\&\sigma_x\sigma_y\sigma_z-\sigma_x\tau_{yz}^2-\sigma_y\tau_{zx}^2-\sigma_z\tau_{xy}^2+2\tau_{yz}\tau_{zx}\tau_{xy}\\&\quad=\sigma_1\sigma_2\sigma_3。\end{aligned}\right\}\tag{8-7}$$

在一定的应力状态下，物体内任一点的主应力不会随坐标系

的改变而有所改变(尽管应力分量随着坐标系改变)，所以方程(8-7)右边的三个表达式的值不随坐标系而改变，因而该方程左边的三个表达式的值也不会随坐标系而改变。于是可见，不论坐标系如何改变，下列表达式的值保持不变：

$$\left.\begin{aligned}&\Theta=\sigma_x+\sigma_y+\sigma_z,\\&\Theta_2=\sigma_y\sigma_z+\sigma_z\sigma_x+\sigma_x\sigma_y-\tau_{yz}^2-\tau_{zx}^2-\tau_{xy}^2,\\&\Theta_3=\sigma_x\sigma_y\sigma_z-\sigma_x\tau_{yz}^2-\sigma_y\tau_{zx}^2-\sigma_z\tau_{xy}^2\\&\qquad+2\tau_{yz}\tau_{zx}\tau_{xy}。\end{aligned}\right\}\tag{8-8}$$

这三个表达式称为应力状态的不变量。应当特别指出：由其中的第一式可见，在物体内的一点，任意三个互相垂直的面上的正应力之和是常量，并且等于该点的三个主应力之和。

§ 8-4 最大与最小的应力

假定物体内某一点的三个应力主向以及与之对应的三个主应力σ_1、σ_2、σ_3已经求得，我们来求出这一点的最大与最小的应力。为了简便，将三个坐标轴放在三个应力主向，于是有$\tau_{yz}=\tau_{zy}=0$，$\tau_{zx}=\tau_{xz}=0$，$\tau_{xy}=\tau_{yx}=0$，$\sigma_x=\sigma_1$，$\sigma_y=\sigma_2$，$\sigma_z=\sigma_3$。

首先来求出最大与最小的正应力。根据公式(8-3)，任一斜面上的正应力是

$$\sigma_N=l^2\sigma_1+m^2\sigma_2+n^2\sigma_3,\tag{a}$$

其中的l、m、n现在应当是斜面的外法线N对于应力主向的方向余弦。

用关系式$l^2+m^2+n^2=1$消去式(a)中的三个方向余弦之一，例如l，得

$$\sigma_N=(1-m^2-n^2)\sigma_1+m^2\sigma_2+n^2\sigma_3。$$

为了求出σ_N的极值，命$\frac{\partial}{\partial m}\sigma_N=0$，$\frac{\partial}{\partial n}\sigma_N=0$，由此得$m=0$，$n=0$，并从而有$l=\pm1$。代入式($a$)，得出$\sigma_N$的一个极值，等于$\sigma_1$。

再用关系式$l^2+m^2+n^2=1$从式(a)中依次消去m和n，又可得出σ_N的另外两个极值，分别等于σ_2和σ_3。这就是说，σ_N的极值不外乎σ_1、σ_2、σ_3。

由此可见，在物体内的任意一点，三个主应力中最大的一个就是该点的最大正应力，而三个主应力中最小的一个就是该点的最小正应力。由此又可见，在三个主应力相等的特殊情况下，所有各斜面上的应力都相同，也就等于主应力。

现在来求出最大与最小的剪应力。根据公式(8-2)，斜面上的全应力沿坐标轴方向的分量是

$$X_N=l\sigma_1,\quad Y_N=m\sigma_2,\quad Z_N=n\sigma_3。\tag{b}$$

将式(a)和式(b)代入公式(8-4)，得

$$\tau_N^2=l^2\sigma_1^2+m^2\sigma_2^2+n^2\sigma_3^2-(l^2\sigma_1+m^2\sigma_2+n^2\sigma_3)^2。\tag{c}$$

用关系式$l^2+m^2+n^2=1$消去式(c)中的三个方向余弦之一，例如l，得

$$\begin{aligned}\tau_N^2=&(1-m^2-n^2)\sigma_1^2+m^2\sigma_2^2+n^2\sigma_3^2\\&-[(1-m^2-n^2)\sigma_1+m^2\sigma_2+n^2\sigma_3]^2。\end{aligned}$$

为了求出τ_N^2的极值，命$\frac{\partial}{\partial m}(\tau_N^2)=0$，$\frac{\partial}{\partial n}(\tau_N^2)=0$，简化以后，得

$$\left.\begin{aligned}m\left[(\sigma_2-\sigma_1)m^2+(\sigma_3-\sigma_1)n^2-\frac{1}{2}(\sigma_2-\sigma_1)\right]=0,\\ n\left[(\sigma_2-\sigma_1)m^2+(\sigma_3-\sigma_1)n^2-\frac{1}{2}(\sigma_3-\sigma_1)\right]=0。\end{aligned}\right\}\tag{d}$$

由方程(d)求解m及n，将得出两种解答。第一种是$m=0$，$n=0$。第二种解答是$m=0$，$n=\pm\frac{1}{\sqrt{2}}$，或者是$n=0$，$m=\pm\frac{1}{\sqrt{2}}$。对于每一组解答，都可以由关系式$l^2+m^2+n^2=1$求出l，并由式(c)求出τ_N^2。

再用关系式$l^2+m^2+n^2=1$从式(c)中依次消去m，然后消去

n，总共得出τ_N^2为极值时的六组解答，列表如下：

$l=$	±1	0	0	0	$\pm\frac{1}{\sqrt{2}}$	$\pm\frac{1}{\sqrt{2}}$
$m=$	0	±1	0	$\pm\frac{1}{\sqrt{2}}$	0	$\pm\frac{1}{\sqrt{2}}$
$n=$	0	0	±1	$\pm\frac{1}{\sqrt{2}}$	$\pm\frac{1}{\sqrt{2}}$	0
$\tau_N^2=$	0	0	0	$\left(\frac{\sigma_2-\sigma_3}{2}\right)^2$	$\left(\frac{\sigma_3-\sigma_1}{2}\right)^2$	$\left(\frac{\sigma_1-\sigma_2}{2}\right)^2$

表中的前三组解答对应于应力主面，对应于τ_N^2的极小值。后三组解答对应于“经过应力主轴之一而平分其余二应力主轴的夹角”的三个平面；对应的下列剪应力包含了最大与最小的剪应力：

$$\pm\frac{1}{2}(\sigma_2-\sigma_3),\ \pm\frac{1}{2}(\sigma_3-\sigma_1),\ \pm\frac{1}{2}(\sigma_1-\sigma_2)。$$

于是可见，最大和最小的剪应力，在数值上等于最大主应力与最小主应力之差的一半，作用在通过中间主应力并且“平分最大主应力与最小主应力的夹角”的平面上，

§ 8-5 几何方程。刚体位移。体积应变

现在来考虑空间问题的几何学方面。

在空间问题中，形变分量与位移分量应当满足下列6个几何方程：

$$\left.\begin{aligned}&\varepsilon_x=\frac{\partial u}{\partial x},\quad \varepsilon_y=\frac{\partial v}{\partial y},\quad \varepsilon_z=\frac{\partial w}{\partial z},\\&\gamma_{yz}=\frac{\partial w}{\partial y}+\frac{\partial v}{\partial z},\quad \gamma_{zx}=\frac{\partial u}{\partial z}+\frac{\partial w}{\partial x},\\&\qquad\gamma_{xy}=\frac{\partial v}{\partial x}+\frac{\partial u}{\partial y},\end{aligned}\right\}\tag{8-9}$$

其中的第一式、第二式和第六式已在§2-4中导出，其余三式可用

同样的方法导出。

为了导出刚体位移的表达式，试命

$$\varepsilon_x=\varepsilon_y=\varepsilon_z=\gamma_{yz}=\gamma_{zx}=\gamma_{xy}=0。$$

代入几何方程(8-9)，得

$$\left.\begin{aligned}&\frac{\partial u}{\partial x}=0, \quad \frac{\partial v}{\partial y}=0, \quad \frac{\partial w}{\partial z}=0,\\&\frac{\partial w}{\partial y}+\frac{\partial v}{\partial z}=0, \quad \frac{\partial u}{\partial z}+\frac{\partial w}{\partial x}=0, \quad \frac{\partial v}{\partial x}+\frac{\partial u}{\partial y}=0。\end{aligned}\right\} \tag{a}$$

由(a)中前三式的积分得

$$u=f_1(y,z),\ v=f_2(z,x),\ w=f_3(x,y), \tag{b}$$

其中f_1、f_2、f_3是任意函数。代入(a)中的后三式，得

$$\left.\begin{aligned}&\frac{\partial}{\partial y}f_3(x,y)+\frac{\partial}{\partial z}f_2(z,x)=0,\\&\frac{\partial}{\partial z}f_1(y,z)+\frac{\partial}{\partial x}f_3(x,y)=0,\\&\frac{\partial}{\partial x}f_2(z,x)+\frac{\partial}{\partial y}f_1(y,z)=0\end{aligned}\right\} \tag{c}$$

为了求出函数f_1，要从含有这个函数的微分方程中消去f_2和f_3。为此，将(c)中的第二式和第三式分别对z和y求导，得出

$$\frac{\partial^2}{\partial z^2}f_1(y,z)=0,\ \frac{\partial^2}{\partial y^2}f_1(y,z)=0。$$

可见函数f_1只应包含常数项，y项，z项和yz项。命

$$f_1(y,z)=a+by+cz+dyz,$$

其中的a、b、c、d都是任意常数。与上相似，可以求得

$$f_2(z,x)=e+fz+gx+hzx,$$
$$f_3(x,y)=i+jx+ky+lxy。$$

将已求得的函数f_1、f_2、f_3代入式(c)，得

$$(k+f)+(l+h)x=0,$$
$$(c+j)+(d+l)y=0,$$

$$(g+b)+(h+d)z=0。$$

不论x、y、z取任何值，这些条件都应当满足，因此必须

$$f=-k,\quad l=-h,$$
$$j=-c,\quad d=-l,$$
$$b=-g,\quad h=-d。$$

由右边三式可见$l=d=h=0$，联合左边三式，一并代入上面f_1、f_2、f_3的表达式，得到

$$f_1(y,z)=a-gy+cz,$$
$$f_2(z,x)=e-kz+gx,$$
$$f_3(x,y)=i-cx+ky。$$

将各个函数代入式(b)，并将任意常数a、e、i、k、c、g分别改写为u_0、v_0、w_0、ω_x、ω_y、ω_z，得位移分量

$$\left.\begin{aligned}u&=u_0+\omega_y z-\omega_z y,\\ v&=v_0+\omega_z x-\omega_x z,\\ w&=w_0+\omega_x y-\omega_y x。\end{aligned}\right\}\qquad(8\text{-}10)$$

式(8-10)所示的位移，是"形变为零"时的位移，也就是所谓"与形变无关的位移"，因而必然是刚体位移。推广§2-3中的论证，可见u_0、v_0、w_0分别为沿x、y、z三个方向的刚体平移；ω_x、ω_y、ω_z分别为绕x、y、z三个轴的刚体转动。

现在来导出体积的改变与位移分量之间的关系。设有微小的正平行六面体，它的棱边长度是Δx、Δy、Δz。在变形之前，它的体积是$\Delta x\Delta y\Delta z$；在变形之后，它的体积成为

$$(\Delta x+\varepsilon_x\Delta x)(\Delta y+\varepsilon_y\Delta y)(\Delta z+\varepsilon_z\Delta z)。$$

因此，它的每单位体积的体积改变，即所谓体积应变，为

$$\begin{aligned}e&=\frac{(\Delta x+\varepsilon_x\Delta x)(\Delta y+\varepsilon_y\Delta y)(\Delta z+\varepsilon_z\Delta z)-\Delta x\Delta y\Delta z}{\Delta x\Delta y\Delta z}\\ &=(1+\varepsilon_x)(1+\varepsilon_y)(1+\varepsilon_z)-1\\ &=\varepsilon_x+\varepsilon_y+\varepsilon_z+\varepsilon_y\varepsilon_z+\varepsilon_z\varepsilon_x+\varepsilon_x\varepsilon_y+\varepsilon_x\varepsilon_y\varepsilon_z。\end{aligned}$$

因为我们只考虑微小的应变，所以两个或三个应变分量的乘积可以略去不计，从而得到

$$e=\varepsilon_x+\varepsilon_y+\varepsilon_z。\tag{8-11}$$

将几何方程(8-9)中的前三式代入，得

$$e=\frac{\partial u}{\partial x}+\frac{\partial v}{\partial y}+\frac{\partial w}{\partial z}。\tag{8-12}$$

§ 8-6 物体内任一点的形变状态

现在，设已知物体内任一点P处的六个形变分量ε_x、ε_y、ε_z、γ_{yz}、γ_{zx}、γ_{xy}，试求经过P点的、沿N方向的任一微小线段$PN=dr$的正应变，图8-4。命这一微小线段的方向余弦为l、m、n。于是该线段在坐标轴上的投影为

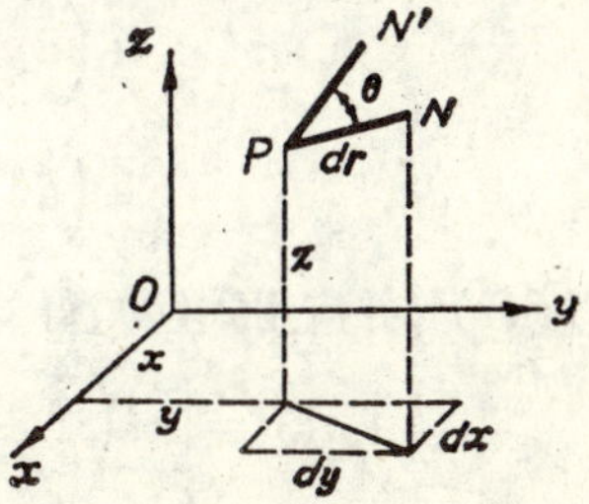

图 8-4

$$dx=ldr,\ dy=mdr,\ dz=ndr。\tag{a}$$

设P点的位移分量为u、v、w，则N点的位移分量为

$$\left.\begin{aligned}u_N&=u+\frac{\partial u}{\partial x}dx+\frac{\partial u}{\partial y}dy+\frac{\partial u}{\partial z}dz,\\ v_N&=v+\frac{\partial v}{\partial x}dx+\frac{\partial v}{\partial y}dy+\frac{\partial v}{\partial z}dz,\\ w_N&=w+\frac{\partial w}{\partial x}dx+\frac{\partial w}{\partial y}dy+\frac{\partial w}{\partial z}dz。\end{aligned}\right\}\tag{b}$$

在变形之后，线段PN在坐标轴上的投影成为

$$\left.\begin{aligned}
&dx+u_N-u=dx+\frac{\partial u}{\partial x}dx+\frac{\partial u}{\partial y}dy+\frac{\partial u}{\partial z}dz,\\
&dy+v_N-v=dy+\frac{\partial v}{\partial x}dx+\frac{\partial v}{\partial y}dy+\frac{\partial v}{\partial z}dz,\\
&dz+w_N-w=dz+\frac{\partial w}{\partial x}dx+\frac{\partial w}{\partial y}dy+\frac{\partial w}{\partial z}dz。
\end{aligned}\right\}(c)$$

命线段 PN 的正应变为 ε_N，则该线段在变形之后的长度为 $dr+\varepsilon_N dr$，而这一长度的平方就等于式(c)中三个投影的平方之和：

$$\begin{aligned}
(dr+\varepsilon_N dr)^2=&\left(dx+\frac{\partial u}{\partial x}dx+\frac{\partial u}{\partial y}dy+\frac{\partial u}{\partial z}dz\right)^2\\
&+\left(dy+\frac{\partial v}{\partial x}dx+\frac{\partial v}{\partial y}dy+\frac{\partial v}{\partial z}dz\right)^2\\
&+\left(dz+\frac{\partial w}{\partial x}dx+\frac{\partial w}{\partial y}dy+\frac{\partial w}{\partial z}dz\right)^2。
\end{aligned}$$

除以 $(dr)^2$，并应用式(a)，得

$$\begin{aligned}
(1+\varepsilon_N)^2=&\left[l\left(1+\frac{\partial u}{\partial x}\right)+m\frac{\partial u}{\partial y}+n\frac{\partial u}{\partial z}\right]^2\\
&+\left[l\frac{\partial v}{\partial x}+m\left(1+\frac{\partial v}{\partial y}\right)+n\frac{\partial v}{\partial z}\right]^2\\
&+\left[l\frac{\partial w}{\partial x}+m\frac{\partial v}{\partial y}+n\left(1+\frac{\partial w}{\partial z}\right)\right]^2。
\end{aligned}$$

因为正应变 ε_N 和位移分量的导数都是微小的，它们的平方或乘积都可以不计，所以由上式可得

$$\begin{aligned}
1+2\varepsilon_N=&l^2\left(1+2\frac{\partial u}{\partial x}\right)+2lm\frac{\partial u}{\partial y}+2ln\frac{\partial u}{\partial z}\\
&+m^2\left(1+2\frac{\partial v}{\partial y}\right)+2mn\frac{\partial v}{\partial z}+2ml\frac{\partial v}{\partial x}\\
&+n^2\left(1+2\frac{\partial w}{\partial z}\right)+2nl\frac{\partial w}{\partial x}+2mn\frac{\partial w}{\partial y}。
\end{aligned}$$

注意到 $l^2+m^2+n^2=1$，上式又可以简化为

$$\varepsilon_N = l^2\frac{\partial u}{\partial x} + m^2\frac{\partial v}{\partial y} + n^2\frac{\partial w}{\partial z} + mn\left(\frac{\partial w}{\partial y} + \frac{\partial v}{\partial z}\right)$$
$$+ nl\left(\frac{\partial u}{\partial z} + \frac{\partial w}{\partial x}\right) + lm\left(\frac{\partial v}{\partial x} + \frac{\partial u}{\partial y}\right)。$$

再应用几何方程(8-9),即得

$$\varepsilon_N = l^2\varepsilon_x + m^2\varepsilon_y + n^2\varepsilon_z + mn\gamma_{yz} + nl\gamma_{zx} + lm\gamma_{xy}。\qquad (8\text{-}13)$$

现在来求出经过 P 点的微小线段 PN 和PN'的夹角的改变,图 8-4。设 PN 在变形之后的方向余弦为 l_1、m_1、n_1,则由式(c)及式(a)可见

$$l_1 = \frac{dx + \frac{\partial u}{\partial x}dx + \frac{\partial u}{\partial y}dy + \frac{\partial u}{\partial z}dz}{dr(1+\varepsilon_N)}$$
$$= \left[l\left(1 + \frac{\partial u}{\partial x}\right) + m\frac{\partial u}{\partial y} + n\frac{\partial u}{\partial z}\right](1+\varepsilon_N)^{-1}$$
$$= \left[l\left(1 + \frac{\partial u}{\partial x}\right) + m\frac{\partial u}{\partial y} + n\frac{\partial u}{\partial z}\right](1-\varepsilon_N+\varepsilon_N^2-\cdots)。$$

注意 ε_N、$\frac{\partial u}{\partial x}$、$\frac{\partial u}{\partial y}$、$\frac{\partial u}{\partial z}$都是微小的,在展开上式之后,略去二阶以上的微小量,即得

$$l_1 = l\left(1-\varepsilon_N+\frac{\partial u}{\partial x}\right) + m\frac{\partial u}{\partial y} + n\frac{\partial u}{\partial z}, \qquad (d)$$

同样可得

$$\left.\begin{aligned} m_1 &= m\left(1-\varepsilon_N+\frac{\partial v}{\partial y}\right) + n\frac{\partial v}{\partial z} + l\frac{\partial v}{\partial x}, \\ n_1 &= n\left(1-\varepsilon_N+\frac{\partial w}{\partial z}\right) + l\frac{\partial w}{\partial x} + m\frac{\partial w}{\partial y}。\end{aligned}\right\} \qquad (e)$$

与此相似,设线段 PN' 在变形之前的方向余弦为 l'、m'、n',则其在变形之后的方向余弦为

$$\left.\begin{aligned} l'_1&=l'\left(1-\varepsilon_{N'}+\frac{\partial u}{\partial x}\right)+m'\frac{\partial u}{\partial y}+n'\frac{\partial u}{\partial z},\\ m'_1&=m'\left(1-\varepsilon_{N'}+\frac{\partial v}{\partial y}\right)+n'\frac{\partial v}{\partial z}+l'\frac{\partial v}{\partial x},\\ n'_1&=n'\left(1-\varepsilon_{N'}+\frac{\partial w}{\partial z}\right)+l'\frac{\partial w}{\partial x}+m'\frac{\partial w}{\partial y},\end{aligned}\right\}\qquad(f)$$

其中的 $\varepsilon_{N'}$ 为线段 PN' 的正应变。

命线段 PN 及 PN' 在变形之后的夹角为 θ_1，则

$$\cos\theta_1=l_1l'_1+m_1m'_1+n_1n'_1。$$

将式(d)、式(e)及式(f)代入，并注意 ε_N 及 $\varepsilon_{N'}$ 是微小的。即得

$$\begin{aligned}\cos\theta_1=&(ll'+mm'+nn')(1-\varepsilon_N-\varepsilon_{N'})\\ &+2\left(ll'\frac{\partial u}{\partial x}+mm'\frac{\partial v}{\partial y}+nn'\frac{\partial w}{\partial z}\right)\\ &+(mn'+m'n)\left(\frac{\partial w}{\partial y}+\frac{\partial v}{\partial z}\right)\\ &+(nl'+n'l)\left(\frac{\partial u}{\partial z}+\frac{\partial w}{\partial x}\right)+(lm'+l'm)\left(\frac{\partial v}{\partial x}+\frac{\partial u}{\partial y}\right)。\end{aligned}$$

应用几何方程(8-9)，并注意 $ll'+mm'+nn'=\cos\theta$，而 θ 就是 PN 和 PN' 在变形以前的夹角，则上式成为

$$\begin{aligned}\cos\theta_1=&(1-\varepsilon_N-\varepsilon_{N'})\cos\theta+2(ll'\varepsilon_x+mm'\varepsilon_y+nn'\varepsilon_z)\\ &+(mn'+m'n)\gamma_{yz}+(nl'+n'l)\gamma_{zx}+(lm'+l'm)\gamma_{xy}。\end{aligned}\qquad(8\text{-}14)$$

求出 θ_1 以后，即可求得 PN 与 PN' 之间的夹角的改变 $\theta_1-\theta$。

由以上所述可见，在物体内的任意一点，如果已知六个形变分量，就可以求得经过该点的任一线段的正应变，也可以求得经过该点的任意二线段之间的夹角的改变。这就是说，六个形变分量完全决定这一点的形变状态。

注意，求任意方向的正应变 ε_N 的公式(8-13)，是和求任意斜面上的正应力 σ_N 的公式(8-3)相似的。代替正应力 σ_x、σ_y、σ_z 的，是正应变 ε_x、ε_y、ε_z；代替剪应力 τ_{yz}、τ_{zx}、τ_{xy} 的，是一半剪应变，即

$\frac{1}{2}\gamma_{yz}$、$\frac{1}{2}\gamma_{zx}$、$\frac{1}{2}\gamma_{xy}$。经过进一步的几何分析，还可以得出和§8-3及§8-4中相似的结论，如下所述。

在物体内的任意一点，一定存在三个互相垂直的形变主向，它们所成的三个直角在变形之后保持为直角(即剪应变等于零)。沿着这三个形变主向的正应变称为主应变。三个主应变中间最大的一个，就是该点的最大正应变；三个主应变中间最小的一个，就是该点的最小正应变。三个主应变 ε_1、ε_2、ε_3，是下列三次方程中 ε 的三个实根：

$$\varepsilon^3-(\varepsilon_x+\varepsilon_y+\varepsilon_z)\varepsilon^2+\left(\varepsilon_y\varepsilon_z+\varepsilon_z\varepsilon_x+\varepsilon_x\varepsilon_y-\frac{\gamma_{yz}^2+\gamma_{zx}^2+\gamma_{xy}^2}{4}\right)\varepsilon$$

$$-\left(\varepsilon_x\varepsilon_y\varepsilon_z-\frac{\varepsilon_x\gamma_{yz}^2+\varepsilon_y\gamma_{zx}^2+\varepsilon_z\gamma_{xy}^2}{4}+\frac{\gamma_{yz}\gamma_{zx}\gamma_{xy}}{4}\right)=0。\quad(8\text{-}15)$$

不论坐标系如何改变，下列表达式保持不变：

$$\left.\begin{aligned}&e=\varepsilon_x+\varepsilon_y+\varepsilon_z,\\&e_2=\varepsilon_y\varepsilon_z+\varepsilon_z\varepsilon_x+\varepsilon_x\varepsilon_y-\frac{\gamma_{yz}^2+\gamma_{zx}^2+\gamma_{xy}^2}{4},\\&e_3=\varepsilon_x\varepsilon_y\varepsilon_z-\frac{\varepsilon_x\gamma_{yz}^2+\varepsilon_y\gamma_{zx}^2+\varepsilon_z\gamma_{xy}^2}{4}+\frac{\gamma_{yz}\gamma_{zx}\gamma_{xy}}{4}。\end{aligned}\right\}\quad(8\text{-}16)$$

这三个表达式称为形变状态的不变量。在上一节中已经看到，第一个不变量 e 就是体积应变。

§ 8-7 物理方程。方程总结

各向同性体中的形变分量与应力分量之间的关系已在§2-6中给出如下：

$$\begin{aligned}&\varepsilon_x=\frac{1}{E}[\sigma_x-\mu(\sigma_y+\sigma_z)],\\&\varepsilon_y=\frac{1}{E}[\sigma_y-\mu(\sigma_z+\sigma_x)],\end{aligned}$$

$$\left.\begin{aligned}\varepsilon_z&=\frac{1}{E}[\sigma_z-\mu(\sigma_x+\sigma_y)],\\\gamma_{yz}&=\frac{2(1+\mu)}{E}\tau_{yz},\\\gamma_{zx}&=\frac{2(1+\mu)}{E}\tau_{zx},\\\gamma_{xy}&=\frac{2(1+\mu)}{E}\tau_{xy}。\end{aligned}\right\}\tag{8-17}$$

这就是空间问题物理方程的基本形式。

由(8-17)中的后三式可见，如果把坐标轴放在应力主向，则由于 $\tau_{yz}=\tau_{zx}=\tau_{xy}=0$ 而有 $\gamma_{yz}=\gamma_{zx}=\gamma_{xy}=0$。这就表明，在各向同性体中，应力主向与形变主向是重合的。这时的 σ_x、σ_y、σ_z 就成为主应力 σ_1、σ_2、σ_3；这时的 ε_x、ε_y、ε_z 就成为主应变 ε_1、ε_2、ε_3，而主应变与主应力之间有如下的关系：

$$\varepsilon_1=\frac{1}{E}[\sigma_1-\mu(\sigma_2+\sigma_3)],$$

$$\varepsilon_2=\frac{1}{E}[\sigma_2-\mu(\sigma_3+\sigma_1)],$$

$$\varepsilon_3=\frac{1}{E}[\sigma_3-\mu(\sigma_1+\sigma_2)]。$$

因此，如果已知三个主应力，就可以很简单地算出三个主应变，不必再应用三次方程(8-15)。

将(8-17)中的前三式相加，得

$$\varepsilon_x+\varepsilon_y+\varepsilon_z=\frac{1-2\mu}{E}(\sigma_x+\sigma_y+\sigma_z)。$$

应用(8-11)及(8-8)，上式可以简写为

$$e=\frac{1-2\mu}{E}\Theta。\tag{8-18}$$

在前一节中已经说明，$e=\varepsilon_x+\varepsilon_y+\varepsilon_z$ 是体积应变。现在又看到，体积应变 e 是和 Θ 成正比的。因此，$\Theta=\sigma_x+\sigma_y+\sigma_z$ 也就称为体

积应力，而Θ与e之间的比例常数$\frac{E}{1-2\mu}$称为体积弹性模量。

为了以后在某些情况下用起来方便，下面来导出物理方程的另一种形式——将应力分量用形变分量表示。

由方程(8-17)中的第一式可得

$$\varepsilon_x=\frac{1}{E}[(1+\mu)\sigma_x-\mu(\sigma_x+\sigma_y+\sigma_z)]$$

$$=\frac{1}{E}[(1+\mu)\sigma_x-\mu\Theta]。$$

求解σ_x，得

$$\sigma_x=\frac{1}{1+\mu}(E\varepsilon_x+\mu\Theta)。$$

将由公式(8-18)得来的$\Theta=\frac{Ee}{1-2\mu}$代入，得

$$\sigma_x=\frac{E}{1+\mu}\left(\frac{\mu}{1-2\mu}e+\varepsilon_x\right)。$$

对于σ_y和σ_z，也可以导出与此相似的两个方程。此外，再由(8-17)中的后三式求解剪应力分量，总共得出如下的6个方程。

$$\left.\begin{aligned}
\sigma_x&=\frac{E}{1+\mu}\left(\frac{\mu}{1-2\mu}e+\varepsilon_x\right),\\
\sigma_y&=\frac{E}{1+\mu}\left(\frac{\mu}{1-2\mu}e+\varepsilon_y\right),\\
\sigma_z&=\frac{E}{1+\mu}\left(\frac{\mu}{1-2\mu}e+\varepsilon_z\right),\\
\tau_{yz}&=\frac{E}{2(1+\mu)}\gamma_{yz},\\
\tau_{zx}&=\frac{E}{2(1+\mu)}\gamma_{zx},\\
\tau_{xy}&=\frac{E}{2(1+\mu)}\gamma_{xy}。
\end{aligned}\right\}\tag{8-19}$$

这就是空间问题物理方程的第二种形式。

引用记号 $\lambda=\dfrac{E\mu}{(1+\mu)(1-2\mu)}$，并注意 $\dfrac{E}{1+\mu}=2G$，则方程(8-19)可以改写成为

$$\left.\begin{aligned}&\sigma_x=\lambda e+2G\varepsilon_x, \sigma_y=\lambda e+2G\varepsilon_y, \sigma_z=\lambda e+2G\varepsilon_z,\\&\tau_{yz}=G\gamma_{yz}, \qquad \tau_{zx}=G\gamma_{zx}, \qquad \tau_{xy}=G\gamma_{xy}。\end{aligned}\right\}\tag{8-20}$$

这是空间问题物理方程的又一种形式，其中的 λ 和 G 是拉密首先用来表征物体弹性的两个常数，因而称为拉密常数。

总结起来，对于空间问题，我们共有 15 个未知函数：6 个应力分量 σ_x、σ_y、σ_z、$\tau_{yz}=\tau_{zy}$、$\tau_{zx}=\tau_{xz}$、$\tau_{xy}=\tau_{yx}$；6 个形变分量 ε_x、ε_y、ε_z、γ_{yz}、$\gamma_{zx}\gamma_{xy}$；3 个位移分量 u、v、w。这 15 个未知函数应当满足 15 个基本方程：3 个平衡微分方程(8-1)；6 个几何方程(8-9)；6 个物理方程(8-17)，或(8-19)，或(8-20)。此外，在整个弹性体中，应力分量和位移分量都应当是单值的。

在位移边界问题中，位移分量在边界上还应当满足位移边界条件

$$u_s=\bar{u}, v_s=\bar{v}, w_s=\bar{w}。\tag{8-21}$$

在应力边界问题中，应力分量在边界上还应当满足应力边界条件(8-5)；在混合边界问题中，某些边界条件是位移边界条件，而另一些边界条件是应力边界条件。

§8-8 轴对称问题的基本方程

在空间问题中，如果弹性体的几何形状，约束情况，以及所受的外来因素，都是对称于某一轴（通过这个轴的任一平面都是对称面），则所有的应力、形变和位移也就对称于这一轴。这种问题称为空间轴对称问题。

在描述轴对称问题中的应力、形变、位移时，用圆柱坐标 r、θ、z 比用直角坐标 x、y、z 方便得多。这首先是因为，如果以弹性

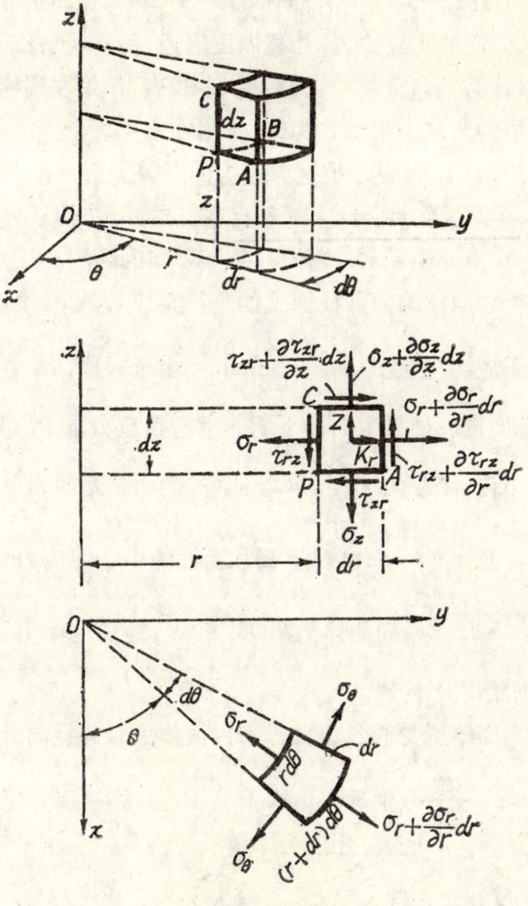

图 8-5

体的对称轴为 z 轴,图 8-5,则所有的应力分量、形变分量和位移分量都将只是 r 和 z 的函数,不随 θ 而变。

首先来导出轴对称问题的平衡微分方程。

取 z 轴铅直向上,用相距 dr 的两个圆柱面,互成 $d\theta$ 角的两个铅直面及相距 dz 的两个水平面,从弹性体割取一个微小六面

体 $PABC$,图 8-5。沿 r 方向的正应力,称为径向正应力,用 σ_r代表;沿 θ 方向的正应力,称为环向正应力,用 σ_θ 代表;沿 z 方向的正应力,称为轴向正应力,仍然用 σ_z 代表;作用在圆柱面上而沿 z 方向作用的剪应力用 τ_{rz} 代表,作用在水平面上而沿 r 方向作用的剪应力用 τ_{zr} 代表。根据剪应力的互等关系,$\tau_{zr}=\tau_{rz}$。由于对称性,$\tau_{r\theta}=\tau_{\theta r}$ 及 $\tau_{\theta z}=\tau_{z\theta}$ 都不存在。这样,总共只有四个应力分量:σ_r、σ_θ、σ_z、$\tau_{zr}=\tau_{rz}$,它们只是 r 和 z 的函数。

如果六面体的内圆柱面上的平均正应力是 σ_r,则外圆柱面上的平均正应力应当是 $\sigma_r+\dfrac{\partial\sigma_r}{\partial r}dr$。由于对称,$\sigma_\theta$ 在 θ 方向(环向)没有增量。如果六面体下面的平均正应力是 σ_z,则上面的平均正应力应当是 $\sigma_z+\dfrac{\partial\sigma_z}{\partial z}dz$。同样,内面及外面的平均剪应力分别为 τ_{rz} 及 $\tau_{rz}+\dfrac{\partial\tau_{rz}}{\partial r}dr$,下面及上面的平均剪应力分别为 τ_{zr}及 $\tau_{zr}+\dfrac{\partial\tau_{zr}}{\partial z}dz$。径向的体力用 K_r 代表;轴向的体力,即 z 方向的体力,仍然用 Z 代表。

将六面体所受的各力投影到六面体中心的径向轴上,取 $\sin\dfrac{d\theta}{2}$ 及 $\cos\dfrac{d\theta}{2}$ 分别近似地等于 $\dfrac{d\theta}{2}$ 及1,得平衡方程

$$\left(\sigma_r+\frac{\partial\sigma_r}{\partial r}dr\right)(r+dr)d\theta dz-\sigma_r r d\theta dz$$

$$-2\sigma_\theta dr dz\frac{d\theta}{2}+\left(\tau_{zr}+\frac{\partial\tau_{zr}}{\partial z}dz\right)r d\theta dr$$

$$-\tau_{zr} r d\theta dr+K_r r d\theta dr dz=0。$$

简化以后,除以 $rd\theta drdz$,然后略去微量,得

$$\frac{\partial \sigma_r}{\partial r}+\frac{\partial \tau_{zr}}{\partial z}+\frac{\sigma_r-\sigma_\theta}{r}+K_r=0。$$

将六面体所受的各力投影到 z 轴上，得平衡方程

$$\left(\tau_{rz}+\frac{\partial \tau_{rz}}{\partial r}dr\right)(r+dr)d\theta dz-\tau_{rz}rd\theta dz$$
$$+\left(\sigma_z+\frac{\partial \sigma_z}{\partial z}dz\right)rd\theta dr-\sigma_z rd\theta dr$$
$$+Zrd\theta drdz=0。$$

简化以后，除以 $rd\theta drdz$，然后略去微量，得

$$\frac{\partial \sigma_z}{\partial z}+\frac{\partial \tau_{rz}}{\partial r}+\frac{\tau_{rz}}{r}+Z=0。$$

于是得空间轴对称问题的平衡微分方程如下：

$$\left.\begin{aligned}&\frac{\partial \sigma_r}{\partial r}+\frac{\partial \tau_{zr}}{\partial z}+\frac{\sigma_r-\sigma_\theta}{r}+K_r=0,\\&\frac{\partial \sigma_z}{\partial z}+\frac{\partial \tau_{rz}}{\partial r}+\frac{\tau_{rz}}{r}+Z=0。\end{aligned}\right\}\tag{8-22}$$

现在来导出轴对称问题的几何方程。

沿 r 方向正应变，称为径向正应变，用 ε_r 代表；沿 θ 方向的正应变，称为环向正应变，用 ε_θ 代表；沿 z 方向的正应变，称为轴向正应变，仍然用 ε_z 代表；r 方向与 z 方向之间的剪应变用 γ_{zr} 代表。由于对称，剪应变 $\gamma_{r\theta}$ 及 $\gamma_{\theta z}$ 都等于零。沿 r 方向的位移分量，称为径向位移，用 u_r 代表，沿 z 方向的位移分量称为轴向位移，仍然用 w 代表。由于对称，环向位移 $u_\theta=0$。

通过与§2-4 及§4-2 中同样的分析，可见，由于径向位移 u_r，引起的形变分量是

$$\varepsilon_r=\frac{\partial u_r}{\partial r},\quad \varepsilon_\theta=\frac{u_r}{r},\quad \gamma_{zr}=\frac{\partial u_r}{\partial z};$$

由于轴向位移 w，引起的形变分量是

$$\varepsilon_z=\frac{\partial w}{\partial z},\quad \gamma_{zr}=\frac{\partial w}{\partial r}。$$

将以上两组形变相叠加，即得空间轴对称问题的几何方程

$$\varepsilon_r=\frac{\partial u_r}{\partial r},\ \varepsilon_\theta=\frac{u_r}{r},\ \varepsilon_z=\frac{\partial w}{\partial z},\ \gamma_{zr}=\frac{\partial u_r}{\partial z}+\frac{\partial w}{\partial r}。\tag{8-23}$$

由于圆柱坐标也是和直角坐标一样的正交坐标，所以物理方程可以直接根据虎克定律得来。在轴对称问题中，物理方程是：

$$\left.\begin{aligned}\varepsilon_r&=\frac{1}{E}[\sigma_r-\mu(\sigma_\theta+\sigma_z)],\\ \varepsilon_\theta&=\frac{1}{E}[\sigma_\theta-\mu(\sigma_z+\sigma_r)],\\ \varepsilon_z&=\frac{1}{E}[\sigma_z-\mu(\sigma_r+\sigma_\theta)],\\ \gamma_{zr}&=\frac{1}{G}\tau_{zr}=\frac{2(1+\mu)}{E}\tau_{zr}。\end{aligned}\right\}\tag{8-24}$$

将(8-24)中的前三式相加，仍然得到

$$e=\frac{1-2\mu}{E}\Theta。\tag{8-25}$$

式中的体积应变

$$e=\varepsilon_r+\varepsilon_\theta+\varepsilon_z=\frac{\partial u_r}{\partial r}+\frac{u_r}{r}+\frac{\partial w}{\partial z}\tag{8-26}$$

及体积应力

$$\Theta=\sigma_r+\sigma_\theta+\sigma_z\tag{8-27}$$

是不随坐标系而变的不变量。

通过与§8-7中同样的处理，也同样可以得到用形变分量表示应力分量的物理方程

$$\left.\begin{aligned}\sigma_r&=\frac{E}{1+\mu}\left(\frac{\mu}{1-2\mu}e+\varepsilon_r\right),\\ \sigma_\theta&=\frac{E}{1+\mu}\left(\frac{\mu}{1-2\mu}e+\varepsilon_\theta\right),\\ \sigma_z&=\frac{E}{1+\mu}\left(\frac{\mu}{1-2\mu}e+\varepsilon_z\right),\\ \tau_{zr}&=\frac{E}{2(1+\mu)}\gamma_{zr}。\end{aligned}\right\}\tag{8-28}$$

§ 8-9 球对称问题的基本方程

在空间问题中，如果弹性体的几何形状，约束情况，以及所受的外来因素，都是对称于某一点（通过这一点的任一平面都是对称面），则所有的应力、形变和位移也就对称于这一点。这种问题称为点对称问题，又称为球对称问题。显然，球对称问题只可能发生于空心或实心的圆球体中。

在描述球对称问题中的应力、形变、位移时，用圆球坐标就非常简单。这是因为，如果以弹性体的对称点为坐标原点 O，则所有的应力分量、形变分量、位移分量都将只是径向坐标 R 的函数，不随其余两个坐标（角坐标）而变。

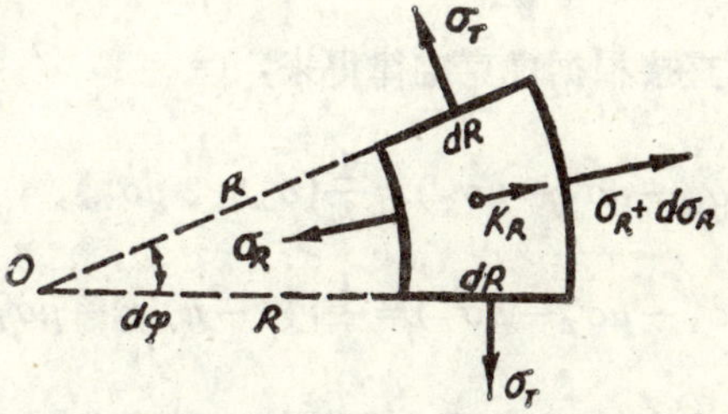

图 8-6

首先来导出球对称问题的平衡微分方程。用相距 dR 的两个圆球面和两两互成 $d\varphi$ 角的两对径向平面，从弹性体割取一个微小六面体，图 8-6。设作用于内球面的径向正应力为 σ_R，则作用于外球面的径向正应力为 $\sigma_R+d\sigma_R$。作用于径向平面的切向正应力用 σ_T 代表。由于对称，该六面体上不存在剪应力。径向体力用 K_R 代表。由于对称，不可能有切向体力。根据该六面体在径向的平衡条件，可以列出平衡方程

$$(\sigma_R+d\sigma_R)[(R+dR)d\varphi]^2-\sigma_R(Rd\varphi)^2$$

$$-4\,\sigma_T dR(Rd\varphi)\sin\frac{d\varphi}{2}+K_R(Rd\varphi)^2 dR=0。$$

由于 $d\varphi$ 是微小的，可以用$\dfrac{d\varphi}{2}$代替 $\sin\dfrac{d\varphi}{2}$。这样，将上式简化以后，除以 $R^2 dR d\varphi^2$，再略去微量，即得平衡微分方程

$$\frac{d\sigma_R}{dR}+\frac{2}{R}(\sigma_R-\sigma_T)+K_R=0。\qquad (8\text{-}29)$$

其次来导出球对称问题的几何方程。由于对称，只可能发生径向位移 u_R，不可能发生切向位移。又由于对称，只可能发生径向正应变 ε_R 及切向正应变 ε_T，不可能发生坐标方向的剪应变。于是，参照轴对称问题的几何方程(8-23)，极易写出球对称问题的几何方程

$$\varepsilon_R=\frac{du_R}{dR},\qquad \varepsilon_T=\frac{u_R}{R}。\qquad (8\text{-}30)$$

物理方程可以直接根据虎克定律得来：

$$\left.\begin{aligned}\varepsilon_R&=\frac{1}{E}\,(\sigma_R-\mu\sigma_T-\mu\sigma_T)=\frac{1}{E}(\sigma_R-2\,\mu\sigma_T),\\ \varepsilon_T&=\frac{1}{E}\,(\sigma_T-\mu\sigma_T-\mu\sigma_R)=\frac{1}{E}[(1-\mu)\sigma_T-\mu\sigma_R]。\end{aligned}\right\}\qquad (8\text{-}31)$$

由上式求解应力分量，得物理方程的第二种形式：

$$\left.\begin{aligned}\sigma_R&=\frac{E}{(1+\mu)(1-2\,\mu)}[(1-\mu)\varepsilon_R+2\,\mu\varepsilon_T],\\ \sigma_T&=\frac{E}{(1+\mu)(1-2\,\mu)}(\varepsilon_T+\mu\varepsilon_R)。\end{aligned}\right\}\qquad (8\text{-}32)$$

习　题

8-1　试证明：在与三个主应力成相同角度的面上，正应力及剪应力分别为

$$\sigma_N=\frac{1}{3}\Theta,\quad \tau_N=\frac{1}{3}\sqrt{2(\Theta^2-3\,\Theta_2)}。$$

8-2 设某一物体发生如下的位移：

$$u=a_0+a_1x+a_2y+a_3z,$$

$$v=b_0+b_1x+b_2y+b_3z,$$

$$w=c_0+c_1x+c_2y+c_3z。$$

试证明：各个形变分量在物体内为常量(即所谓均匀形变)；在变形以后，物体内的平面保持为平面，直线保持为直线，平行面保持平行，平行线保持平行，正平行六面体变成斜平行六面体，圆球面变成椭球面。

参 考 教 材

[1] 王龙甫编，《弹性理论》，第二章及第三章。

[2] 钱伟长、叶开沅编，《弹性力学》，第二章及第三章。

第九章　空间问题的解答

§ 9-1　按位移求解空间问题

按位移求解问题，是取位移分量为基本未知函数。对空间问题说来，这就要从 15 个基本方程中消去应力分量和形变分量，得出只包含位移分量的微分方程，推导如下。

将几何方程(8-9)代入物理方程(8-19)，得出用位移分量表示应力分量的弹性方程

$$
\left.\begin{aligned}
\sigma_x&=\frac{E}{1+\mu}\left(\frac{\mu}{1-2\mu}e+\frac{\partial u}{\partial x}\right),\\
\sigma_y&=\frac{E}{1+\mu}\left(\frac{\mu}{1-2\mu}e+\frac{\partial v}{\partial y}\right),\\
\sigma_z&=\frac{E}{1+\mu}\left(\frac{\mu}{1-2\mu}e+\frac{\partial w}{\partial z}\right),\\
\tau_{yz}&=\frac{E}{2(1+\mu)}\left(\frac{\partial w}{\partial y}+\frac{\partial v}{\partial z}\right),\\
\tau_{zx}&=\frac{E}{2(1+\mu)}\left(\frac{\partial u}{\partial z}+\frac{\partial w}{\partial x}\right),\\
\tau_{xy}&=\frac{E}{2(1+\mu)}\left(\frac{\partial v}{\partial x}+\frac{\partial u}{\partial y}\right),
\end{aligned}\right\}\tag{9-1}
$$

其中

$$
e=\frac{\partial u}{\partial x}+\frac{\partial v}{\partial y}+\frac{\partial w}{\partial z}。
$$

将弹性方程(9-1)代入平衡微分方程(8-1)，并采用记号 $\nabla^2=\frac{\partial^2}{\partial x^2}+\frac{\partial^2}{\partial y^2}+\frac{\partial^2}{\partial z^2}$，得到

$$\left.\begin{aligned}\frac{E}{2(1+\mu)}\left(\frac{1}{1-2\mu}\frac{\partial e}{\partial x}+\nabla^2 u\right)+X=0,\\ \frac{E}{2(1+\mu)}\left(\frac{1}{1-2\mu}\frac{\partial e}{\partial y}+\nabla^2 v\right)+Y=0,\\ \frac{E}{2(1+\mu)}\left(\frac{1}{1-2\mu}\frac{\partial e}{\partial z}+\nabla^2 w\right)+Z=0。\end{aligned}\right\}\tag{9-2}$$

这是用位移分量表示的平衡方程，也就是按位移求解空间问题时所需用的基本微分方程。

如果将(9-1)代入(8-5)，就能把应力边界条件用位移分量来表示，但由于这样得出的方程太长，我们宁愿把应力边界条件保留为(8-5)的形式，而理解其中的应力分量系通过(9-1)式用位移分量表示。位移边界条件则仍然如(8-21)所示。

对于轴对称问题，也可以通过与上相似的推导，得出相应的微分方程。为此，首先将几何方程(8-23)代入物理方程(8-28)，得出弹性方程

$$\left.\begin{aligned}\sigma_r&=\frac{E}{1+\mu}\left(\frac{\mu}{1-2\mu}e+\frac{\partial u_r}{\partial r}\right),\\ \sigma_\theta&=\frac{E}{1+\mu}\left(\frac{\mu}{1-2\mu}e+\frac{u_r}{r}\right),\\ \sigma_z&=\frac{E}{1+\mu}\left(\frac{\mu}{1-2\mu}e+\frac{\partial w}{\partial z}\right),\\ \tau_{zr}&=\frac{E}{2(1+\mu)}\left(\frac{\partial u_r}{\partial z}+\frac{\partial w}{\partial r}\right),\end{aligned}\right\}\tag{9-3}$$

其中

$$e=\frac{\partial u_r}{\partial r}+\frac{u_r}{r}+\frac{\partial w}{\partial z}。$$

再将(9-3)式代入平衡微分方程(8-22)，并采用记号 $\nabla^2=\frac{\partial^2}{\partial r^2}+\frac{1}{r}\frac{\partial}{\partial r}+\frac{\partial^2}{\partial z^2}$，得到

$$\left.\begin{aligned}&\frac{E}{2(1+\mu)}\left(\frac{1}{1-2\mu}\frac{\partial e}{\partial r}+\nabla^2 u_r-\frac{u_r}{r^2}\right)+K_r=0,\\&\frac{E}{2(1+\mu)}\left(\frac{1}{1-2\mu}\frac{\partial e}{\partial z}+\nabla^2 w\right)+Z=0。\end{aligned}\right\}\tag{9-4}$$

这就是按位移求解空间轴对称问题时所需用的基本微分方程。

对于球对称问题，也可以进行同样的推导：将几何方程(8-30)代入物理方程(8-32)，得到弹性方程

$$\left.\begin{aligned}&\sigma_R=\frac{E}{(1+\mu)(1-2\mu)}\left[(1-\mu)\frac{du_R}{dR}+2\mu\frac{u_R}{R}\right],\\&\sigma_T=\frac{E}{(1+\mu)(1-2\mu)}\left(\mu\frac{du_R}{dR}+\frac{u_R}{R}\right),\end{aligned}\right\}\tag{9-5}$$

再代入平衡微分方程(8-29)，得常微分方程

$$\frac{E(1-\mu)}{(1+\mu)(1-2\mu)}\left(\frac{d^2u_R}{dR^2}+\frac{2}{R}\frac{du_R}{dR}-\frac{2}{R^2}u_R\right)+K_R=0。\tag{9-6}$$

这就是按位移求解球对称问题时所需用的基本微分方程。

§ 9-2　无限大弹性层受重力及均布压力

设有无限大的等厚度弹性层，其容重为 p，在下面受完全约束，在上面受均布压力 q，图 9-1。以上面为 xy 面，z 轴铅直向下。这样，体力分量就是 $X=0,\ Y=0,\ Z=p$。

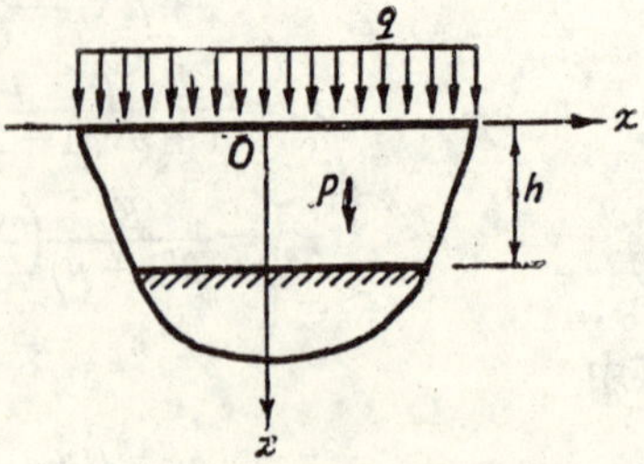

图 9-1

由于对称（任一铅直平面都是对称面），试假设

$$u=0, v=0, w=w(z)。\tag{a}$$

这样就得到

$$e=\frac{\partial u}{\partial x}+\frac{\partial v}{\partial y}+\frac{\partial w}{\partial z}=\frac{dw}{dz},$$

$$\frac{\partial e}{\partial x}=0,\ \frac{\partial e}{\partial y}=0,\ \frac{\partial e}{\partial z}=\frac{d^2w}{dz^2}。$$

可见基本微分方程(9-2)中的前二式自然满足，而第三式成为

$$\frac{E}{2(1+\mu)}\left(\frac{1}{1-2\mu}\frac{d^2w}{dz^2}+\frac{d^2w}{dz^2}\right)+p=0,$$

简化以后得

$$\frac{d^2w}{dz^2}=-\frac{(1+\mu)(1-2\mu)p}{E(1-\mu)},\tag{b}$$

积分以后得

$$e=\frac{dw}{dz}=-\frac{(1+\mu)(1-2\mu)p}{E(1-\mu)}(z+A),\tag{c}$$

$$w=-\frac{(1+\mu)(1-2\mu)p}{2E(1-\mu)}(z+A)^2+B,\tag{d}$$

其中的 A 和 B 是任意常数。

现在，试根据边界条件来决定常数 A 和 B。将以上的结果代入弹性方程(9-1)，得

$$\left.\begin{aligned}&\sigma_x=\sigma_y=-\frac{\mu}{1-\mu}p(z+A),\\&\sigma_z=-p(z+A),\\&\tau_{yz}=\tau_{zx}=\tau_{xy}=0。\end{aligned}\right\}\tag{e}$$

在边界上，$l=m=0$ 而 $n=-1$。因为 $\bar{X}=\bar{Y}=0$ 而 $\bar{Z}=q$，所以应力边界条件(8-5)中的前二式自然满足，而第三式要求

$$[-\sigma_z]_{z=0}=q。$$

将式(e)中 σ_z 的表达式代入，得 $pA=q$，即 $A=q/p$。再代回式(e)，即得应力分量的解答

$$\left.\begin{aligned}&\sigma_x=\sigma_y=-\frac{\mu}{1-\mu}(q+pz),\\&\sigma_z=-(q+pz),\\&\tau_{yz}=\tau_{zx}=\tau_{xy}=0,\end{aligned}\right\}\tag{f}$$

并由式(d)得出铅直位移

$$w=-\frac{(1+\mu)(1-2\mu)p}{2E(1-\mu)}\left(z+\frac{q}{p}\right)^2+B。\qquad (g)$$

为了决定常数B，必须利用位移边界条件。由于弹性层的下面受完全约束,故有位移边界条件

$$(w)_{z=h}=0。$$

将式(g)代入,得

$$B=\frac{(1+\mu)(1-2\mu)p}{2E(1-\mu)}\left(h+\frac{q}{p}\right)^2。$$

再代回式(g),简化以后,得

$$w=\frac{(1+\mu)(1-2\mu)}{E(1-\mu)}\left[q(h-z)+\frac{p}{2}(h^2-z^2)\right]。\qquad (h)$$

现在,应力分量和位移分量都已经完全确定,并且所有一切条件都已经满足，可见式(a)所示的假设完全正确,而所得的应力和位移就是正确解答。

显然,最大的位移发生在边界上:由式(h)可得

$$w_{\max}=(w)_{z=0}=\frac{(1+\mu)(1-2\mu)}{E(1-\mu)}\left(qh+\frac{1}{2}ph^2\right)。$$

在式(f)中,σ_x和σ_y是铅直截面上的水平正应力，σ_z是水平截面上的铅直正应力,而它们的比值是

$$\frac{\sigma_x}{\sigma_z}=\frac{\sigma_y}{\sigma_z}=\frac{\mu}{1-\mu}。$$

这个比值在土力学中称为侧压力系数。

§9-3 空心圆球受均布压力

设有空心圆球,内半径为a,外半径为b,在内面及外面分别受均布压力q_a及q_b，体力可以不计。对于这个球对称问题，由于

$K_R=0$,微分方程(9-6)简化为

$$\frac{d^2u_R}{dR^2}+\frac{2}{R}\frac{du_R}{dR}-\frac{2}{R^2}u_R=0。$$

这个常微分方程的解答是

$$u_R=AR+\frac{B}{R^2}, \tag{a}$$

其中A和B是任意常数。

将式(a)代入弹性方程(9-5),得应力分量的表达式

$$\sigma_R=\frac{E}{1-2\mu}A-\frac{2E}{1+\mu}\frac{B}{R^3}, \tag{b}$$

$$\sigma_T=\frac{E}{1-2\mu}A+\frac{E}{1+\mu}\frac{B}{R^3}。 \tag{c}$$

边界条件是

$$(\sigma_R)_{R=a}=-q_a,\quad (\sigma_R)_{R=b}=-q_b。$$

将式(b)代入,得

$$\frac{E}{1-2\mu}A-\frac{2E}{(1+\mu)a^3}B=-q_a,$$

$$\frac{E}{1-2\mu}A-\frac{2E}{(1+\mu)b^3}B=-q_b。$$

求解A和B,得

$$A=\frac{a^3q_a-b^3q_b}{E(b^3-a^3)}(1-2\mu),\quad B=\frac{a^3b^3(q_a-q_b)}{2E(b^3-a^3)}(1+\mu)。 \tag{d}$$

将式(d)代入式(a),整理以后,得径向位移的解答:

$$u_R=\frac{(1+\mu)R}{E}\left[\frac{\frac{b^3}{2R^3}+\frac{1-2\mu}{1+\mu}}{\frac{b^3}{a^3}-1}q_a-\frac{\frac{a^3}{2R^3}+\frac{1-2\mu}{1+\mu}}{1-\frac{a^3}{b^3}}q_b\right]。 \tag{e}$$

将式(d)代入式(b)及式(c),整理以后,得应力的解答:

$$\left.\begin{aligned}\sigma_R&=-\frac{\dfrac{b^3}{R^3}-1}{\dfrac{b^3}{a^3}-1}q_a-\frac{1-\dfrac{a^3}{R^3}}{1-\dfrac{a^3}{b^3}}q_b,\\ \sigma_T&=\frac{\dfrac{b^3}{2R^3}+1}{\dfrac{b^3}{a^3}-1}q_a-\frac{1+\dfrac{a^3}{2R^3}}{1-\dfrac{a^3}{b^3}}q_b。\end{aligned}\right\}\qquad(f)$$

由于不存在坐标方向的剪应力分量，上式所示的径向正应力及切向正应力就是主应力。

如果空心圆球只受有内压力 q，则径向位移的表达式(e)简化为

$$u_R=\frac{(1+\mu)R}{E}\frac{\dfrac{b^3}{2R^3}+\dfrac{1-2\mu}{1+\mu}}{\dfrac{b^3}{a^3}-1}q$$

$$=\frac{(1+\mu)qR}{E}\frac{\dfrac{1}{2R^3}+\dfrac{1-2\mu}{1+\mu}\dfrac{1}{b^3}}{\dfrac{1}{a^3}-\dfrac{1}{b^3}},$$

应力分量的表达式(f)简化为

$$\sigma_R=-\frac{\dfrac{b^3}{R^3}-1}{\dfrac{b^3}{a^3}-1}q=-\frac{\dfrac{1}{R^3}-\dfrac{1}{b^3}}{\dfrac{1}{a^3}-\dfrac{1}{b^3}}q,$$

$$\sigma_T=\frac{\dfrac{b^3}{2R^3}+1}{\dfrac{b^3}{a^3}-1}q=\frac{\dfrac{1}{2R^3}+\dfrac{1}{b^3}}{\dfrac{1}{a^3}-\dfrac{1}{b^3}}q。$$

现在，设有弹性体，它具有半径为 a 的圆球形小孔洞，在孔洞内受有流体压力 q 的作用。为了得到孔洞附近的位移和应力，只须在

上列各式中命 b 趋于无限大。这样就得到

$$u_R=\frac{(1+\mu)qa^3}{2ER^2},\quad \sigma_R=-\frac{qa^3}{R^3},\quad \sigma_T=\frac{qa^3}{2R^3}。$$

由此可见,径向位移 u_R 按照 R^2 的增大而消减,径向及切向正应力均按 R^3 的增大而消减。特别值得注意的是,孔边将发生 $q/2$ 的切向拉应力,它可能引起脆性材料的开裂。

§ 9-4　位移势函数的引用

在无限大弹性层受重力及均布压力的问题中,§9-2,位移分量只是一个坐标(即 z) 的函数；在空心圆球受均布压力的问题中, § 9-3,位移分量也只是一个坐标(即 R) 的函数。这样，我们才比较简单地直接由位移分量的基本微分方程求得解答。在一般的空间问题中,位移分量是两个或三个坐标的函数,就不可能这样直接求解。因此，有些数学家和力学家曾经引用这样或那样的位移函数,把位移分量用位移函数来表示,然后致力于寻求各种问题的位移函数,从而求得位移分量的解答,再从而求得应力分量的解答。本节中将介绍最简单的一种位移函数,即位移势函数。

这里附带指出：在十九世纪，位移和形变这两方面的概念不是严格区分的。因此,为了求解位移而引用的那些函数,本来应当称为位移函数（正象为了求解应力而引用的那些函数称为应力函数),却被一些数学和力学大师们称为应变函数，而后来的不少作者,为了对那些大师们表示尊重,也就沿用了应变函数这个名称。现在看来,为了严格区分位移和应变这两个概念,不宜再把位移函数称为应变函数。

为简单起见,这里将只讨论体力可以不计的情况。于是,位移分量的微分方程(9-2)简化为

$$\left.\begin{aligned}\frac{1}{1-2\mu}\frac{\partial e}{\partial x}+\nabla^2 u=0,\\ \frac{1}{1-2\mu}\frac{\partial e}{\partial y}+\nabla^2 v=0,\\ \frac{1}{1-2\mu}\frac{\partial e}{\partial z}+\nabla^2 w=0。\end{aligned}\right\}\tag{9-7}$$

现在，假设位移是有势的，即，假设位移在某一方向的分量是和位移的势函数 $\psi(x,y,z)$ 在该方向的导数成正比。为了后面的运算比较方便，取比例常数为$\frac{1}{2G}$，即$\frac{1+\mu}{E}$，于是有

$$u=\frac{1}{2G}\frac{\partial\psi}{\partial x},\quad v=\frac{1}{2G}\frac{\partial\psi}{\partial y},\quad w=\frac{1}{2G}\frac{\partial\psi}{\partial z},\tag{9-8}$$

从而有

$$e=\frac{\partial u}{\partial x}+\frac{\partial v}{\partial y}+\frac{\partial w}{\partial z}=\frac{1}{2G}\nabla^2\psi,\tag{a}$$

$$\left.\begin{aligned}\frac{\partial e}{\partial x}=\frac{1}{2G}\frac{\partial}{\partial x}\nabla^2\psi,\quad \frac{\partial e}{\partial y}=\frac{1}{2G}\frac{\partial}{\partial y}\nabla^2\psi,\\ \frac{\partial e}{\partial z}=\frac{1}{2G}\frac{\partial}{\partial z}\nabla^2\psi,\\ \nabla^2 u=\frac{1}{2G}\frac{\partial}{\partial x}\nabla^2\psi,\quad \nabla^2 v=\frac{1}{2G}\frac{\partial}{\partial y}\nabla^2\psi,\\ \nabla^2 w=\frac{1}{2G}\frac{\partial}{\partial z}\nabla^2\psi。\end{aligned}\right\}\tag{b}$$

将式(b)代入(9-7)式，可见 ψ 所应满足的条件为

$$\frac{\partial}{\partial x}\nabla^2\psi=0,\ \frac{\partial}{\partial y}\nabla^2\psi=0,\ \frac{\partial}{\partial z}\nabla^2\psi=0,$$

也就是

$$\nabla^2\psi=C,\tag{c}$$

其中的 C 是任意常数。于是，取任意一个满足式(c)的函数 ψ，按(9-8)式求出的位移分量都能满足微分方程(9-7)，因而都可以试取为问题的解答。

显然，如果取 $C=0$，即命 $\nabla^2\psi=0$，则按(9-8)式求出的位移分量也能试取为问题的解答。这样，虽然缩小了函数 ψ 的范围，但针对具体问题去寻求函数 ψ 就比较容易，因为这时的 ψ 是调和函数，而调和函数是数学分析中研究得很详尽的函数。

不仅如此，当 $\nabla^2\psi=0$ 时，由式(a)可见有 $e=0$。于是，注意 $\frac{1}{2G}=\frac{1+\mu}{E}$，即可由(9-8)式及弹性方程(9-1)得出非常简单的应力分量表达式如下：

$$\left.\begin{aligned}&\sigma_x=\frac{\partial^2\psi}{\partial x^2},\quad \sigma_y=\frac{\partial^2\psi}{\partial y^2},\quad \sigma_z=\frac{\partial^2\psi}{\partial z^2},\\&\tau_{yz}=\frac{\partial^2\psi}{\partial y\partial z},\quad \tau_{zx}=\frac{\partial^2\psi}{\partial z\partial x},\quad \tau_{xy}=\frac{\partial^2\psi}{\partial x\partial y}。\end{aligned}\right\}\tag{9-9}$$

这样，对于一个空间问题，如果找到适当的调和函数 $\psi(x,y,z)$，使得(9-8)式给出的位移分量和(9-9)式给出的应力分量能够满足边界条件，就得到该问题的正确解答。

对于轴对称的问题，当不计体力时，位移分量的微分方程(9-4)简化为

$$\left.\begin{aligned}&\frac{1}{1-2\mu}\frac{\partial e}{\partial r}+\nabla^2u_r-\frac{u_r}{r^2}=0,\\&\frac{1}{1-2\mu}\frac{\partial e}{\partial z}+\nabla^2w=0,\end{aligned}\right\}\tag{9-10}$$

其中有

$$\nabla^2=\frac{\partial^2}{\partial r^2}+\frac{1}{r}\frac{\partial}{\partial r}+\frac{\partial^2}{\partial z^2}。$$

现在，假设位移是有势的，把位移分量用位移势函数 $\psi(r,z)$ 表示成为

$$u_r=\frac{1}{2G}\frac{\partial\psi}{\partial r},\quad w=\frac{1}{2G}\frac{\partial\psi}{\partial z},\tag{9-11}$$

从而有

$$e=\frac{\partial u_r}{\partial r}+\frac{u_r}{r}+\frac{\partial w}{\partial z}=\frac{1}{2G}\nabla^2\psi, \tag{d}$$

$$\left.\begin{aligned}
&\frac{\partial e}{\partial r}=\frac{1}{2G}\frac{\partial}{\partial r}\nabla^2\psi,\ \frac{\partial e}{\partial z}=\frac{1}{2G}\frac{\partial}{\partial z}\nabla^2\psi,\\
&\nabla^2 u_r-\frac{u_r}{r^2}=\frac{1}{2G}\left[\left(\frac{\partial^2}{\partial r^2}+\frac{1}{r}\frac{\partial}{\partial r}+\frac{\partial^2}{\partial z^2}\right)\frac{\partial\psi}{\partial r}-\frac{1}{r^2}\frac{\partial\psi}{\partial r}\right]\\
&\qquad=\frac{1}{2G}\frac{\partial}{\partial r}\left(\frac{\partial^2\psi}{\partial r^2}+\frac{1}{r}\frac{\partial\psi}{\partial r}+\frac{\partial^2\psi}{\partial z^2}\right)=\frac{1}{2G}\frac{\partial}{\partial r}\nabla^2\psi,\\
&\nabla^2 w=\frac{1}{2G}\nabla^2\frac{\partial\psi}{\partial z}=\frac{1}{2G}\frac{\partial}{\partial z}\nabla^2\psi。
\end{aligned}\right\} \tag{e}$$

将式(e)代入(9-10)，可见 ψ 所应满足的条件为

$$\frac{\partial}{\partial r}\nabla^2\psi=0,\ \frac{\partial}{\partial z}\nabla^2\psi=0,$$

即

$$\nabla^2\psi=C。$$

和在直角坐标中一样，我们取 $C=0$，即$\nabla^2\psi=0$。于是 ψ 成为调和函数，而且可由(9-11)式及弹性方程(9-3)得出非常简单的应力分量表达式如下：

$$\left.\begin{aligned}
&\sigma_r=\frac{\partial^2\psi}{\partial r^2},\quad \sigma_\theta=\frac{1}{r}\frac{\partial\psi}{\partial r},\quad \sigma_z=\frac{\partial^2\psi}{\partial z^2}\\
&\tau_{zr}=\tau_{rz}=\frac{\partial^2\psi}{\partial r\partial z}。
\end{aligned}\right\} \tag{9-12}$$

这样，对于一个轴对称问题，如果找到适当的调和函数 $\psi(r,z)$，使得(9-11)式给出的位移分量和(9-12)式给出的应力分量能够满足边界条件，就得到该问题的正确解答。

应当指出：并不是所有一切问题中的位移都是有势的，因此，位移势函数并不是在所有一切问题中都存在的，当然也就很明显，用位移势函数去求解问题，并不一定就能成功。实际上，如果位移势函数存在，则有 $e=\nabla^2\psi=C$，表示体积应变在整个弹性体中是常量，这种情况当然是很特殊的，因而位移势函数所能解决的问题是很少的。下一节中所介绍的位移函数，则可用来解决较多的问

题。但是，为了减少运算，有时也可以结合应用位移势函数。

§ 9-5　拉甫位移函数及伽辽金位移函数

为了求解轴对称问题，拉甫引用一个位移函数$\zeta(r,z)$，把位移分量表示成为

$$\left.\begin{aligned} u_r &= -\frac{1}{2G}\frac{\partial^2\zeta}{\partial r\partial z},\\ w &= \frac{1}{2G}\left[2(1-\mu)\nabla^2-\frac{\partial^2}{\partial z^2}\right]\zeta, \end{aligned}\right\} \tag{9-13}$$

其中

$$\nabla^2=\frac{\partial^2}{\partial r^2}+\frac{1}{r}\frac{\partial}{\partial r}+\frac{\partial^2}{\partial z^2}。$$

将表达式(9-13)代入轴对称位移的微分方程(9-10)，可见位移函数ζ所应满足的条件是

$$\nabla^4\zeta=0。$$

这就是说，ζ应当是重调和函数。将表达式（9-13）代入弹性方程(9-3)，注意$\frac{1}{2G}=\frac{1+\mu}{E}$，即得应力分量的表达式

$$\left.\begin{aligned} \sigma_r &= \frac{\partial}{\partial z}\left(\mu\nabla^2-\frac{\partial^2}{\partial r^2}\right)\zeta,\\ \sigma_\theta &= \frac{\partial}{\partial z}\left(\mu\nabla^2-\frac{1}{r}\frac{\partial}{\partial r}\right)\zeta,\\ \sigma_z &= \frac{\partial}{\partial z}\left[(2-\mu)\nabla^2-\frac{\partial^2}{\partial z^2}\right]\zeta,\\ \tau_{zr} &= \frac{\partial}{\partial r}\left[(1-\mu)\nabla^2-\frac{\partial^2}{\partial z^2}\right]\zeta。 \end{aligned}\right\} \tag{9-14}$$

于是可见，对于一个轴对称问题，只须找到恰当的重调和函数$\zeta(r,z)$，使得(9-13)式给出的位移分量和(9-14)式给出的应力分量能够满足边界条件，就得到该问题的正确解答。函数ζ称为拉

甫位移函数，但有时也不恰当地被称为拉甫应变函数。

为了求解一般的、非轴对称的空间问题，伽辽金把拉甫位移函数加以推广。他引用三个位移函数 $\xi(x、y、z),\eta(x,y,z),\zeta(x,y,z)$，把位移分量表示成为

$$\left.\begin{aligned}
u&=\frac{1}{2G}\left[2(1-\mu)\nabla^2\xi-\frac{\partial}{\partial x}\left(\frac{\partial\xi}{\partial x}+\frac{\partial\eta}{\partial y}+\frac{\partial\zeta}{\partial z}\right)\right],\\
v&=\frac{1}{2G}\left[2(1-\mu)\nabla^2\eta-\frac{\partial}{\partial y}\left(\frac{\partial\xi}{\partial x}+\frac{\partial\eta}{\partial y}+\frac{\partial\zeta}{\partial z}\right)\right],\\
w&=\frac{1}{2G}\left[2(1-\mu)\nabla^2\zeta-\frac{\partial}{\partial z}\left(\frac{\partial\xi}{\partial x}+\frac{\partial\eta}{\partial y}+\frac{\partial\zeta}{\partial z}\right)\right],
\end{aligned}\right\}\tag{9-15}$$

其中

$$\nabla^2=\frac{\partial^2}{\partial x^2}+\frac{\partial^2}{\partial y^2}+\frac{\partial^2}{\partial z^2}。$$

将表达式(9-15)代入位移分量的微分方程(9-7)，可见上述三个位移函数所应满足的条件是

$$\nabla^4\xi=0,\nabla^4\eta=0,\nabla^4\zeta=0。$$

这就是说，三个位移函数都应当是重调和函数。 将表达式(9-15)代入弹性方程(9-1)，注意$\frac{1}{2G}=\frac{1+\mu}{E}$，即得应力分量的表达式：

$$\left.\begin{aligned}
\sigma_x&=2(1-\mu)\frac{\partial}{\partial x}\nabla^2\xi+\left(\mu\nabla^2-\frac{\partial^2}{\partial x^2}\right)\left(\frac{\partial\xi}{\partial x}+\frac{\partial\eta}{\partial y}+\frac{\partial\zeta}{\partial z}\right),\\
\sigma_y&=2(1-\mu)\frac{\partial}{\partial y}\nabla^2\eta+\left(\mu\nabla^2-\frac{\partial^2}{\partial y^2}\right)\left(\frac{\partial\xi}{\partial x}+\frac{\partial\eta}{\partial y}+\frac{\partial\zeta}{\partial z}\right),\\
\sigma_z&=2(1-\mu)\frac{\partial}{\partial z}\nabla^2\zeta+\left(\mu\nabla^2-\frac{\partial^2}{\partial z^2}\right)\left(\frac{\partial\xi}{\partial x}+\frac{\partial\eta}{\partial y}+\frac{\partial\zeta}{\partial z}\right),\\
\tau_{yz}&=(1-\mu)\left(\frac{\partial}{\partial y}\nabla^2\zeta+\frac{\partial}{\partial z}\nabla^2\eta\right)-\frac{\partial^2}{\partial y\partial z}\left(\frac{\partial\xi}{\partial x}+\frac{\partial\eta}{\partial y}+\frac{\partial\zeta}{\partial z}\right),\\
\tau_{zx}&=(1-\mu)\left(\frac{\partial}{\partial z}\nabla^2\xi+\frac{\partial}{\partial x}\nabla^2\zeta\right)-\frac{\partial^2}{\partial z\partial x}\left(\frac{\partial\xi}{\partial x}+\frac{\partial\eta}{\partial y}+\frac{\partial\zeta}{\partial z}\right),\\
\tau_{xy}&=(1-\mu)\left(\frac{\partial}{\partial x}\nabla^2\eta+\frac{\partial}{\partial y}\nabla^2\xi\right)-\frac{\partial^2}{\partial x\partial y}\left(\frac{\partial\xi}{\partial x}+\frac{\partial\eta}{\partial y}+\frac{\partial\xi}{\partial z}\right)。
\end{aligned}\right\}\tag{9-16}$$

于是可见，对于一般的一个空间问题，只须找到三个恰当的重调和函数 ξ、η、ζ，使得(9-15)式给出的位移分量和(9-16)式给出的应力分量能够满足边界条件，就得到该问题的正确解答。

§ 9-6 半空间体在边界上受法向集中力

设有半空间体，体力不计，在其边界面上受有法向集中力 P，图9-2。这是一个轴对称问题，而对称轴就是力 P 的作用线。因此，把 z 轴放在力 P 的作用线上。坐标原点就放在力 P 的作用点。

应力边界条件要求

$$(\sigma_z)_{z=0,r\neq0}=0, \tag{a}$$

$$(\tau_{zr})_{z=0,r\neq0}=0。 \tag{b}$$

此外，还有这样的应力边界条件：在 O 点附近的一小部分边界上，有一组面力作用，它的分布不明确，但已知它等效于集中力 P。在半空间体的任何一个水平截面上的应力，必须和这一组面力合成平衡力系，因而也就必须和力 P 合成平衡力系。于是得出由应力边界条件转换而来的平衡条件

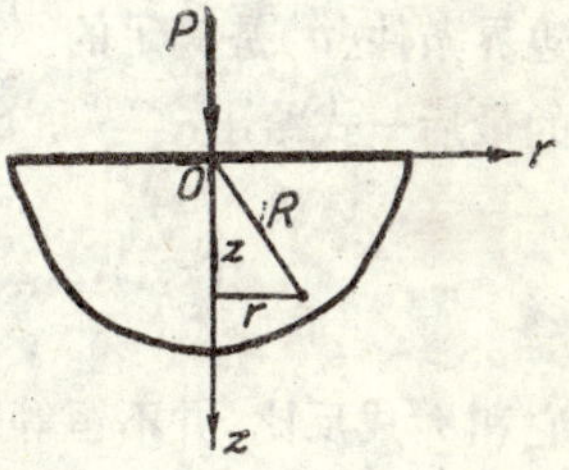

图 9-2

$$\int_0^\infty(2\pi r dr)\sigma_z+P=0。 \tag{c}$$

显然，在这一问题中，随着距离集中力的远近不同，各处的应力数值相差很大，体积应变 e 不可能是常量。于是可见，仅仅利用位移势函数，是不可能求得正确解答的。因此，我们来利用拉甫位移函数。按照因次分析，应力分量的表达式应为 P 乘以 r、z、R 等长度坐标的负二次幂，从而由(9-14)式可见，ζ 的表达式应为 P 乘

以这些长度坐标的正一次幂。据此，我们假设 ζ 正比于一次幂的重调和函数 R，取

$$\zeta=A_1R=A_1\sqrt{r^2+z^2}, \tag{d}$$

其中 A_1为任意常数。

将式(d)代入(9-13)及(9-14)，得到位移分量及应力分量的表达式如下：

$$\left.\begin{aligned}&u_r=\frac{A_1rz}{2GR^3}, \qquad w=\frac{A_1}{2G}\left(\frac{3-4\mu}{R}+\frac{z^2}{R^3}\right),\\&\sigma_r=A_1\left[\frac{(1-2\mu)z}{R^3}-\frac{3r^2z}{R^5}\right], \quad \sigma_\theta=\frac{A_1(1-2\mu)z}{R^3},\\&\sigma_z=-A_1\left[\frac{(1-2\mu)z}{R^3}+\frac{3z^3}{R^5}\right], \tau_{zr}=-A_1\left[\frac{(1-2\mu)r}{R^3}+\frac{3rz^2}{R^5}\right]。\end{aligned}\right\} \tag{e}$$

边界条件(a)是满足的。但是，边界条件(b)不能满足，因为(e)中的最后一式给出

$$(\tau_{zr})_{z=0,r\neq0}=-\frac{A_1(1-2\mu)}{r^2}, \tag{f}$$

它和 r^2 成反比，并不恒等于零。

为了满足边界条件，再取一个轴对称的位移势函数 $\psi(r,z)$，希望它在 $z=0$ 处给出 $\sigma_z=0$，而给出的 τ_{zr} 能和式(f)所示的剪应力互相抵消。通过因次分析可以看出，这个 ψ 应当是 r、z、R 等长度坐标的零次幂。对于几个零次幂的调和函数进行试算以后，可见选用函数 $\ln(R+z)$是合适的。这样，我们取

$$\psi=A_2\ln(R+z), \tag{g}$$

其中的 A_2也是任意常数。代入(9-11)及(9-12)，得出相应的位移分量及应力分量如下：

$$
\left.\begin{aligned}
&u_r=\frac{A_2 r}{2GR(R+z)}, \qquad w=\frac{A_2}{2GR},\\
&\sigma_r=A_2\left[\frac{z}{R^3}-\frac{1}{R(R+z)}\right],\sigma_\theta=\frac{A_2}{R(R+z)},\\
&\sigma_z=-\frac{A_2 z}{R^3}, \qquad \tau_{zr}=-\frac{A_2 r}{R^3}。
\end{aligned}\right\} \qquad (h)
$$

将式(e)及式(h)相叠加,可见叠加以后的σ_z仍然满足边界条件(a),而边界条件(b)要求

$$
-\frac{A_1(1-2\mu)}{r^2}-\frac{A_2}{r^2}=0,
$$

即

$$
(1-2\mu)A_1+A_2=0。 \qquad (i)
$$

将叠加以后的σ_z代入平衡条件(c),可见该条件要求

$$
4\pi(1-\mu)A_1+2\pi A_2=P。 \qquad (j)
$$

由(i)及(j)二式的联立求解,得到

$$
A_1=\frac{P}{2\pi}, \quad A_2=-\frac{(1-2\mu)P}{2\pi}。
$$

将得出的A_1及A_2分别代入式(e)及式(h),然后进行叠加,即得满足所有一切条件的布希涅斯克解答如下:

$$
\left.\begin{aligned}
&u_r=\frac{(1+\mu)P}{2\pi ER}\left[\frac{rz}{R^2}-\frac{(1-2\mu)r}{R+z}\right],\\
&w=\frac{(1+\mu)P}{2\pi ER}\left[2(1-\mu)+\frac{z^2}{R^2}\right],
\end{aligned}\right\} \qquad (9\text{-}17)
$$

$$
\left.\begin{aligned}
&\sigma_r=\frac{P}{2\pi R^2}\left[\frac{(1-2\mu)R}{R+z}-\frac{3r^2z}{R^3}\right],\\
&\sigma_\theta=\frac{(1-2\mu)P}{2\pi R^2}\left(\frac{z}{R}-\frac{R}{R+z}\right),\\
&\sigma_z=-\frac{3Pz^3}{2\pi R^5},\tau_{zr}=\tau_{rz}=-\frac{3Prz^2}{2\pi R^5}。
\end{aligned}\right\} \qquad (9\text{-}18)
$$

也可以不用式(g)所示的位移势函数,而代以如下的拉甫位移函数:

$$\zeta=A_2[R-z\ln(R+z)]。$$

把这个ζ代入(9-13)及(9-14),将得出与式(h)完全相同的位移分量及应力分量,因而也将得出(9-17)及(9-18)所示的最后解答。这样求解,运算工作显然要多一些。

由(9-17)中的第二式可见,水平边界上任意一点的铅直位移(即所谓沉陷)是

$$(w)_{z=0}=\frac{(1-\mu^2)P}{\pi E r}, \tag{9-19}$$

它和距力P作用点的距离r成反比。后面将多次应用这个公式。

§ 9-7 半空间体在边界上受切向集中力

设有半空间体,体力不计,在其边界面上受有切向集中力P,图9-3。以力P的作用点为坐标原点O,作用线为x轴,z轴指向半空间体的内部。

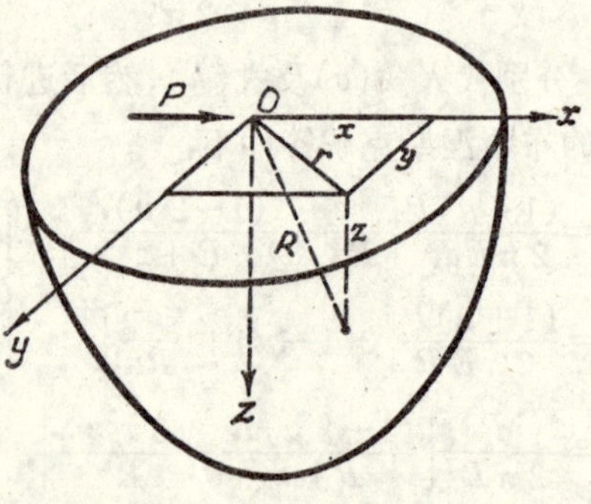

图 9-3

应力边界条件要求

$$(\sigma_z,\tau_{zx},\tau_{zy})_{z=0,r\neq0}=0。 \tag{a}$$

和上一节中的问题相似,此外还有由应力边界条件转换而来的下列平衡条件:

$$\left.\begin{aligned}&\int_{-\infty}^{\infty}\int_{-\infty}^{\infty}\tau_{zx}dxdy+P=0,\ \int_{-\infty}^{\infty}\int_{-\infty}^{\infty}(y\sigma_z-z\tau_{zy})dxdy=0,\\&\int_{-\infty}^{\infty}\int_{-\infty}^{\infty}\tau_{zy}dxdy=0,\ \int_{-\infty}^{\infty}\int_{-\infty}^{\infty}(x\sigma_z-z\tau_{zx})dxdy=0,\\&\int_{-\infty}^{\infty}\int_{-\infty}^{\infty}\sigma_zdxdy=0,\ \int_{-\infty}^{\infty}\int_{-\infty}^{\infty}(y\tau_{zx}-x\tau_{zy})dxdy=0。\end{aligned}\right\}\quad(b)$$

其中左边三式依次表示 $\sum F_x=0,\sum F_y=0,\sum F_z=0$,而右边三式依次表示$\sum M_x=0,\sum M_y=0,\sum M_z=0$。

取如下的一次幂重调和函数为伽辽金位移函数:

$$\xi=A_1R,\eta=0,\zeta=A_2x\ln(R+z)。\quad(c)$$

此外,再取如下的零次幂调和函数为位移势函数:

$$\psi=\frac{A_3x}{R+z}。\quad(d)$$

将式(c)代入(9-15)及(9-16),将式(d)代入(9-8)及(9-9),然后分别将各个位移分量和应力分量进行叠加,代入边界条件(a)及平衡条件(b),可见这些条件要求

$$A_1=\frac{P}{4\pi(1-\mu)},\ A_2=\frac{(1-2\mu)P}{4\pi(1-\mu)},\ A_3=\frac{(1-2\mu)P}{2\pi}。\quad(e)$$

这样就得出满足所有一切条件的赛如提解答如下:

$$\left.\begin{aligned}&u=\frac{(1+\mu)P}{2\pi ER}\left\{1+\frac{x^2}{R^2}+(1-2\mu)\left[\frac{R}{R+z}-\frac{x^2}{(R+z)^2}\right]\right\},\\&v=\frac{(1+\mu)P}{2\pi ER}\left[\frac{xy}{R^2}-\frac{(1-2\mu)xy}{(R+z)^2}\right],\\&w=\frac{(1+\mu)P}{2\pi ER}\left[\frac{xz}{R^2}+\frac{(1-2\mu)x}{R+z}\right],\end{aligned}\right\}\quad(f)$$

$$\left.\begin{aligned}&\sigma_x=\frac{Px}{2\pi R^3}\left[\frac{1-2\mu}{(R+z)^2}\left(R^2-y^2-\frac{2Ry^2}{R+z}\right)-\frac{3x^2}{R^2}\right],\\&\sigma_y=\frac{Px}{2\pi R^3}\left[\frac{1-2\mu}{(R+z)^2}\left(3R^2-x^2-\frac{2Rx^2}{R+z}\right)-\frac{3y^2}{R^2}\right],\\&\sigma_z=-\frac{3Pxz^2}{2\pi R^5},\end{aligned}\right\}\quad(g)$$

$$\left.\begin{aligned}\tau_{yz}&=-\frac{3Pxyz}{2\pi R^5},\\ \tau_{zx}&=-\frac{3Px^2z}{2\pi R^5},\\ \tau_{xy}&=\frac{Py}{2\pi R^3}\left[\frac{1-2\mu}{(R+z)^2}\left(-R^2+x^2+\frac{2Rx^2}{R+z}\right)-\frac{3x^2}{R^2}\right]。\end{aligned}\right\}$$

也可以不引用式(d)所示的位移势函数，而代之以如下的伽辽金位移函数：

$$\xi=A_3[R-z\ln(R+z)]。$$

这样也将得出与上相同的最后解答，但运算工作比较多一些。

本节及前一节中解出的问题，即半空间体在边界上受集中力的问题，其应力分布都具有如下的特征：

(1) 当$R\to\infty$时，各应力分量都趋于零；当$R\to 0$时，各应力分量都趋于无限大。这就是说，在离开集中力作用点非常远处，应力非常小；在靠近集中力作用点处，应力非常大。

(2) 水平截面上的应力(σ_z、τ_{zr}、τ_{zx}、τ_{zy})都与弹性常数无关，因而在任何材料的弹性体中都是同样地分布。其他截面上的应力，一般都随泊松比而变。

(3) 水平截面上的全应力，都是指向集中力的作用点，因为由(9-18)可见$\sigma_z:\tau_{zr}=z:r$；由式(g)可见，$\sigma_z:\tau_{zx}:\tau_{zy}=z:x:y$。

明德林曾利用伽辽金位移函数得出半空间体在其内部受集中力时的解答，见参考材料[3]。

§ 9-8 半空间体在边界上受法向分布力

根据§9-6中关于半空间体在边界上受法向集中力时的解答，可以用叠加法求得由法向分布力引起的位移和应力。

现在，试以均布法向载荷q作用在半径为a的圆面积上的情形为例，图 9-4，求出半空间体边界上距圆心为r的一点M的沉陷。在

荷载范围内取微分面积$dA=sd\psi ds$，如荫线所示，则由公式(9-19)得M点的沉陷为

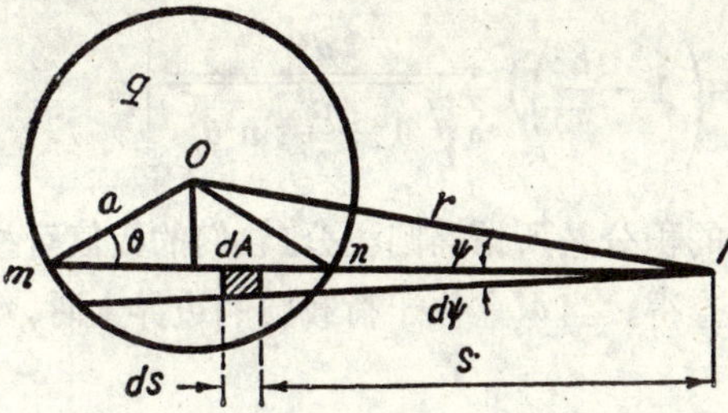

图 9-4

$$\frac{(1-\mu^2)qdA}{\pi Es}=\frac{(1-\mu^2)qsd\psi ds}{\pi Es}=\frac{(1-\mu^2)q}{\pi E}d\psi ds,$$

因而M点的总沉陷为

$$w=\frac{(1-\mu^2)q}{\pi E}\iint dsd\psi。$$

对s进行积分，注意弦mn的长度为$2\sqrt{a^2-r^2\sin^2\psi}$，并在对$\psi$进行积分时考虑对称性，得到

$$w=2\frac{(1-\mu^2)q}{\pi E}2\int_0^{\psi_1}\sqrt{a^2-r^2\sin^2\psi}d\psi, \tag{a}$$

其中ψ_1是ψ的最大值，即圆的切线与OM之间的夹角。引用变数θ以代替变数ψ，可以简化积分式(a)的运算。由图可见$a\sin\theta=r\sin\psi$，于是得出

$$d\psi=\frac{a\cos\theta d\theta}{r\cos\psi}=\frac{a\cos\theta d\theta}{r\sqrt{1-\frac{a^2}{r^2}\sin^2\theta}}。$$

代入式(a)，并注意当ψ由0改变到ψ_1时，θ由0改变到$\frac{\pi}{2}$，即得

$$w=\frac{4(1-\mu^2)q}{\pi E}\int_0^{\frac{\pi}{2}}\frac{a^2\cos^2\theta d\theta}{r\sqrt{1-\frac{a^2}{r^2}\sin^2\theta}}$$

$$=\frac{4(1-\mu^2)qr}{\pi E}\times\left[\int_0^{\frac{\pi}{2}}\sqrt{1-\frac{a^2}{r^2}\sin^2\theta}\,d\theta\right.$$

$$\left.-\left(1-\frac{a^2}{r^2}\right)\int_0^{\frac{\pi}{2}}\frac{d\theta}{\sqrt{1-\frac{a^2}{r^2}\sin^2\theta}}\right]。\qquad(9\text{-}20)$$

这一方程右边的积分是所谓椭圆积分，它们的数值可按照a/r的数值由函数表中查得。当M点位于荷载圆的边界上时，$r=a$，上式简化为

$$w=\frac{4(1-\mu^2)qa}{\pi E}\int_0^{\frac{\pi}{2}}\cos\theta d\theta=\frac{4(1-\mu^2)qa}{\pi E}。\qquad(9\text{-}21)$$

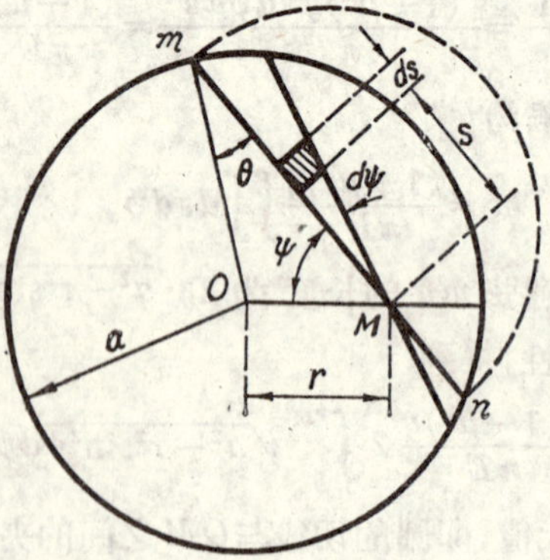

图 9-5

如果M点是在荷载面积之内，图 9-5，仍然取微分面积 $dA=d\psi ds$，如荫线所示，则M点的沉陷仍为

$$w=\frac{(1-\mu^2)q}{\pi E}\iint d\psi ds。$$

但弦mn的长度为 $2a\cos\theta$，而ψ系由 0 改变到$\pi/2$，所以有

$$w=\frac{4(1-\mu^2)q}{\pi E}\int_0^{\frac{\pi}{2}}a\cos\theta d\psi。$$

利用关系式$a\sin\theta=r\sin\psi$，则上式可变换为

$$w=\frac{4(1-\mu^2)qa}{\pi E}\int_0^{\frac{\pi}{2}}\sqrt{1-\frac{r^2}{a^2}\sin^2\psi}d\psi。\tag{9-22}$$

对于r/a的任何数值，都可由函数表查得上式中椭圆积分的数值，从而求得沉陷w。最大沉陷将发生在圆心。将 $r=0$ 代入上式，可得

$$w_{\max}=\frac{2(1-\mu^2)qa}{E}。\tag{9-23}$$

将 (9-23) 式与 (9-21) 式对比，可见最大沉陷是荷载圆的边界沉陷的$\pi/2$倍。由(9-23)式可见，对于一定的荷载集度q，最大沉陷是与荷载圆的半径成正比。

应力也可以用叠加法求得。例如，为了求得z轴上任意一点处的应力分量σ_z，图 9-6，可以把荷载面积分为微分圆环，用圆环上的荷载 $2\pi r drq$ 代替(9-18) 中第三式里面的P，对r进行积分。这样就得到

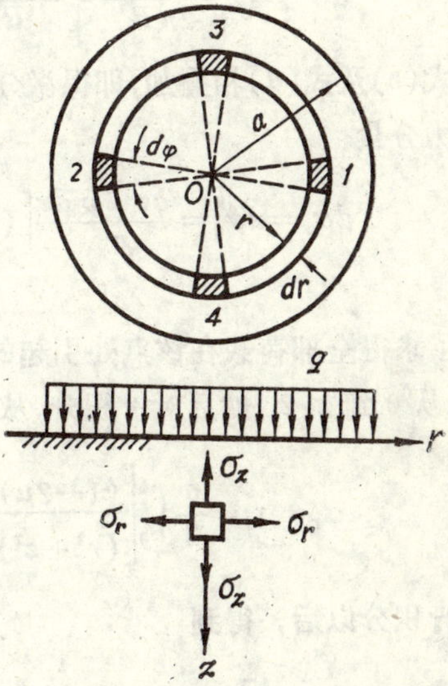

图 9-6

$$\sigma_z=-\frac{3z^3}{2\pi}\int_0^a\frac{2\pi r drq}{(r^2+z^2)^{\frac{5}{2}}}=-q\left[1-\frac{z^3}{(z^2+a^2)^{\frac{3}{2}}}\right]。\tag{b}$$

为了求得该点处的应力分量σ_r及σ_θ，图 9-6，将荷载面积分为微分面积，如1、2、3、4等。由于微分面积1及2上的两个荷载$qrd\varphi dr$，按照(9-18)中的第一式及第二式，得

$$
\left.\begin{aligned}
d\sigma'_r &= 2\frac{qrd\varphi dr}{2\pi R^2}\left[\frac{(1-2\mu)R}{R+z}-\frac{3r^2z}{R^3}\right],\\
d\sigma'_\theta &= 2\frac{(1-2\mu)qrd\varphi dr}{2\pi R^2}\left(\frac{z}{R}-\frac{R}{R+z}\right)。
\end{aligned}\right\}\qquad (c)
$$

同样，由于微分面积 3 及 4 上的两个荷载 $qrd\varphi dr$，得

$$
\left.\begin{aligned}
d\sigma''_r &= 2\,\frac{(1-2\,\mu)qrd\varphi dr}{2\pi R^2}\left(\frac{z}{R}-\frac{R}{R+z}\right),\\
d\sigma''_\theta &= 2\,\frac{qr\,d\varphi\,dr}{2\pi R^2}\left[\frac{(1-2\mu)R}{R+z}-\frac{3r^2z}{R^3}\right]。
\end{aligned}\right\}\qquad (d)
$$

将式(c)及式(d)相叠加，即得微分面积 1、2、3、4 上的荷载引起的应力分量

$$
d\sigma_r = d\sigma_\theta = \frac{qr\,d\varphi\,dr}{\pi}\left[(1-2\mu)\,\frac{z}{R^3}-\frac{3r^2z}{R^5}\right]。\qquad (e)
$$

为了求得全部荷载在该点处引起的应力分量，只须将式(e)对 φ 积分，从 0 到 $\pi/2$，然后对 r 积分，从 0 到 a，即

$$
\sigma_r = \sigma_\theta = \frac{q}{2}\int_0^a\left[\frac{(1-2\mu)z}{(r^2+z^2)^{\frac{3}{2}}}-\frac{3r^2z}{(r^2+z^2)^{\frac{5}{2}}}\right]rdr。
$$

进行积分以后，得到

$$
\sigma_r = \sigma_\theta = -\frac{q}{2}\left[(1+2\,\mu)+\frac{z^3}{(z^2+a^2)^{\frac{3}{2}}}-\frac{2(1+\mu)z}{(z^2+a^2)^{\frac{1}{2}}}\right]。\qquad (f)
$$

该点的最大剪应力发生在与 z 轴成45°的平面上，由式(f)及式(b)求得为

$$
\frac{1}{2}(\sigma_\theta-\sigma_z) = \frac{q}{2}\left[\frac{1-2\,\mu}{2}+\frac{(1+\mu)z}{(z^2+a^2)^{\frac{1}{2}}}-\frac{3}{2}\,\frac{z^3}{(z^2+a^2)^{\frac{3}{2}}}\right]。\qquad (g)
$$

在

$$z=a\sqrt{\frac{2(1+\mu)}{7-2\mu}}$$

处，最大剪应力的数值最大，它等于

$$\tau_{\max}=\frac{q}{2}\left[\frac{1-2\mu}{2}+\frac{2}{9}(1+\mu)\sqrt{2(1+\mu)}\right]。\tag{h}$$

当 $\mu=0.3$ 时，在 $z=0.637\,a$ 处，$\tau_{\max}=0.333\,q$。

§ 9-9 两球体之间的接触压力

上一节中得出的成果，可以用来分析两个弹性体之间的接触压力，以及接触压力所引起的应力和形变。这里只将分析这样的简单情况：两个弹性体都是圆球体，其半径分别为 R_1 及 R_2，图 9-7。当没有压力作用时，两球体仅在一点 O 接触。设两球体表面上距公共法线为 r 的 M_1点及 M_2点，它们距公共切面的距离分别为 z_1 及 z_2，则由几何关系有

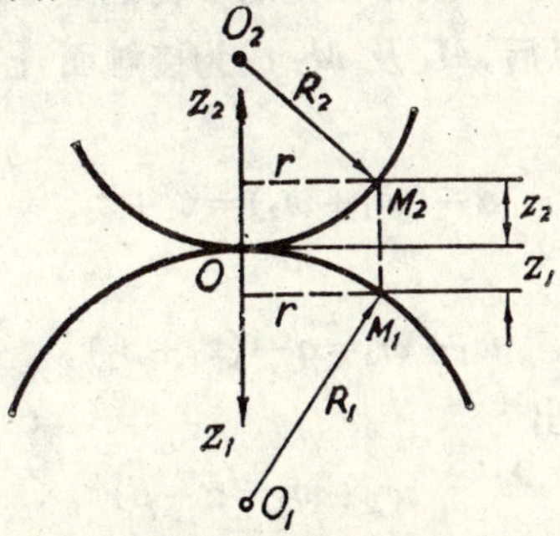

图 9-7

$$(R_1-z_1)^2+r^2=R_1^2,$$

$$(R_2-z_2)^2+r^2=R_2^2。$$

由此可以得出

$$z_1=\frac{r^2}{2R_1-z_1},\quad z_2=\frac{r^2}{2R_2-z_2}。$$

如果 M_1 及 M_2 离接触点 O 很 近，则 z_1 远小于 $2R_1$，z_2 远小于 $2R_2$，可以认为

$$z_1=\frac{r^2}{2R_1},\quad z_2=\frac{r^2}{2R_2},\tag{a}$$

而 M_1 与 M_2 之间的距离为

$$z_1+z_2=r^2\left(\frac{1}{2R_1}+\frac{1}{2R_2}\right)=\frac{R_1+R_2}{2R_1R_2}r^2。\tag{b}$$

当两球体以某一力 P 相压时，在接触点附近将发生局部形变而出现一个边界为圆形的接触面。由于接触面的边界半径总是远小于 R_1 及 R_2，故可用上一节中关于半空 间体的成果来分析此种局部形变。命 M_1 沿 z_1 方向的位移及 M_2 沿 z_2 方向 的 位移分别为 w_1 及 w_2，并命 z_1 轴上及 z_2 轴上“距 O 较远处”的两点相互趋近的距离为 α，则 M_1 与 M_2 之间距离的缩短为 $\alpha-(w_1+w_2)$。这里所谓“距 O 较远处”，是指该处的形变已经可以略去不计。假定在发生局部形变以后，M_1 及 M_2 成为接触面 上的同一点 M，则由几何关系有

$$\alpha-(w_1+w_2)=z_1+z_2。\tag{c}$$

于是可见

$$w_1+w_2=\alpha-(z_1+z_2),$$

并通过式(b)得出

$$w_1+w_2=\alpha-\beta r^2,\tag{d}$$

其中

$$\beta=\frac{R_1+R_2}{2R_1R_2}。\tag{e}$$

如果用图 9-5 中的圆表示接触面，而 M 点表示 下 面的球体在

接触面上的一点(即未变形以前的 M_1),则按照上一节中所述，该点的位移为

$$w_1=\frac{1-\mu_1^2}{\pi E_1}\iint q\,ds\,d\psi, \tag{f}$$

其中 μ_1 及 E_1为下面球体的弹性常数,而积分应包括整个接触面。对于上面的球体,也可以写出相似的表达式。于是得到

$$w_1+w_2=(k_1+k_2)\iint q\,ds\,d\psi, \tag{g}$$

其中

$$k_1=\frac{1-\mu_1^2}{\pi E_1},\ k_2=\frac{1-\mu_2^2}{\pi E_2}, \tag{9-24}$$

并由式(g)及式(d)得到

$$(k_1+k_2)\iint q\,ds\,d\psi=\alpha-\beta r^2。 \tag{h}$$

现在要找出压力 q 的分布规律,使式(h)可以满足。

赫兹指出,如果在接触面的边界上作半圆球面,而用它在各点的高度代表压力 q 在各该点处的大小,则式(h)可以满足,证明如下。命 q_0 为半圆球面在 O 点处的高度,亦即 q 的最大值,则表示压力大小的比例尺的因子为 q_0/a。沿着通过 M 点的弦 mn,图9-5,压力的变化如虚线半圆所示。因此，沿着弦 mn 的积分值为

$$\int q\,ds=\frac{q_0}{a}A,$$

其中 A 为该半圆的面积，即$\frac{\pi}{2}(a^2-r^2\sin^2\psi)$。代入式($h$),得

$$(k_1+k_2)\,2\int_0^{\frac{\pi}{2}}\frac{q_0}{a}\,\frac{\pi}{2}(a^2-r^2\sin^2\psi)\,d\psi$$
$$=\alpha-\beta r^2,$$

积分以后得

$$(k_1+k_2)\frac{\pi^2 q_0}{4a}(2a^2-r^2)=\alpha-\beta r^2。$$

为了这一条件在 r 为任何值时都能满足，可以取两边的常数项相等，r^2的系数也相等，即

$$(k_1+k_2)\frac{\pi^2 a q_0}{2}=\alpha,(k_1+k_2)\frac{\pi^2 q_0}{4a}=\beta。\qquad (i)$$

这样，式(h)也就可以满足。

为了得到最大压力 q_0，只须命上述半圆球的体积等于总的压力P，即

$$\frac{q_0}{a}\cdot\frac{2}{3}\pi a^3=P。$$

由此得最大压力

$$q_0=\frac{3}{2}\frac{P}{\pi a^2},\qquad (9\text{-}25)$$

它等于平均压力 $P/\pi a^2$ 的一倍半。

将式(e)及(9-25)代入(i)中的两式，求解 a 及 α，即得

$$\left.\begin{aligned}a&=\left[\frac{3\pi P(k_1+k_2)R_1R_2}{4(R_1+R_2)}\right]^{\frac{1}{3}},\\ \alpha&=\left[\frac{9\pi^2P^2(k_1+k_2)^2(R_1+R_2)}{16R_1R_2}\right]^{\frac{1}{3}}。\end{aligned}\right\}\qquad (9\text{-}26)$$

由此并可求得最大接触压力为

$$q_0=\frac{3}{2}\frac{P}{\pi a^2}=\frac{3}{2}\frac{P}{\pi}\left[\frac{4(R_1+R_2)}{3\pi P(k_1+k_2)R_1R_2}\right]^{\frac{2}{3}}\qquad (9\text{-}27)$$

在 $E_1=E_2=E$ 及 $\mu_1=\mu_2=0.3$ 时，由上列各式得出工程实践中广泛采用的公式：

$$\left.\begin{aligned}a&=1.11\left[\frac{PR_1R_2}{E(R_1+R_2)}\right]^{\frac{1}{3}},\\ \alpha&=1.23\left[\frac{P^2(R_1+R_2)}{E^2R_1R_2}\right]^{\frac{1}{3}},\\ q_0&=0.388\left[\frac{PE^2(R_1+R_2)^2}{R_1^2R_2^2}\right]^{\frac{1}{3}},\end{aligned}\right\}\qquad (9\text{-}28)$$

确定了接触面积及接触压力，即可利用上一节中导出的公式

求得球体中的应力。最大压应力发生在接触面的中心，其值为q_0；最大剪应力发生在公共法线上距接触中心约为 0.47 a处，其值约为 0.31 q_0，最大拉应力发生在接触面的边界上，其值约为$0.133q_0$。

对于球体放置在平面上的情况，图 9-8 a，只须在以上的公式中命 $R_1\to\infty$；对于球体放置在球座内的情况，图 9-8 b，只须在以上的公式中取 R_1 为负值（R_1+R_2自然也成为负值）。

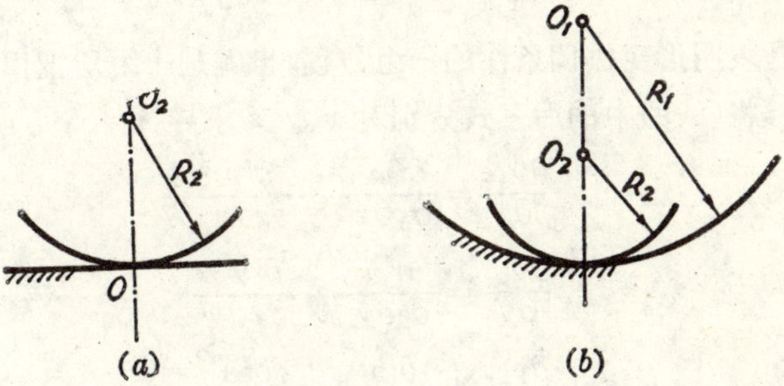

图 9-8

§ 9-10 按应力求解空间问题

按应力求解问题，是取应力分量为基本未知函数。对空间问题说来，这就要从 15 个基本方程中消去位移分量和形变分量，得出只包含 6 个应力分量的方程。因为平衡微分方程中本来就不包含位移分量和形变分量，所以只须从几何方程和物理方程中消去这些分量。

首先从几何方程中消去位移分量。为此，将(8-9)中第二式左边对 z 的二阶导数与第三式左边对 y 的二阶导数相加，得

$$\frac{\partial^2 \varepsilon_y}{\partial z^2}+\frac{\partial^2 \varepsilon_z}{\partial y^2}=\frac{\partial^3 v}{\partial y\partial z^2}+\frac{\partial^3 w}{\partial z\partial y^2}$$

$$=\frac{\partial^2}{\partial y\partial z}\left(\frac{\partial v}{\partial z}+\frac{\partial w}{\partial y}\right)。\qquad (a)$$

由(8-9)中的第四式可见，式(a)右边括弧内的表达式就是γ_{yz}，于是从方程(a)及其余两个相似的方程得

$$
\left.\begin{aligned}
\frac{\partial^2\varepsilon_y}{\partial z^2}+\frac{\partial^2\varepsilon_z}{\partial y^2}=\frac{\partial^2\gamma_{yz}}{\partial y\partial z},\\
\frac{\partial^2\varepsilon_z}{\partial x^2}+\frac{\partial^2\varepsilon_x}{\partial z^2}=\frac{\partial^2\gamma_{zx}}{\partial z\partial x},\\
\frac{\partial^2\varepsilon_x}{\partial y^2}+\frac{\partial^2\varepsilon_y}{\partial x^2}=\frac{\partial^2\gamma_{xy}}{\partial x\partial y}。
\end{aligned}\right\}\tag{9-29}
$$

这是表明形变协调条件的一组方程，也就是一组所谓相容方程。

将(8-9)中的后三式分别对x、y、z求导，得

$$
\frac{\partial\gamma_{yz}}{\partial x}=\frac{\partial^2 w}{\partial y\partial x}+\frac{\partial^2 v}{\partial z\partial x},
$$
$$
\frac{\partial\gamma_{zx}}{\partial y}=\frac{\partial^2 u}{\partial z\partial y}+\frac{\partial^2 w}{\partial x\partial y},
$$
$$
\frac{\partial\gamma_{xy}}{\partial z}=\frac{\partial^2 v}{\partial x\partial z}+\frac{\partial^2 u}{\partial y\partial z},
$$

并由此而得

$$
\frac{\partial}{\partial x}\left(-\frac{\partial\gamma_{yz}}{\partial x}+\frac{\partial\gamma_{zx}}{\partial y}+\frac{\partial\gamma_{xy}}{\partial z}\right)
=\frac{\partial}{\partial x}\left(2\frac{\partial^2 u}{\partial y\partial z}\right)=2\frac{\partial^2}{\partial y\partial z}\left(\frac{\partial u}{\partial x}\right)。\tag{b}
$$

由(8-9)中的第一式可见，式(b)右边括弧内的表达式就是ε_x，于是从方程(b)和其余两个相似的方程得

$$
\left.\begin{aligned}
\frac{\partial}{\partial x}\left(-\frac{\partial\gamma_{yz}}{\partial x}+\frac{\partial\gamma_{zx}}{\partial y}+\frac{\partial\gamma_{xy}}{\partial z}\right)=2\frac{\partial^2\varepsilon_x}{\partial y\partial z},\\
\frac{\partial}{\partial y}\left(-\frac{\partial\gamma_{zx}}{\partial y}+\frac{\partial\gamma_{xy}}{\partial z}+\frac{\partial y_{yz}}{\partial x}\right)=2\frac{\partial^2\varepsilon_y}{\partial z\partial x},\\
\frac{\partial}{\partial z}\left(-\frac{\partial\gamma_{xy}}{\partial z}+\frac{\partial\gamma_{yz}}{\partial x}+\frac{\partial\gamma_{zx}}{\partial y}\right)=2\frac{\partial^2\varepsilon_z}{\partial x\partial y}。
\end{aligned}\right\}\tag{9-30}
$$

这是又一组相容方程。

通过与上述相似的微分步骤，可以导出无数多的相容方程，都

是形变分量所应当满足的。但是，可以证明，如果 6 个形变分量满足了(9-29)和(9-30)，就可以保证位移分量的存在，也就可以用几何方程(8-9)求得位移分量(当然，对于多连体说来，求得的位移分量可能是多值的，为了得出确定的位移分量，可能还须考虑位移单值条件)。

将物理方程(8-17)代入(9-29)及(9-30)，整理以后，得出用应力分量表示的相容方程如下：

$$\left.\begin{aligned}(1+\mu)\left(\frac{\partial^2\sigma_y}{\partial z^2}+\frac{\partial^2\sigma_z}{\partial y^2}\right)-\mu\left(\frac{\partial^2\Theta}{\partial z^2}+\frac{\partial^2\Theta}{\partial y^2}\right)=2(1+\mu)\frac{\partial^2\tau_{yz}}{\partial y\partial z},\\(1+\mu)\left(\frac{\partial^2\sigma_z}{\partial x^2}+\frac{\partial^2\sigma_x}{\partial z^2}\right)-\mu\left(\frac{\partial^2\Theta}{\partial x^2}+\frac{\partial^2\Theta}{\partial z^2}\right)=2(1+\mu)\frac{\partial^2\tau_{zx}}{\partial z\partial x},\\(1+\mu)\left(\frac{\partial^2\sigma_x}{\partial y^2}+\frac{\partial^2\sigma_y}{\partial x^2}\right)-\mu\left(\frac{\partial^2\Theta}{\partial y^2}+\frac{\partial^2\Theta}{\partial x^2}\right)=2(1+\mu)\frac{\partial^2\tau_{xy}}{\partial x\partial y},\end{aligned}\right\}\tag{c}$$

$$\left.\begin{aligned}(1+\mu)\frac{\partial}{\partial x}\left(-\frac{\partial\tau_{yz}}{\partial x}+\frac{\partial\tau_{zx}}{\partial y}+\frac{\partial\tau_{xy}}{\partial z}\right)=\frac{\partial^2}{\partial y\partial z}[(1+\mu)\sigma_x-\mu\Theta],\\(1+\mu)\frac{\partial}{\partial y}\left(-\frac{\partial\tau_{zx}}{\partial y}+\frac{\partial\tau_{xy}}{\partial z}+\frac{\partial\tau_{yz}}{\partial x}\right)=\frac{\partial^2}{\partial z\partial x}[(1+\mu)\sigma_y-\mu\Theta],\\(1+\mu)\frac{\partial}{\partial z}\left(-\frac{\partial\tau_{xy}}{\partial z}+\frac{\partial\tau_{yz}}{\partial x}+\frac{\partial\tau_{zx}}{\partial y}\right)=\frac{\partial^2}{\partial x\partial y}[(1+\mu)\sigma_z-\mu\Theta]。\end{aligned}\right\}\tag{d}$$

利用平衡微分方程(8-1)，可以简化上列各式，使每一式中只包含体积应力和一个应力分量。当然，体力分量将在所有各式中出现。这样就得出如下的密切尔相容方程：

$$\begin{aligned}(1+\mu)\nabla^2\sigma_x+\frac{\partial^2\Theta}{\partial x^2}=-\frac{1+\mu}{1-\mu}\left[(2-\mu)\frac{\partial X}{\partial x}+\mu\frac{\partial Y}{\partial y}+\mu\frac{\partial Z}{\partial z}\right],\\(1+\mu)\nabla^2\sigma_y+\frac{\partial^2\Theta}{\partial y^2}=-\frac{1+\mu}{1-\mu}\left[(2-\mu)\frac{\partial Y}{\partial y}+\mu\frac{\partial Z}{\partial z}+\mu\frac{\partial X}{\partial x}\right],\\(1+\mu)\nabla^2\sigma_z+\frac{\partial^2\Theta}{\partial z^2}=-\frac{1+\mu}{1-\mu}\left[(2-\mu)\frac{\partial Z}{\partial z}+\mu\frac{\partial X}{\partial x}+\mu\frac{\partial Y}{\partial y}\right],\end{aligned}$$

$$\left.\begin{aligned}
(1+\mu)\nabla^2\tau_{yz}+\frac{\partial^2\Theta}{\partial y\partial z}&=-(1+\mu)\left(\frac{\partial Z}{\partial y}+\frac{\partial Y}{\partial z}\right),\\
(1+\mu)\nabla^2\tau_{zx}+\frac{\partial^2\Theta}{\partial z\partial x}&=-(1+\mu)\left(\frac{\partial X}{\partial z}+\frac{\partial Z}{\partial x}\right),\\
(1+\mu)\nabla^2\tau_{xy}+\frac{\partial^2\Theta}{\partial x\partial y}&=-(1+\mu)\left(\frac{\partial Y}{\partial x}+\frac{\partial X}{\partial y}\right)。
\end{aligned}\right\}\tag{9-31}$$

在体力为零或为常量的情况下，相容方程(9-31)简化为如下的拜尔特拉密相容方程：

$$\left.\begin{aligned}
(1+\mu)\nabla^2\sigma_x+\frac{\partial^2\Theta}{\partial x^2}&=0,\\
(1+\mu)\nabla^2\sigma_y+\frac{\partial^2\Theta}{\partial y^2}&=0,\\
(1+\mu)\nabla^2\sigma_z+\frac{\partial^2\Theta}{\partial z^2}&=0,\\
(1+\mu)\nabla^2\tau_{yz}+\frac{\partial^2\Theta}{\partial y\partial z}&=0,\\
(1+\mu)\nabla^2\tau_{zx}+\frac{\partial^2\Theta}{\partial z\partial x}&=0,\\
(1+\mu)\nabla^2\tau_{xy}+\frac{\partial^2\Theta}{\partial x\partial y}&=0。
\end{aligned}\right\}\tag{9-32}$$

按应力求解空间问题时，须要使6个应力分量满足平衡微分方程(8-1)，满足相容方程(9-31)或者(9-32)，并在边界上满足应力边界条件(8-5)。此外，有时还须考虑位移单值条件。

如果应力分量的表达式是坐标 x、y、z 的线性函数，则相容方程(9-32)总能满足。因此，对于一个单连体的应力边界问题，如果体力为零或为常量，则满足平衡微分方程和边界条件的线性函数形式的应力分量表达式将给出完全精确的应力。

由于位移边界条件一般都无法用应力分量及其导数来表示，因此，位移边界问题和混合边界问题一般都不能按应力求解。

§ 9-11 等截面直杆的纯弯曲

设有等截面直杆，体力可以不计，在某一纵向主平面内受有大小相等而方向相反的弯矩M，图9-9。取左端截面的形心为坐标原点，弯矩所在的主平面为 xy 面，杆的形心轴为 x 轴。按照材料力学，应力分量的解答是

$$\sigma_x=\frac{M}{I}y,\sigma_y=\sigma_z=\tau_{yz}=\tau_{zx}=\tau_{xy}=0, \qquad (9\text{-}33)$$

其中 I 是横截面对于 z 轴的惯矩。现在来考察，这个解答是否能满足弹性力学中的一切条件。

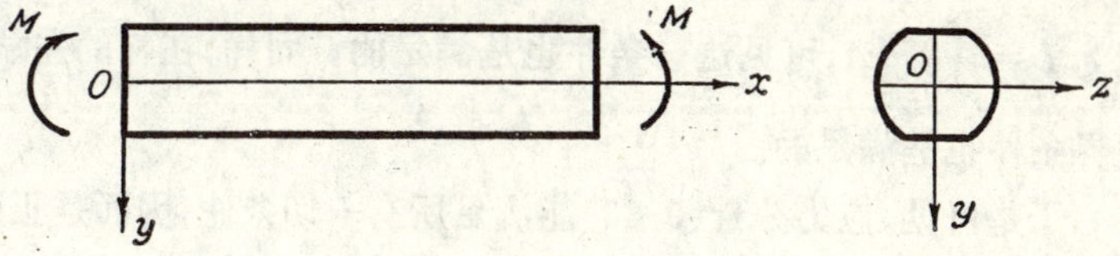

图 9-9

注意M和 I 是常量，而且 $X=Y=Z=0$，可见平衡微分方程(8-1)是满足的，相容方程(9-32)也是满足的。

在杆的侧面上，$l=0,\bar{X}=\bar{Y}=\bar{Z}=0$，所以边界条件(8-5)是满足的。

在杆的右端，$l=1,m=n=0$，边界条件(8-5)成为

$$\bar{X}=\sigma_x,\quad \bar{Y}=\bar{Z}=0。$$

因为面力 $\bar{X}$ 必须合成为弯矩M，所以要求

$$\int\bar{X}dA=\int\sigma_x dA=0, \qquad (a)$$

$$\int(\bar{X}dA)z=\int\sigma_x z dA=0, \qquad (b)$$

$$\int(\bar{X}dA)y=\int\sigma_x y dA=M。 \qquad (c)$$

将(9-33)式代入式(a),得

$$\frac{M}{I}\int y dA=0。$$

因为 z 轴是形心轴,我们有 $\int y dA=0$,可见这一条件是满足的。

将(9-33)式代入式(b),得

$$\frac{M}{I}\int yz dA=0。$$

因为 xy 面和 xz 面是主平面,我们有 $\int yz dA=0$,可见这一条件也是满足的。将(9-33)式代入式(c),得

$$\frac{M}{I}\int y^2 dA=M。$$

因为 $I=\int y^2 dA$,可见这一条件也是满足的。同样,在杆的左端,边界条件也是满足的。

于是可见,应力分量(9-33)能满足所有一切条件,因而是正确的解答。但是,必须指出,如果杆端的面力虽然合成为弯矩M,而分布方式却与(9-33)式中的σ_x不相同,那么,对于靠近杆端的部分,表达式(9-33)将有显著的误差。

现在来求出位移分量。将(9-33)式代入物理方程(8-17),得形变分量

$$\varepsilon_x=\frac{M}{EI}y,\ \varepsilon_y=-\frac{\mu M}{EI}y,\ \varepsilon_z=-\frac{\mu M}{EI}y,$$

$$\gamma_{yz}=0,\quad \gamma_{zx}=0,\quad \gamma_{xy}=0。$$

再将这些表达式代入几何方程(8-9),得

$$\left.\begin{aligned}&\frac{\partial u}{\partial x}=\frac{M}{EI}y,\quad \frac{\partial v}{\partial y}=-\frac{\mu M}{EI}y,\quad \frac{\partial w}{\partial z}=-\frac{\mu M}{EI}y,\\&\frac{\partial w}{\partial y}+\frac{\partial v}{\partial z}=0,\ \frac{\partial u}{\partial z}+\frac{\partial w}{\partial x}=0,\ \frac{\partial v}{\partial x}+\frac{\partial u}{\partial y}=0。\end{aligned}\right\}\qquad(d)$$

进行与§8-5中相同的运算,即得位移分量

$$\left.\begin{aligned}
u&=\frac{M}{EI}xy+\omega_y z-\omega_z y+u_0,\\
v&=-\frac{M}{2EI}(x^2+\mu y^2-\mu z^2)+\omega_z x-\omega_x z+v_0,\\
w&=-\frac{\mu M}{EI}yz+\omega_x y-\omega_y x+w_0,
\end{aligned}\right\}\tag{e}$$

其中的积分常数 u_0、v_0、w_0及 ω_x、ω_y、ω_z决定于约束条件，即支承情况。

不论约束条件如何，如果在变形之前取任一横截面 $x=a$，则按照(e) 中的第一式，在变形之后，该截面上各点沿 x 方向的位移为

$$u=\frac{Ma}{EI}y+\omega_y z-\omega_z y+u_0,$$

由此可见，$\dfrac{\partial u}{\partial y}$及$\dfrac{\partial u}{\partial z}$都是常量。这就表示，在变形之后，该截面内沿 y 方向的各线段具有相同的斜率，沿 z 方向的各线段也具有相同的斜率。这也就表示，该截面保持为平面。

又由(e)中的第二式可见，不论约束条件如何，在变形以后，杆的纵向纤维将具有曲率

$$\frac{1}{\rho_x}=-\frac{\partial^2 v}{\partial x^2}=\frac{M}{EI}。\tag{f}$$

这是材料力学中求位移时所用的基本公式。同时，横截面上的水平直线将具有曲率

$$\frac{1}{\rho_z}=-\frac{\partial^2 v}{\partial z^2}=-\frac{\mu M}{EI}。\tag{g}$$

式(f)及式(g)所示的两个曲率，它们的方向相反而比值为 $1:\mu$。

现在，假定左端截面的形心 O 不移动，经过 O 点的、x 方向的线段不转动，经过 O 点的、沿 y 方向的线段在 yz 面内也不转动。这样，约束条件将为

$$(u)_{x=y=z=0}=0,\quad \left(\frac{\partial v}{\partial x}\right)_{x=y=z=0}=0,$$

$$(v)_{x=y=z=0}=0,\quad \left(\frac{\partial w}{\partial x}\right)_{x=y=z=0}=0,$$

$$(w)_{x=y=z=0}=0,\quad \left(\frac{\partial w}{\partial y}\right)_{x=y=z=0}=0。$$

取 $u_0=v_0=w_0=\omega_x=\omega_y=\omega_z=0$，这些条件就可以满足。于是得位移分量为

$$u=\frac{M}{EI}xy,\ v=-\frac{M}{2EI}(x^2+\mu y^2-\mu z^2),$$

$$w=-\frac{\mu M}{EI}yz。$$

在 v 的表达式中取 $y=z=0$，即得杆轴的挠度

$$(v)_{\substack{y=0\\z=0}}=-\frac{M}{2EI}x^2, \tag{h}$$

与材料力学中所得的结果相同。

习 题

9-1 内半径为 a、外半径为 b 的空心圆球，外面被固定而在内面受均布压力 q。试求最大的径向位移和最大的切向拉应力。

答案：$\dfrac{(1-2\mu)(1+\mu)qa\left(\dfrac{b^3}{a^3}-1\right)}{E\left[2(1-2\mu)\dfrac{b^3}{a^3}+(1+\mu)\right]}$，$\dfrac{(1-2\mu)\dfrac{b^3}{a^3}-(1+\mu)}{2(1-2\mu)\dfrac{b^3}{a^3}+(1+\mu)}q$。

9-2 半空间体在边界平面的一个圆面积上受均布压力 q。设圆面积的半径为 a，试求圆心下方距边界为 h 处的位移。

答案：$\dfrac{(1-\mu)q}{E}\left[\dfrac{2(1-\mu)a^2+(1-2\mu)h^2}{(a^2+h^2)^{\frac{1}{2}}}-(1-2\mu)h\right]$。

9-3 半空间体在边界平面的一个矩形面积上受均布压力 q。设矩形面积的边长为 a 及 b，试求矩形中心及四角处的沉陷。

答案：$\dfrac{2(1-\mu^2)q}{\pi E}\left(b\operatorname{arcsh}\dfrac{a}{b}+a\operatorname{arcsh}\dfrac{b}{a}\right)$，

$$\frac{(1-\mu^2)q}{\pi E}\left(b\,\mathrm{arcsh}\,\frac{a}{b}+a\,\mathrm{arcsh}\frac{b}{a}\right)。$$

9-4 试用位移势函数 $\psi=A_1\ln r+A_2r^2$ 导出解答(4-13)。

9-5 设有无限大弹性体(空间体)，在体内的小洞中受集中荷载 P，图9-10，试用拉甫位移函数 $\zeta=A_1R$ 求解应力分量。

答案：

$$\sigma_z=-\frac{P}{8\pi(1-\mu)}\left[\frac{(1-2\mu)z}{R^3}+\frac{3z^3}{R^5}\right]。$$

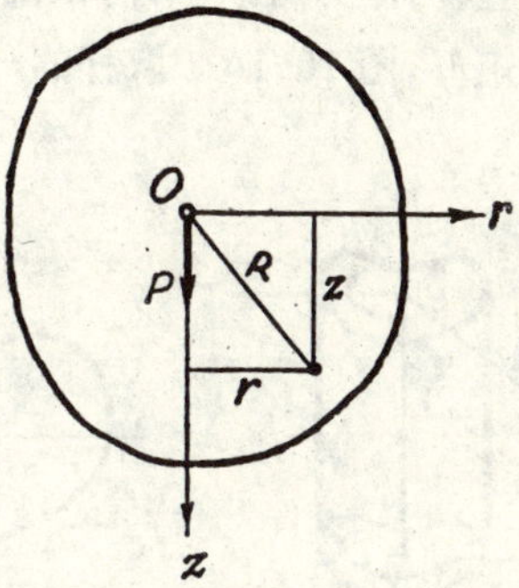

图 9-10

9-6 设有任意形状的弹性体，在全部边界上(包括在孔洞上)受有均匀压力 q，试证

$$\sigma_x=\sigma_y=\sigma_z=-q,\ \tau_{yz}=\tau_{zx}=\tau_{xy}=0$$

能满足一切条件，因而就是正确解答。

参考教材

[1] 钱伟长、叶开沅编，«弹性力学»，第十章。

[2] 铁摩辛柯、古地尔著，徐芝纶译，«弹性理论»，第九章及第十二章。

[3] H.M.Westergaard著，«Theory of Elasticity and Plasticity»，Chapter VI。

第十章　等截面直杆的扭转

§ 10-1　扭转问题中的应力和位移

设有等截面直杆，体力可以不计，在两端平面内受有大小相等而转向相反的扭矩M，图 10-1a。取杆的一端平面为xy面，z轴沿着杆的纵向。

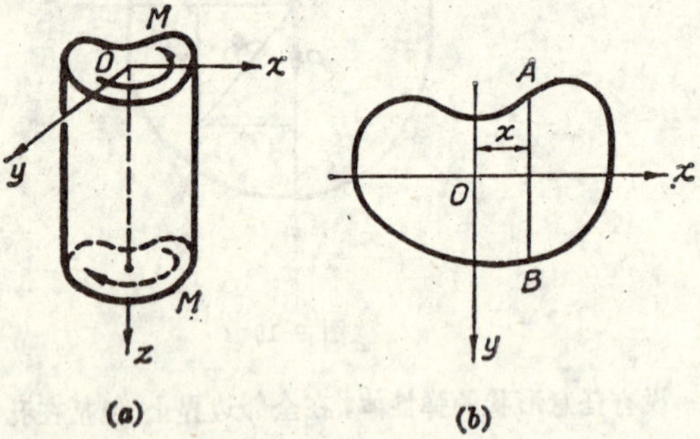

图 10-1

用半逆解法。参照材料力学中对于圆截面杆的解答，这里也假设：除了横截面上的剪应力τ_{zx}和τ_{zy}（即扭应力）以外，其余的应力分量都等于零，即

$$\sigma_x=\sigma_y=\sigma_z=\tau_{xy}=0。\qquad(10\text{-}1)$$

代入平衡微分方程(8-1)，注意在这里有$X=Y=Z=0$，即得

$$\frac{\partial\tau_{zx}}{\partial z}=0,\frac{\partial\tau_{zy}}{\partial z}=0,\frac{\partial\tau_{xz}}{\partial x}+\frac{\partial\tau_{yz}}{\partial y}=0。\qquad(a)$$

由前两个方程可见，τ_{zx}和τ_{zy}应当只是x和y的函数，不随z变化。第三个方程可以改写为

$$\frac{\partial}{\partial x}\tau_{xz}=\frac{\partial}{\partial y}(-\tau_{yz})。$$

根据微分方程理论，一定存在一个函数 $\varphi(x,y)$，使得

$$\tau_{xz}=\frac{\partial\varphi}{\partial y},\ -\tau_{yz}=\frac{\partial\varphi}{\partial x}。$$

于是可以将应力分量用函数 φ 表示成为

$$\tau_{zx}=\tau_{xz}=\frac{\partial\varphi}{\partial y},\tau_{zy}=\tau_{yz}=-\frac{\partial\varphi}{\partial x}。\tag{10-2}$$

这里的函数 $\varphi(x,y)$ 称为扭转问题的应力函数，是普朗都提出的。

将(10-1)及(10-2)代入相容方程(9-32)，可见其中的前三式及最后一式总能满足，而其余二式要求

$$\nabla^2\tau_{yz}=0,\ \nabla^2\tau_{zx}=0。$$

将(10-2)代入，得

$$\frac{\partial}{\partial x}\nabla^2\varphi=0,\ \frac{\partial}{\partial y}\nabla^2\varphi=0。$$

这就是说，$\nabla^2\varphi$ 应当是常量，即

$$\nabla^2\varphi=C。\tag{10-3}$$

现在来考虑边界条件。在杆的侧面上，有 $n=0$ 及 $\overline{X}=\overline{Y}=\overline{Z}=0$，可见应力边界条件(8-5)中的前二式总能满足，而第三式要求

$$l(\tau_{xz})_s+m(\tau_{yz})_s=0。$$

将表达式(10-2)代入，得

$$l\left(\frac{\partial\varphi}{\partial y}\right)_s-m\left(\frac{\partial\varphi}{\partial x}\right)_s=0。$$

因为在边界上有

$$l=\frac{dy}{ds},\quad m=-\frac{dx}{ds},$$

所以边界条件要求

$$\left(\frac{\partial\varphi}{\partial y}\right)_s\frac{dy}{ds}+\left(\frac{\partial\varphi}{\partial x}\right)_s\frac{dx}{ds}=\frac{d\varphi}{ds}=0。$$

这就是说，在杆的侧面上(在横截面的边界曲线上)，应力函数 φ 的边界值应当是常量。

由式(10-2)可见，当应力函数 φ 增加或减少一个常数时，应力分量并不受影响。因此，在单连截面的情况下，即实心杆的情况下，为了简便，应力函数 φ 的边界值可以取为零：

$$\varphi_s=0。\tag{10-4}$$

在多连截面的情况下，虽然应力函数 φ 在每一边界上都是常数，但各个常数一般并不相同。因此，只能把其中某一个边界上的 φ_s 取为零。其他边界上的 φ_s，则须根据位移单值条件来确定。

在杆的任一端，例如上端，$l=m=0$ 而 $n=-1$，应力边界条件(8-5)中的第三式总能满足，而前二式成为

$$-\tau_{zx}=\overline{X},\quad -\tau_{zy}=\overline{Y}。\tag{b}$$

因为面力 $\overline{X}$ 及 $\overline{Y}$ 必须合成为力偶，而力偶的矩就等于扭矩 M，所以要求

$$\iint\overline{X}dxdy=0,\tag{c}$$

$$\iint\overline{Y}dxdy=0,\tag{d}$$

$$\iint(y\overline{X}-x\overline{Y})dxdy=M。\tag{e}$$

根据(b)中的第一式及(10-2)，式(c)左边的积分式可以写成

$$\iint\overline{X}dxdy=-\iint\tau_{zx}dxdy=-\iint\frac{\partial\varphi}{\partial y}dxdy$$

$$=-\int dx\int\frac{\partial\varphi}{\partial y}dy=-\int(\varphi_B-\varphi_A)dx,$$

其中 φ_B 及 φ_A 是横截面边界上 B 点及 A 点的 φ 值，图 10-1b，应当等于零，可见式(c)是满足的。同样可见式(d)也是满足的。

根据式(b)及(10-2)，式(e)左边的积分式可以写成

$$\iint(y\overline{X}-x\overline{Y})dxdy$$

$$=-\iint(y\tau_{zx}-x\tau_{zy})dxdy$$

$$=-\iint\left(y\frac{\partial\varphi}{\partial y}+x\frac{\partial\varphi}{\partial x}\right)dxdy$$

$$=-\int dx\int y\frac{\partial\varphi}{\partial y}dy-\int dy\int x\frac{\partial\varphi}{\partial x}dx。$$

进行分部积分，注意 $\varphi_A=\varphi_B=0$，可见

$$-\int dx\int y\frac{\partial\varphi}{\partial y}dy=-\int dx\left[(y_B\varphi_B-y_A\varphi_A)-\int\varphi dy\right]$$

$$=\iint\varphi dxdy。$$

同样可见

$$-\int dy\int x\frac{\partial\varphi}{\partial x}dx=\iint\varphi dxdy。$$

于是式(e)成为

$$2\iint\varphi dxdy=M。\tag{10-5}$$

总结起来，为了求得扭应力，只须求出应力函数 φ，使它能满足方程(10-3)至(10-5)，然后由(10-2)式求应力分量。

现在来导出有关位移的公式。将应力分量的表达式(10-1)及(10-2)代入物理方程(8-17)，得

$$\varepsilon_x=0,\ \varepsilon_y=0,\ \varepsilon_z=0,$$

$$\gamma_{yz}=-\frac{1}{G}\frac{\partial\varphi}{\partial x},\gamma_{zx}=\frac{1}{G}\frac{\partial\varphi}{\partial y},\gamma_{xy}=0。$$

再将这些表达式代入几何方程(8-9)，得

$$\left.\begin{aligned}&\frac{\partial u}{\partial x}=0,\quad\frac{\partial v}{\partial y}=0,\quad\frac{\partial w}{\partial z}=0,\\&\frac{\partial w}{\partial y}+\frac{\partial v}{\partial z}=-\frac{1}{G}\frac{\partial\varphi}{\partial x},\ \frac{\partial u}{\partial z}+\frac{\partial w}{\partial x}=\frac{1}{G}\frac{\partial\varphi}{\partial y},\\&\frac{\partial v}{\partial x}+\frac{\partial u}{\partial y}=0。\end{aligned}\right\}\tag{f}$$

通过积分运算,可求得位移分量

$$u=u_0+\omega_y z-\omega_z y-Kyz,$$
$$v=v_0+\omega_z x-\omega_x z+Kxz,$$

其中的积分常数 u_0、v_0、ω_x、ω_y、ω_z 和以前一样地代表刚体位移,K 也是积分常数。如果不计刚体位移,只保留与形变有关的位移,则

$$u=-Kyz,\ v=Kxz, \tag{10-6}$$

用圆柱坐标表示,就是

$$u_r=0, u_\theta=Krz。$$

可见,每个横截面在 xy 面上的投影不改变形状,而只是转动一个角度 $\alpha=Kz$。由此又可见,杆的单位长度内的扭角是 $\frac{d\alpha}{dz}=K$。

将(10-6)代入(f)中第五式及第四式,得

$$\frac{\partial w}{\partial x}=\frac{1}{G}\frac{\partial \varphi}{\partial y}+Ky, \frac{\partial w}{\partial y}=-\frac{1}{G}\frac{\partial \varphi}{\partial x}-Kx, \tag{10-7}$$

可以用来求出位移分量 w。将上列二式分别对 y 及 x 求导,然后相减,即得

$$\nabla^2\varphi=-2GK。 \tag{10-8}$$

由此可见,方程(10-3)中常数 C 应为

$$C=-2GK。 \tag{10-9}$$

§10-2 扭转问题的薄膜比拟

普朗都指出:薄膜在均匀压力下的垂度,与等截面直杆扭转问题中的应力函数,在数学上是相似的。用薄膜来比拟扭杆,可以有助于求得扭转问题的解答,说明如下。

设有一块均匀薄膜,张在一个水平边界上,图 10-2,这水平边界与某一扭杆的横截面边界具有同样的形状和大小。当薄膜承受

微小的均匀压力时，薄膜的各点将发生微小的垂度。以边界所在的水平面为 xy 面，则垂度为 z。由于薄膜的柔顺性，可以假定它不承受弯矩、扭矩、剪力和压力，而只承受均匀的拉力 T（好象液膜的表面张力）。

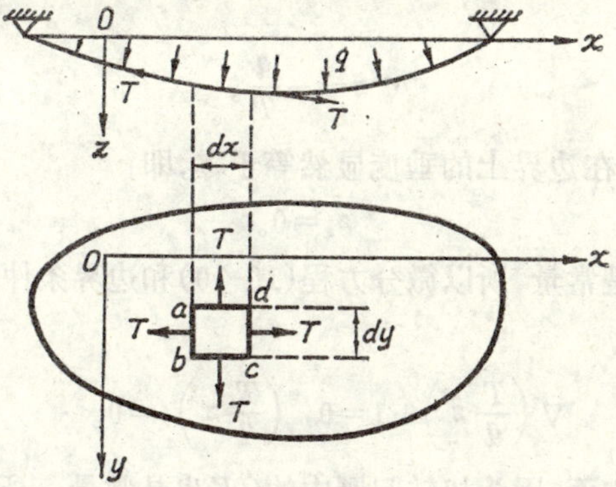

图 10-2

取薄膜的一个微小部分 $abcd$，图 10-2，它在 xy 面上的投影是一个矩形，而矩形的边长是 dx 及 dy。在 ab 边上的拉力是 Tdy（T是薄膜每单位宽度上的拉力），它在 z 轴上的投影是 $-Tdy\dfrac{\partial z}{\partial x}$；在 cd 边上的拉力也是 Tdy，但它在 z 轴上的投影是 $Tdy\dfrac{\partial}{\partial x}\left(z+\dfrac{\partial z}{\partial x}dx\right)$。在 ad 边上的拉力是 Tdx，它在 z 轴上的投影是 $-Tdx\dfrac{\partial z}{\partial y}$；在 bc 边上的拉力也是 Tdx，但它在 z 轴上的投影是 $Tdx\dfrac{\partial}{\partial y}\left(z+\dfrac{\partial z}{\partial y}dy\right)$。注意 $abcd$ 部分所受的总压力在 z 轴上的投影是 $qdxdy$，可由平衡条件 $\sum F_z=0$ 得

$$-Tdy\frac{\partial z}{\partial x}+Tdy\frac{\partial}{\partial x}\left(z+\frac{\partial z}{\partial x}dx\right)-Tdx\frac{\partial z}{\partial y}$$

$$+Tdx\frac{\partial}{\partial y}\left(z+\frac{\partial z}{\partial y}dy\right)+qdxdy=0。$$

简化以后，除以 $dxdy$，得

$$T\left(\frac{\partial^2 z}{\partial x^2}+\frac{\partial^2 z}{\partial y^2}\right)+q=0,$$

即

$$\nabla^2 z=-\frac{q}{T}。\tag{10-10}$$

此外，薄膜在边界上的垂度显然等于零，即

$$z_s=0。\tag{10-11}$$

因为 q/T 是常量，所以微分方程(10-10)和边界条件（10-11）可以改写成为

$$\nabla^2\left(\frac{T}{q}z\right)+1=0,\quad \left(\frac{T}{q}z\right)_s=0。\tag{a}$$

另一方面，因为扭转问题中的 GK 也是常量，所以应力函数 φ 的微分方程(10-8)和边界条件(10-4)也可以改写成为

$$\nabla^2\left(\frac{\varphi}{2GK}\right)+1=0,\quad \left(\frac{\varphi}{2GK}\right)_s=0。\tag{b}$$

将式(b)与式(a)对比，并注意薄膜和扭杆横截面具有同样的边界，可见 $\frac{\varphi}{2GK}$ 与 $\frac{T}{q}z$ 决定于同样的微分方程和边界条件，因而必然具有相同的解答。于是有关系式 $\varphi/2GK=Tz/q$，即

$$\frac{\varphi}{z}=\frac{2GK}{q/T}。\tag{c}$$

命薄膜及其边界平面之间的体积为 V，则有

$$V=\iint z\,dxdy。$$

应用式(c)，然后应用(10-5)式，可由上式得出

$$V=\iint\frac{q}{2GKT}\varphi\,dxdy=\frac{qM}{4GKT},$$

从而有

$$\frac{M}{2V}=\frac{2GK}{q/T}。\tag{d}$$

此外，根据(10-2)式，利用式(c)，又可得

$$\tau_{zx}=\frac{\partial\varphi}{\partial y}=\frac{\partial}{\partial y}\left(\frac{2GKT}{q}z\right)=\frac{2GK}{q/T}\frac{\partial z}{\partial y},$$

其中的$\frac{\partial z}{\partial y}$显然就是薄膜沿 y 方向的斜率。上式也可以改写成为

$$\tau_{zx}/\frac{\partial z}{\partial y}=\frac{2GK}{q/T}。\tag{e}$$

现在，假想我们调整该薄膜所受的压力 q，使得薄膜的 q/T 值等于扭杆的 $2GK$ 值，就可以由(c)、(d)、(e)三式得出如下的三个结论：(1) 该扭杆的应力函数 φ，等于该薄膜的垂度 z。(2) 该扭杆所受的扭矩 M，等于该薄膜及其边界平面之间的体积的两倍，即 $2V$。(3) 该扭杆横截上某一点处的剪应力 τ_{zx}，等于该薄膜上对应点处的斜率$\frac{\partial z}{\partial y}$。

因为x轴和y轴可以取在扭杆横截面上任意两个互相垂直的方向，所以上述第(3)个结论可以推广如下：在扭杆横截面上某一点处的、沿任一方向的剪应力，就等于该薄膜在对应点处的、沿垂直方向的斜率。由此又可见，扭杆横截面上的最大剪应力，等于该薄膜的最大斜率。但须注意，最大剪应力的方向和最大斜率的方向是互相垂直的。

§ 10-3 椭圆截面杆的扭转

设有等截面直杆，它的横截面具有一个椭圆边界，椭圆的半轴是 a 和 b，图 10-3。

因为椭圆的方程可以写成

$$\frac{x^2}{a^2}+\frac{y^2}{b^2}-1=0, \qquad (a)$$

而应力函数 φ 在横截面的边界上应当等于零，所以，我们假设应力函数为

$$\varphi=m\left(\frac{x^2}{a^2}+\frac{y^2}{b^2}-1\right), \qquad (b)$$

其中 m 是一个常数，然后来考察，是否可以满足一切条件。

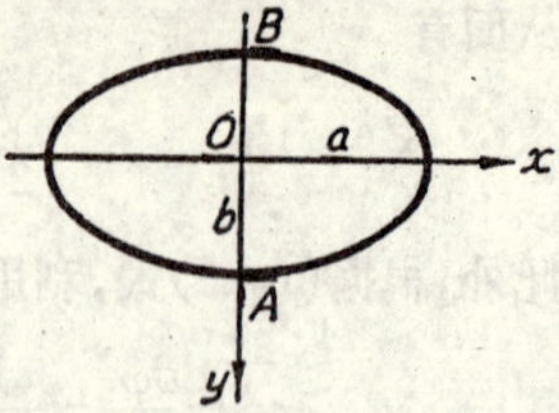

图 10-3

将式(b)代入微分方程(10-3)，得

$$\frac{2m}{a^2}+\frac{2m}{b^2}=C。$$

可见，取

$$m=\frac{C}{\frac{2}{a^2}+\frac{2}{b^2}}=\frac{a^2b^2}{2(a^2+b^2)}C,$$

即可满足基本微分方程(10-3)，而应力函数应取为

$$\varphi=\frac{a^2b^2}{2(a^2+b^2)}C\left(\frac{x^2}{a^2}+\frac{y^2}{b^2}-1\right)。 \qquad (c)$$

现在由方程(10-5)来求出常数 C。将式(c)代入(10-5)，得

$$\frac{a^2b^2}{a^2+b^2}C\left(\frac{1}{a^2}\iint x^2dxdy+\frac{1}{b^2}\iint y^2dxdy-\iint dxdy\right)=M。 \qquad (d)$$

由材料力学已知

$$\iint x^2dxdy=I_y=\frac{\pi a^3b}{4},$$

$$\iint y^2dxdy=I_x=\frac{\pi ab^3}{4},$$

$$\iint dxdy=A=\pi ab。$$

代入式(d)，即得

$$C=-\frac{2(a^2+b^2)M}{\pi a^3b^3}。\tag{e}$$

再代回式(c),得确定的应力函数

$$\varphi=-\frac{M}{\pi ab}\left(\frac{x^2}{a^2}+\frac{y^2}{b^2}-1\right)。\tag{f}$$

这个应力函数已经满足了所有一切条件。

将应力函数的表达式(f)代入公式(10-2),得应力分量

$$\tau_{zx}=-\frac{2M}{\pi ab^3}y,\quad \tau_{zy}=\frac{2M}{\pi a^3b}x。\tag{10-12}$$

横截面上任意一点的合剪应力是

$$\tau=(\tau_{zx}^2+\tau_{zy}^2)^{\frac{1}{2}}=\frac{2M}{\pi ab}\left(\frac{x^2}{a^4}+\frac{y^2}{b^4}\right)^{\frac{1}{2}}。\tag{10-13}$$

假想有一块薄膜,张在如图 10-3 所示的椭圆边界上,受有均匀压力,则显然可见,薄膜的最大斜率将发生在A点和B点,而方向垂直于边界。根据薄膜比拟,扭杆横截面上最大的剪应力也将发生在A点和B点,但方向平行于边界。将A点或B点的坐标$(0,\pm b)$代入(10-13),得出这个最大剪应力

$$\tau_{\max}=\tau_A=\tau_B=\frac{2M}{\pi ab^2}。\tag{10-14}$$

当 $a=b$ 时(扭杆的横截面为圆形时),解答与材料力学中相同。

现在来求出形变和位移。由公式(10-9)及式(e) 得单位长度内的扭角

$$K=-\frac{C}{2G}=\frac{(a^2+b^2)M}{\pi a^3b^3G},\tag{10-15}$$

于是由(10-6)得出

$$\left.\begin{aligned}u&=-\frac{(a^2+b^2)M}{\pi a^3b^3G}yz,\\ v&=\frac{(a^2+b^2)M}{\pi a^3b^3G}xz。\end{aligned}\right\}\tag{10-16}$$

另一方面,将式(f)及(10-15)式代入(10-7),得

$$\frac{\partial w}{\partial x}=-\frac{(a^2-b^2)M}{\pi a^3b^3G}y,$$

$$\frac{\partial w}{\partial y}=-\frac{(a^2-b^2)M}{\pi a^3b^3G}x。$$

进行积分，得

$$w=-\frac{(a^2-b^2)M}{\pi a^3b^3G}xy+f_1(y),$$

$$w=-\frac{(a^2-b^2)M}{\pi a^3b^3G}xy+f_2(x)。$$

由此可见，$f_1(y)$及$f_2(x)$应当等于同一常数w_0，而w_0就是z方向的刚体位移。不计这个刚体位移，即得

$$w=-\frac{(a^2-b^2)M}{\pi a^3b^3G}xy。\tag{10-17}$$

这个公式表明，扭杆的横截面并不保持为平面，而将翘成曲面。曲面的等高线在xy面上的投影是双曲线，而这些双曲线的渐近线是x轴和y轴。只有当$a=b$时(圆截面杆)才有$w=0$，横截面才保持为平面。

§ 10-4　矩形截面杆的扭转

现在来分析矩形截面杆的扭转，设矩形的边长为a及b，如图10-4所示。

首先，假定矩形是很狭的，即$a\gg b$。在这一情况下，由薄膜比拟可以推断，应力函数φ在绝大部分横截面上几乎不随x变化，因为对应的薄膜几乎不受短边约束的影响，近似于柱面。于是可以

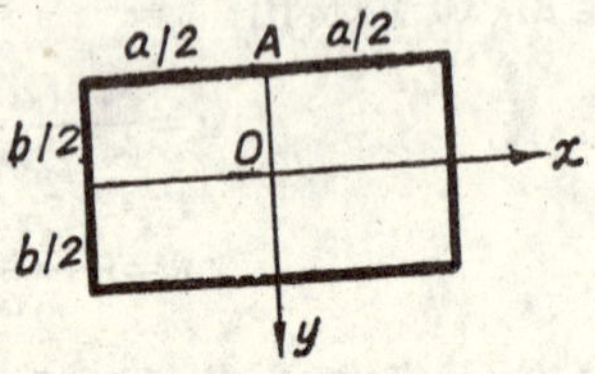

图 10-4

近似地取$\frac{\partial\varphi}{\partial x}=0$，$\frac{\partial\varphi}{\partial y}=\frac{d\varphi}{dy}$，而(10-3)成为

$$\frac{d^2\varphi}{dy^2}=C。$$

进行积分，并注意有边界条件$(\varphi)_{y=\pm\frac{b}{2}}=0$，即得

$$\varphi=\frac{C}{2}\left(y^2-\frac{b^2}{4}\right)。\tag{a}$$

为了求出常数C，将式(*a*)代入(10-5)，得

$$2\int_{-\frac{a}{2}}^{\frac{a}{2}}\int_{-\frac{b}{2}}^{\frac{b}{2}}\frac{C}{2}\left(y^2-\frac{b^2}{4}\right)dxdy=M。$$

积分以后，得$-\frac{ab^3}{6}C=M$，从而得到

$$C=-\frac{6M}{ab^3}。\tag{b}$$

于是由式(*a*) 得确定的应力函数

$$\varphi=\frac{3M}{ab^3}\left(\frac{b^2}{4}-y^2\right)。\tag{c}$$

将式(*c*)代入(10-2)，得应力分量

$$\left.\begin{aligned}\tau_{zx}&=\frac{\partial\varphi}{\partial y}=-\frac{6M}{ab^3}y,\\ \tau_{zy}&=-\frac{\partial\varphi}{\partial x}=0。\end{aligned}\right\}\tag{10-18}$$

由薄膜比拟可以推断，最大剪应力发生在矩形截面的长边上，其大小为

$$\tau_{\max}=(\tau_{zx})_{y=-\frac{b}{2}}=\frac{3M}{ab^2}。\tag{10-19}$$

将式(*b*)代入公式(10-9)，得扭角

$$K=-\frac{C}{2G}=\frac{3M}{ab^3G}。\tag{10-20}$$

因为由此可得$\frac{3M}{ab^3}=GK$，所以应力函数的表达式（c）也可以写成

$$\varphi=GK\left(\frac{b^2}{4}-y^2\right)。\tag{d}$$

现在来分析任意矩形杆（横截面的边长比值 a/b 为任意数值）。在这里，应力函数 φ 应当满足微分方程(10-8)，即

$$\nabla^2\varphi=-2GK,\tag{e}$$

并满足边界条件

$$(\varphi)_{x=\pm\frac{a}{2}}=0,\quad(\varphi)_{y=\pm\frac{b}{2}}=0。\tag{f}$$

此外，根据对称条件（薄膜应当对称于 xz 面及 yz 面），应力函数应当是 x 及 y 的偶函数。

试以狭矩形截面扭杆的应力函数(d)为基础，加上一个修正函数 $F(x,y)$，也就是，取应力函数 φ 为

$$\varphi=GK\left(\frac{b^2}{4}-y^2\right)+F。\tag{g}$$

代入式(e)，并注意边界条件(f)，可见 F 应当是调和函数，即

$$\nabla^2F=0,\tag{h}$$

并满足边界条件

$$(F)_{x=\pm\frac{a}{2}}=GK\left(y^2-\frac{b^2}{4}\right),\ (F)_{y=\pm\frac{b}{2}}=0。\tag{i}$$

此外，根据对称条件，F 也应当是 x 和 y 的偶函数。

在常用到的调和函数中间，有 $\mathrm{ch}\alpha x$ 或 $\mathrm{sh}\alpha x$ 乘以 $\cos\alpha y$ 或 $\sin\alpha y$，以及 $\mathrm{ch}\alpha y$ 或 $\mathrm{sh}\alpha y$ 乘以 $\cos\alpha x$ 或 $\sin\alpha x$，其中 α 是因次为[长度]$^{-1}$的常数。现在需要的调和函数是 x 和 y 的偶函数，所以只能选取 $\mathrm{ch}\alpha x\cos\alpha y$ 或 $\mathrm{ch}\alpha y\cos\alpha x$。为了能够满足($i$)中的第二式，只好选取 $\mathrm{ch}\alpha x\cos\alpha y$ 而命 $\alpha=m\pi/b$，其中 m 为奇整数。为了也能满足(i)中的第一式，不能只取这样的一项，但可以取无数多这

种项的叠加，也就是取

$$F=\sum_{m=1,3,5,\cdots}^{\infty}A_m\mathrm{ch}\frac{m\pi x}{b}\cos\frac{m\pi y}{b}。\tag{j}$$

代入(i)中的第一式，得到

$$\sum_{m=1,3,5,\cdots}^{\infty}A_m\mathrm{ch}\frac{m\pi a}{2b}\cos\frac{m\pi y}{b}=GK\left(y^2-\frac{b^2}{4}\right)。$$

将上式右边在$y=-b/2$至$y=b/2$的区间展为$\cos\frac{m\pi y}{b}$的级数，然后比较两边的系数，得到

$$A_m\mathrm{ch}\frac{m\pi a}{2b}=\frac{2}{b}\int_{-\frac{b}{2}}^{\frac{b}{2}}GK\left(y^2-\frac{b^2}{4}\right)\cos\frac{m\pi y}{b}dy$$

$$=-\frac{8GKb^2}{\pi^3m^3}(-1)^{\frac{m-1}{2}}。$$

由此求出A_m，然后代入式(j)，得出满足一切条件的修正函数

$$F=-\frac{8GKb^2}{\pi^3}\sum_{m=1,3,5,\cdots}^{\infty}\frac{(-1)^{\frac{m-1}{2}}\mathrm{ch}\frac{m\pi x}{b}\cos\frac{m\pi y}{b}}{m^3\mathrm{ch}\frac{m\pi a}{2b}}。$$

代入式(g)，得确定的应力函数

$$\varphi=GK\left[\frac{b^2}{4}-y^2\right.$$

$$\left.-\frac{8b^2}{\pi^3}\sum_{m=1,3,5,\cdots}^{\infty}\frac{(-1)^{\frac{m-1}{2}}\mathrm{ch}\frac{m\pi x}{b}\cos\frac{m\pi y}{b}}{m^3\mathrm{ch}\frac{m\pi a}{2b}}\right]。\tag{k}$$

由薄膜比拟可以断定，最大剪应力发生在矩形横截面长边的中点，例如A点$\left(x=0,y=-\frac{b}{2}\right)$，它的大小是

$$\tau_{\max}=(\tau_{zx})_{x=0,y=-\frac{b}{2}}=\left(\frac{\partial\varphi}{\partial y}\right)_{x=0,y=-\frac{b}{2}}$$

$$=GKb\left[1-\frac{8}{\pi^2}\sum_{m=1,3,5,\cdots}^{\infty}\frac{1}{m^2\mathrm{ch}\frac{m\pi a}{2b}}\right]。\qquad(l)$$

为了得出扭矩M与扭角K的关系，应用公式(10-5)及式(k)，得

$$M=2\iint\varphi dxdy=2\int_{-\frac{a}{2}}^{\frac{a}{2}}\int_{-\frac{b}{2}}^{\frac{b}{2}}\varphi dxdy$$

$$=GKab^3\left[\frac{1}{3}-\frac{64}{\pi^5}\frac{b}{a}\sum_{m=1,3,5,\cdots}^{\infty}\frac{\mathrm{th}\frac{m\pi a}{2b}}{m^5}\right]。$$

由此得扭角的公式

$$K=\frac{M}{ab^3G\left[\frac{1}{3}-\frac{64}{\pi^5}\frac{b}{a}\sum_{m=1,3,5,\cdots}^{\infty}\frac{\mathrm{th}\frac{m\pi a}{2b}}{m^5}\right]}。\qquad(m)$$

代入式(l)，得最大剪应力的公式

$$\tau_{\max}=\frac{M\left[1-\frac{8}{\pi^2}\sum_{m=1,3,5,\cdots}^{\infty}\frac{1}{m^2\mathrm{ch}\frac{m\pi a}{2b}}\right]}{ab^2\left[\frac{1}{3}-\frac{64}{\pi^5}\frac{b}{a}\sum_{m=1,3,5,\cdots}^{\infty}\frac{\mathrm{th}\frac{m\pi a}{2b}}{m^5}\right]}。\qquad(n)$$

将上列两个公式分别写成

$$K=\frac{M}{ab^3G\beta},\qquad(10\text{-}21)$$

$$\tau_{\max}=\frac{M}{ab^2\beta_1},\qquad(10\text{-}22)$$

则因子 β 及 β_1 只与比值 a/b 有关。两个因子的数值如下表所示。

a/b	β	β_1	a/b	β	β_1
1.0	0.141	0.208	3.0	0.263	0.267
1.2	0.166	0.219	4.0	0.281	0.282
1.5	0.196	0.230	5.0	0.291	0.291
2.0	0.229	0.246	10.0	0.312	0.312
2.5	0.249	0.258	很大	0.333	0.333

由上表可见，对于具有很狭的矩形横截面的扭杆(a/b很大)，β 及 β_1 都趋于 1/3，公式(10-21)及(10-22)分别简化为(10-20)及(10-19)。

§ 10-5 薄壁杆的扭转

工程上通常使用的薄壁杆，它们的横截面大都是由等宽度的狭矩形组成的。这些狭矩形可能是直的或是曲的，图 10-5。从薄膜可以想见，如果一个直的狭矩形和另一个曲的狭矩形具有相同的长度 a 和宽度 b，则当张在这两个狭矩形边界上的薄膜具有相同的张力 T 并受有相同的压力 q 时(这时它们的 q/T 相同)，两个薄膜和各自的边界平面之间的体积，以及两个薄膜的斜率，都将没有多大的差别。由此可以推断，如果有两个狭矩形截面的扭杆，它们的扭角 K 相同，剪切弹性模量 G 也相同(因而它们的 $2GK$ 相同)，则两个扭杆的扭矩 M 及剪应力 τ 也就没有多大的差别。因此，一个曲的狭矩形截面，可以用一个同宽同长的直的狭矩形截面来代替，而不致引起多大的误差。

用 a_i 及 b_i 分别代表扭杆横截面的第 i 个狭矩形的长度及宽度，M_i 代表该矩形面积上承受的扭矩(是整个横截面上的扭矩 M 的一部分)，τ_i 代表该矩形长边中点附近的剪应力，K 代表该扭杆

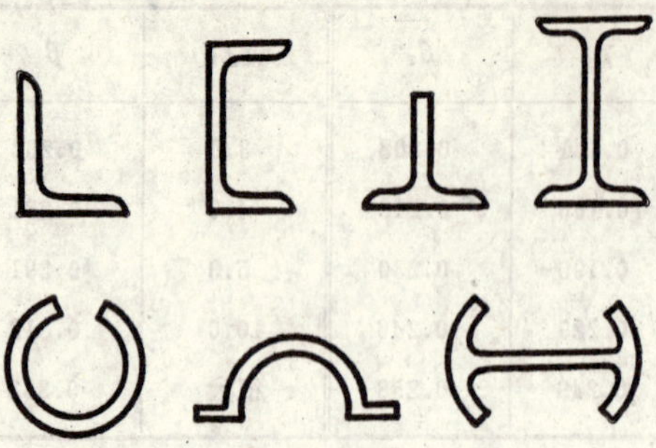

图 10-5

的扭角。根据公式(10-19)及(10-20)，我们有

$$\tau_i=\frac{3M_i}{a_ib_i^2},\tag{a}$$

$$K=\frac{3M_i}{a_ib_i^3G}。\tag{b}$$

由式(b)得

$$M_i=\frac{GKa_ib_i^3}{3};\tag{c}$$

所以扭杆的整个横截面上的扭矩为

$$M=\sum M_i=\frac{GK}{3}\sum a_ib_i^3。\tag{d}$$

由式(c)及式(d)消去 K，得到 $M_i=\dfrac{a_ib_i^3}{\sum a_ib_i^3}M$。代回式($a$)及式($b$)，即得

$$\tau_i=\frac{3Mb_i}{\sum a_ib_i^3},\tag{10-23}$$

$$K=\frac{3M}{G\sum a_ib_i^3}。\tag{10-24}$$

对于狭矩形长边中点处的剪应力 τ_i，公式(10-23)给出相当精确的数值。但是，在两个狭矩形的连接处，可能发生远大于此的

局部剪应力。按照胡斯用差分法计算的结果，比值 $\tau_{\max}/\tau_i$ 与比值 ρ/b_i 的关系大致如图 10-6 所示。在这里，$\tau_{\max}$ 是内圆角处的最大剪应力，τ_i 是按公式 (10-23) 算出的剪应力，ρ 是内圆角处的曲率半径，b_i 是狭矩形的宽度。

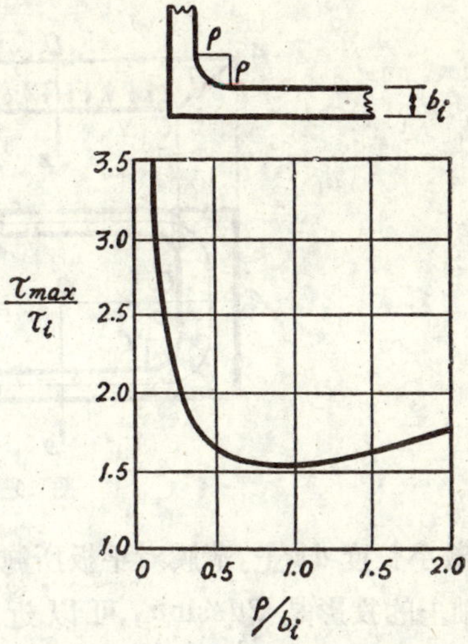

图 10-6

分析闭合薄壁杆的扭转问题时，最好是应用薄膜比拟，以避免应用位移单值条件的麻烦。假想在薄壁杆的横截面边界上张一块薄膜，图 10-7。薄膜在外边界 AB 处的垂度取为零。命内边界 CD 处的垂度为 h（为了薄膜在内边界处的垂度为常量，可以假想 CD 是一块不变形的无重平板）。由于杆壁的厚度 δ 很小，薄膜的斜率沿着厚度方向的变化可以不计。于是，在杆壁厚度为 δ 之处，剪应力的大小（等于薄膜的斜率）是

$$\tau=\frac{h}{\delta}。\qquad (e)$$

扭矩 M 应当等于体积 $ABDC$ 的两倍，即

$$M=2Ah,\qquad (f)$$

其中的 A 可以取为内外两边界所包围的面积的平均值，也可以取为杆壁的中线所包围的面积。由式 (e) 及式 (f) 消去 h，得

$$\tau=\frac{M}{2A\delta}。\qquad (10\text{-}25)$$

可见最大剪应力发生在杆壁最薄之处。

为了确定扭角 K，我们来考虑平板 CD 的平衡。在杆壁中线

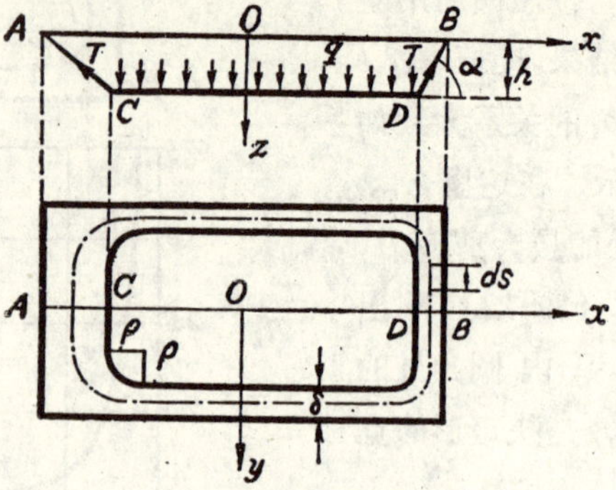

图 10-7

的微小长度 ds 上，薄膜对平板所施的拉力是 Tds。这个拉力在 z 轴上的投影是 $Tds\sin\alpha$，可以近似地取为 $Tds\,\mathrm{tg}\,\alpha$ 即 $Tdsh/\delta$（因为我们假定薄膜的垂度是微小的）。注意平板所受的压力是 qA，可以由平板的平衡条件 $\sum F_z=0$ 得

$$\int T ds\frac{h}{\delta}=qA。$$

这里的线积分应当包括杆壁中线的全长。注意 T 和 h 都是常量，则上式可以写成

$$\frac{h}{A}\int\frac{ds}{\delta}=\frac{q}{T}。$$

将由式(f)得来的 $h=M/2A$ 代入，并注意薄膜的 q/T 就等于薄壁扭杆的 $2GK$，即由上式得出 $\frac{M}{2A^2}\int\frac{ds}{\delta}=2GK$，从而得到

$$K=\frac{M}{4A^2G}\int\frac{ds}{\delta}。\qquad (10\text{-}26)$$

对于均匀厚度的闭口薄壁杆，δ 是常量，上式将简化为

$$K=\frac{Ms}{4A^2G\delta},\qquad (10\text{-}27)$$

其中 s 是杆壁中线的全长。

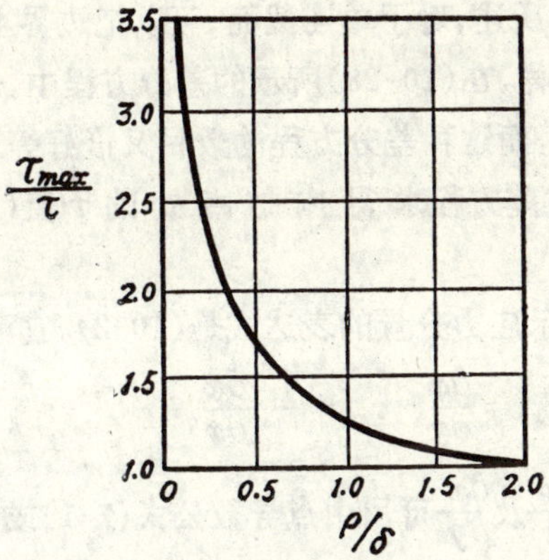

图 10-8

在截面有凹角之处,局部的最大剪应力τ_{max}可能远大于公式(10-25)给出的τ值。根据胡斯用差分法计算的结果,比值τ_{max}/τ与比值ρ/δ的关系大致如图 10-8 所示。

§ 10-6 扭转问题的差分解

对于等截面直杆的扭转问题,如果杆的横截面是单连截面,则用差分法求解是比较方便的。

假定在杆的横截面上织成网格,如图 7-1 所示。按照差分公式(7-2)及(7-4),在任一内结点 0,我们有

$$\left(\frac{\partial^2\varphi}{\partial x^2}\right)_0=\frac{\varphi_1+\varphi_3-2\varphi_0}{h^2},\quad \left(\frac{\partial^2\varphi}{\partial y^2}\right)_0=\frac{\varphi_2+\varphi_4-2\varphi_0}{h^2}。\qquad (a)$$

另一方面,按照φ的微分方程(10-8),在该结点 0,我们有

$$\left(\frac{\partial^2\varphi}{\partial x^2}\right)_0+\left(\frac{\partial^2\varphi}{\partial y^2}\right)_0=-2GK。\qquad (b)$$

将式(a)代入式(b),即得内结点 0 处的差分方程如下:

$$4\varphi_0-(\varphi_1+\varphi_2+\varphi_3+\varphi_4)=2GKh^2,\qquad (10\text{-}28)$$

其中的 GKh^2 是常量，对每个内结点都相同。

按照§10-1中所述，对于单连截面，可以把边界上各结点处的 φ 值取为零。这样，在(10-28)所示的差分方程中，未知值就只是内结点处的 φ 值，而这种差分方程的数目又恰好等于内结点的数目，因此可以由这些方程求得内结点处的 φ 值(用 GKh^2 表示)。

用应力函数表示应力分量的表达式是(10-2)，它可以写成

$$\tau_{zx}=\frac{\partial\varphi}{\partial y},\ \tau_{zy}=-\frac{\partial\varphi}{\partial x}。\tag{10-29}$$

对于内结点，导数 $\dfrac{\partial\varphi}{\partial x}$ 及 $\dfrac{\partial\varphi}{\partial y}$ 可用中点导数公式(7-1)或(7-3)求得；对于边界结点，则须用端点导数公式(7-7)至(7-10)求得。

如上求出的应力分量，是用 GKh 表示的。为了能把应力分量用扭矩 M 来表示，还必须把 K 值用 M 值来表示。为此，可以利用应力函数 φ 与扭矩 M 的关系式(10-5)，即

$$2\iint\varphi dxdy=M。\tag{c}$$

设图7-1中结点0到结点8这九个结点处的 φ 值已经求出(用 GKh^2 表示的)，即可应用二维辛普生公式，计算这个以结点0为中心的 $2h\times2h$ 正方形范围内的积分值：

$$\int_{x_0-h}^{x_0+h}\int_{y_0-h}^{y_0+h}\varphi dxdy=\frac{h^2}{9}[16\varphi_0+4(\varphi_1+\varphi_2+\varphi_3+\varphi_4)+(\varphi_5+\varphi_6+\varphi_7+\varphi_8)]。\tag{10-30}$$

把这些积分值相叠加，就得出整个横截面上的 $\iint\varphi dxdy$，用 GKh^4 表示。再将这个结果代入式(c)，即可将 K 值用 M 值来表示，从而将如上求出的应力分量用扭矩 M 的值来表示。

作为例题，试考虑横截面为正方形 $a\times a$ 的扭杆，采用 $h=a/4$ 的 4×4 网格，图10-9。由于对称，只须算出 b、c、d 三种结点

处的 φ 值(边界上的 φ 值取为零)。按照(10-28)，该三种结点处的差分方程为

$$4\varphi_b-4\varphi_c=2GKh^2,$$
$$4\varphi_c-\varphi_b-2\varphi_d=2GKh^2,$$
$$4\varphi_d-2\varphi_c=2GKh^2。$$

联立求解，得

$$\varphi_b=\frac{9}{4}GKh^2,\quad \varphi_c=\frac{7}{4}GKh^2,\quad \varphi_d=\frac{11}{8}GKh^2。\qquad (d)$$

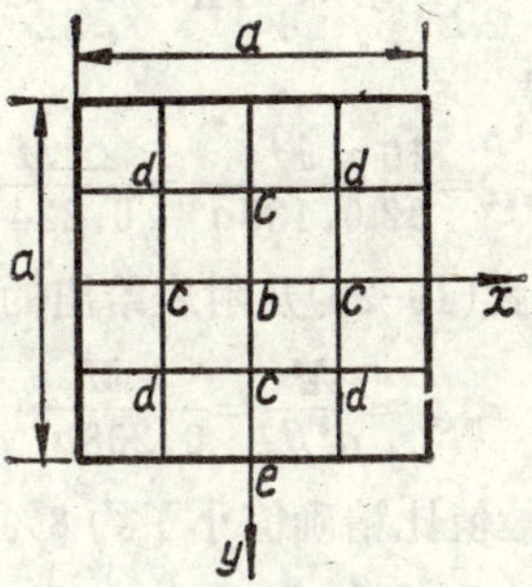

图 10-9

按照公式(10-30)，在以结点 d 为中心的 $2h\times 2h$ 正方形范围内，图 10-9，积分值是

$$\int_{x_d-h}^{x_d+h}\int_{y_d-h}^{y_d+h}\varphi\,dxdy=\frac{h^2}{9}[16\varphi_d+4(2\varphi_c)+\varphi_b]$$
$$=\frac{h^2}{9}\left[16\times\frac{11}{8}GKh^2+4\times 2\times\frac{7}{4}GKh^2+\frac{9}{4}GKh^2\right]=\frac{17}{4}GKh^4。$$

在整个横截面上，积分值是

$$\iint\varphi\,dxdy=4\times\frac{17}{4}GKh^4=17\,GKh^4。$$

代入式(c)，得

$$K=\frac{M}{34\,Gh^4}=\frac{M}{0.133\,Ga^4}。\qquad (e)$$

按照§10-4中的公式(10-21)及附表中的数值，得精确值

$$K=\frac{M}{a^4G\beta}=\frac{M}{0.141\,Ga^4}。$$

可见差分法给出的 K 值比精确值大出约6%。

由薄膜比拟可以想见，最大剪应力将发生在截面四边的中点，例如在结点 e。利用(10-29)式及端点导数公式(7-7)，得到

$$\tau_{\max}=(\tau_{zy})_e=-\left(\frac{\partial\varphi}{\partial x}\right)_e=-\frac{3\,\varphi_e-4\,\varphi_c+\varphi_b}{2\,h}$$

$$=\frac{4\,\varphi_c-\varphi_b}{2\,h}=\frac{19}{8}GKh=\frac{19}{32}GKa。$$

将式(e)代入，即得

$$\tau_{\max}=\frac{19}{32}\,\frac{M}{0.133a^3}=\frac{M}{0.224\,a^3}。$$

按照§10-4中的公式(10-22)及附表给出的 β_1 值，得精确值

$$\tau_{\max}=\frac{M}{a^3\beta_1}=\frac{M}{0.208a^3}。$$

可见差分法给出的数值比精确值小了约8%。

习　题

10-1　扭杆的横截面为等边三角形 OAB，其高度为 a，图10-10。取坐标轴如图所示，则 AB、OA、OB 三边的方程分别为 $x-a=0$，$x-\sqrt{3}\,y=0$，$x+\sqrt{3}\,y=0$。试证应力函数

$$\varphi=m(x-a)(x-\sqrt{3}\,y)(x+\sqrt{3}\,y)$$

能满足一切条件，并求出最大剪应力及扭角。

答案：$|\tau_{\max}|=\dfrac{15\sqrt{3}\,M}{2\,a^3}$，$K=\dfrac{15\sqrt{3}\,M}{Ga^4}$。

10-2　半径为 a 的圆截面扭杆，有半径为 b 的圆弧槽，图10-11。取坐标轴如图所示，则圆截面边界的方程为 $x^2+y^2-2\,ax=0$，圆弧槽的方程为 $x^2+y^2-b^2=0$。试证应力函数

$$\varphi=-GK\frac{(x^2+y^2-b^2)(x^2+y^2-2\,ax)}{2(x^2+y^2)}$$

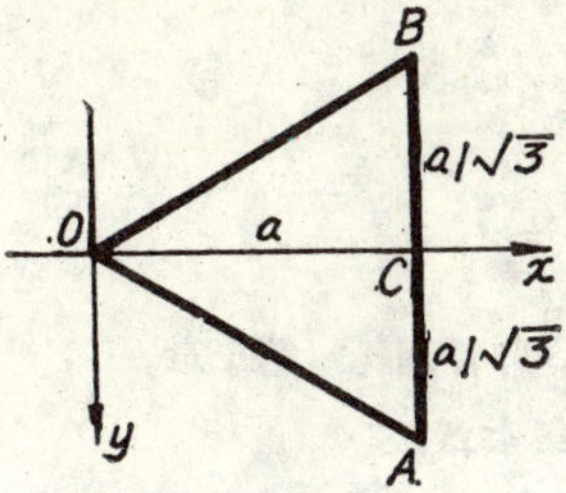

图 10-10

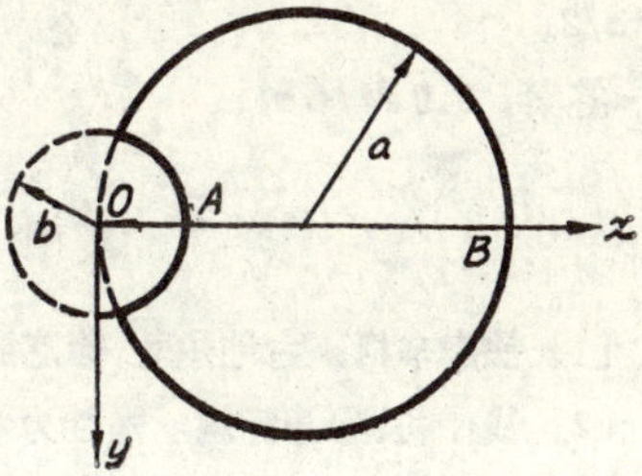

图 10-11

$$=-\frac{GK}{2}\left[x^2+y^2-b^2-\frac{2ax(x^2+y^2-b^2)}{x^2+y^2}\right]$$

能满足方程(10-4)及(10-8)。试求最大剪应力和边界上离圆弧槽较远处(例如 B 点)的应力。设圆弧槽很小(b 远小于 a),试求槽边的应力集中因子 f。

答案：$|\tau_{\max}|=GK(2a-b)$，$\tau_B=GK\left(a-\frac{b^2}{4a}\right)$，$f=2$。

10-3 设有闭合薄壁杆,杆壁具有均匀厚度 δ，杆壁中线的长度为 s，而中线所包围的面积为 A。另有一开口薄壁杆,系由上述薄壁杆沿纵向切开而成。设两杆受有同样大小的扭矩，试求两杆的最大剪应力之比,并求两杆的扭角之比。

答案：$\frac{s\delta}{6A}$，$\frac{s^2\delta^2}{12A^2}$。

10-4 闭合薄壁杆的横截面如图 10-12 所示,均匀厚度为 δ,受扭矩 M,试求最大剪应力及扭角。

答案：$M/8a^2\delta, M/8Ga^3\delta$。

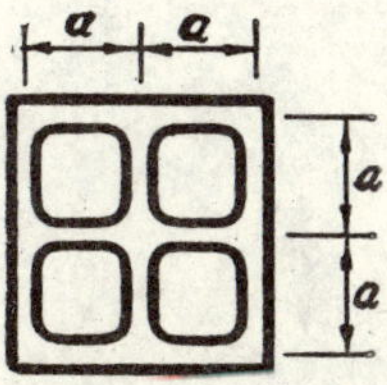

图 10-12

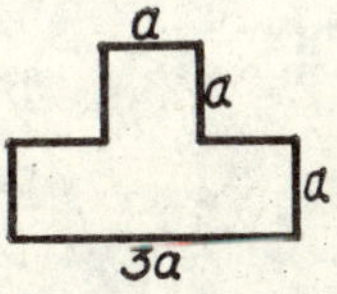

图 10-13

10-5 扭杆的横截面如图 10-13 所示，试用差分法求出扭角。取

$h=a/2$。

答案：$0.9\,M/Ga^4$。

参考教材

[1] 铁摩辛柯、古地尔著，徐芝纶译，«弹性理论»，第十章。

[2] 钱伟长、叶开沅编，«弹性力学»，第七章。

[3] 徐芝纶著，«弹性力学中的差分方法»，高等教育出版社 1989 年出版，第二章。

第十一章 能量原理与变分法

§11-1 弹性体的形变势能

按照材料力学中的论证，设弹性体只在某一个方向，例如 x 方向，受有均匀的正应力 σ_x，相应的正应变为 ε_x，则其每单位体积中具有的形变势能，即所谓形变势能密度或比能，为 $\sigma_x\varepsilon_x/2$（这里假定，弹性体在受力作用的过程中始终保持平衡，因而没有动能的改变，而且弹性体的非机械能也没有变化，于是，外力势能的减少完全转换为形变势能）。同样，设弹性体只在某两个互相垂直的方向，例如 x 和 y 方向，受有均匀的剪应力 τ_{xy}，相应的剪应变为 γ_{xy}，则其比能为 $\tau_{xy}\gamma_{xy}/2$。

设弹性体受有全部六个应力分量 σ_x、σ_y、σ_z、τ_{yz}、τ_{zx}、τ_{xy}，则形变势能的计算似乎很复杂，因为这时的每一个应力分量会引起与另一个应力分量相应的形变分量（例如 σ_x 会引起 ε_y 等等），好象形变势能将随着弹性体受力的次序不同而不同。但是，根据能量守恒定理，形变势能的多少与弹性体受力的次序无关，而完全确定于应力及形变的最终大小（要不然，我们按某一种次序对弹性体加载，而按另一种次序卸载，就将在一个循环中使弹性体增加或减少一定的能量，而这是不可能的）。因此，我们假定六个应力分量和六个形变分量全都同时按同样的比例增加到最后的大小，这样就可以很简单地算出相应于每一个应力分量的比能，然后把它们相叠加，从而得出全部比能。

$$U_1=\frac{1}{2}(\sigma_x\varepsilon_x+\sigma_y\varepsilon_y+\sigma_z\varepsilon_z+\tau_{yz}\gamma_{yz}$$

$$+\tau_{zx}\gamma_{zx}+\tau_{xy}\gamma_{xy})。\tag{a}$$

在一般的情况下，弹性体受力并不均匀，各个应力分量和形变分量一般都是位置坐标的函数，因而比能 U_1 一般也是位置坐标的函数。为了得出整个弹性体的形变势能 U，必须把比能 U_1 在整个弹性体的体积内进行积分，也就是

$$U=\iiint U_1 dxdydz。\tag{b}$$

将式(a)代入，即得

$$U=\frac{1}{2}\iiint(\sigma_x\varepsilon_x+\sigma_y\varepsilon_y+\sigma_z\varepsilon_z+\tau_{yz}\gamma_{yz}+\tau_{zx}\gamma_{zx}+\tau_{xy}\gamma_{xy})dxdydz。\tag{c}$$

形变势能可以只用应力分量来表示。为此，须利用物理方程(8-17)，即

$$\left.\begin{aligned}
\varepsilon_x&=\frac{1}{E}[\sigma_x-\mu(\sigma_y+\sigma_z)],\\
\varepsilon_y&=\frac{1}{E}[\sigma_y-\mu(\sigma_z+\sigma_x)],\\
\varepsilon_z&=\frac{1}{E}[\sigma_z-\mu(\sigma_x+\sigma_y)],\\
\gamma_{yz}&=\frac{2(1+\mu)}{E}\tau_{yz},\\
\gamma_{zx}&=\frac{2(1+\mu)}{E}\tau_{zx},\\
\gamma_{xy}&=\frac{2(1+\mu)}{E}\tau_{xy}。
\end{aligned}\right\}\tag{d}$$

代入式(a)，简化以后，得比能的表达式

$$U_1=\frac{1}{2E}[(\sigma_x^2+\sigma_y^2+\sigma_z^2)-2\mu(\sigma_y\sigma_z+\sigma_z\sigma_x+\sigma_x\sigma_y)+2(1+\mu)(\tau_{yz}^2+\tau_{zx}^2+\tau_{xy}^2)],\tag{e}$$

并由式(b)得整个弹性体的形变势能表达式

$$U=\frac{1}{2E}\iiint[(\sigma_x^2+\sigma_y^2+\sigma_z^2)-2\mu(\sigma_y\sigma_z+\sigma_z\sigma_x+\sigma_x\sigma_y)$$

$$+2(1+\mu)(\tau_{yz}^2+\tau_{zx}^2+\tau_{xy}^2)]dxdydz。\qquad(11\text{-}1)$$

试将式(e)分别对六个应力分量求导,再参阅式(d),可见有

$$\left.\begin{aligned}&\frac{\partial U_1}{\partial\sigma_x}=\varepsilon_x,\quad\frac{\partial U_1}{\partial\sigma_y}=\varepsilon_y,\quad\frac{\partial U_1}{\partial\sigma_z}=\varepsilon_z,\\&\frac{\partial U_1}{\partial\tau_{yz}}=\gamma_{yz},\quad\frac{\partial U_1}{\partial\tau_{zx}}=\gamma_{zx},\quad\frac{\partial U_1}{\partial\tau_{xy}}=\gamma_{xy}.\end{aligned}\right\}\qquad(11\text{-}2)$$

它们表示:弹性体的比能对于任一应力分量的改变率,就等于相应的形变分量。

形变势能也可以只用形变分量来表示。为此,须利用物理方程(8-19),即

$$\left.\begin{aligned}&\sigma_x=\frac{E}{1+\mu}\left(\frac{\mu}{1-2\mu}e+\varepsilon_x\right),\\&\sigma_y=\frac{E}{1+\mu}\left(\frac{\mu}{1-2\mu}e+\varepsilon_y\right),\\&\sigma_z=\frac{E}{1+\mu}\left(\frac{\mu}{1-2\mu}e+\varepsilon_z\right),\\&\tau_{yz}=\frac{E}{2(1+\mu)}\gamma_{yz},\\&\tau_{zx}=\frac{E}{2(1+\mu)}\gamma_{zx},\\&\tau_{xy}=\frac{E}{2(1+\mu)}\gamma_{xy},\end{aligned}\right\}\qquad(f)$$

其中 $e=\varepsilon_x+\varepsilon_y+\varepsilon_z$。将式($f$)代入式($a$),简化以后,得

$$U_1=\frac{E}{2(1+\mu)}\left[\frac{\mu}{1-2\mu}e^2+(\varepsilon_x^2+\varepsilon_y^2+\varepsilon_z^2)\right.$$

$$\left.+\frac{1}{2}(\gamma_{yz}^2+\gamma_{zx}^2+\gamma_{xy}^2)\right],\qquad(g)$$

并由式(b)得弹性体的形变势能表达式

$$U=\frac{E}{2(1+\mu)}\iiint\left[\frac{\mu}{1-2\mu}e^2+(\varepsilon_x^2+\varepsilon_y^2+\varepsilon_z^2)\right.$$
$$\left.+\frac{1}{2}(\gamma_{yz}^2+\gamma_{zx}^2+\gamma_{xy}^2)\right]dxdydz。\tag{11-3}$$

由于 $0<\mu<1/2$，故由上式可见：不论形变如何，弹性体的形变势能总不会是负的。在所有的形变分量都等于零的情况下，形变势能才等于零；相应于任何形变，形变势能都是正的。

试将式(g)分别对六个形变分量求导，再参阅式(f)，可见有

$$\left.\begin{aligned}&\frac{\partial U_1}{\partial\varepsilon_x}=\sigma_x, &&\frac{\partial U_1}{\partial\varepsilon_y}=\sigma_y, &&\frac{\partial U_1}{\partial\varepsilon_z}=\sigma_z,\\ &\frac{\partial U_1}{\partial\gamma_{yz}}=\tau_{yz}, &&\frac{\partial U_1}{\partial\gamma_{zx}}=\tau_{zx}, &&\frac{\partial U_1}{\partial\gamma_{xy}}=\tau_{xy}。\end{aligned}\right\}\tag{11-4}$$

它们表示：弹性体的比能对于任一形变分量的改变率，就等于相应的应力分量。

形变势能还可以用位移分量来表示。为此，只须将几何方程(8-9)代入(11-3)式。这样就得出

$$U=\frac{E}{2(1+\mu)}\iiint\left[\frac{\mu}{1-2\mu}\left(\frac{\partial u}{\partial x}+\frac{\partial v}{\partial y}+\frac{\partial w}{\partial z}\right)^2\right.$$
$$+\left(\frac{\partial u}{\partial x}\right)^2+\left(\frac{\partial v}{\partial y}\right)^2+\left(\frac{\partial w}{\partial z}\right)^2+\frac{1}{2}\left(\frac{\partial w}{\partial y}+\frac{\partial v}{\partial z}\right)^2$$
$$\left.+\frac{1}{2}\left(\frac{\partial u}{\partial z}+\frac{\partial w}{\partial x}\right)^2+\frac{1}{2}\left(\frac{\partial v}{\partial x}+\frac{\partial u}{\partial y}\right)^2\right]dxdydz。\tag{11-5}$$

§ 11-2 位移变分方程

设有任一弹性体，在一定的外力作用下处于平衡状态。命 u、v、w 为该弹性体中实际存在的位移分量，它们满足用位移分量表示的平衡微分方程，并满足位移边界条件以及用位移分量表示的

应力边界条件。现在，假想这些位移分量发生了位移边界条件所容许的微小改变，即所谓虚位移或位移变分 δu、δv、δw，成为

$$u'=u+\delta u,\ v'=v+\delta v,\ w'=w+\delta w,$$

然后来考察，能量方面将发生什么样的改变。

假定弹性体在虚位移过程中并没有温度的改变，也没有速度的改变，因而也就没有热能或动能的改变。这样，按照能量守恒定理，形变势能的增加应当等于外力势能的减少，也就等于外力所做的功，即所谓虚功。注意外力包括分量为 X、Y、Z 的体力，以及分量为$\bar{X}$、$\bar{Y}$、$\bar{Z}$ 的面力，可见形变势能的增加为

$$\delta U=\iiint(Xdxdydz\delta u+Ydxdydz\delta v+Zdxdydz\delta w)$$
$$+\iint(\bar{X}dS\delta u+\bar{Y}dS\delta v+\bar{Z}dS\delta w),$$

其中的三重积分须包括弹性体的全部体积，二重积分须包括全部边界面积。将上式进行归项以后，得到

$$\delta U=\iiint(X\delta u+Y\delta v+Z\delta w)dxdydz$$
$$+\iint(\bar{X}\delta u+\bar{Y}\delta v+\bar{Z}\delta w)dS。\qquad(11\text{-}6)$$

这个方程就是所谓位移变分方程，有的文献把它称为拉格朗日变分方程。

应用位移变分方程，可以得出有限单元法中用到的一个重要方程，即所谓虚功方程，推导如下。按照变分原理，变分的运算与定积分的运算可以交换次序，于是有

$$\delta U=\delta\iiint U_1dxdydz=\iiint\delta U_1dxdydz。$$

把比能 U_1 看做形变分量的函数，并应用(11-4)式，可由上式得到

$$\delta U=\iiint\left(\frac{\partial U_1}{\partial\varepsilon_x}\delta\varepsilon_x+\frac{\partial U_1}{\partial\varepsilon_y}\delta\varepsilon_y+\frac{\partial U_1}{\partial\varepsilon_z}\delta\varepsilon_z+\frac{\partial U_1}{\partial\gamma_{yz}}\delta\gamma_{yz}+\frac{\partial U_1}{\partial\gamma_{zx}}\delta\gamma_{zx}+\frac{\partial U_1}{\partial\gamma_{xy}}\delta\gamma_{xy}\right)dxdydz$$

$$=\iiint(\sigma_x\delta\varepsilon_x+\sigma_y\delta\varepsilon_y+\sigma_z\delta\varepsilon_z+\tau_{yz}\delta\gamma_{yz}+\tau_{zx}\delta\gamma_{zx}+\tau_{xy}\delta\gamma_{xy})dxdydz。$$

代入位移变分方程(11-6)，即得

$$\iiint(X\delta u+Y\delta v+Z\delta w)\,dxdydz+\iint(\bar{X}\delta u+\bar{Y}\delta v+\bar{Z}\delta w)dS$$
$$=\iiint(\sigma_x\delta\varepsilon_x+\sigma_y\delta\varepsilon_y+\sigma_z\delta\varepsilon_z+\tau_{yz}\delta\gamma_{yz}+\tau_{zx}\delta\gamma_{yx}+\tau_{xy}\delta\gamma_{xy})dxdydz。\qquad(11\text{-}7)$$

这就是所谓虚功方程。把该方程右边的各项称为应力在虚应变上所做的虚功，则虚功方程表示：如果在虚位移发生之前，弹性体是处于平衡状态，那么，在虚位移过程中，外力在虚位移上所做的虚功就等于应力在虚应变上所做的虚功。

从位移方程(11-6)出发，还可以推出弹性力学中的一个原理，即所谓极小势能原理。由于虚位移是微小的，因此，在虚位移过程中，外力的大小和方向可以当做保持不变，只是作用点有了改变。于是可以把方程(11-6)改写成为

$$\delta U=\iiint[\delta(Xu)+\delta(Yv)+\delta(Zw)]dxdydz+\iint[\delta(\bar{X}u)+\delta(\bar{Y}v)+\delta(\bar{Z}w)]dS。$$

将变分与定积分交换次序，并进行移项，即得

$$\delta\Big[U-\iiint(Xu+Yv+Zw)dxdydz$$

$$\iint -(\bar{X}u+\bar{Y}v+\bar{Z}w)dS\Big]=0。\qquad (a)$$

现在，用V代表外力的势能（以$u=v=w=0$时的自然状态下的势能为零），它也就等于外力在实际位移上所做的功冠以负号，即

$$V=-\iiint(Xu+Yv+Zw)\,dxdydz-\iint(\bar{X}u+\bar{Y}v+\bar{Z}w)dS。\qquad (b)$$

代入式(a)，即得

$$\delta(U+V)=0。$$

因为$U+V$是形变势能与外力势能的总和，所以由此可见，在给定的外力作用下，实际存在的位移应使总势能的变分成为零。这就推出这样一个原理：在给定的外力作用下，在满足位移边界条件的所有各组位移中间，实际存在的一组位移应使总势能成为极值。如果考虑二阶变分，就可以证明：对于稳定平衡状态，这个极值是极小值。因此，上述原理称为极小势能原理。

我们以前已经看到，实际存在的位移，除了满足位移边界条件以外，还应当满足用位移表示的平衡微分方程和应力边界条件；现在又看到，实际存在的位移，除了满足位移边界条件以外，还满足位移变分方程。而且，通过运算，还可以从位移变分方程导出用位移表示的平衡微分方程和应力边界条件。于是可见，位移变分方程可以代替平衡微分方程和应力边界条件。

现在来进一步考察，如果位移分量除了满足位移边界条件以外，还满足应力边界条件，那么，从能量观点看来，弹性体的位移变分又应当满足什么条件。

由于位移分量的变分，形变分量也将有相应的变分。按照几何方程，形变分量的变分为

$$\left.\begin{aligned}&\delta e_x=\delta\frac{\partial u}{\partial x}=\frac{\partial}{\partial x}\delta u,\cdots,\cdots,\\&\delta\gamma_{yz}=\delta\left(\frac{\partial w}{\partial y}+\frac{\partial v}{\partial z}\right)=\frac{\partial}{\partial y}\delta w+\frac{\partial}{\partial z}\delta v,\cdots,\cdots。\end{aligned}\right\}\qquad (c)$$

由于形变分量的变分，形变势能也将有相应的变分

$$\delta U=\iiint\delta U_1 dxdydz。$$

把比能 U_1 看做形变分量的函数，则上式成为

$$\delta U=\iiint\left(\frac{\partial U_1}{\partial \varepsilon_x}\delta\varepsilon_x+\cdots+\frac{\partial U_1}{\partial \gamma_{yz}}\delta\gamma_{yz}+\cdots\right)dxdydz。$$

将(11-4)及式(c)代入，得

$$\delta U=\iiint\Big[\sigma_x\frac{\partial}{\partial x}\delta u+\cdots$$

$$+\tau_{yz}\left(\frac{\partial}{\partial y}\delta w+\frac{\partial}{\partial z}\delta v\right)+\cdots\Big]dxdydz。\qquad(d)$$

式(d)的右边共有 9 项，现在来对每一项进行分部积分，并应用奥斯特洛格拉斯基公式。例如，对于其中的第一项，我们有

$$\iiint\sigma_x\frac{\partial}{\partial x}\delta u dxdydz$$

$$=\iiint\frac{\partial}{\partial x}(\sigma_x\delta u)dxdydz-\iiint\frac{\partial\sigma_x}{\partial x}\delta u dxdydz$$

$$=\iint l\sigma_x\delta u dS-\iiint\frac{\partial\sigma_x}{\partial x}\delta u dxdydz。$$

对于其余各项也都进行同样的处理，则式(d)成为

$$\delta U=\iint[(l\sigma_x+m\tau_{xy}+n\tau_{zx})\delta u+(m\sigma_y+n\tau_{yz}+l\tau_{xy})\delta v$$

$$+(n\sigma_z+l\tau_{zx}+m\tau_{yz})\delta w]dS$$

$$-\iiint\Big[\left(\frac{\partial\sigma_x}{\partial x}+\frac{\partial\tau_{xy}}{\partial y}+\frac{\partial\tau_{zx}}{\partial z}\right)\delta u$$

$$+\left(\frac{\partial\sigma_y}{\partial y}+\frac{\partial\tau_{yz}}{\partial z}+\frac{\partial\tau_{xy}}{\partial x}\right)\delta v$$

$$+\left(\frac{\partial\sigma_z}{\partial z}+\frac{\partial\tau_{zx}}{\partial x}+\frac{\partial\tau_{yz}}{\partial y}\right)\delta w\Big]dxdydz。$$

代入位移变分方程(11-6)，进行整理以后，可得

$$\iiint\Big[\left(\frac{\partial\sigma_x}{\partial x}+\frac{\partial\tau_{xy}}{\partial y}+\frac{\partial\tau_{zx}}{\partial z}+X\right)\delta u$$

$$+\left(\frac{\partial\sigma_y}{\partial y}+\frac{\partial\tau_{yz}}{\partial z}+\frac{\partial\tau_{xy}}{\partial x}+Y\right)\delta v+\left(\frac{\partial\sigma_z}{\partial z}+\frac{\partial\tau_{zx}}{\partial x}\right.$$
$$\left.+\frac{\partial\tau_{yz}}{\partial y}+Z\right)\delta w\Bigg]dxdydz-\iint[(l\sigma_x+m\tau_{xy}$$
$$+n\tau_{zx}-\overline{X})\delta u+(m\sigma_y+n\tau_{yz}+l\tau_{xy}-\overline{Y})\delta v$$
$$+(n\sigma_z+l\tau_{zx}+m\tau_{yz}-\overline{Z})\delta w]dS=0。$$

如果应力边界条件得到满足，利用(8-5)式，则上式简化为

$$\iiint\left[\left(\frac{\partial\sigma_x}{\partial x}+\frac{\partial\tau_{xy}}{\partial y}+\frac{\partial\tau_{zx}}{\partial z}+X\right)\delta u+\left(\frac{\partial\sigma_y}{\partial y}+\frac{\partial\tau_{yz}}{\partial z}\right.\right.$$
$$\left.+\frac{\partial\tau_{xy}}{\partial x}+Y\right)\delta v+\left(\frac{\partial\sigma_z}{\partial z}+\frac{\partial\tau_{zx}}{\partial x}+\frac{\partial\tau_{yz}}{\partial y}\right.$$
$$\left.\left.+Z\right)\delta w\right]dxdydz=0。\tag{11-8}$$

这就是当位移分量满足位移边界条件及应力边界条件时，位移变分所应满足的方程。有些文献把它称为伽辽金变分方程。

§ 11-3 位移变分法

上一节中导出的位移变分方程，给弹性力学问题提供这样一个近似解法：设定位移分量的表达式，使其满足位移边界条件，但其中包含若干个特定系数，然后利用位移变分方程决定这些系数。

试取位移分量的表达式如下：

$$u=u_0+\sum_m A_m u_m,\quad v=v_0+\sum_m B_m v_m,\quad w=w_0+\sum_m C_m w_m,\tag{11-9}$$

其中 A_m、B_m、C_m 为互不依赖的 3 m 个系数；u_0、v_0、w_0 为设定的函数，它们的边界值等于边界上的已知位移；u_m、v_m、w_m 为在边界上等于零的设定函数。这样，不论系数 A_m、B_m、C_m 如何取值，u、v、w 总能满足位移边界条件。注意：位移的变分只是由系数 A_m、B_m、

C_m 的变分来实现，至于各个设定函数，则仅随坐标而变，与位移的变分完全无关。

按照表达式(11-9)，位移分量的变分是

$$\delta u=\sum_m u_m\delta A_m,\ \delta v=\sum_m v_m\delta B_m,\delta w=\sum_m w_m\delta C_m, \qquad (a)$$

而形变势能的变分是

$$\delta U=\sum_m\left(\frac{\partial U}{\partial A_m}\delta A_m+\frac{\partial U}{\partial B_m}\delta B_m+\frac{\partial U}{\partial C_m}\delta C_m\right)。 \qquad (b)$$

将式(b)及式(a)代入位移变分方程(11-6)，得

$$\sum_m\left(\frac{\partial U}{\partial A_m}\delta A_m+\frac{\partial U}{\partial B_m}\delta B_m+\frac{\partial U}{\partial C_m}\delta C_m\right)$$

$$=\sum_m\iiint(Xu_m\delta A_m+Yv_m\delta B_m+Zw_m\delta C_m)dxdydz$$

$$+\sum_m\iint(\bar{X}u_m\delta A_m+\bar{Y}v_m\delta B_m+\bar{Z}w_m\delta C_m)dS。$$

进行移项，将每个系数的变分归并，得到

$$\sum_m\left[\frac{\partial U}{\partial A_m}-\iiint Xu_m dxdydz-\iint\bar{X}u_m dS\right]\delta A_m$$

$$+\sum_m\left[\frac{\partial U}{\partial B_m}-\iiint Yv_m dxdydz-\iint\bar{Y}v_m dS\right]\delta B_m$$

$$+\sum_m\left[\frac{\partial U}{\partial C_m}-\iiint Zw_m dxdydz-\iint\bar{Z}w_m dS\right]\delta C_m$$

$$=0。$$

因为变分δA_m、δB_m、δC_m是完全任意的，而且是互不依赖的，所以它们在上式中的系数必须等于零。于是得

$$\frac{\partial U}{\partial A_m}=\iiint Xu_m dxdydz+\iint\bar{X}u_m dS,$$

$$\left.\begin{aligned}\frac{\partial U}{\partial B_m}&=\iiint Y v_m dxdydz+\iint \overline{Y} v_m dS,\\ \frac{\partial U}{\partial C_m}&=\iiint Z w_m dxdydz+\iint \overline{Z} w_m dS。\end{aligned}\right\}\tag{11-10}$$

由形变势能的表达式(11-5)及位移分量的表达式（11-9）可见，形变势能 U 是系数 A_m、B_m、C_m 的二次函数，因而方程(11-10)将是各个系数的一次方程。既然各个系数是互不依赖的，就总可以由这些方程求得各个系数，从而由表达式（11-9）求得位移分量。很多文献上把这个方法称为瑞次法。

如果选择表达式(11-9)中的函数，使得位移边界条件和应力边界条件都能得到满足，那么，将式(a)代入(11-8)式，就得到

$$\begin{aligned}&\sum_m\iiint\delta A_m\left(\frac{\partial\sigma_x}{\partial x}+\frac{\partial\tau_{xy}}{\partial y}+\frac{\partial\tau_{zx}}{\partial z}+X\right)u_m dxdydz\\ &+\sum_m\iiint\delta B_m\left(\frac{\partial\sigma_y}{\partial y}+\frac{\partial\tau_{yz}}{\partial z}+\frac{\partial\tau_{xy}}{\partial x}+Y\right)v_m dxdydz\\ &+\sum_m\iiint\delta C_m\left(\frac{\partial\sigma_z}{\partial z}+\frac{\partial\tau_{zx}}{\partial x}+\frac{\partial\tau_{yz}}{\partial y}+Z\right)w_m dxdydz=0。\end{aligned}$$

根据 δA_m、δB_m、δC_m 的任意性，它们的系数应当分别等于零，于是得

$$\iiint\left(\frac{\partial\sigma_x}{\partial x}+\frac{\partial\tau_{xy}}{\partial y}+\frac{\partial\tau_{zx}}{\partial z}+X\right)u_m dxdydz=0,$$

$$\iiint\left(\frac{\partial\sigma_y}{\partial y}+\frac{\partial\tau_{yz}}{\partial z}+\frac{\partial\tau_{xy}}{\partial x}+Y\right)v_m dxdydz=0,$$

$$\iiint\left(\frac{\partial\sigma_z}{\partial z}+\frac{\partial\tau_{zx}}{\partial x}+\frac{\partial\tau_{yz}}{\partial y}+Z\right)w_m dxdydz=0。$$

将上列三方程中的应力分量通过物理方程（8-20）用形变分量表示，再通过几何方程(8-9)用位移分量表示，简化以后，即得

$$\left.\begin{aligned}&\iiint\left[\frac{E}{2(1+\mu)}\left(\frac{1}{1-2\mu}\frac{\partial e}{\partial x}+\nabla^2 u\right)+X\right]u_m dxdydz=0,\\&\iiint\left[\frac{E}{2(1+\mu)}\left(\frac{1}{1-2\mu}\frac{\partial e}{\partial y}+\nabla^2 v\right)+Y\right]v_m dxdydz=0,\\&\iiint\left[\frac{E}{2(1+\mu)}\left(\frac{1}{1-2\mu}\frac{\partial e}{\partial z}+\nabla^2 w\right)+Z\right]w_m dxdydz=0。\end{aligned}\right\}\tag{11-11}$$

由(11-9)式可见，位移分量 u、v、w 是系数 A_m、B_m、C_m 的一次式，所以方程(11-11)将是这些系数的一次方程。既然各个系数是互不依赖的，就总可以由这些方程求得系数 A_m、B_m、C_m，从而由(11-9)式求得位移分量。这个方法就是所谓伽辽金法。

用位移变分法求得位移分量以后，不难通过弹性方程(9-1)求得应力分量，但往往出现这样的情况：取不多的系数 A_m、B_m、C_m，就可以求得较精确的位移，而由此求出的应力却很不精确。为了求得的应力充分精确，必须取更多的系数。

§ 11-4　位移变分法应用于平面问题

在平面应变问题中，我们有 $w=0$，而且 u 和 v 都不随坐标 z 而变。在 z 方向取一个单位长度，则用位移分量表示的形变势能表达式(11-5)简化为

$$U=\frac{E}{2(1+\mu)}\iint\left[\frac{\mu}{1-2\mu}\left(\frac{\partial u}{\partial x}+\frac{\partial v}{\partial y}\right)^2+\left(\frac{\partial u}{\partial x}\right)^2+\left(\frac{\partial v}{\partial y}\right)^2+\frac{1}{2}\left(\frac{\partial v}{\partial x}+\frac{\partial u}{\partial y}\right)^2\right]dxdy。\tag{11-12}$$

对于平面应力问题，按照 § 2-6 中所述，须将上式中的 E 换为 $\frac{E(1+2\mu)}{(1+\mu)^2}$，$\mu$ 换为 $\frac{\mu}{1+\mu}$，这样就得到

$$U=\frac{E}{2(1-\mu^2)}\iint\left[\left(\frac{\partial u}{\partial x}\right)^2+\left(\frac{\partial v}{\partial y}\right)^2+2\mu\frac{\partial u}{\partial x}\frac{\partial v}{\partial y}\right.$$

$$+\frac{(1-\mu)}{2}\left(\frac{\partial v}{\partial x}+\frac{\partial u}{\partial y}\right)^2\Bigg]dxdy。\qquad(11\text{-}13)$$

因为在两种平面问题中都不必考虑w，所以在位移分量的表达式(11-9)中只须保留其前二式，即

$$u=u_0+\sum_m A_m u_m,\quad v=v_0+\sum_m B_m v_m。\qquad(11\text{-}14)$$

在采用瑞次法时，为了决定系数 A_m 及 B_m，只须应用(11-10)中的前二式。在 z 方向取一个单位长度，并注意所有各量都不随 z 而变，可见该二式成为

$$\left.\begin{aligned}\frac{\partial U}{\partial A_m}&=\iint Xu_m dxdy+\int \overline{X}u_m ds,\\ \frac{\partial U}{\partial B_m}&=\iint Yv_m dxdy+\int \overline{Y}v_m ds,\end{aligned}\right\}\qquad(11\text{-}15)$$

其中的线积分系沿边界进行。与此相应，在采用伽辽金法时，只须应用(11-11)中前二式的简化形式。对于平面应变问题，该二式成为

$$\left.\begin{aligned}\iint\left[\frac{E}{2(1+\mu)}\left(\frac{1}{1-2\mu}\frac{\partial e}{\partial x}+\nabla^2 u\right)+X\right]u_m dxdy=0,\\ \iint\left[\frac{E}{2(1+\mu)}\left(\frac{1}{1-2\mu}\frac{\partial e}{\partial y}+\nabla^2 v\right)+Y\right]v_m dxdy=0,\end{aligned}\right\}$$

(11-16)

其中 $e=\frac{\partial u}{\partial x}+\frac{\partial v}{\partial y}$。对于平面应力问题，须将上式中的$E$换为 $\frac{E(1+2\mu)}{(1+\mu)^2}$，$\mu$ 换为$\frac{\mu}{1+\mu}$，这样就得到

$$\left.\begin{aligned}&\iint\left[\frac{E}{1-\mu^2}\left(\frac{\partial^2 u}{\partial x^2}+\frac{1-\mu}{2}\frac{\partial^2 u}{\partial y^2}+\frac{1+\mu}{2}\frac{\partial^2 v}{\partial x\partial y}\right)\right.\\ &\qquad\left.+X\right]u_m dxdy=0,\\ &\iint\left[\frac{E}{1-\mu^2}\left(\frac{\partial^2 v}{\partial y^2}+\frac{1-\mu}{2}\frac{\partial^2 v}{\partial x^2}+\frac{1+\mu}{2}\frac{\partial^2 u}{\partial x\partial y}\right)\right.\end{aligned}\right\}$$

$$+Y\Big]v_m dxdy=0。\Bigg\} \quad (11\text{-}17)$$

作为例题，设有宽度为 a 而高度为 b 的薄板，图 11-1，左边及下边受连杆支承，右边及上边分别受有均布压力 q_1 及 q_2，不计体力，试求薄板的位移。

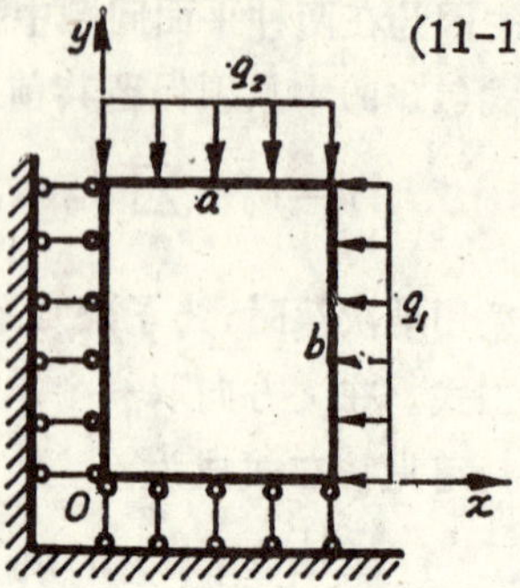

图 11-1

取坐标轴如图所示。按照表达式(11-14)的形式，把位移分量设定为

$$\left.\begin{aligned}u&=x(A_1+A_2x+A_3y+\cdots),\\ v&=y(B_1+B_2x+B_3y+\cdots)。\end{aligned}\right\} \quad (a)$$

不论各个系数如何取值，都可以满足左边及下边的位移边界条件，即

$$(u)_{x=0}=0，(v)_{y=0}=0。$$

在这里，因为边界上并没有不等于零的已知位移，所以在 (11-14) 式中取 $u_0=0, v_0=0$。

当式(a)中的系数取任意数值时，应力边界条件不一定能满足，因此，只能用瑞次法求解，而不能用伽辽金法求解。现在，试在式(a)中只取 A_1 及 B_1 两个待定系数，也就是取

$$u=A_1u_1=A_1x，\ v=B_1v_1=B_1y。 \quad (b)$$

代入(11-13)式，得到

$$U=\frac{E}{2(1-\mu^2)}\int_0^a\int_0^b[A_1^2+B_1^2+2\mu A_1B_1]dxdy。$$

进行积分以后，得到

$$U=\frac{Eab}{2(1-\mu^2)}(A_1^2+B_1^2+2\mu A_1B_1)。 \quad (c)$$

因为在这里 $X=Y=0$ 而 $m=1$，所以(11-15)式简化为

$$\frac{\partial U}{\partial A_1}=\int \overline{X} u_1 ds, \quad \frac{\partial U}{\partial B_1}=\int \overline{Y} v_1 ds。\tag{d}$$

在薄板的右边界有

$$\overline{X}=-q_1, \quad u_1=x=a, \quad ds=dy,$$

从而有

$$\int \overline{X} u_1 ds=\int_0^b (-q_1) a dy=-q_1 ab;$$

在薄板的上边界有

$$\overline{Y}=-q_2, \quad v_1=y=b, \quad ds=dx,$$

从而有

$$\int \overline{Y} v_1 ds=\int_0^a (-q_2) b dx=-q_2 ab。$$

于是由式(d)得

$$\frac{\partial U}{\partial A_1}=-q_1 ab, \quad \frac{\partial U}{\partial B_1}=-q_2 ab。\tag{e}$$

将式(c)代入式(e)，得出决定 A_1 及 B_1 的方程

$$\frac{Eab}{2(1-\mu^2)}(2A_1+2\mu B_1)=-q_1 ab,$$

$$\frac{Eab}{2(1-\mu^2)}(2B_1+2\mu A_1)=-q_2 ab。$$

求解 A_1 及 B_1，得到

$$A_1=-\frac{q_1-\mu q_2}{E}, \quad B_1=-\frac{q_2-\mu q_1}{E},\tag{f}$$

从而由式(b)得到位移分量的解答

$$u=-\frac{q_1-\mu q_2}{E}x, \quad v=-\frac{q_2-\mu q_1}{E}y。\tag{g}$$

如果在式(a)中除了 A_1 及 B_1 以外再取一些其它的待定系数，例如 A_2 及 B_2 等等，进行与上相似的计算，可见这些系数都将等于零，而 A_1 及 B_1 仍然如式(f)所示，从而可见，位移分量的解答

仍然如式(g)所示。

读者试证：按照几何方程及物理方程由位移分量(g)求出的应力分量，可以满足平衡微分方程和应力边界条件。这就是说，式(g)所示的位移分量就是精确解答。当然，这只是一个非常特殊的情况。在一般的情况下，如果在设定的位移分量表达式中只取少数几个待定系数，是不可能求得精确解答的。

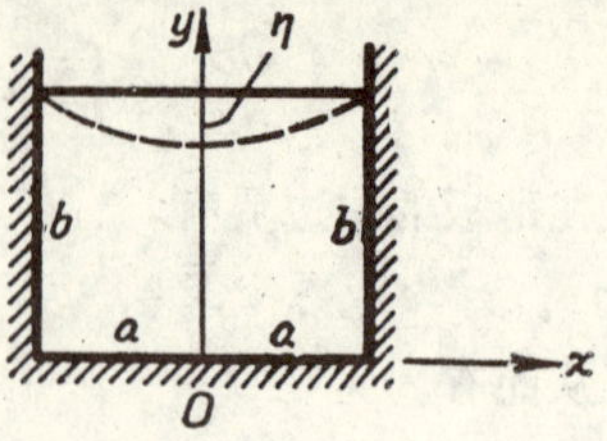

图 11-2

作为另一个例题，设有宽度为 $2a$ 而高度为 b 的矩形薄板，图 11-2，左右两边及下边均被固定，而上边的位移给定为

$$u=0,\quad v=-\eta\left(1-\frac{x^2}{a^2}\right)。\tag{h}$$

不计体力，试求薄板的位移和应力。

取坐标轴如图所示。按照(11-14)式，取 $m=1$，把位移分量设定为

$$\left.\begin{aligned}u&=A_1\left(1-\frac{x^2}{a^2}\right)\frac{x}{a}\frac{y}{b}\left(1-\frac{y}{b}\right),\\ v&=-\eta\left(1-\frac{x^2}{a^2}\right)\frac{y}{b}+B_1\left(1-\frac{x^2}{a^2}\right)\frac{y}{b}\left(1-\frac{y}{b}\right),\end{aligned}\right\}\tag{i}$$

可以满足位移边界条件，即

$$(u)_{x=\pm a}=0,\quad (v)_{x=\pm a}=0,$$
$$(u)_{y=0}=0,\quad (v)_{y=0}=0,$$
$$(u)_{y=b}=0,\quad (v)_{y=b}=-\eta\left(1-\frac{x^2}{a^2}\right)。$$

此外，由于 u 是 x 的奇函数而 v 是 x 的偶函数，对称条件也是满足的(这就是在 u 的表达式中放置因子 x/a 的理由)。

在这一问题中，并没有应力边界条件，因此可以认为，式(i)所示的位移既然满足了位移边界条件，也就满足了全部边界条件。这就可以应用伽辽金法求解，使数学运算比较简单一些。

注意$X=Y=0$而$m=1$，可见方程(11-17)在这里成为

$$\left.\begin{aligned}&\int_{-a}^{a}\int_{0}^{b}\left(\frac{\partial^2 u}{\partial x^2}+\frac{1-\mu}{2}\frac{\partial^2 u}{\partial y^2}+\frac{1+\mu}{2}\frac{\partial^2 v}{\partial x\partial y}\right)u_1 dxdy=0,\\&\int_{-a}^{a}\int_{0}^{b}\left(\frac{\partial^2 v}{\partial y^2}+\frac{1-\mu}{2}\frac{\partial^2 v}{\partial x^2}+\frac{1+\mu}{2}\frac{\partial^2 u}{\partial x\partial y}\right)v_1 dxdy=0。\end{aligned}\right\}\quad (j)$$

现在，按照式(i)，求出位移分量的各个二阶导数：

$$\frac{\partial^2 u}{\partial x^2}=-\frac{6A_1}{a^2}\frac{x}{a}\left(\frac{y}{b}-\frac{y^2}{b^2}\right),$$

$$\frac{\partial^2 u}{\partial y^2}=-\frac{2A_1}{b^2}\left(\frac{x}{a}-\frac{x^3}{a^3}\right),$$

$$\frac{\partial^2 u}{\partial x\partial y}=\frac{A_1}{ab}\left(1-3\frac{x^2}{a^2}\right)\left(1-2\frac{y}{b}\right),$$

$$\frac{\partial^2 v}{\partial x^2}=\frac{2\eta}{a^2}\frac{y}{b}-\frac{2B_1}{a^2}\left(\frac{y}{b}-\frac{y^2}{b^2}\right),$$

$$\frac{\partial^2 v}{\partial y^2}=-\frac{2B_1}{b^2}\left(1-\frac{x^2}{a^2}\right),$$

$$\frac{\partial^2 v}{\partial x\partial y}=\frac{2\eta}{ab}\frac{x}{a}-\frac{2B_1}{ab}\frac{x}{a}\left(1-2\frac{y}{b}\right)。$$

另一方面，由式(i)可见有

$$u_1=\left(\frac{x}{a}-\frac{x^3}{a^3}\right)\left(\frac{y}{b}-\frac{y^2}{b^2}\right),$$

$$v_1=\left(1-\frac{x^2}{a^2}\right)\left(\frac{y}{b}-\frac{y^2}{b^2}\right)。$$

将上列各个二阶导数以及u_1和v_1的表达式代入式(j)，进行积分以后，得到A_1及B_1的两个线性方程，从而求得

$$A_1=\frac{35(1+\mu)\eta}{42\frac{b}{a}+20(1-\mu)\frac{a}{b}},$$

$$B_1=\frac{5(1-\mu)\eta}{16\frac{a^2}{b^2}+2(1-\mu)}。$$

代入式（ i ），即得位移分量的解答

$$u=\frac{35(1+\mu)\eta}{42\frac{b}{a}+20(1-\mu)\frac{a}{b}}\left(1-\frac{x^2}{a^2}\right)\frac{x}{a}\frac{y}{b}\left(1-\frac{y}{b}\right),$$

$$v=-\eta\left(1-\frac{x^2}{a^2}\right)\frac{y}{b}+\frac{5(1-\mu)\eta}{16\frac{a^2}{b^2}+2(1-\mu)}\left(1-\frac{x^2}{a^2}\right)\frac{y}{b}\left(1-\frac{y}{b}\right)。$$

当 $b=a$ 而 $\mu=0.2$ 时，上列解答成为

$$u=0.724\,\eta\left(\frac{x}{a}-\frac{x^3}{a^3}\right)\left(\frac{y}{a}-\frac{y^2}{a^2}\right),$$

$$v=-\eta\left(1-\frac{x^2}{a^2}\right)\left(0.773\frac{y}{a}+0.227\frac{y^2}{a^2}\right)。$$

应用几何方程及物理方程，可由上式求得应力分量

$$\sigma_x=\frac{E}{1-\mu^2}\left(\frac{\partial u}{\partial x}+\mu\frac{\partial v}{\partial y}\right)$$
$$=-\frac{E\eta}{a}\left[\left(1-\frac{x^2}{a^2}\right)\left(0.161-0.095\frac{y}{a}\right)-0.754\left(1-3\frac{x^2}{a^2}\right)\left(\frac{y}{a}-\frac{y^2}{a^2}\right)\right],$$

$$\sigma_y=\frac{E}{1-\mu^2}\left(\frac{\partial v}{\partial y}+\mu\frac{\partial u}{\partial x}\right)$$
$$=-\frac{E\eta}{a}\left[\left(1-\frac{x^2}{a^2}\right)\left(0.805+0.473\frac{y}{a}\right)-0.302\left(1-3\frac{x^2}{a^2}\right)\left(\frac{y}{a}-\frac{y^2}{a^2}\right)\right],$$

$$\tau_{xy}=\frac{E}{2(1+\mu)}\left(\frac{\partial v}{\partial x}+\frac{\partial u}{\partial y}\right)$$
$$=\frac{E\eta}{a}\left[\frac{x}{a}\left(0.644\frac{y}{a}+0.189\frac{y^2}{a^2}\right)\right.$$

$$+0.302\left(\frac{x}{a}-\frac{x^3}{a^3}\right)\left(1-2\frac{y}{a}\right)\Big]。$$

在 $y=b=a$ 处，相应的面力为

$$\overline{Y}=(\sigma_y)_{y=a}=-1.278\frac{E\eta}{a}\left(1-\frac{x^2}{a^2}\right),$$

$$\overline{X}=(\tau_{xy})_{y=a}=\frac{E\eta}{a}\left(0.531\frac{x}{a}+0.302\frac{x^3}{a^3}\right)。$$

这就是为了维持薄板边界 $y=b$ 的给定位移而需要在该边界上施加的面力。

§ 11-5 应力变分方程

设有任一弹性体，在外力的作用下处于平衡。命 σ_x、σ_y、σ_z、τ_{yz}、τ_{zx}、τ_{xy} 为实际存在的应力分量，它们满足平衡微分方程和应力边界条件，也满足相容方程。现在，假想体力不变而应力分量发生了微小的改变 $\delta\sigma_x$、…、$\delta\tau_{yz}$、…，即所谓虚应力或应力的变分，使应力分量成为

$$\sigma'_x=\sigma_x+\delta\sigma_x,\cdots,\tau'_{yz}=\tau_{yz}+\delta\tau_{yz},\cdots。$$

假定 σ'_x、…、τ'_{yz}、…只满足平衡微分方程和应力边界条件，试考察能量方面将发生什么改变。

既然两组应力分量都满足同样体力作用下的平衡微分方程，应力分量的变分必然满足无体力时的平衡微分方程，即

$$\left.\begin{aligned}\frac{\partial}{\partial x}\delta\sigma_x+\frac{\partial}{\partial y}\delta\tau_{xy}+\frac{\partial}{\partial z}\delta\tau_{zx}=0,\\ \frac{\partial}{\partial y}\delta\sigma_y+\frac{\partial}{\partial z}\delta\tau_{yz}+\frac{\partial}{\partial x}\delta\tau_{xy}=0,\\ \frac{\partial}{\partial z}\delta\sigma_z+\frac{\partial}{\partial x}\delta\tau_{zx}+\frac{\partial}{\partial y}\delta\tau_{yz}=0。\end{aligned}\right\}\tag{a}$$

同时，在位移给定的边界上（面力不可能给定），应力分量的变分必

然伴随着面力分量的变分 $\delta\bar{X}$、$\delta\bar{Y}$、$\delta\bar{Z}$。根据应力边界条件的要求，应力分量的变分在边界上必须满足

$$\left.\begin{aligned}l\delta\sigma_x+m\delta\tau_{xy}+n\delta\tau_{zx}&=\delta\bar{X},\\ m\delta\sigma_y+n\delta\tau_{yz}+l\delta\tau_{xy}&=\delta\bar{Y},\\ n\delta\sigma_z+l\delta\tau_{zx}+m\delta\tau_{yz}&=\delta\bar{Z},\end{aligned}\right\}\tag{b}$$

由于应力分量的变分，形变势能必有相应的变分。把形变势能看做应力分量的函数，则形变势能的变分应为

$$\delta U=\iiint\delta U_1dxdydz=\iiint\left(\frac{\partial U_1}{\partial\sigma_x}\delta\sigma_x+\cdots+\frac{\partial U_1}{\partial\tau_{yz}}\delta\tau_{yz}+\cdots\right)dxdydz。$$

将(11-2)式代入，得

$$\delta U=\iiint(\varepsilon_x\delta\sigma_x+\cdots+\gamma_{yz}\delta\tau_{yz}+\cdots)dxdydz,$$

再将几何方程(8-9)代入，得

$$\delta U=\iiint\left[\frac{\partial u}{\partial x}\delta\sigma_x+\cdots+\left(\frac{\partial w}{\partial y}+\frac{\partial v}{\partial z}\right)\delta\tau_{yz}+\cdots\right]dxdydz。$$

对上式右边的各项进行和§11-2中同样的处理，例如

$$\iiint\frac{\partial u}{\partial x}\delta\sigma_xdxdydz=\iint lu\delta\sigma_xdS-\iiint u\frac{\partial}{\partial x}(\delta\sigma_x)dxdydz,$$

最后可得

$$\delta U=\iint[u(l\delta\sigma_x+m\delta\tau_{xy}+n\delta\tau_{zx})+\cdots]dS-\iiint\left[u\left(\frac{\partial}{\partial x}\delta\sigma_x+\frac{\partial}{\partial y}\delta\tau_{xy}+\frac{\partial}{\partial z}\delta\tau_{zx}\right)+\cdots\right]dxdydz.$$

再将式(a)及式(b)代入，即得

$$\delta U=\iint(u\delta\bar{X}+v\delta\bar{Y}+w\delta\bar{Z})dS。\tag{11-18}$$

这就是所谓应力变分方程，有的文献把它叫做卡斯提安诺变分方程。这方程的右边代表面力的变分在实际位移上所做的功。由此可见，由于应力的变分，形变势能的变分等于面力的变分在实际位移上所做的功。

如果在某一部分边界上，面力是给定的，则该部分边界上的面力不能有变分，于是 $\delta\bar{X}=\delta\bar{Y}=\delta\bar{Z}=0$，而(11-18)式右边的相应积分项成为零；如果在某一部分边界上，给定的位移等于零，则(11-18)式右边的相应积分项也成为零。因此，应力变分方程(11-18)右边的积分，只须在这样的边界上进行：面力没有给定，而给定的位移又不等于零。

从应力变分方程(11-18)出发，可以推出弹性力学中的另一个原理，即所谓极小余能原理。将方程(11-18)改写为

$$\delta U-\iint(u\delta\bar{X}+v\delta\bar{Y}+w\delta\bar{Z})dS=0。\tag{c}$$

注意，在需要积分的边界上，位移是给定的，在变分过程中保持不变，所以上式可以改写为

$$\delta\left[U-\iint(u\bar{X}+v\bar{Y}+w\bar{Z})dS\right]=0。\tag{d}$$

式(d)中方括号内的表达式代表弹性体的余能。于是可见，在满足平衡微分方程和应力边界条件的所有各组应力中间，实际存在的一组应力应使弹性体的余能成为极值。如果考虑二阶变分，就可以证明这个极值是极小值，所以上述结论称为极小余能原理。

以前看到，实际存在的应力，除了满足平衡微分方程和应力边界条件以外，还应当满足相容方程。现在又看到，实际存在的应力，除了满足平衡微分方程和应力边界条件以外，还满足应力变分方程。而且，通过运算，还可以从应力变分方程导出相容条件。于是

可见，应力变分方程可以代替相容条件。

当然，以上所述只限于单连体。在应力变分方程中考虑多连体的位移单值条件，是非常复杂的问题。

§ 11-6　应力变分法

上一节中导出的应力变分方程，给弹性力学问题提供这样一个近似解法：设定应力分量的表达式，使其满足平衡微分方程和应力边界条件，但其中包含若干个待定系数，然后利用应力变分方程决定这些系数。

帕普考维奇建议，取应力分量的表达式如下：

$$\left.\begin{aligned}\sigma_x&=(\sigma_x)_0+\sum_m A_m(\sigma_x)_m,\\ \sigma_y&=(\sigma_y)_0+\sum_m A_m(\sigma_y)_m,\\ \sigma_z&=(\sigma_z)_0+\sum_m A_m(\sigma_z)_m,\\ \tau_{yz}&=(\tau_{yz})_0+\sum_m A_m(\tau_{yz})_m,\\ \tau_{zx}&=(\tau_{zx})_0+\sum_m A_m(\tau_{zx})_m,\\ \tau_{xy}&=(\tau_{xy})_0+\sum_m A_m(\tau_{xy})_m,\end{aligned}\right\}\tag{11-19}$$

其中 A_m 是互不依赖的 m 个系数，$(\sigma_x)_0$、…、$(\tau_{yz})_0$、… 是满足平衡微分方程和应力边界条件的设定函数，$(\sigma_x)_m$、…、$(\tau_{yz})_m$、… 是满足“没有体力和面力作用时的平衡微分方程和应力边界条件”的设定函数。这样，不论系数 A_m 如何取值，σ_x、…、τ_{yz}、…总能满足平衡微分方程和应力边界条件。注意：应力的变分只是由系数 A_m的变分来实现，至于各个设定函数，则仅随坐标而变，与应力的变分完全无关。

如果在弹性体的每一部分边界上,不是面力被给定,便是位移等于零,则由应力变分方程(11-18)得 $\delta U=0$,即

$$\frac{\partial U}{\partial A_m}=0。\tag{11-20}$$

由公式(11-1)及表达式(11-19)可见,形变势能U是A_m的二次函数,因而方程(11-20)将是A_m的一次方程。这样的方程共有m个,恰好可以用来求解系数A_m,从而由表达式(11-19)求得应力分量。

如果在某一部分边界上,位移是给定的,但并不等于零,则在这一部分边界上须直接应用变分方程(11-18),即

$$\delta U=\iint(u\delta\bar{X}+v\delta\bar{Y}+w\delta\bar{Z})\,dS。\tag{a}$$

在这里,u、v、w是已知的,积分只包括该部分边界,而在该部分边界上,面力的变分与应力的变分两者之间的关系如前一节中的式(b)所示,即

$$\left.\begin{aligned}\delta\bar{X}&=l\delta\sigma_x+m\delta\tau_{xy}+n\delta\tau_{zx},\\ \delta\bar{Y}&=m\delta\sigma_y+n\delta\tau_{yz}+l\delta\tau_{xy},\\ \delta\bar{Z}&=n\delta\sigma_z+l\delta\tau_{zx}+m\delta\tau_{yz}。\end{aligned}\right\}\tag{b}$$

将表达式(11-19)代入,用来计算式(a)右边的积分,将得出如下的结果:

$$\iint(u\delta\bar{X}+v\delta\bar{Y}+w\delta\bar{Z})\,dS=\sum_m B_m\delta A_m,\tag{c}$$

其中B_m是常数。另一方面,我们有

$$\delta U=\sum_m\frac{\partial U}{\partial A_m}\delta A_m。\tag{d}$$

将式(c)及式(d)代入式(a),注意各个A_m是互不相关的,就得出如下的方程:

$$\frac{\partial U}{\partial A_m}=B_m。\qquad (e)$$

这将仍然是 A_m 的一次方程，而且总共有m个，仍然可以用来求解系数 A_m，从而由表达式(11-19)求得应力。

当然，如果没有位移被给定而又不等于零的边界，则所有的 B_m 都等于零，而式(e)简化为(11-20)式。

在应用应力变分法时，要使设定的应力分量既满足应力边界条件，又满足平衡微分方程，这往往是很困难的。但是，在某些类型的问题中存在着应力函数，而且用应力函数表示的应力分量又能满足平衡微分方程。这时，我们就只须设定应力函数的表达式，使它给出的应力分量能满足应力边界条件，困难就大大减少了。

§ 11-7 应力变分法应用于平面问题

在第二章中已经证明：在平面问题中，如果体力分量X和Y是常量，就存在着应力函数。现在，按照(2-26)式，把应力分量σ_x、σ_y、τ_{xy} 用应力函数 φ 表示成为

$$\sigma_x=\frac{\partial^2\varphi}{\partial y^2}-Xx,\sigma_y=\frac{\partial^2\varphi}{\partial x^2}-Yy,\tau_{xy}=-\frac{\partial^2\varphi}{\partial x\partial y}。\qquad (a)$$

在应用应力变分法时，可以把应力函数 φ 设定为

$$\varphi=\varphi_0+\sum_m A_m\varphi_m,\qquad (11\text{-}21)$$

其中 A_m 为互不依赖的m个系数。这样就只须使φ_0给出的应力分量满足实际的应力边界条件，并使 φ_m 给出的应力分量满足无面力时的应力边界条件。

在平面应力问题中，有 $\sigma_z=\tau_{yz}=\tau_{zx}=0$，而且 σ_x、σ_y、τ_{xy} 不随坐标 z 而变。在 z 方向取一个单位厚度，则用应力分量表示的形变势能表达式(11-1)简化为

$$U=\frac{1}{2E}\iint[\sigma_x^2+\sigma_y^2-2\mu\sigma_x\sigma_y+2(1+\mu)\tau_{xy}^2]dxdy。\tag{11-22}$$

对于平面应变问题，按照 § 2-6 中所述，须将上式中的E换为$\frac{E}{1-\mu^2}$，μ 换为$\frac{\mu}{1-\mu}$，这样就得到

$$U=\frac{1+\mu}{2E}\iint[(1-\mu)(\sigma_x^2+\sigma_y^2)-2\mu\sigma_x\sigma_y+2\tau_{xy}^2]dxdy。\tag{11-23}$$

如果所考虑的弹性体是单连体，而且问题是应力边界问题，则按照 § 2-11中所述，应力分量 σ_x、σ_y、τ_{xy} 应当与 μ 无关。这时，为了计算方便，可以取 $\mu=0$，于是平面应力情况下的表达式(11-22)和平面应变情况下的表达式(11-23) 都简化为

$$U=\frac{1}{2E}\iint(\sigma_x^2+\sigma_y^2+2\tau_{xy}^2)dxdy。$$

将式(a)代入，即得用应力函数表示形变势能的表达式

$$U=\frac{1}{2E}\iint\left[\left(\frac{\partial^2\varphi}{\partial y^2}-Xx\right)^2+\left(\frac{\partial^2\varphi}{\partial x^2}-Yy\right)^2+2\left(\frac{\partial^2\varphi}{\partial x\partial y}\right)^2\right]dxdy。\tag{11-24}$$

在应力边界问题中，因为面力不能有变分，所以方程 (11-18) 简化为

$$\delta U=0。$$

另一方面，因为应力分量以及形变势能的变分是通过系数 A_m 的变分来实现的，所以上式归结为

$$\frac{\partial U}{\partial A_m}=0。$$

将(11-24)式代入，即得

$$\iint\left[\left(\frac{\partial^2\varphi}{\partial y^2}-Xx\right)\frac{\partial}{\partial A_m}\left(\frac{\partial^2\varphi}{\partial y^2}\right)+\left(\frac{\partial^2\varphi}{\partial x^2}-Yy\right)\frac{\partial}{\partial A_m}\left(\frac{\partial^2\varphi}{\partial x^2}\right)\right.$$

$$+2\frac{\partial^2\varphi}{\partial x\partial y}\frac{\partial}{\partial A_m}\left(\frac{\partial^2\varphi}{\partial x\partial y}\right)\Big]dxdy=0, \tag{11-25}$$

可以用来决定系数 A_m。

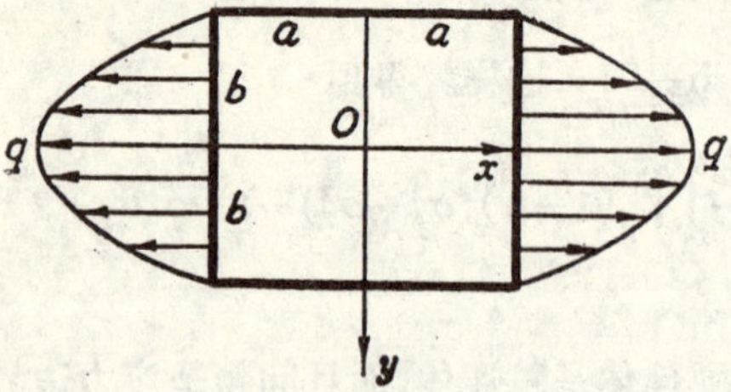

图 11-3

作为例题，设有矩形薄板或长柱，体力不计，在两对边上受有按抛物线分布的拉力，其最大集度为 q，图 11-3。在这里，边界条件是

$$(\sigma_x)_{x=\pm a}=q\left(1-\frac{y^2}{b^2}\right),(\tau_{xy})_{x=\pm a}=0,$$

$$(\sigma_y)_{y=\pm b}=0,(\tau_{xy})_{y=\pm b}=0。$$

取表达式(11-21)中的 φ_0 为

$$\varphi_0=\frac{q}{2}y^2\left(1-\frac{y^2}{6b^2}\right),$$

则

$$(\sigma_x)_0=\frac{\partial^2\varphi_0}{\partial y^2}=q\left(1-\frac{y^2}{b^2}\right),$$

$$(\sigma_y)_0=\frac{\partial^2\varphi_0}{\partial x^2}=0,\ (\tau_{xy})_0=-\frac{\partial^2\varphi_0}{\partial x\partial y}=0,$$

可以满足边界条件。

为了使得 φ_m 所对应的应力能满足无面力时的边界条件，取 φ_m 具有因子 $(x^2-a^2)^2(y^2-b^2)^2$，或 $\left(1-\frac{x^2}{a^2}\right)^2\left(1-\frac{y^2}{b^2}\right)^2$，以使 φ_m 对

y 的二阶导数在 $x=\pm a$ 的两对边上成为零，φ_m对 x 的二阶导数在 $y=\pm b$ 的两对边上成为零，φ_m对 x 及 y 各一阶的二 阶导数在所有四边上成为零。因此，取

$$\varphi=\varphi_0+\sum_m A_m\varphi_m=\frac{q}{2}y^2\left(1-\frac{y^2}{6b^2}\right)$$
$$+qb^2\left(1-\frac{x^2}{a^2}\right)^2\left(1-\frac{y^2}{b^2}\right)^2\left[A_1+A_2\frac{x^2}{a^2}+A_3\frac{y^2}{b^2}\right.$$
$$\left.+A_4\frac{x^4}{a^4}+A_5\frac{x^2y^2}{a^2b^2}+A_6\frac{y^4}{b^4}+\cdots\right]。\qquad (b)$$

在这里，因为应力分布应当对称于 x 轴及 y 轴，所以在级数中只取 x 和 y 的偶次幂。为了使得 A_1、A_2等等系数成为无因 次的，所以布置了因子 qb^2，$\frac{1}{a^2}$，$\frac{1}{b^2}$，等等。

首先，只在式(b)中取一个待定系数 A_1，也就是取

$$\varphi=\frac{q}{2}y^2\left(1-\frac{y^2}{6b^2}\right)+A_1qb^2\left(1-\frac{x^2}{a^2}\right)^2\left(1-\frac{y^2}{b^2}\right)^2。\qquad (c)$$

注意 φ 是 x 及 y 的偶函数，可见公式(11-25)成为

$$4\int_0^a\int_0^b\left[\frac{\partial^2\varphi}{\partial y^2}\frac{\partial}{\partial A_1}\left(\frac{\partial^2\varphi}{\partial y^2}\right)+\frac{\partial^2\varphi}{\partial x^2}\frac{\partial}{\partial A_1}\left(\frac{\partial^2\varphi}{\partial x^2}\right)\right.$$
$$\left.+2\frac{\partial^2\varphi}{\partial x\partial y}\frac{\partial}{\partial A_1}\left(\frac{\partial^2\varphi}{\partial x\partial y}\right)\right]dxdy=0。$$

将式(c)代入，进行积分，简化以后，得

$$\left(\frac{64}{7}+\frac{256}{49}\frac{b^2}{a^2}+\frac{64}{7}\frac{b^4}{a^4}\right)A_1=1。$$

对于正方形的薄板或正方形截面的长柱，命$\frac{b}{a}=1$，得

$$A_1=0.0425。$$

代入式(c)，命 $b=a$，再求应力分量，得

$$\sigma_x=\frac{\partial^2\varphi}{\partial y^2}=q\left(1-\frac{y^2}{a^2}\right)-0.170q\left(1-\frac{x^2}{a^2}\right)^2\left(1-\frac{3y^2}{a^2}\right),$$

$$\sigma_y=\frac{\partial^2\varphi}{\partial x^2}=-0.170q\left(1-\frac{3x^2}{a^2}\right)\left(1-\frac{y^2}{a^2}\right)^2,$$

$$\tau_{xy}=-\frac{\partial^2\varphi}{\partial x\partial y}=-0.681q\left(1-\frac{x^2}{a^2}\right)\left(1-\frac{y^2}{a^2}\right)\frac{xy}{a^2}。$$

在薄板或长柱的中心，$x=y=0$，得到 $\sigma_x=0.830q$。

为了求得较精确的应力数值，现在，在式(b)中取三个系数 A_1、A_2、A_3，也就是取

$$\varphi=\frac{q}{2}y^2\left(1-\frac{y^2}{6b^2}\right)+qb^2\left(1-\frac{x^2}{a^2}\right)^2\left(1-\frac{y^2}{b^2}\right)^2 \times\left(A_1+A_2\frac{x^2}{a^2}+A_3\frac{y^2}{b^2}\right)。\quad (d)$$

进行与上相同的运算，得

$$\left.\begin{aligned}&\left(\frac{64}{7}+\frac{256}{49}\frac{b^2}{a^2}+\frac{64}{7}\frac{b^4}{a^4}\right)A_1+\left(\frac{64}{77}+\frac{64}{49}\frac{b^4}{a^4}\right)A_2\\&\qquad+\left(\frac{64}{49}+\frac{64}{77}\frac{b^4}{a^4}\right)A_3=1,\\&\left(\frac{64}{11}+\frac{64}{7}\frac{b^4}{a^4}\right)A_1+\left(\frac{192}{143}+\frac{256}{77}\frac{b^2}{a^2}+\frac{192}{7}\frac{b^4}{a^4}\right)A_2\\&\qquad+\left(\frac{64}{77}+\frac{64}{77}\frac{b^4}{a^4}\right)A_3=1,\\&\left(\frac{64}{7}+\frac{64}{11}\frac{b^4}{a^4}\right)A_1+\left(\frac{64}{77}+\frac{64}{77}\frac{b^4}{a^4}\right)A_2\\&\qquad+\left(\frac{192}{7}+\frac{256}{77}\frac{b^2}{a^2}+\frac{192}{143}\frac{b^4}{a^4}\right)A_3=1。\end{aligned}\right\}\quad (e)$$

对于正方形薄板或正方形截面的长柱，$\frac{b}{a}=1$，由方程(e)得

$$A_1=0.040405,\quad A_2=A_3=0.011716。$$

由此得 $x=0$ 的截面上的 σ_x 为

$$(\sigma_x)_{x=0}=q\left(0.862-0.796\frac{y^2}{a^2}+0.352\frac{y^4}{a^4}\right)。$$

在薄板或长柱的中心，$y=0$，得到 $\sigma_x=0.862q$。

当式(b)中不取待定系数、取一个待定系数及取三个待定系数时，在薄板或长柱中心的 σ_x 分别为 $1.000q$、$0.830q$ 及 $0.862q$。可见计算的收敛较快。估计精确数值约在 $0.860q$ 左右。

当比值 $\frac{b}{a}$ 逐渐减小时，$x=0$ 的截面上的正应力逐渐趋于均匀。例如，命 $\frac{b}{a}=0.5$，则由联立方程(e)得

$$A_1=0.0798,\quad A_2=0.1250,\quad A_3=0.0183。$$

在 $x=0$ 的截面上，正应力分布如下：

y	0	$0.2b$	$0.4b$	$0.6b$	$0.8b$	$1.0b$
σ_x	$0.690q$	$0.684q$	$0.669q$	$0.653q$	$0.649q$	$0.675q$

可见，σ_x 的各个数值都很接近平均应力 $2q/3$，这可以作为圣维南原理的一个验证。

§ 11-8　应力变分法应用于扭转问题

在等截面直杆的扭转问题中，也存在着应力函数。按照§10-1中所述，横截上的剪应力(扭应力)可以表示成为

$$\tau_{zx}=\frac{\partial\varphi}{\partial y},\quad \tau_{zy}=-\frac{\partial\varphi}{\partial x},$$

其中的 $\varphi=\varphi(x,y)$ 是普朗都应力函数，而其它的应力分量都等于零。于是，用应力分量表示的形变势能表达式(11-1)成为

$$U=\frac{1+\mu}{E}\iiint\left[\left(\frac{\partial\varphi}{\partial x}\right)^2+\left(\frac{\partial\varphi}{\partial y}\right)^2\right]dxdydz。$$

用 $\frac{1}{2G}$ 代替 $\frac{1+\mu}{E}$，并注意 φ 只是 x 和 y 的函数，不随 z 变化，则由上式得到

$$U=\frac{L}{2G}\iint\left[\left(\frac{\partial\varphi}{\partial x}\right)^2+\left(\frac{\partial\varphi}{\partial y}\right)^2\right]dxdy,$$

其中L为扭杆的长度，而积分只须在横截面上进行。于是，形变势能的变分成为

$$\delta U=\frac{L}{2G}\delta\iint\left[\left(\frac{\partial\varphi}{\partial x}\right)^2+\left(\frac{\partial\varphi}{\partial y}\right)^2\right]dxdy。\qquad (a)$$

为了建立扭转问题的变分方程，需要计算面力在位移上的功。在扭杆的侧面上，没有面力作用，因而没有什么面力的功。在扭杆的两端，面力合成为方向相反的两个扭矩M，而两端的相对转角为KL，其中K为扭杆单位长度的扭角，因此，面力在位移上的功就等于MKL，并由公式(10-5)可见其等于$2KL\iint\varphi dxdy$。于是我们有

$$\iint(u\overline{X}+v\overline{Y}+w\overline{Z})dS=2KL\iint\varphi dxdy,$$

从而有

$$\iint(u\delta\overline{X}+v\delta\overline{Y}+w\delta\overline{Z})dS=2KL\delta\iint\varphi dxdy。\qquad (b)$$

将式(a)及式(b)代入应力变分方程(11-18)，得到

$$\frac{L}{2G}\delta\iint\left[\left(\frac{\partial\varphi}{\partial x}\right)^2+\left(\frac{\partial\varphi}{\partial y}\right)^2\right]dxdy=2KL\delta\iint\varphi dxdy,$$

或

$$\delta\iint\left\{\frac{1}{2}\left[\left(\frac{\partial\varphi}{\partial x}\right)^2+\left(\frac{\partial\varphi}{\partial y}\right)^2\right]-2GK\varphi\right\}dxdy=0。\qquad (c)$$

这就是扭转问题中适用的变分方程。

在计算实际问题时，可将应力函数φ设定为

$$\varphi=\sum_m A_m\varphi_m,$$

其中A_m为互不依赖的m个系数。为了使得应力函数φ满足边界条件，即，φ在横截面的边界上等于零，只须使设定的函数φ_m都在横截面的边界上等于零。现在，因为应力分量以及形变势能的变

分是通过系数 A_m 的变分来实现的，所以式(c)归结为

$$\frac{\partial}{\partial A_m}\iint\left\{\frac{1}{2}\left[\left(\frac{\partial\varphi}{\partial x}\right)^2+\left(\frac{\partial\varphi}{\partial y}\right)^2\right]-2GK\varphi\right\}dxdy=0。$$

求导以后，即得

$$\iint\left[\frac{\partial\varphi}{\partial x}\frac{\partial}{\partial A_m}\left(\frac{\partial\varphi}{\partial x}\right)+\frac{\partial\varphi}{\partial y}\frac{\partial}{\partial A_m}\left(\frac{\partial\varphi}{\partial y}\right)\right.$$
$$\left.-2GK\frac{\partial\varphi}{\partial A_m}\right]dxdy=0, \tag{11-26}$$

可以用来决定系数 A_m。

试以矩形截面的扭杆为例，图 10-4。四根边界直线的方程是

$$x+\frac{a}{2}=0,\ x-\frac{a}{2}=0,\ y+\frac{b}{2}=0,\ y-\frac{b}{2}=0。$$

因此，为了满足边界条件，可以取

$$\varphi=\left(x+\frac{a}{2}\right)\left(x-\frac{a}{2}\right)\left(y+\frac{b}{2}\right)\left(y-\frac{b}{2}\right)\sum A_{mn}x^m y^n$$
$$=\left(x^2-\frac{a^2}{4}\right)\left(y^2-\frac{b^2}{4}\right)\sum A_{mn}x^m y^n。\tag{d}$$

根据薄膜比拟，应力函数 φ 应为 x 及 y 的偶函数，所以上式中的 m 及 n 都只须取为偶数。

对于正方形截面的扭杆 ($b=a$)，如果在式 (d) 中只取一项 ($m=n=0$)则有

$$\varphi=A_{00}\left(x^2-\frac{a^2}{4}\right)\left(y^2-\frac{a^2}{4}\right)。$$

代入(11-26)式，得到

$$\int_{-\frac{a}{2}}^{\frac{a}{2}}\int_{-\frac{a}{2}}^{\frac{a}{2}}\left[A_{00}2x\left(y^2-\frac{a^2}{4}\right)2x\left(y^2-\frac{a^2}{4}\right)\right.$$
$$+A_{00}2y\left(x^2-\frac{a^2}{4}\right)2y\left(x^2-\frac{a^2}{4}\right)$$

$$-2GK\left(x^2-\frac{a^2}{4}\right)\left(y^2-\frac{a^2}{4}\right)\Big]dxdy=0。$$

运算以后，得到 $A_{00}=\dfrac{5GK}{2a^2}$，从而得到

$$\varphi=\frac{5GK}{2a^2}\left(x^2-\frac{a^2}{4}\right)\left(y^2-\frac{a^2}{4}\right)。\tag{e}$$

公式(10-5)给出

$$M=2\int_{-\frac{a}{2}}^{\frac{a}{2}}\int_{-\frac{a}{2}}^{\frac{a}{2}}\varphi dxdy=\frac{5}{36}GKa^4,$$

由此得

$$K=\frac{36M}{5Ga^4}。$$

按照(10-21)式，系数 $\beta=\dfrac{5}{36}=0.139$，比精确值 0.141 小了 1.4%。将求出的 K 代入式(e)，然后求出应力分量，可见最大剪应力为

$$\tau_{\max}=\frac{9M}{2a^3}$$

按照(10-22)式，系数 $\beta_1=\dfrac{2}{9}=0.222$，比精确值0.208大出6.8%。

如果在式(d)中取三项，则有

$$\varphi=\left(x^2-\frac{a^2}{4}\right)\left(y^2-\frac{a^2}{4}\right)(A_{00}+A_{20}x^2+A_{02}y^2)。$$

进行与上相同的运算，得到

$$A_{00}=\frac{1295GK}{554a^2},\ A_{20}=A_{02}=\frac{525GK}{277a^4}。$$

由此算出的扭角 K 比精确值只小了 0.14%，最大剪应力 $\tau_{\max}$ 比精确值只大出 4%。

§ 11-9 解答的唯一性

对于一个弹性力学问题，我们可能是按应力求解或是按位移求解；在采用半逆解法时，可能从不同的假设出发。我们还可能采用这种或那种数值解法。这样会不会导致不同的解答呢？解答的唯一性对此给出否定的回答。

为了证明解答的唯一性，我们假设，相应于一定的体力和一定的边界条件，某一弹性力学问题有了两组解答：一组解答中的应力分量、形变分量及位移分量为

$$\sigma'_x、\cdots、\varepsilon'_x、\cdots、u'、v'、w',$$

而另一组解答中的各个分量为

$$\sigma''_x、\cdots、\varepsilon''_x、\cdots、u''、v''、w''。$$

现在来考察，这两组解答是否相同。

第一组解答应当满足平衡微分方程(8-1)，即

$$\frac{\partial}{\partial x}\sigma'_x+\frac{\partial}{\partial y}\tau'_{yx}+\frac{\partial}{\partial z}\tau'_{zx}+X=0,$$

$$\cdots\cdots\cdots\cdots\cdots\cdots\cdots\cdots\cdots;$$

在面力已知的边界上，它应当满足应力边界条件(8-5)，即

$$l(\sigma'_x)_s+m(\tau'_{yx})_s+n(\tau'_{zx})_s=\overline{X},$$

$$\cdots\cdots\cdots\cdots\cdots\cdots\cdots\cdots\cdots;$$

在位移已知的边界上，它应当满足位移边界条件(8-21)，即

$$u'_s=\bar{u},v'_s=\bar{v},w'_s=\bar{w}。$$

同样，第二组解答应当满足

$$\frac{\partial}{\partial x}\sigma''_x+\frac{\partial}{\partial y}\tau''_{yx}+\frac{\partial}{\partial z}\tau''_{zx}+X=0,$$

$$\cdots\cdots\cdots\cdots\cdots\cdots\cdots\cdots\cdots,$$

$$l(\sigma''_x)_s+m(\tau''_{yx})_s+n(\tau''_{zx})_s=\overline{X},$$

$$\cdots\cdots\cdots\cdots\cdots\cdots\cdots\cdots\cdots,$$

$$u''_s=\bar{u},v''_s=\bar{v},w''_s=\bar{w}。$$

将两组解答中对应的方程相减,得到

$$\frac{\partial}{\partial x}(\sigma'_x-\sigma''_x)+\frac{\partial}{\partial y}(\tau'_{yx}-\tau''_{yx})+\frac{\partial}{\partial z}(\tau'_{zx}-\tau''_{zx})=0,$$

$$\cdots\cdots\cdots\cdots\cdots\cdots\cdots\cdots\cdots\cdots,$$

$$l(\sigma'_x-\sigma''_x)_s+m(\tau'_{yx}-\tau''_{yx})_s+n(\tau'_{zx}-\tau''_{zx})_s=0,$$

$$\cdots\cdots\cdots\cdots\cdots\cdots\cdots\cdots\cdots\cdots,$$

$$(u'-u'')_s=0,(v'-v'')_s=0,(w'-w'')_s=0。$$

由上式可见,两组解答之差所对应的状态是:弹性体不受体力作用,而且在边界上不是面力为零就是边界位移为零。于是又可见,当该弹性体进入上述状态时,没有外力做的功,因而该弹性体中的总的形变势能为零,即 $U=0$。

在上述状态中,按照§11-1中所述,所有的形变分量都等于零。这就是说,两组解答中对应的形变分量全都相同,从而由物理方程可见,两组解答中对应的应力分量也全都相同。但须指出,如果弹性体不具有充分的位移边界(约束),则两组解答中对应的位移分量可能不完全相同,而相差以某种刚体位移。

弹性力学问题的解答虽然是唯一的,但可有不同的表达式。同一个问题的解答,由于采用的解法不同,可能是表以不同形式的函数,或者是表以不同的级数。但是,这些不同形式的解答,最终应统一于相同的数值。

§11-10 功的互等定理

设弹性体在某一状态中所受的体力为 X'、Y'、Z',面力为 $\bar{X}'$、$\bar{Y}'$、$\bar{Z}'$,引起的应力、形变、位移为 σ'_x、$\cdots$、ε'_x、$\cdots$、u'、v'、w';它在另一状态中所受的体力为 X''、Y''、Z'',面力为 $\bar{X}''$、$\bar{Y}''$、$\bar{Z}''$,引起的应力、形变、位移为 σ''_x、$\cdots$、ε''_x、$\cdots$、u''、v''、w''。

于是，第一状态中的外力在第二状态中的位移上所做的功为

$$W_{12}=\iiint(X'u''+Y'v''+Z'w'')dxdydz$$
$$+\iint(\overline{X}'u''+\overline{Y}'v''+\overline{Z}'w'')dS。\qquad (a)$$

应用(8-5)式及奥斯特洛格拉斯基公式,可得

$$\iint(\overline{X}'u''+\overline{Y}'v''+\overline{Z}'w'')dS$$
$$=\iint[(l\sigma_x'+m\tau_{yx}'+n\tau_{zx}')u''$$
$$+(m\sigma_y'+n\tau_{zy}'+l\tau_{xy}')v''$$
$$+(n\sigma_z'+l\tau_{xz}'+m\tau_{yz}')w'']dS$$
$$=\iiint\Big[\left(\frac{\partial}{\partial x}\sigma_x'+\frac{\partial}{\partial y}\tau_{yx}'+\frac{\partial}{\partial z}\tau_{zx}'\right)u''$$
$$+\left(\frac{\partial}{\partial y}\sigma_y'+\frac{\partial}{\partial z}\tau_{zy}'+\frac{\partial}{\partial x}\tau_{xy}'\right)v''$$
$$+\left(\frac{\partial}{\partial z}\sigma_z'+\frac{\partial}{\partial x}\tau_{xz}'+\frac{\partial}{\partial y}\tau_{yz}'\right)w''\Big]dxdydz$$
$$+\iiint\Big[\sigma_x'\frac{\partial u''}{\partial x}+\sigma_y'\frac{\partial v''}{\partial y}+\sigma_z'\frac{\partial w''}{\partial z}$$
$$+\tau_{yz}'\left(\frac{\partial w''}{\partial y}+\frac{\partial v''}{\partial z}\right)+\tau_{zx}'\left(\frac{\partial u''}{\partial z}+\frac{\partial w''}{\partial x}\right)$$
$$+\tau_{xy}'\left(\frac{\partial v''}{\partial x}+\frac{\partial u''}{\partial y}\right)\Big]dxdydz。\qquad (b)$$

代入式(a),并应用几何方程(8-9),得

$$W_{12}=\iiint\Big[\left(\frac{\partial}{\partial x}\sigma_x'+\frac{\partial}{\partial y}\tau_{yx}'+\frac{\partial}{\partial z}\tau_{zx}'+X'\right)u''$$
$$+\left(\frac{\partial}{\partial y}\sigma_y'+\frac{\partial}{\partial z}\tau_{zy}'+\frac{\partial}{\partial x}\tau_{xy}'+Y'\right)v''$$
$$+\left(\frac{\partial}{\partial z}\sigma_z'+\frac{\partial}{\partial x}\tau_{xz}'+\frac{\partial}{\partial y}\tau_{yz}'+Z'\right)w''$$

$$+\sigma'_x\varepsilon''_x+\sigma'_y\varepsilon''_y+\sigma'_z\varepsilon''_z+\tau'_{yz}\gamma''_{yz}+\tau'_{zx}\gamma''_{zx}$$

$$+\tau'_{xy}\gamma''_{xy}\Big]dxdydz。$$

再应用平衡微分方程(8-1)，可将上式简化为

$$W_{12}=\iiint(\sigma'_x\varepsilon''_x+\sigma'_y\varepsilon''_y+\sigma'_z\varepsilon''_z+\tau'_{yz}\gamma''_{yz}+\tau'_{zx}\gamma''_{zx}+\tau'_{xy}\gamma''_{xy})dxdydz。\quad (c)$$

同样可得第二状态中的外力在第一状态中的位移上所做的功为

$$W_{21}=\iiint(\sigma''_x\varepsilon'_x+\sigma''_y\varepsilon'_y+\sigma''_z\varepsilon'_z+\tau''_{yz}\gamma'_{yz}+\tau''_{zx}\gamma'_{zx}+\tau''_{xy}\gamma'_{xy})dxdydz。\quad (d)$$

利用物理方程(8-20)，将式(c)及式(d)中的应力分量都用形变分量表示，即得

$$W_{12}=W_{21}=\iiint\{\lambda e'e''+G[2(\varepsilon'_x\varepsilon''_x+\varepsilon'_y\varepsilon''_y+\varepsilon'_z\varepsilon''_z)+(\gamma'_{yz}\gamma''_{yz}+\gamma'_{zx}\gamma''_{zx}+\gamma'_{xy}\gamma''_{xy})]\}dxdydz,$$

其中 $e'=\varepsilon'_x+\varepsilon'_y+\varepsilon'_z$，$e''=\varepsilon''_x+\varepsilon''_y+\varepsilon''_z$。于是可见，第一状态中的外力在第二状态中的位移上所做的功，就等于第二状态中的外力在第一状态中的位移上所做的功。这就是功的互等定理。

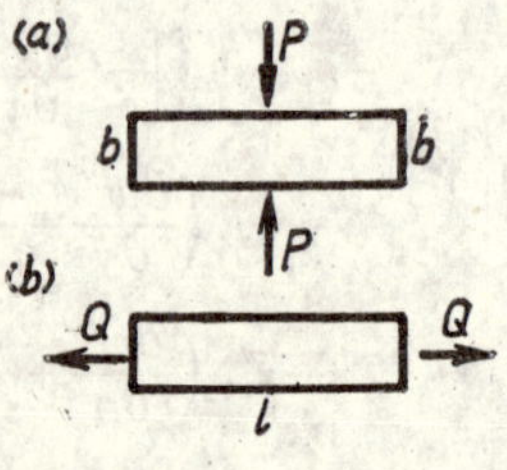

图 11-4

应用上述定理，有时可以非常简便地求得弹性体的某种整体形变。例如，设有等截面的直杆，受有两个大小相等而方向相反的横向压力 P，图 11-4 a。如要求出杆中各点的应力或形变，那是比较复杂的。但如所求的只是杆的总伸长，则可应用功的互等定理而很简便地得到解答。为此，把给出的状态当作第一状态，所求的总伸长为 δ_1；把该杆受轴向拉力 Q 当作第二状态，图 4-11 b，算出

杆的横向收缩为$\delta_2=\mu\dfrac{Qb}{AE}$，其中$A$为杆的横截面面积。根据功的互等定理，我们有 $P\delta_2=Q\delta_1$，即

$$P\mu\frac{Qb}{AE}=Q\delta_1,$$

从而得出$\delta_1=\dfrac{\mu Pb}{AE}$。有趣的是，杆的伸长与杆的截面形状无关，与杆的长度l也无关。

习 题

11-1 铅直平面内的正方形薄板，边长为$2a$，四边固定，图 11-5，只受重力的作用。设$\mu=0$，试取位移分量的表达式为

$$u=\left(1-\frac{x^2}{a^2}\right)\left(1-\frac{y^2}{a^2}\right)\frac{x}{a}\frac{y}{a}\left(A_1+A_2\frac{x^2}{a^2}+A_3\frac{y^2}{a^2}+\cdots\right),$$

$$v=\left(1-\frac{x^2}{a^2}\right)\left(1-\frac{y^2}{a^2}\right)\left(B_1+B_2\frac{x^2}{a^2}+B_3\frac{y^2}{a^2}+\cdots\right),$$

用瑞次法或伽辽金法求解(在u的表达式中，布置了因子x和y，因为按照问题的对称条件，u应为x和y的奇函数)。

答案：当只取A_1项及B_1项时，得

$$\sigma_y=-\frac{450}{533}\left(1-\frac{x^2}{a^2}\right)\rho g y。$$

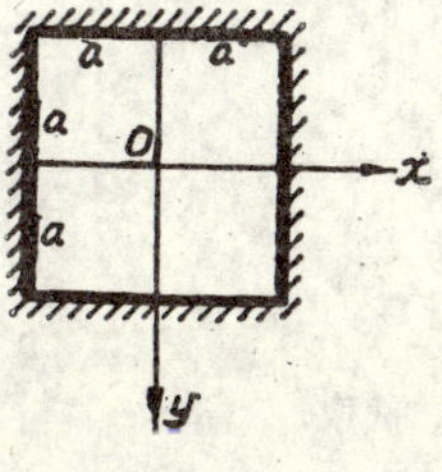

图 11-5

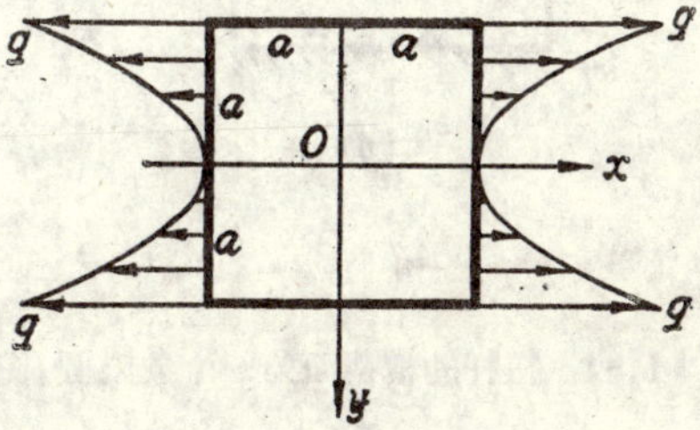

图 11-6

11-2 正方形薄板，边长为$2a$，图 11-6，在左右两边受有按抛物线分布的拉力，即

$$(\sigma_x)_{x=\pm a}=q\left(\frac{y}{a}\right)^2。$$

试用应力变分法按如下的应力函数求解：

$$\varphi=\frac{qy^4}{12a^2}+qa^2\left(1-\frac{x^2}{a^2}\right)^2\left(1-\frac{y^2}{a^2}\right)^2\left(A_1+A_2\frac{x^2}{a^2}+A_3\frac{y^2}{a^2}+\cdots\right)。$$

答案：当只取 A_1 一项时，得到

$$(\sigma_x)_{x=0}=q\left(0.170+0.490\frac{y^2}{a^2}\right)；$$

当只取 A_1、A_2、A_3 三项时，得到

$$(\sigma_x)_{x=0}=q\left(0.138+0.796\frac{y^2}{a^2}-0.352\frac{y^4}{a^4}\right)。$$

11-3　矩形薄板，三边固定，一边受有均布压力 q，图 11-7，试用应力变分法按如下的应力函数求解(取 $\mu=0$)：

$$\varphi=-\frac{qx^2}{2}+\frac{qa^2}{2}\left(A_1\frac{x^2y^2}{a^2b^2}+A_2\frac{y^3}{b^3}\right)。$$

答案：$A_1=-6$　$A_2=\dfrac{60}{36+160\dfrac{a^2}{b^2}+21\dfrac{a^4}{b^4}}$。

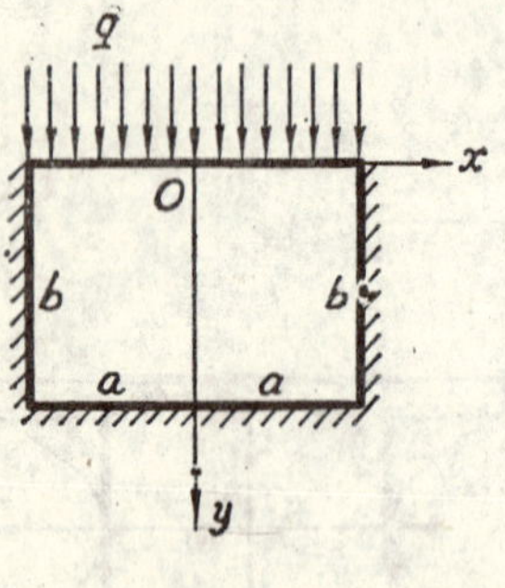

图 11-7

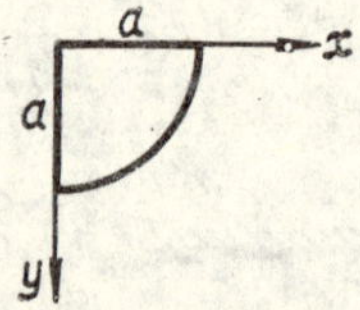

图 11-8

11-4　扭杆的横截面为一个象限圆，图 11-8。试取

$$\varphi=Axy(a^2-x^2-y^2)，$$

用变分法求出扭杆每单位长度内的扭角。

答案：$K=\dfrac{9\pi}{2}\dfrac{M}{Ga^4}$。

11-5　试用功的互等定理求出图 11-4 *a* 中所示直杆的体积改变。

答案：减小 $Pb(1-2\mu)/E$。

参 考 教 材

[1] Л. С. 列宾逊著，叶开沅、卢文达译，《弹性力学问题的变分解法》，第一章、第二章、第三章。

[2] 徐芝纶著，《弹性力学中的差分方法》，高等教育出版社 1989 年出版，第二章。

第十二章 弹性波的传播

§ 12-1 弹性体的运动微分方程

在以上的各章中，只讨论了弹性力学的静力问题——假定弹性体的任一微小部分都始终处于静力平衡状态，因而位移、形变、应力都只是位置坐标的函数，不随时间变化。在弹性力学的动力问题中，弹性体的位移、形变、应力一般都随时间变化，因而不仅是位置坐标的函数，而且也是时间的函数。

很明显，只要我们在动力问题中仍然采用理想弹性体的假定和微小位移的假定，那么，以前针对静力问题而建立的物理方程和几何方程，以及把应力分量用位移分量表示的弹性方程，都将适用于动力问题中的任一瞬时，无须加以任何改变。但是，静力问题中的平衡微分方程却须用运动微分方程来代替。

在建立运动微分方程时，除了考虑应力和体力以外，还须考虑弹性体由于具有加速度而应当施加的惯性力。把弹性体中任一点的位移分量仍然用 u、v、w 代表，则该点的加速度分量为$\frac{\partial^2 u}{\partial t^2}$、$\frac{\partial^2 v}{\partial t^2}$、$\frac{\partial^2 w}{\partial t^2}$。按照达伦贝尔原理，在弹性体的每单位体积上，应当施加的惯性力分量为

$$-\rho\frac{\partial^2 u}{\partial t^2},\quad -\rho\frac{\partial^2 v}{\partial t^2},\quad -\rho\frac{\partial^2 w}{\partial t^2},$$

其中的 ρ 为弹性体的密度。将上列惯性力分量分别叠加于体力分量 X、Y、Z，则平衡微分方程(8-1) 成为如下的运动微分方程：

$$\left.\begin{aligned}\frac{\partial\sigma_x}{\partial x}+\frac{\partial\tau_{yx}}{\partial y}+\frac{\partial\tau_{zx}}{\partial z}+X-\rho\frac{\partial^2 u}{\partial t^2}=0,\\ \frac{\partial\sigma_y}{\partial y}+\frac{\partial\tau_{zy}}{\partial z}+\frac{\partial\tau_{xy}}{\partial x}+Y-\rho\frac{\partial^2 v}{\partial t^2}=0,\\ \frac{\partial\sigma_z}{\partial z}+\frac{\partial\tau_{xz}}{\partial x}+\frac{\partial\tau_{yz}}{\partial y}+Z-\rho\frac{\partial^2 w}{\partial t^2}=0。\end{aligned}\right\}\qquad (a)$$

这一组运动微分方程，与几何方程及物理方程联立，就是弹性力学动力问题的基本方程。

因为运动微分方程中含有位移分量，而位移分量一般都不可能用应力及其导数来表示，所以弹性力学动力问题一般都不宜按应力求解，而宜按位移求解。为了消去式(a)中的应力分量，只须将弹性方程(9-1)代入该式。这样就得到

$$\left.\begin{aligned}\frac{E}{2(1+\mu)}\left(\frac{1}{1-2\mu}\frac{\partial e}{\partial x}+\nabla^2 u\right)+X-\rho\frac{\partial^2 u}{\partial t^2}=0,\\ \frac{E}{2(1+\mu)}\left(\frac{1}{1-2\mu}\frac{\partial e}{\partial y}+\nabla^2 v\right)+Y-\rho\frac{\partial^2 v}{\partial t^2}=0,\\ \frac{E}{2(1+\mu)}\left(\frac{1}{1-2\mu}\frac{\partial e}{\partial z}+\nabla^2 w\right)+Z-\rho\frac{\partial^2 w}{\partial t^2}=0,\end{aligned}\right\}\qquad (12\text{-}1)$$

其中

$$e=\frac{\partial u}{\partial x}+\frac{\partial v}{\partial y}+\frac{\partial w}{\partial z}。$$

方程(12-1)就是按位移求解动力问题时所需用的基本微分方程，在有些文献中称为拉密方程，其中的 E、μ、ρ 是已知的常量，体力分量 X、Y、Z 是 x、y、z、t 的已知函数，位移分量 u、v、w 是 x、y、z、t 的未知函数。按照动力问题的初始条件和边界条件由这些方程求出位移分量以后，就可以利用弹性方程(9-1)求得应力分量。

所谓初始条件，就是弹性体的位移分量 u、v、w 以及速度分量 $\frac{\partial u}{\partial t}$、$\frac{\partial v}{\partial t}$、$\frac{\partial w}{\partial t}$在 $t=0$ 时的已知条件。至于边界条件，则和几何

方程或物理方程一样，静力问题中的位移边界条件及应力边界条件都适用于动力问题中的任一瞬时。

在动力问题中，为了避免数学上的很大困难，通常都不计体力。因此，我们在方程(12-1)中删去体力分量 X、Y、Z，移项以后，得出如下形式的运动微分方程：

$$\left.\begin{aligned}\frac{\partial^2 u}{\partial t^2}&=\frac{E}{2(1+\mu)\rho}\left(\frac{1}{1-2\mu}\frac{\partial e}{\partial x}+\nabla^2 u\right),\\\frac{\partial^2 v}{\partial t^2}&=\frac{E}{2(1+\mu)\rho}\left(\frac{1}{1-2\mu}\frac{\partial e}{\partial y}+\nabla^2 v\right),\\\frac{\partial^2 w}{\partial t^2}&=\frac{E}{2(1+\mu)\rho}\left(\frac{1}{1-2\mu}\frac{\partial e}{\partial z}+\nabla^2 w\right),\end{aligned}\right\}\tag{12-2}$$

其中

$$e=\frac{\partial u}{\partial x}+\frac{\partial v}{\partial y}+\frac{\partial w}{\partial z}。$$

§ 12-2 弹性体中的无旋波与等容波

当静力平衡状态下的弹性体受到荷载的作用时，并不是在弹性体的所有各部分都立即引起位移、形变和应力。在作用开始时，距荷载作用处较远的部分都保持不受干扰。在作用开始后，荷载所引起的位移、形变和应力，就以波动的形式用有限大的速度向别处传播。这种波动就是所谓弹性波。在本节中，我们将介绍无限大弹性体中弹性波的两种基本形式：无旋波与等容波。

首先，假定弹性体中发生的位移 u、v、w 可以表示成为

$$u=\frac{\partial\psi}{\partial x},v=\frac{\partial\psi}{\partial y},\ w=\frac{\partial\psi}{\partial z},\tag{a}$$

其中 $\psi=\psi(x,y,z,t)$ 是位移的势函数。这种位移 称为无旋位移。为了说明“无旋”的意义，试考察表达式

$$\theta_z=\frac{1}{2}\left(\frac{\partial v}{\partial x}-\frac{\partial u}{\partial y}\right)。\tag{b}$$

在弹性体的任意一点，$\frac{\partial v}{\partial x}$是 x 方向的线段绕 z 轴的旋转角，而 $-\frac{\partial u}{\partial y}$是 y 方向的线段绕 z 轴的旋转角，所以 θ_z 是这两个旋转角的平均值，可以表征弹性体在该点的、绕 z 轴的旋转量。同样，

$$\theta_x=\frac{1}{2}\left(\frac{\partial w}{\partial y}-\frac{\partial v}{\partial z}\right),\theta_y=\frac{1}{2}\left(\frac{\partial u}{\partial z}-\frac{\partial w}{\partial x}\right), \tag{c}$$

两者可以分别表征弹性体在该点绕 x 轴及 y 轴的旋转量。现在，将式(a)代入式(b)及式(c)，可见旋转量 θ_x、θ_y、θ_z 都等于零。因此，式(a)所示的位移称为无旋位移，而相应于这种位移状态的弹性波就称为无旋波。

在式(a)所示的无旋位移状态之下，我们有

$$e=\frac{\partial u}{\partial x}+\frac{\partial v}{\partial y}+\frac{\partial w}{\partial z}=\nabla^2\psi,$$

从而有

$$\frac{\partial e}{\partial x}=\frac{\partial}{\partial x}\nabla^2\psi=\nabla^2\frac{\partial \psi}{\partial x}=\nabla^2 u,$$

$$\frac{\partial e}{\partial y}=\nabla^2 v,\quad \frac{\partial e}{\partial z}=\nabla^2 w。$$

一并代入运动微分方程(12-2)，简化以后，即得无旋波的波动方程如下：

$$\frac{\partial^2 u}{\partial t^2}=c_1^2\nabla^2 u,\ \frac{\partial^2 v}{\partial t^2}=c_1^2\nabla^2 v,\frac{\partial^2 w}{\partial t^2}=c_1^2\nabla^2 w, \tag{12-3}$$

其中

$$c_1=\sqrt{\frac{E(1-\mu)}{(1+\mu)(1-2\mu)\rho}}。 \tag{12-4}$$

其次，假定弹性体中发生的位移 u、v、w 满足体积应变为零的条件，即

$$e=\frac{\partial u}{\partial x}+\frac{\partial v}{\partial y}+\frac{\partial w}{\partial z}=0。 \tag{d}$$

这种位移称为等容位移,因为弹性体中任一部分的容积(即体积)保持不变。相应于这种位移状态的弹性波就称为等容波。将式(d)代入运动微分方程(12-2),即得等容波的波动方程如下:

$$\frac{\partial^2 u}{\partial t^2}=c_2^2\nabla^2 u,\ \frac{\partial^2 v}{\partial t^2}=c_2^2\nabla^2 v,\ \frac{\partial^2 w}{\partial t^2}=c_2^2\nabla^2 w, \tag{12-5}$$

其中

$$c_2=\sqrt{\frac{E}{2(1+\mu)\rho}}=\sqrt{\frac{G}{\rho}}。 \tag{12-6}$$

无旋波和等容波是弹性波的两种基本形式,它们的波动方程(12-3)和(12-5)具有同样的形式

$$\frac{\partial^2 \varphi}{\partial t^2}=c^2\nabla^2\varphi。 \tag{12-7}$$

对于无旋波,式中的 c 等于 c_1,如(12-4)所示;对于等容波,式中的 c 等于 c_2,如(12-6)所示。以后将要证明,波动方程(12-7)中的 c 就是弹性波的传播速度(c_1 就是无旋波的传播速度,c_2 就是等容波的传播速度)。

波动方程(12-7)具有一个很重要的特性,那就是,如果该方程有任意一个特解

$$\varphi=\varphi_0(x,y,z,t),$$

则 φ_0 对于 x、y、z、t 等任一变数的偏导数也是该方程的特解,证明如下。

用 ξ 代表 x、y、z、t 等变数之一,则总可以有关系式

$$\left.\begin{aligned}&\frac{\partial}{\partial\xi}\left(\frac{\partial^2\varphi_0}{\partial t^2}\right)=\frac{\partial^2}{\partial t^2}\left(\frac{\partial\varphi_0}{\partial\xi}\right),\\&\frac{\partial}{\partial\xi}(\nabla^2\varphi_0)=\nabla^2\left(\frac{\partial\varphi_0}{\partial\xi}\right)。\end{aligned}\right\} \tag{e}$$

既然 φ_0 是波动方程(12-7)的特解,则由该方程有

$$\frac{\partial^2\varphi_0}{\partial t^2}=c^2\nabla^2\varphi_0。$$

将上式的两边对 ξ 求导,得到

$$\frac{\partial}{\partial\xi}\left(\frac{\partial^2\varphi_0}{\partial t^2}\right)=c^2\frac{\partial}{\partial\xi}(\nabla^2\varphi_0)。$$

再将式(e)代入,即得

$$\frac{\partial^2}{\partial t^2}\left(\frac{\partial\varphi_0}{\partial\xi}\right)=c^2\nabla^2\left(\frac{\partial\varphi_0}{\partial\xi}\right),$$

可见$\dfrac{\partial\varphi_0}{\partial\xi}$确是波动方程(12-7)的特解。

因为弹性体中的形变分量和应力分量,以及质点的速度分量,都可以用位移分量对于坐标或时间的偏导数来表示,所以由波动方程的上述特性可见,如果弹性体的位移分量满足某一波动方程,而相应的传播速度为 c,则其形变分量、应力分量和质点速度分量也将满足这一波动方程,而且传播的速度也是 c。这就表明,在弹性体中,形变、应力、以及质点速度,都将和位移以相同的方式与速度进行传播。

§ 12-3 平面波的传播

如果弹性体在其内部的某一点受到荷载的作用,则荷载所引起的位移、形变和应力,就将以弹性波的形式从该点传播开来。在离开作用点较远之处,弹性波可以当做是平面波。当弹性体的质点运动方向平行于弹性波传播的方向时,该弹性波就称为纵向平面波,简称为纵波;当弹性体的质点运动方向垂直于弹性波的传播方向时,该弹性波就称为横向平面波,简称为横波。

首先来讨论纵波。将 x 轴取在波的传播方向,则弹性体的位移分量可以表示成为

$$u=u(x,t),\quad v=0,\quad w=0。\tag{12-8}$$

由此可以得出

$$e=\frac{\partial u}{\partial x}，\frac{\partial e}{\partial x}=\frac{\partial^2 u}{\partial x^2}，\frac{\partial e}{\partial y}=0，\frac{\partial e}{\partial z}=0，$$

$$\nabla^2 u=\frac{\partial^2 u}{\partial x^2}，\nabla^2 v=0，\nabla^2 w=0。$$

代入运动微分方程(12-2)，可见其中的后二式成为恒等式，而第一式成为

$$\frac{\partial^2 u}{\partial t^2}=c_1^2\frac{\partial^2 u}{\partial x^2}， \tag{12-9}$$

其中的 c_1 如公式(12-4)所示。微分方程(12-9)的通解是

$$u=u_1+u_2=f_1(x-c_1t)+f_2(x+c_1t)， \tag{12-10}$$

其中的 f_1 和 f_2 是任意函数。下面来说明这个通解的物理意义。

试考察通解(12-10)的第一部分，即

$$u_1=f_1(x-c_1t)。 \tag{a}$$

对于任一瞬时 t，u_1 只是 x 的函数，可以用图 12-1 中的曲线 ABC 来表示，而该曲线的形状取决于函数 f_1。在 Δt 时间以后，$x-c_1t$ 将成为 $x-c_1(t+\Delta t)$，u_1 将随着改变数值。但是，如果把坐标 x 也增大 $\Delta x=c_1\Delta t$，则 f_1 的数值保持不变，因而 u_1 保持不变。这就是说，为瞬时 t 所作的曲线 ABC，只要把它沿 x 方向移动一个距离 $\Delta x=c_1\Delta t$，如图中的虚线 $A'B'C'$，就适用于瞬时 $t+\Delta t$。于是可见，通解(12-10)的第一部分 $f_1(x-c_1t)$就表示一个纵波，它沿着 x 方向传播，而它的传播速度等于常量 c_1。

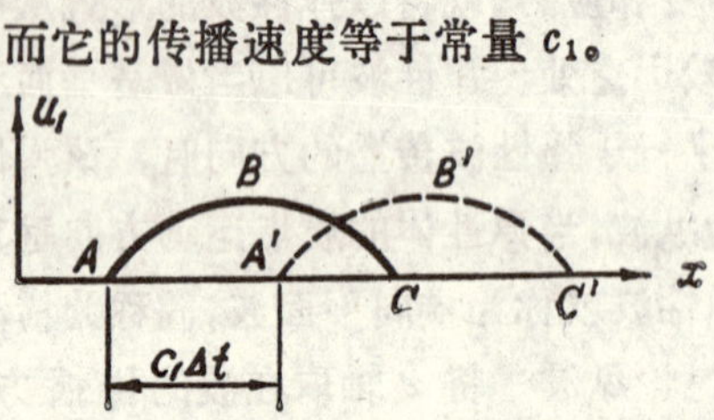

图 12-1

用几何方程(8-9)求出与位移(a)相对应的形变分量，可见 x 方向的正应变为

$$\varepsilon_x=\frac{\partial u_1}{\partial x}=\frac{df_1(x-c_1t)}{d(x-c_1t)}\frac{\partial(x-c_1t)}{\partial x}=\frac{d}{d\xi}f_1(\xi),\qquad(b)$$

其中 $\xi=x-c_1t$,而其余的形变分量都等于零。这就是说，弹性体的每一点都始终处于 x 方向的简单拉压状态。应用物理方程(8-20),注意在这里有 $e=\varepsilon_x$,求得正应力分量为

$$\sigma_x=\frac{E(1-\mu)}{(1+\mu)(1-2\mu)}\varepsilon_x,\qquad(c)$$

$$\sigma_y=\sigma_z=\frac{E\mu}{(1+\mu)(1-2\mu)}\varepsilon_x,$$

而剪应力分量都等于零。各个正应力分量之间有关系式

$$\frac{\sigma_y}{\sigma_x}=\frac{\sigma_z}{\sigma_x}=\frac{\mu}{1-\mu}。$$

与位移(a)相对应,弹性体的质点沿 x 方向的速度分量是

$$\dot{u}_1=\frac{\partial u_1}{\partial t}=\frac{df_1(x-c_1t)}{d(x-c_1t)}\frac{\partial(x-c_1t)}{\partial t}$$

$$=-c_1\frac{d}{d\xi}f_1(\xi),\qquad(d)$$

而沿 y 方向及 z 方向的速度分量都等于零。将式(b)代入式(d),得到

$$\frac{\dot{u}_1}{c_1}=-\varepsilon_x。$$

因为 ε_x 总是很小的数值,所以质点的运动速度 $\dot{u}_1$ 总是远远小于弹性波的传播速度 c_1。以钢材为例,传播速度 c_1 为每秒几千米,而在钢结构中,质点速度 $\dot{u}_1$ 最大也不过是每秒几米。

与上相似,解答(12-10)中的第二部分,即

$$u_2=f_2(x+c_1t),$$

也表示一个纵波,它沿着负 x 方向传播,但它的传播速度也等于常量 c_1。于是可见,通解(12-10)表示分别沿 x 方向和负 x 方向的两个纵波,它们的传播速度都等于公式(12-4)所示的 c_1。读者试证,纵波是一种无旋波。

现在来讨论横波。仍然将 x 轴放在波的传播方向，y 轴放在位移的方向，即横向，则位移分量可以表示成为

$$u=0,\ v=v(x,t),\ w=0。\tag{12-11}$$

由此可以得出

$$e=0,\ \nabla^2 u=0,\ \nabla^2 v=\frac{\partial^2 v}{\partial x^2},\ \nabla^2 w=0。$$

代入运动微分方程(12-2)，可见其中的第一式及第三式成为恒等式，而第二式成为

$$\frac{\partial^2 v}{\partial t^2}=c_2^2\frac{\partial^2 v}{\partial x^2},\tag{12-12}$$

其中的 c_2 如(12-6)式所示。微分方程(12-12)的通解是

$$v=v_1+v_2=f_1(x-c_2 t)+f_2(x+c_2 t),\tag{12-13}$$

其中 f_1 和 f_2 是任意函数。

对通解(12-13)中的第一部分

$$v_1=f_1(x-c_2 t)\tag{e}$$

进行与上相似的分析，可见 v_1 表示一个横波，它的位移沿着 y 方向，它的传播方向是沿着 x 方向，而传播的速度等于常量 c_2。

用几何方程(8-9)求出与位移(e)相应的形变分量，可见

$$\gamma_{xy}=\frac{\partial v_1}{\partial x}=\frac{d}{d\xi}f_1(\xi),\tag{f}$$

其中 $\xi=x-c_2 t$，而其余的形变分量都等于零。这就是说，弹性体的每一点都始终处于 x 及 y 方向的简单剪切状态。应用物理方程(8-20)，求得剪应力分量 τ_{xy} 为

$$\tau_{xy}=\frac{E}{2(1+\mu)}\frac{d}{d\xi}f_1(\xi),\tag{g}$$

而其余的应力分量都等于零。

与位移(e)相对应，弹性体的质点沿 y 方向的速度分量为

$$\dot{v}_1=\frac{\partial v_1}{\partial t}=-c_2\frac{d}{d\xi}f_1(\xi),\tag{h}$$

而沿 x 方向及 z 方向的速度分量都等于零。将式(f)代入式(h)，得到

$$\frac{\dot{v}_1}{c_2}=-\gamma_{xy}。$$

因为 γ_{xy} 总是很小的数值，所以质点的运动速度 $\dot{v}_1$ 总是远远小于弹性波的传播速度 c_2。

同样可见，解答(12-13)中的第二项

$$v_2=f_2(x+c_2t)$$

也表示一个横波，它沿着负 x 方向传播，但它的传播速度也等于常量 c_2。于是可见，通解(12-13)中的 f_1 及 f_2 分别表示沿 x 方向及负 x 方向的两个横波，它们的传播速度都等于公式(12-6)所示的 c_2。显然，横波是一种等容波，因为相应的体积应变 e 等于零。

横波的传播速度 c_2 总是小于纵波的传播速度 c_1。根据公式(12-4)及(12-6)，两者的比值为

$$\frac{c_2}{c_1}=\sqrt{\frac{1-2\mu}{2(1-\mu)}}。\qquad (12-14)$$

当 $\mu=\frac{1}{3}$ 时，$\frac{c_2}{c_1}=\frac{1}{2}$，可见在一般的金属材料中，横波的传播速度大致只是纵波传播速度的一半。在地震时，地震波中的纵波总是比横波先到，根据测出的纵波与横波到达时间的间隔，可以约略算出震源至测站的距离。

§ 12-4 表层波的传播

如果弹性体的一部分边界是自由边界，则在该弹性体的距自由边界较近之处，可能发生所谓表层波（类似于投石入水而在水面上发生的波）。这种表层波具有如下的特性：(1) 随着距自由边

界的法向距离增大而迅速减弱。(2) 随着距波源的距离增大而增加其相对于其它各种波的优势。因此,下面我们所要着重讨论的,是表层波在距自由边界较近而距波源较远处的传播。

在距波源较远之处,弹性体中与表层波相应的位移可以当做是平面位移。为简单起见,把自由边界当做是平面。我们取边界面为 xz 面($y=0$), y 轴指向弹性体的内部,x 轴平行于表层波的传播方向。这样,与表层波相应的位移将是平行于 xy 面的平面位移。

把位移取为无旋位移与等容位移的叠加。取无旋位移的表达式为

$$\left.\begin{aligned}u_1&=Ase^{-ay}\sin(pt-sx),\\v_1&=-Aae^{-ay}\cos(pt-sx),\\w_1&=0,\end{aligned}\right\}\tag{a}$$

其中的 A、a、p、s 均为常数。常数 p 的因次应为[时间]$^{-1}$,a 和 s 的因次应为[长度]$^{-1}$,A 的因次应为[长度]^2。当常数 a 为正实数时,式(a)可以反映表层波的特性,即,位移分量u_1及 v_1 随着y的增大而迅速减小。三角函数的幅角 $pt-sx$ 可以改写为$-s(x-c_3t)$,其中

$$c_3=p/s。\tag{b}$$

可见式(a)所示的位移是以速度 c_3 沿着 x 方向传播。将式(a)中的 u_1、v_1、w_1 作为 u、v、w 代入运动微分方程(12-2),可见该方程要求

$$a^2=s^2-\frac{(1+\mu)(1-2\mu)\rho}{E(1-\mu)}p^2,$$

或通过式(b)及公式(12-6)改写为

$$a^2=s^2\left[1-\frac{1-2\mu}{2(1-\mu)}\frac{c_3^2}{c_2^2}\right]。\tag{c}$$

另一方面,取等容位移的表达式为

$$\left.\begin{aligned}&u_2=Bbe^{-by}\sin(pt-sx),\\&v_2=-Bse^{-by}\cos(pt-sx),\\&w_2=0,\end{aligned}\right\}\tag{d}$$

其中的 B 和 b 是常数。常数 b 的因次应为[长度]$^{-1}$，B 的因次应为[长度]^2。当常数 b 为正实数时，u_2 及 v_2 随着 y 的增大而迅速减小，反映表层波的特性。常数 p 及 s 与上相同，因而位移传播的速度仍然是 c_3，如式(b)所示。将式(d)中的 u_2、v_2、w_2 作为 u、v、w 代入运动微分方程(12-2)，可见该方程要求

$$b^2=s^2-\frac{2(1+\mu)\rho}{E}p^2,$$

或通过式(b)及公式(12-6)改写为

$$b^2=s^2\left(1-\frac{c_3^2}{c_2^2}\right)。\tag{e}$$

现在，将无旋位移(a)与等容位移(d)相叠加，也就是取

$$u=u_1+u_2,\qquad v=v_1+v_2。\tag{f}$$

边界条件要求

$$(\sigma_y)_{y=0}=0,\qquad(\tau_{yx})_{y=0}=0。$$

利用弹性方程(9-1)，可以将它们改用位移分量表示成为

$$\left(\frac{\mu}{1-\mu}\frac{\partial u}{\partial x}+\frac{\partial v}{\partial y}\right)_{y=0}=0,\qquad\left(\frac{\partial v}{\partial x}+\frac{\partial u}{\partial y}\right)_{y=0}=0。$$

将式(f)代入，然后将式(a)及式(d)代入，简化以后，得到

$$\left(a^2-\frac{\mu}{1-\mu}s^2\right)A+\frac{1-2\mu}{1-\mu}bsB=0,$$

$$2asA+(b^2+s^2)B=0。$$

这是 A 和 B 的齐次线性方程。为了表层波的存在，A 和 B 不能都等于零，因此，上列二方程的系数行列式应当等于零，即

$$\begin{vmatrix}a^2-\dfrac{\mu}{1-\mu}s^2 & \dfrac{1-2\mu}{1-\mu}bs\\ 2as & b^2+s^2\end{vmatrix}=0。$$

展开以后，得到

$$2(1-2\mu)abs^2=(b^2+s^2)[(1-\mu)a^2-\mu s^2]。$$

两边平方以后，得到

$$4(1-2\mu)^2a^2b^2s^4=(b^2+s^2)^2[(1-\mu)a^2-\mu s^2]^2。$$

将式(c)及式(e)代入，简化以后，可见 s 被消去而得出比值 c_3/c_2 的六次方程如下：

$$\left(\frac{c_3}{c_2}\right)^6-8\left(\frac{c_3}{c_2}\right)^4+8\left(\frac{2-\mu}{1-\mu}\right)\left(\frac{c_3}{c_2}\right)^2-\frac{8}{1-\mu}=0。\tag{12-15}$$

于是，对于给定数值的 μ，总可以由方程(12-15)求得比值 c_3/c_2。但 a 和 b 都必须是正实数，如上所述，因此，式(c)所示的 a^2 和式(e)所示的 b^2 都必须是正数，可见比值 c_3/c_2 必须满足如下的两个条件

$$1-\frac{1-2\mu}{2(1-\mu)}\left(\frac{c_3}{c_2}\right)^2\geqslant 0，\quad 1-\left(\frac{c_3}{c_2}\right)^2\geqslant 0。$$

又因 $1-2\mu<2(1-\mu)$，后一式的成立能保证前一式的成立，可见比值 c_3/c_2 只须满足 $1-(c_3/c_2)^2\geqslant 0$，即

$$\left(\frac{c_3}{c_2}\right)^2\leqslant 1。\tag{12-16}$$

选用满足这一条件的比值 c_3/c_2，即可根据公式(12-6)给出的 c_2 求得 c_3。

例如，设 $\mu=1/4$，则方程(12-15)成为

$$\left(\frac{c_3}{c_2}\right)^6-8\left(\frac{c_3}{c_2}\right)^4+\frac{56}{3}\left(\frac{c_3}{c_2}\right)^2-\frac{32}{3}=0。$$

由此求得

$$\left(\frac{c_3}{c_2}\right)^2=4，\quad 2+\frac{2\sqrt{3}}{3}，\quad 2-\frac{2\sqrt{3}}{3}。$$

满足条件(12-16)的只是

$$\left(\frac{c_3}{c_2}\right)^2=2-\frac{2\sqrt{3}}{3}=0.845。$$

由此求得

$$c_3=\sqrt{0.845}c_2=0.919c_2。\tag{g}$$

于是由公式(12-4)、(12-6)及式(g)求得

$$c_1=1.095\sqrt{\frac{E}{\rho}},\ c_2=0.633\sqrt{\frac{E}{\rho}},\ c_3=0.582\sqrt{\frac{E}{\rho}}。$$

最早研究表层波,并得出一些成果的,是瑞利。这些成果对后来发展起来的地震理论起了一定的作用。因此,在很多文献中,表层波被称为瑞利波。

§ 12-5 球面波的传播

如果弹性体具有圆球形的孔洞，而在孔洞内受到球对称的爆炸之类的作用,或者,如果具有圆球形外表面的弹性体在其外表面上受到球对称的动力作用,则由于对称,只可能发生径向位移 u_R,不可能发生切向位移,而且径向位移 u_R 将只是径向坐标 R 和时间 t 的函数。这样,由孔洞向外传播或由外表面向内传播的弹性波将是球对称的,即所谓球面波。

在球对称问题的基本微分方程(9-6)中,注意现在 u_R 是 R 和 t 两个变数的函数,并且不计径向体力 K_R,而用径向惯性力 $-\rho\dfrac{\partial^2 u_R}{\partial t^2}$代替 K_R，即得

$$\frac{E(1-\mu)}{(1+\mu)(1-2\mu)}\left(\frac{\partial^2 u_R}{\partial R^2}+\frac{2}{R}\frac{\partial u_R}{\partial R}-\frac{2u_R}{R^2}\right)-\rho\frac{\partial^2 u_R}{\partial t^2}=0。$$

引用公式(12-4)所示的 c_1,则上式可以简写为

$$\frac{\partial^2 u_R}{\partial R^2}+\frac{2}{R}\frac{\partial u_R}{\partial R}-\frac{2u_R}{R^2}-\frac{1}{c_1^2}\frac{\partial^2 u_R}{\partial t^2}=0。\tag{a}$$

和§12-2 中相似,把径向位移 u_R 取为

$$u_R=\frac{\partial\psi}{\partial R},\tag{b}$$

其中 $\psi=\psi(R,t)$是位移的势函数，则式(a)成为

$$\frac{\partial^3\psi}{\partial R^3}+\frac{2}{R}\frac{\partial^2\psi}{\partial R^2}-\frac{2}{R^2}\frac{\partial\psi}{\partial R}-\frac{1}{c_1^2}\frac{\partial^2}{\partial t^2}\left(\frac{\partial\psi}{\partial R}\right)=0。\tag{c}$$

注意

$$\frac{\partial}{\partial R}\left[\frac{1}{R}\frac{\partial^2}{\partial R^2}(R\psi)\right]=\frac{\partial^3\psi}{\partial R^3}+\frac{2}{R}\frac{\partial^2\psi}{\partial R^2}-\frac{2}{R}\frac{\partial\psi}{\partial R},$$

$$\frac{\partial^2}{\partial t^2}\left(\frac{\partial\psi}{\partial R}\right)=\frac{\partial}{\partial R}\left(\frac{\partial^2\psi}{\partial t^2}\right),$$

则式(c)又可以改写成为

$$\frac{\partial}{\partial R}\left[\frac{1}{R}\frac{\partial^2}{\partial R^2}(R\psi)\right]-\frac{1}{c_1^2}\frac{\partial}{\partial R}\left(\frac{\partial^2\psi}{\partial t^2}\right)=0。$$

对 R 积分一次，得

$$\frac{1}{R}\frac{\partial^2}{\partial R^2}(R\psi)-\frac{1}{c_1^2}\frac{\partial^2\psi}{\partial t^2}=F(t),\tag{d}$$

其中 $F(t)$为 t 的任意函数。在一般情况下，$F(t)$不等于零。但是，我们总可以求出方程(d)的任意一个特解 $\psi_1(t)$，它只是 t 的函数，而由式(b)可见，这个特解并不会影响位移 u_R。因此，式(d)中的 $F(t)$可以取为等于零。这样，式(d)就可以简写成为

$$\frac{\partial^2}{\partial t^2}(R\psi)=c_1^2\frac{\partial^2}{\partial R^2}(R\psi),$$

而它的通解是

$$R\psi=f_1(R-c_1t)+f_2(R+c_1t),\tag{12-17}$$

其中的 f_1 及 f_2 为任意函数。

通解(12-17)中的 f_1 及 f_2 都表示沿径向传播的球面波，它们的传播速度都等于公式(12-4)所示的 c_1(由于对称，弹性体的径向线段及环向线段都不会有转动，所以球面波当然是无旋波)。函数 f_1 表示由内向外传播的球面波，适用于圆球形孔洞内受球对称动力作用时的情况；函数 f_2 表示由外向内传播的球面波，适用于空

心或实心圆球在外表面受球对称动力作用时的情况。

习 题

12-1 试证：当纵波或横波在弹性体中传播时，该弹性体的动能与形变势能保持相等。

12-2 试导出方程(12-15)。

12-3 试求 $\mu=0$ 及 $\mu=1/3$ 时的 c_1、c_2、c_3。

答案：当 $\mu=0$ 时，$c_1=\sqrt{\frac{E}{\rho}}$，$c_2=0.707\sqrt{\frac{E}{\rho}}$，$c_3=0.618\sqrt{\frac{E}{\rho}}$； 当 $\mu=1/3$ 时，$c_1=1.225\sqrt{\frac{E}{\rho}}$，$c_2=0.612\sqrt{\frac{E}{\rho}}$，$c_3=0.570\sqrt{\frac{E}{\rho}}$。

参考教材

[1] 铁摩辛柯、古地尔著，徐芝纶译，《弹性理论》第十五章。

[2] 钱伟长、叶开沅编，《弹性力学》，第十三章。

郑重声明

反盗版举报电话：(010) 58581897/58581896/58581879

传　　真：(010) 82086060

E - mail：dd@hep.com.cn

通信地址：北京市西城区德外大街4号
高等教育出版社打击盗版办公室

邮　　编：100011

购书请拨打电话：(010)58581118